张三慧 编著

大学物理学简程

（上）

清华大学出版社
北京

内容简介

《大学物理学简程》内容共分5篇。力学篇讲述经典的质点力学、理想流体的运动、刚体的转动和狭义相对论基础知识。电磁学篇按传统体系讲述了电场、磁场、电磁感应和电磁波的基本概念和规律。热学篇讲述气体动理论和热力学定理，用统计概念说明温度、气体的压强以及麦克斯韦分布率。波动与光学篇介绍了振动与波的基本特征和光的干涉、衍射、偏振和几何光学的基本规律。量子物理基础篇介绍了波粒二象性、概率波、不确定关系和能量量子化等基本概念以及原子和固体中电子的状态和分布的规律，其后介绍核物理的基本知识。最后浅显地介绍了基本粒子和宇宙爆炸的基本知识。

本书内容涵盖了大学非物理专业物理学教学的基本要求，可作为高等院校物理课程的教材，也可作为中学物理教师或其他读者的自学参考书。

图书在版编目（CIP）数据

大学物理学简程. 上/张三慧编著. —北京：清华大学出版社，2010.1（2024.12重印）
ISBN 978-7-302-21557-8

Ⅰ. ①大… Ⅱ. ①张… Ⅲ. ①物理学—高等学校—教材 Ⅳ. ①O4

中国版本图书馆CIP数据核字(2009)第222379号

责任编辑：邹开颜
责任校对：赵丽敏
责任印制：沈 露

出版发行：清华大学出版社
网 址：https://www.tup.com.cn，https://www.wqxuetang.com
地 址：北京清华大学学研大厦A座 **邮 编**：100084
社 总 机：010-83470000 **邮 购**：010-62786544
投稿与读者服务：010-62776969，c-service@tup.tsinghua.edu.cn
质 量 反 馈：010-62772015，zhiliang@tup.tsinghua.edu.cn
印 装 者：三河市龙大印装有限公司
经 销：全国新华书店
开 本：185mm×260mm **印 张**：15.25 **字 数**：365千字
版 次：2010年1月第1版 **印 次**：2024年12月第18次印刷
定 价：42.80元

产品编号：028517-04

前言

FOREWORD

这部《大学物理学简程》分为上、下两册，上册含力学篇、电磁学篇，下册含热学篇、光学篇和量子物理篇。内容涵盖了2006年我国教育部发布的"非物理类理工学科大学物理课程基本要求"中的核心内容和少部分扩展内容。

本书是根据当前我国大学教育的情势和物理课程的需要，基于拙作《大学基础物理学》(第2版)而进行编写的，删减了一些讲解繁难的章节(如铁磁体、实际气体等温线)、公式推导(如单缝衍射、质速关系)和例题，简化了一些概念原理的讲解(如电势、介电质和爱因斯坦两个基本假设)，增加了一些基础性的习题。在延续了《大学基础物理学》(第2版)的基本体系、讲述风格和特色的同时，本书篇幅更加精练，对难度进行了适当调整，使之更适合中等学时大学物理学的教学。

力学篇完全按传统体系讲述。以牛顿定律为基础和出发点，引入动量、角动量和能量概念，导出动量、角动量和机械能等的守恒定律，最后将它们都推广到普遍的形式。守恒定律在物理思想和方法上讲固然是重要的，但在解决实际问题时经典的动力学概念与规律也常是不可或缺的。本书对后者也作了较详细的讲解。力学篇还强调了参考系的概念，说明了守恒定律的意义，并注意到物理概念和理论的衍生和发展。

电磁学篇以库仑定律、毕奥-萨伐尔定律和法拉第定律为基础展开，直至麦克斯韦方程组。在分析方法上，本篇强调了对称性的分析，如在求电场和磁场的分布时，都应用了空间对称性的概念。

热学篇除了对系统——特别是气体——的宏观性质及其变化规律作了清晰的介绍外，大大加强了在分子理论基础上的统计概念和规律的讲解。除了在温度和气体动理论中着重介绍了统计规律外，在其他各章对功、热的实质、热力学第一定律、热力学第二定律以及熵的微观意义和宏观表示式等都结合统计概念作了许多独特而清晰的讲解。

波动与光学篇主要着眼于清晰地讲解波、光的干涉和衍射的基本现象和规律，最后，根据光电波动性在特定条件下的近似特征——直接传播，讲述了几何光学的基本定律及反射镜和透镜的成像原理。

量子物理基础篇的重点放在最基本的量子力学概念方面，如波粒二象性、不确定关系等,至于薛定谔方程及其应用、原子中电子运动的规律、固体物理等只作了简要的陈述。基本粒子和宇宙学的基本知识属于教学要求中的扩展内容,也简单加以介绍。

大学物理课程是大学阶段一门重要的基础课,它将在高中物理的基础上进一步提高学生的现代科学素质。为此,物理课程应提供内容更广泛、更深入的系统的现代物理学知识,并在介绍这些知识的同时进一步培养学生的科学思想、方法和态度,激发学生的创新意识和能力。

根据上述对大学物理课程任务的理解,本书在高中物理的基础上系统而又严谨地讲述了基本的物理原理。书中具体内容主要是经典物理基本知识,但同时也包含了许多现代物理,乃至一些物理学前沿的理论和实验以及它们在现代技术中应用的知识。

本书选编了大量联系实际的例题和习题,从光盘到打印机,从跳水到蹦极,从火箭到对撞机,从人造卫星到行星、星云等都有涉及。其中还特别注意选用了我国古老文明与现代科技的资料,如王充论力,苏东坡的回文诗,神舟飞船的升空,热核反应的实验等。对这些例题和习题的分析与求解能使学生更实在又深刻地理解物理概念和规律,了解物理基础知识的重要的实际意义,同时也有助于培养学生联系实际的学风,增强民族自信心。

本书内容涵盖了大学物理学教学的基本要求。为了帮助学生掌握各篇内容,每篇开始都综述了该篇内容,每章末都总结了各章提要。在习题的选编上分了3个层次:自测简题、思考题和习题。其中自测简题主要考查学生对基本原理和概念的理解,答案可经过简单直接计算获得,或需要对原理论叙述的正确性分析后得出。

本书还简述了若干位科学家的生平、品德与贡献,用以提高学生素养,鼓励成才。书末附有物理学常用数据的最新公认取值的"数值表",便于学生查阅和应用。

本书的编写是作者在耄耋之年脑病康复期间着笔的,错误缺点必然不少,请各位老师、同学批评指正。

张三慧

2009年10月于清华园

目录

CONTENTS

第1篇　力　　学

第2篇 电 磁 学

第1篇 力　学

力学是一门古老的学问，其渊源在西方可追溯到公元前4世纪古希腊学者柏拉图认为圆运动是天体的最完美的运动和亚里士多德关于力产生运动的说教，在中国可以追溯到公元前5世纪《墨经》中关于杠杆原理的论述。但力学（以及整个物理学）成为一门科学理论应该说是从17世纪伽利略论述惯性运动开始，继而牛顿提出了后来以他的名字命名的三个运动定律。现在以牛顿定律为基础的力学理论叫牛顿力学或经典力学。它曾经被尊为完美普遍的理论而兴盛了约300年。在20世纪初虽然发现了它的局限性，在高速领域为相对论所取代，在微观领域为量子力学所取代，但在一般的技术领域，包括机械制造、土木建筑，甚至航空航天技术中，经典力学仍保持着充沛的活力而处于基础理论的地位。它的这种实用性是我们要学习经典力学的一个重要原因。

由于经典力学是最早形成的物理理论，后来的许多理论，包括相对论和量子力学的形成都受到它的影响。后者的许多概念和思想都是经典力学概念和思想的发展或改造。经典力学在一定意义上是整个物理学的基础，这是我们要学习经典力学的另一个重要原因。

本篇要讲述的内容包括质点力学和刚体力学基础。着重阐明动量、角动量和能量诸概念及相应的守恒定律。狭义相对论的时空观已是当今物理学的基础概念，它和牛顿力学联系紧密，可以归入经典力学的范畴。本篇第6章介绍狭义相对论的基本概念和原理。

量子力学是一门全新的理论，不可能归入经典力学，也就不包括在本篇内。尽管如此，在本篇适当的地方，还是插入了一些量子力学概念以便和经典概念加以比较。

第1章

质点运动学

经典力学是研究物体的机械运动的规律的。为了研究，首先描述。力学中描述物体运动的内容叫做**运动学**。实际的物体结构复杂，大小各异，为了从最简单的研究开始，引进**质点**模型，即以具有一定质量的点来代表物体。本章讲解质点运动学，内容包括参考系、速度、加速度等概念，以及圆周运动和相对运动的基本知识。

1.1 参考系

物体的机械运动是指它的位置随时间的改变。位置总是相对的，这就是说，任何物体的位置总是相对于其他物体或物体系来确定的。这个其他物体或物体系就叫做确定物体位置时用的**参考物**。例如，确定交通车辆的位置时，我们用固定在地面上的一些物体，如房子或路牌作参考物。

确定了参考物之后，为了定量地说明一个质点相对于此参考物的空间位置，就在此参考物上建立固定的**坐标系**。最常用的坐标系是**笛卡儿直角坐标系**。它以参考物上某一固定点为原点 O，从此原点沿 3 个相互垂直的方向引 3 条直线作为**坐标轴**，通常分别叫做 x,y,z 轴（图 1.1）。在这样的坐标系中，一个质点在任意时刻的空间位置，如 P 点，就可以用 3 个坐标值(x,y,z)来表示。

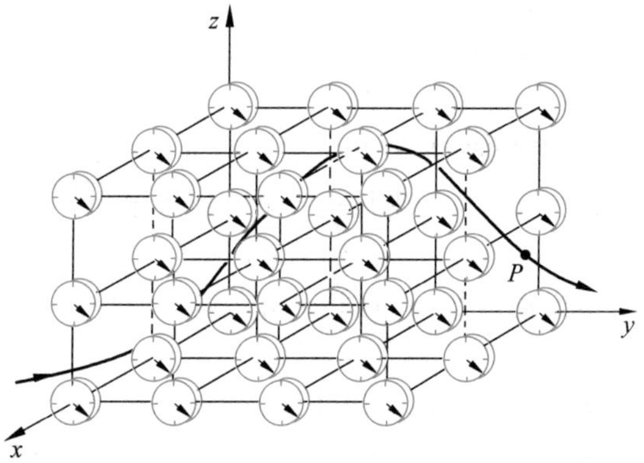

图 1.1　一个坐标系和一套同步的钟构成一个参考系

质点的运动就是它的位置随时间的变化。为了描述质点的运动，需要指出质点到达各个位置(x,y,z)的时刻t。这时刻t是由在坐标系中各处配置的许多**同步的钟**(如图1.1，在任意时刻这些钟的指示都一样)就近给出的。

一个固定在参考物上的坐标系和相应的一套同步的钟组成一个**参考系**。参考系通常以所用的参考物命名。例如，坐标轴固定在地面上(通常一个轴竖直向上)的参考系叫**地面参考系**(图1.2中$O''x''y''z''$)；坐标原点固定在地心而坐标轴指向空间固定方向(以恒星为基准)的参考系叫**地心参考系**(图1.2中$O'x'y'z'$)；原点固定在太阳中心而坐标轴指向空间固定方向(以恒星为基准)的参考系叫**太阳参考系**(图1.2中$Oxyz$)。常用的固定在实验室的参考系叫**实验室参考系**。

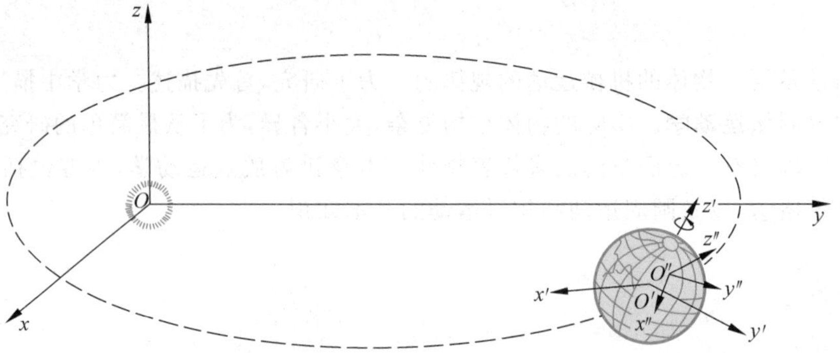

图1.2 参考系示意图

质点位置的空间坐标值是沿着坐标轴方向从原点开始量起的长度。在**国际单位制**SI(其单位也是我国的法定计量单位)中，长度的基本单位是米(符号是m)。现在国际上采用的米是1983年规定的：**1 m是光在真空中在(1/299 792 458)s内所经过的距离**。这一规定的基础是激光技术的完善和相对论理论的确立。

指示质点到达空间某一位置的时刻在SI中是以秒(符号是s)为基本单位计量的。以前曾规定平均太阳日的1/86 400是1 s。现在SI规定：**1 s是铯的一种同位素^{133}Cs原子发出的一个特征频率的光波周期的9 192 631 770倍**。

1.2 质点的位矢、位移和速度

选定了参考系，一个质点的运动，即它的位置随时间的变化，就可以用数学函数的形式表示出来了。作为时间t的函数的3个坐标值一般可以表示为

$$x = x(t),\quad y = y(t),\quad z = z(t) \tag{1.1}$$

这样的一组函数叫做质点的**运动函数**(有的书上叫做运动方程)，每一个函数表示沿相应坐标轴的**分运动**。

质点的位置可以用**矢量**的概念更简洁清楚地表示出来。为了表示质点在时刻t的位置P，我们从原点向此点引一有向线段OP，并记作矢量$\boldsymbol{r}$(图1.3)。$\boldsymbol{r}$的方向说明了P点相对于坐标轴的方位，$\boldsymbol{r}$的大小(即它的"模")表明了原点到P点的距离。这一矢量$\boldsymbol{r}$叫做质点的**位置矢量**，简称**位矢**，也叫**径矢**。

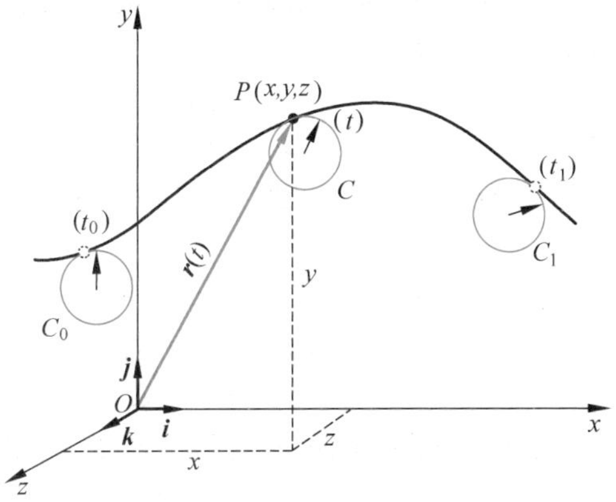

图 1.3 用位矢 $\boldsymbol{r}(t)$表示质点在时刻 t 的位置

以 $\boldsymbol{i}$,$\boldsymbol{j}$,$\boldsymbol{k}$ 分别表示沿 x,y,z 轴正方向的**单位矢量**(即其大小是一个单位的矢量),则式(1.1)表示的运动函数就可合并写成

$$\boldsymbol{r}(t)=x(t)\boldsymbol{i}+y(t)\boldsymbol{j}+z(t)\boldsymbol{k} \tag{1.2}$$

式(1.2)表明,质点的实际运动是各分运动的**合运动**。

质点运动时所经过的路线叫做**轨道**,在一段时间内它沿轨道经过的距离叫做**路程**,在一段时间内它的位置的改变叫做它在这段时间内的**位移**。设质点在 t 和 $t+\Delta t$ 时刻分别通过 P 和 P_1 点(图 1.4),其位矢分别是 $\boldsymbol{r}(t)$和 $\boldsymbol{r}(t+\Delta t)$,则由 P 引到 P_1 的矢量表示位矢的增量,即

$$\Delta\boldsymbol{r}=\boldsymbol{r}(t+\Delta t)-\boldsymbol{r}(t) \tag{1.3}$$

这一位矢的增量就是质点在 t 到 $t+\Delta t$ 这一段时间内的位移。

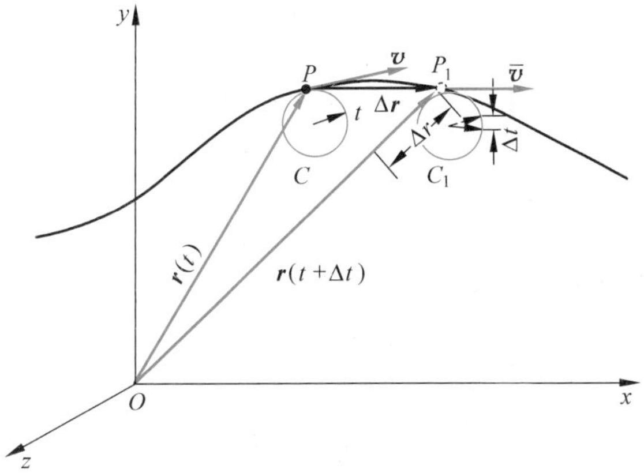

图 1.4 位移矢量 $\Delta\boldsymbol{r}$ 和速度矢量 $\boldsymbol{v}$

位移 $\Delta\boldsymbol{r}$ 和发生这段位移所经历的时间的比叫做质点在这一段时间内的**平均速度**。以 $\bar{\boldsymbol{v}}$表示平均速度,就有

$$\bar{\boldsymbol{v}}=\frac{\Delta\boldsymbol{r}}{\Delta t} \tag{1.4}$$

平均速度也是矢量,它的方向就是位移的方向(如图 1.4 所示)。

当 Δt 趋于零时，式(1.4)的极限，即质点位矢对时间的变化率，叫做质点在时刻 t 的**瞬时速度**，简称**速度**。用 $\boldsymbol{v}$ 表示速度，就有

$$\boldsymbol{v}=\lim_{\Delta t\to 0}\frac{\Delta \boldsymbol{r}}{\Delta t}=\frac{\mathrm{d}\boldsymbol{r}}{\mathrm{d}t} \tag{1.5}$$

速度的方向，就是 Δt 趋于零时，$\Delta \boldsymbol{r}$ 的方向。如图 1.4 所示，这一方向为运动轨道的切线方向并指向运动的前方。

速度的大小叫**速率**，以 v 表示，则有

$$v=|\boldsymbol{v}|=\left|\frac{\mathrm{d}\boldsymbol{r}}{\mathrm{d}t}\right|=\lim_{\Delta t\to 0}\frac{|\Delta \boldsymbol{r}|}{\Delta t} \tag{1.6}$$

用 Δs 表示在 Δt 时间内质点沿轨道所经过的路程。当 Δt 趋于零时，$|\Delta \boldsymbol{r}|$ 和 Δs 趋于相同，因此可以得到

$$v=\lim_{\Delta t\to 0}\frac{|\Delta \boldsymbol{r}|}{\Delta t}=\lim_{\Delta t\to 0}\frac{\Delta s}{\Delta t}=\frac{\mathrm{d}s}{\mathrm{d}t} \tag{1.7}$$

这就是说速率又等于质点所走过的路程对时间的变化率。

质点沿 3 个坐标轴方向的**分速度**的大小分别为

$$v_x=\frac{\mathrm{d}x}{\mathrm{d}t},\quad v_y=\frac{\mathrm{d}y}{\mathrm{d}t},\quad v_z=\frac{\mathrm{d}z}{\mathrm{d}t} \tag{1.8}$$

由于各分速度相互垂直，所以速率

$$v=\sqrt{v_x^2+v_y^2+v_z^2} \tag{1.9}$$

1.3 加速度

加速度表示速度对时间的变化率。质点在时刻 t 的**加速度**定义为

$$\boldsymbol{a}=\lim_{\Delta t\to 0}\frac{\Delta \boldsymbol{v}}{\Delta t}=\frac{\mathrm{d}\boldsymbol{v}}{\mathrm{d}t} \tag{1.10}$$

不管是速度的大小发生变化，还是速度的方向发生变化，都有加速度。利用式(1.5)，还可得

$$\boldsymbol{a}=\frac{\mathrm{d}^2\boldsymbol{r}}{\mathrm{d}t^2} \tag{1.11}$$

加速度沿 3 个坐标轴的分量分别是

$$\left.\begin{aligned}a_x&=\frac{\mathrm{d}v_x}{\mathrm{d}t}=\frac{\mathrm{d}^2x}{\mathrm{d}t^2}\\ a_y&=\frac{\mathrm{d}v_y}{\mathrm{d}t}=\frac{\mathrm{d}^2y}{\mathrm{d}t^2}\\ a_z&=\frac{\mathrm{d}v_z}{\mathrm{d}t}=\frac{\mathrm{d}^2z}{\mathrm{d}t^2}\end{aligned}\right\} \tag{1.12}$$

这些分量和加速度的大小的关系是

$$a=\sqrt{a_x^2+a_y^2+a_z^2} \tag{1.13}$$

加速度的 SI 单位是 $\mathrm{m/s^2}$。

加速度的一个重要实例是重力加速度，即自由落体加速度，它的方向竖直向下，大小为

$$g = 9.81\ \mathrm{m/s^2}$$

例 1.1

火箭升空。竖直向上发射的火箭(图 1.5)点燃后，其上升高度 z(原点在地面上，z 轴竖直向上)和时间 t 的关系，在不太高的范围内为

$$z = ut\ln M_0 + \frac{u}{\alpha}\{(M_0-\alpha t)[\ln(M_0-\alpha t)-1]-M_0(\ln M_0 - 1)\} - \frac{1}{2}gt^2$$

其中 M_0 为火箭发射前的质量，α 为燃料的燃烧速率，u 为燃料燃烧后喷出气体相对火箭的速率，g 为重力加速度。

(1) 求火箭点燃后，它的速度和加速度随时间变化的关系；

(2) 已知 $M_0=2.80\times10^6$ kg，$\alpha=1.20\times10^4$ kg/s，$u=2.90\times10^3$ m/s，g 取 9.80 m/s^2。求火箭点燃后 $t=120$ s 时，火箭的高度、速度和加速度。

图 1.5 "长征二号 E"运载火箭携带卫星发射升空

解 (1) 火箭的速度为

$$v = \frac{\mathrm{d}z}{\mathrm{d}t} = u[\ln M_0 - \ln(M_0-\alpha t)] - gt$$

加速度为

$$a = \frac{\mathrm{d}v}{\mathrm{d}t} = \frac{\alpha u}{M_0-\alpha t} - g$$

(2) 将已知数据代入相应公式，得到在 $t=120$ s 时，

$$M_0 - \alpha t = 2.80\times10^6 - 1.20\times10^4\times120 = 1.36\times10^6\ (\mathrm{kg})$$

而火箭的高度为

$$z = 2.90\times10^3\times120\times\ln(2.8\times10^6)+\frac{2.9\times10^3}{1.20\times10^4}\{1.36\times10^6[\ln(1.36\times10^6)-1]$$
$$-2.80\times10^6[\ln(2.80\times10^6)-1]\}-\frac{1}{2}\times9.80\times120^2$$
$$=40\ (\text{km})$$

为地球半径的0.6%。这时火箭的速度为

$$v = 2.90\times10^3\times\ln\frac{2.80\times10^6}{1.36\times10^6}-9.80\times120 = 0.918\ (\text{km/s})$$

方向向上，说明火箭仍在上升。火箭的加速度为

$$a = \frac{1.20\times10^4\times2.90\times10^3}{1.36\times10^6}-9.80 = 15.8\ (\text{m/s}^2)$$

方向向上，与速度同向，说明火箭仍在向上加速。

1.4 匀加速运动

加速度的大小和方向都不随时间改变，即加速度 $\boldsymbol{a}$ 为常矢量的运动，叫做**匀加速运动**。由加速度的定义 $\boldsymbol{a}=\mathrm{d}\boldsymbol{v}/\mathrm{d}t$，可得

$$\mathrm{d}\boldsymbol{v} = \boldsymbol{a}\mathrm{d}t$$

对此式两边积分，即可得出速度随时间变化的关系。设已知某一时刻的速度，例如 $t=0$ 时，速度为 $\boldsymbol{v}_0$，则任意时刻 t 的速度 $\boldsymbol{v}$，就可以由下式求出：

$$\int_{\boldsymbol{v}_0}^{\boldsymbol{v}}\mathrm{d}\boldsymbol{v} = \int_0^t\boldsymbol{a}\mathrm{d}t$$

利用 $\boldsymbol{a}$ 为常矢量的条件，可得

$$\boldsymbol{v} = \boldsymbol{v}_0+\boldsymbol{a}t \tag{1.14}$$

这就是匀加速运动的速度公式。

由于 $\boldsymbol{v}=\mathrm{d}\boldsymbol{r}/\mathrm{d}t$，所以有 $\mathrm{d}\boldsymbol{r}=\boldsymbol{v}\mathrm{d}t$，将式(1.14)代入此式，可得

$$\mathrm{d}\boldsymbol{r} = (\boldsymbol{v}_0+\boldsymbol{a}t)\mathrm{d}t$$

设某一时刻，例如 $t=0$ 时的位矢为 $\boldsymbol{r}_0$，则任意时刻 t 的位矢 $\boldsymbol{r}$ 就可通过对上式两边积分求得，即

$$\int_{\boldsymbol{r}_0}^{\boldsymbol{r}}\mathrm{d}\boldsymbol{r} = \int_0^t(\boldsymbol{v}_0+\boldsymbol{a}t)\mathrm{d}t$$

由此得

$$\boldsymbol{r} = \boldsymbol{r}_0+\boldsymbol{v}_0t+\frac{1}{2}\boldsymbol{a}t^2 \tag{1.15}$$

这就是匀加速运动的位矢公式。

在实际问题中，常常利用式(1.14)和式(1.15)的分量式，它们是速度公式

$$\left.\begin{aligned} v_x &= v_{0x}+a_xt\\ v_y &= v_{0y}+a_yt\\ v_z &= v_{0z}+a_zt \end{aligned}\right\} \tag{1.16}$$

和位置公式

$$
\left.\begin{aligned}
x &= x_0 + v_{0x}t + \frac{1}{2}a_x t^2 \\
y &= y_0 + v_{0y}t + \frac{1}{2}a_y t^2 \\
z &= z_0 + v_{0z}t + \frac{1}{2}a_z t^2
\end{aligned}\right\} \tag{1.17}
$$

这两组公式具体地说明了质点的匀加速运动沿 3 个坐标轴方向的分运动，质点的实际运动就是这 3 个分运动的合成。

以上各公式中的加速度和速度沿坐标轴的分量均可正可负，这要由各分矢量相对于坐标轴的正方向而定：相同为正，相反为负。

如果质点沿一条直线作匀加速运动，就可以选它所沿的直线为 x 轴，而其运动就可以只用式(1.16)和式(1.17)的第一式加以描述。如果再取质点的初位置为原点，即取 $x_0=0$，则这些公式就是大家熟知的匀加速(或匀变速)直线运动的公式。

1.5 抛体运动

从地面上某点向空中抛出一物体，它在空中的运动就叫**抛体运动**。物体被抛出后，忽略风的作用，它的运动轨道总是被限制在通过抛射点的由抛出速度方向和竖直方向所确定的平面内，因而，抛体运动一般是二维运动(见图 1.6)。

图 1.6 河北省曹妃甸的吹沙船在吹沙造地、吹起的沙形成近似抛物线

一个物体在空中运动时，在空气阻力可以忽略的情况下，它在各时刻的加速度都是重力加速度 $\boldsymbol{g}$。一般视 $\boldsymbol{g}$ 为常矢量。这种运动的速度和位置随时间的变化可以分别用式(1.16)的前两式和式(1.17)的前两式表示。描述这种运动时，可以选抛出点为坐标原点，而取水平方向和竖直向上的方向分别为 x 轴和 y 轴(图 1.7)。从抛出时刻开始计时，则 $t=0$ 时，物体的初始位置在原点，即 $\boldsymbol{r}_0=0$；以 $\boldsymbol{v}_0$ 表示物体的初速度，以 θ 表示抛射角(即初速度与 x 轴的夹角)，则 $\boldsymbol{v}_0$ 沿 x 轴和 y 轴上的分量分别是

$$
v_{0x} = v_0 \cos\theta, \quad v_{0y} = v_0 \sin\theta
$$

物体在空中的加速度为

$$a_x = 0, \quad a_y = -g$$

其中负号表示加速度的方向与 y 轴的方向相反。利用这些条件，由式(1.16)可以得出物体在空中任意时刻的速度为

$$\left.\begin{aligned} v_x &= v_0\cos\theta \\ v_y &= v_0\sin\theta - gt \end{aligned}\right\} \tag{1.18}$$

由式(1.17)可以得出物体在空中任意时刻的位置为

$$\left.\begin{aligned} x &= v_0\cos\theta\cdot t \\ y &= v_0\sin\theta\cdot t - \frac{1}{2}gt^2 \end{aligned}\right\} \tag{1.19}$$

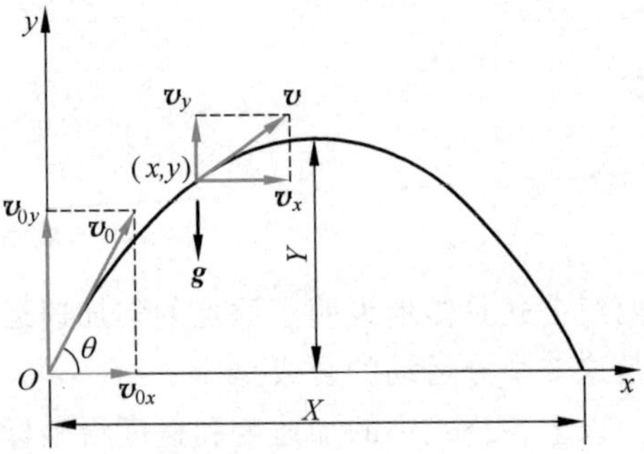

图1.7　抛体运动分析

由上两式可以求出(请读者自证)物体从抛出到回落到抛出点高度所用的时间 T 为

$$T = \frac{2v_0\sin\theta}{g}$$

飞行中的最大高度(即高出抛出点的距离)Y 为

$$Y = \frac{v_0^2\sin^2\theta}{2g}$$

飞行的射程(即回落到与抛出点的高度相同时所经过的水平距离)X 为

$$X = \frac{v_0^2\sin 2\theta}{g}$$

在式(1.19)的两式中消去 t，可得抛体的轨道函数为

$$y = x\tan\theta - \frac{1}{2}\frac{gx^2}{v_0^2\cos^2\theta}$$

对于一定的 v_0 和 θ，这一函数表示一条通过原点的二次曲线。这曲线在数学上叫"抛物线"。

应该指出，以上关于抛体运动的公式，都是在忽略空气阻力的情况下得出的。只有在初速比较小的情况下，它们才比较符合实际。实际上子弹或炮弹在空中飞行的规律和上述公式有很大差别。例如，以 550 m/s 的初速沿 45°抛射角射出的子弹，按上述公式计算的射程在 30 000 m 以上。实际上，由于空气阻力，射程不过 8500 m，不到前者的 1/3。

1.6　圆周运动

质点沿圆周运动时，它的速率通常叫线速度。如以 s 表示从圆周上某点 A 量起的弧长(图1.8)，则线速度 v 就可用式(1.7)表示为

$$v = \frac{\mathrm{d}s}{\mathrm{d}t}$$

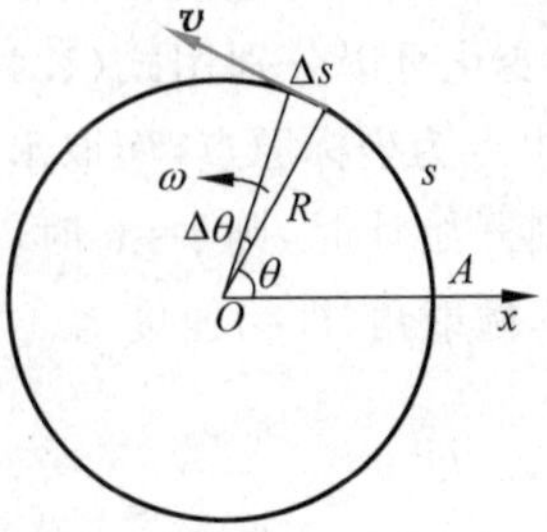

图1.8　线速度与角速度

以 θ 表示半径 R 从 OA 位置开始转过的角度，则 $s=R\theta$。将此关系代入上式，由于 R 是常量，可得

$$v = R\frac{\mathrm{d}\theta}{\mathrm{d}t}$$

式中$\frac{\mathrm{d}\theta}{\mathrm{d}t}$叫做质点运动的**角速度**，它的 SI 单位是 rad/s 或 1/s。

常以 ω 表示角速度，即

$$\omega = \frac{\mathrm{d}\theta}{\mathrm{d}t} \tag{1.20}$$

这样就有

$$v = R\omega \tag{1.21}$$

对于匀速率圆周运动，ω 和 v 均保持不变，因而其运动周期可求得为

$$T = \frac{2\pi}{\omega} \tag{1.22}$$

质点做圆周运动时，它的线速度可以随时间改变或不改变。但是由于其速度矢量的方向总是在改变着，所以总是有加速度。下面我们来求变速圆周运动的加速度。

如图 1.9(a)所示，$\boldsymbol{v}(t)$和$\boldsymbol{v}(t+\Delta t)$分别表示质点沿圆周运动经过 B 点和C 点时的速度矢量，由加速度的定义式(1.10)可得

$$\boldsymbol{a} = \lim_{\Delta t\to 0}\frac{\boldsymbol{v}(t+\Delta t)-\boldsymbol{v}(t)}{\Delta t} = \lim_{\Delta t\to 0}\frac{\Delta \boldsymbol{v}}{\Delta t}$$

$\Delta\boldsymbol{v}$ 如图 1.9(b)所示，在矢量 $\boldsymbol{v}(t+\Delta t)$上截取一段，使其长度等于 $v(t)$，作矢量$(\Delta\boldsymbol{v})_{\mathrm{n}}$ 和$(\Delta\boldsymbol{v})_{\mathrm{t}}$，就有

$$\Delta\boldsymbol{v} = (\Delta\boldsymbol{v})_{\mathrm{n}} + (\Delta\boldsymbol{v})_{\mathrm{t}}$$

因而 $\boldsymbol{a}$ 的表达式可写成

$$\boldsymbol{a} = \lim_{\Delta t\to 0}\frac{(\Delta\boldsymbol{v})_{\mathrm{n}}}{\Delta t} + \lim_{\Delta t\to 0}\frac{(\Delta\boldsymbol{v})_{\mathrm{t}}}{\Delta t} = \boldsymbol{a}_{\mathrm{n}} + \boldsymbol{a}_{\mathrm{t}} \tag{1.23}$$

其中

$$\boldsymbol{a}_{\mathrm{n}} = \lim_{\Delta t\to 0}\frac{(\Delta\boldsymbol{v})_{\mathrm{n}}}{\Delta t},\quad \boldsymbol{a}_{\mathrm{t}} = \lim_{\Delta t\to 0}\frac{(\Delta\boldsymbol{v})_{\mathrm{t}}}{\Delta t}$$

这就是说，加速度 $\boldsymbol{a}$ 可以看成是两个分加速度的合成。

先求分加速度 $\boldsymbol{a}_{\mathrm{t}}$。由图 1.9(b)可知，$(\Delta\boldsymbol{v})_{\mathrm{t}}$ 的数值为

$$v(t+\Delta t) - v(t) = \Delta v$$

即等于速率的变化。于是 $\boldsymbol{a}_{\mathrm{t}}$ 的数值为

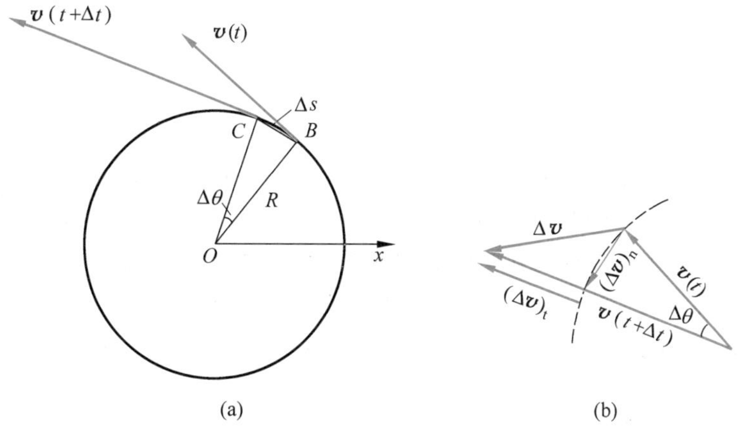

图 1.9 变速圆周运动的加速度

$$a_t = \lim_{\Delta t \to 0} \frac{\Delta v}{\Delta t} = \frac{\mathrm{d}v}{\mathrm{d}t} \tag{1.24}$$

即等于速率的变化率。由于 $\Delta t \to 0$ 时，$(\Delta \boldsymbol{v})_t$ 的方向趋于和 $\boldsymbol{v}$ 在同一直线上，因此 $\boldsymbol{a}_t$ 的方向也沿着轨道的切线方向。这一分加速度就叫**切向加速度**。切向加速度表示质点速率变化的快慢。a_t 为一代数量，可正可负。$a_t > 0$ 表示速率随时间增大，这时 $\boldsymbol{a}_t$ 的方向与速度 $\boldsymbol{v}$ 的方向相同；$a_t < 0$ 表示速率随时间减小，这时 $\boldsymbol{a}_t$ 的方向与速度 $\boldsymbol{v}$ 的方向相反。

利用式(1.21)还可得到

$$a_t = \frac{\mathrm{d}(R\omega)}{\mathrm{d}t} = R\frac{\mathrm{d}\omega}{\mathrm{d}t}$$

$\frac{\mathrm{d}\omega}{\mathrm{d}t}$表示质点运动角速度对时间的变化率，叫做**角加速度**。它的 SI 单位是 rad/s² 或 1/s²。以 α 表示角加速度，则有

$$a_t = R\alpha \tag{1.25}$$

即切向加速度等于半径与角加速度的乘积。

下面再来求分加速度 $\boldsymbol{a}_n$。比较图 1.9(a)和(b)中的两个相似的三角形可知

$$\frac{|(\Delta \boldsymbol{v})_n|}{v} = \frac{\overline{BC}}{R}$$

即

$$|(\Delta \boldsymbol{v})_n| = \frac{v\overline{BC}}{R}$$

式中 $\overline{BC}$ 为弦的长度。当 $\Delta t \to 0$ 时，这一弦长趋近于和对应的弧长 Δs 相等。因此，$\boldsymbol{a}_n$ 的大小为

$$a_n = \lim_{\Delta t \to 0} \frac{|(\Delta \boldsymbol{v})_n|}{\Delta t} = \lim_{\Delta t \to 0} \frac{v\Delta s}{R\Delta t} = \frac{v}{R}\lim_{\Delta t \to 0}\frac{\Delta s}{\Delta t}$$

由于

$$\lim_{\Delta t \to 0} \frac{\Delta s}{\Delta t} = v$$

可得

$$a_n = \frac{v^2}{R} \tag{1.26}$$

利用式(1.21)，还可得

$$a_n = \omega^2 R \tag{1.27}$$

至于 $\boldsymbol{a}_n$ 的方向，从图 1.9(b)中可以看到，当 $\Delta t \to 0$ 时，$\Delta\theta \to 0$，而$(\Delta \boldsymbol{v})_n$ 的方向趋向于垂直于速度 $\boldsymbol{v}$ 的方向而指向圆心。因此，$\boldsymbol{a}_n$ 的方向在任何时刻都垂直于圆的切线方向而沿着半径指向圆心。这个分加速度就叫**向心加速度**或**法向加速度**。法向加速度表示由于速度方向的改变而引起的速度的变化率。在圆周运动中，总有法向加速度。在直线运动中，由于速度方向不改变，所以 $a_n = 0$。在这种情况下，也可以认为 $R \to \infty$，此时式(1.26)也给出 $a_n = 0$。

由于 $\boldsymbol{a}_n$ 总是与 $\boldsymbol{a}_t$ 垂直，所以圆周运动的总加速度的大小为

$$a = \sqrt{a_n^2 + a_t^2} \tag{1.28}$$

以 β 表示加速度 $\boldsymbol{a}$ 与速度 $\boldsymbol{v}$ 之间的夹角(图 1.10)，则

$$\beta = \arctan \frac{a_n}{a_t} \tag{1.29}$$

应该指出，以上关于加速度的讨论及结果，也适用于任何二维的（即平面上的）曲线运动。这时有关公式中的半径应是曲线上所涉及点处的曲率半径（即该点曲线的密接圆或曲率圆的半径）。还应该指出的是，曲线运动中加速度的大小

$$a = |\boldsymbol{a}| = \left|\frac{\mathrm{d}\boldsymbol{v}}{\mathrm{d}t}\right| \neq \frac{\mathrm{d}v}{\mathrm{d}t} = a_t$$

也就是说，曲线运动中加速度的大小并不等于速率对时间的变化率，这一变化率只是加速度的一个分量，即切向加速度。

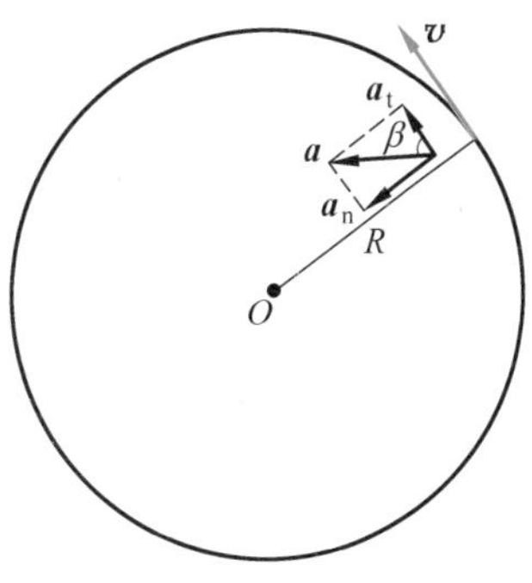

图 1.10 加速度的方向

1.7 相对运动

研究力学问题时常常需要从不同的参考系来描述同一物体的运动。对于不同的参考系，同一质点的位移、速度和加速度都可能不同。图 1.11 中，xOy 表示固定在水平地面上的坐标系（以 E 代表此坐标系），其 x 轴与一条平直马路平行。设有一辆平板车 V 沿马路行进，图中 $x'O'y'$ 表示固定在这个行进的平板车上的坐标系。在 Δt 时间内，车在地面上由 V_1 移到 V_2 位置，其位移为 $\Delta\boldsymbol{r}_{VE}$。设在同一 Δt 时间内，一个小球 S 在车内由 A 点移到 B 点，其位移为 $\Delta\boldsymbol{r}_{SV}$。在这同一时间内，在地面上观测，小球是从 A_0 点移到 B 点的，相应的位移是 $\Delta\boldsymbol{r}_{SE}$。（在这三个位移符号中，下标的前一字母表示运动的物体，后一字母表示参考系。）很明显，同一小球在同一时间内的位移，相对于地面和车这两个参考系来说，是不相同的。这两个位移和车厢对于地面的位移有下述关系：

$$\Delta\boldsymbol{r}_{SE} = \Delta\boldsymbol{r}_{SV} + \Delta\boldsymbol{r}_{VE} \tag{1.30}$$

以 Δt 除此式，并令 $\Delta t \to 0$，可以得到相应的速度之间的关系，即

$$\boldsymbol{v}_{SE} = \boldsymbol{v}_{SV} + \boldsymbol{v}_{VE} \tag{1.31}$$

以 $\boldsymbol{v}$ 表示质点相对于参考系 S（坐标系为 Oxy）的速度，以 $\boldsymbol{v}'$ 表示同一质点相对于参考系 S'（坐标系为 $O'x'y'$）的速度，以 $\boldsymbol{u}$ 表示参考系 S' 相对于参考系 S 平动的速度，则上式可以一般地表示为

$$\boldsymbol{v} = \boldsymbol{v}' + \boldsymbol{u} \tag{1.32}$$

同一质点相对于两个相对做平动的参考系的速度之间的这一关系叫做**伽利略速度变换**。

如果质点运动速度是随时间变化的，则求式(1.32)对 t 的导数，就可得到相应的加速度之间的关系。以 $\boldsymbol{a}$ 表示质点相对于参考系 S 的加速度，以 $\boldsymbol{a}'$ 表示质点相对于参考系 S' 的加速度，以 $\boldsymbol{a}_0$ 表示参考系 S' 相对于参考系 S 平动的加速度，则由式(1.32)可得

$$\frac{\mathrm{d}\boldsymbol{v}}{\mathrm{d}t} = \frac{\mathrm{d}\boldsymbol{v}'}{\mathrm{d}t} + \frac{\mathrm{d}\boldsymbol{u}}{\mathrm{d}t}$$

即

$$\boldsymbol{a} = \boldsymbol{a}' + \boldsymbol{a}_0 \tag{1.33}$$

这就是同一质点相对于两个相对做平动的参考系的加速度之间的关系。

如果两个参考系相对做匀速直线运动，即 $\boldsymbol{u}$ 为常量，则

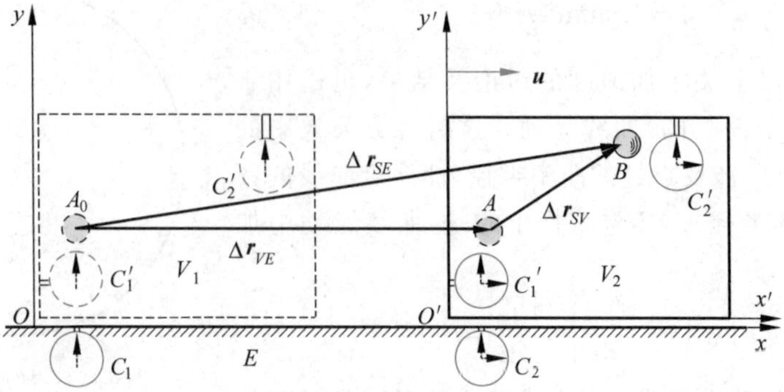

图 1.11 相对运动

$$\boldsymbol{a}_0 = \frac{\mathrm{d}\boldsymbol{u}}{\mathrm{d}t} = 0$$

于是有

$$\boldsymbol{a} = \boldsymbol{a}'$$

这就是说，在相对做匀速直线运动的参考系中观察同一质点的运动时，所测得的加速度是相同的。

例 1.2

雨滴下落。雨天一辆客车 V 在水平马路上以 20 m/s 的速度向东开行，雨滴 R 在空中以 10 m/s 的速度竖直下落。求雨滴相对于车厢的速度的大小与方向。

解 如图 1.12 所示，以 Oxy 表示地面(E)参考系，以 $O'x'y'$ 表示车厢参考系，则 $v_{VE}=20$ m/s，$v_{RE}=10$ m/s。以 v_{RV} 表示雨滴对车厢的速度，则根据伽利略速度变换 $\boldsymbol{v}_{RE}=\boldsymbol{v}_{RV}+\boldsymbol{v}_{VE}$，这三个速度的矢量关系如图。由图形的几何关系可得雨滴对车厢的速度的大小为

$$v_{RV} = \sqrt{v_{RE}^2 + v_{VE}^2} = \sqrt{10^2 + 20^2} = 22.4 \ (\mathrm{m/s})$$

这一速度的方向用它与竖直方向的夹角 θ 表示，则

$$\tan\theta = \frac{v_{VE}}{v_{RE}} = \frac{20}{10} = 2$$

由此得

$$\theta = 63.4°$$

即向下偏西 63.4°。

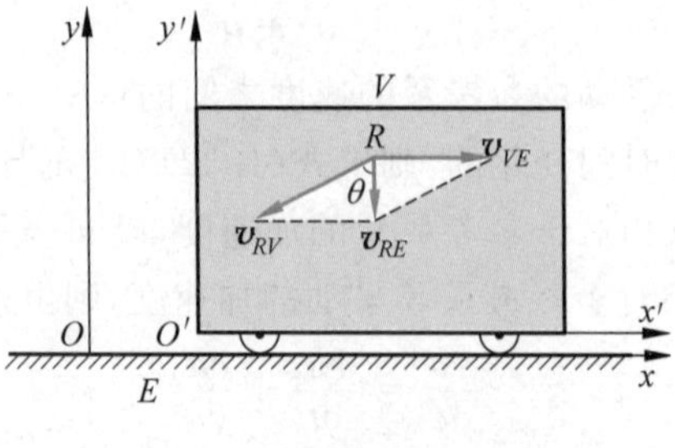

图 1.12 例 1.2 用图

提要

1. **参考系**：描述物体运动时用作参考的其他物体和一套同步的钟。
2. **运动函数**：表示质点位置随时间变化的函数。

位置矢量和运动合成 $\boldsymbol{r}=\boldsymbol{r}(t)=x(t)\boldsymbol{i}+y(t)\boldsymbol{j}+z(t)\boldsymbol{k}$

位移矢量 $\Delta\boldsymbol{r}=\boldsymbol{r}(t+\Delta t)-\boldsymbol{r}(t)$

3. **速度和加速度**：

$$\boldsymbol{v}=\frac{\mathrm{d}\boldsymbol{r}}{\mathrm{d}t},\quad \boldsymbol{a}=\frac{\mathrm{d}\boldsymbol{v}}{\mathrm{d}t}=\frac{\mathrm{d}^2\boldsymbol{r}}{\mathrm{d}t^2}$$

速度合成 $\boldsymbol{v}=\boldsymbol{v}_x+\boldsymbol{v}_y+\boldsymbol{v}_z$

加速度合成 $\boldsymbol{a}=\boldsymbol{a}_x+\boldsymbol{a}_y+\boldsymbol{a}_z$

4. **匀加速运动**：

$\boldsymbol{a}=$常矢量， $\boldsymbol{v}=\boldsymbol{v}_0+\boldsymbol{a}t,\quad \boldsymbol{r}=\boldsymbol{r}_0+\boldsymbol{v}_0t+\frac{1}{2}\boldsymbol{a}t^2$

初始条件 $\boldsymbol{r}_0,\boldsymbol{v}_0$

5. **匀加速直线运动**：以质点所沿直线为 x 轴，且 $t=0$ 时，$x_0=0$。

$$v=v_0+at,\quad x=v_0t+\frac{1}{2}at^2$$

$$v^2-v_0^2=2ax$$

6. **抛体运动**：以抛出点为坐标原点。

$$a_x=0,\quad a_y=-g$$

$$v_x=v_0\cos\theta,\quad v_y=v_0\sin\theta-gt$$

$$x=v_0\cos\theta\cdot t,\quad y=v_0\sin\theta\cdot t-\frac{1}{2}gt^2$$

7. **圆周运动**：

角速度 $\omega=\frac{\mathrm{d}\theta}{\mathrm{d}t}=\frac{v}{R}$

角加速度 $\alpha=\frac{\mathrm{d}\omega}{\mathrm{d}t}$

加速度 $\boldsymbol{a}=\boldsymbol{a}_\mathrm{n}+\boldsymbol{a}_\mathrm{t}$

法向加速度 $a_\mathrm{n}=\frac{v^2}{R}=R\omega^2$，指向圆心

切向加速度 $a_\mathrm{t}=\frac{\mathrm{d}v}{\mathrm{d}t}=R\alpha$，沿切线方向

8. **伽利略速度变换**：参考系 S' 以恒定速度沿参考系 S 的 x 轴方向运动。

$$\boldsymbol{v}=\boldsymbol{v}'+\boldsymbol{u}$$

自测简题

1.1 一次飞机在跑道上起飞时，要在长 1200 m 的跑道终点达到起飞速率 720 km/h，它在跑道上的加速度为(1)$\frac{50}{3}$ m/s^2，(2)50 m/s^2，(3)$\frac{100}{3}$ m/s^2。

1.2 一石子在塔顶被释放后经过 3 s 落到地面，则塔高为(1)44.1 m，(2)88.2 m，(3)22.05 m。

1.3 一石子先后以图示速率 $\boldsymbol{v}_1,\boldsymbol{v}_2,\boldsymbol{v}_3$ 斜向上抛出，将它们的射程由大到小排序。

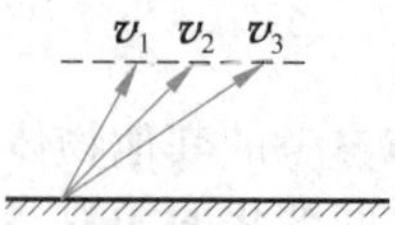

1.4 做匀速圆周运动的质点在(1)速率、(2)角速度不变的情况下，其加速度的大小和轨道半径 R 成正比；在(3)角速度、(4)速率不变的情况下其加速度的大小和轨道半径 R 成反比。

1.5 河水猛涨时，河宽 200 m，水流速 18 m/s，冲锋舟在湖面的速率为 30 m/s。今冲锋舟垂直横渡河宽，要用去时间(1)$\frac{20}{3}$ s，(2)10 s，(3)$\frac{100}{9}$ s。

思考题

1.1 说明做平抛实验时小球的运动用什么参考系？说明湖面上游船运动用什么参考系？说明人造地球卫星的椭圆运动以及土星的椭圆运动又各用什么参考系？

1.2 回答下列问题：

(1) 位移和路程有何区别？

(2) 速度和速率有何区别？

1.3 回答下列问题并举出符合你的答案的实例：

(1) 物体能否有一不变的速率而仍有一变化的速度？

(2) 速度为零的时刻，加速度是否一定为零？加速度为零的时刻，速度是否一定为零？

(3) 物体的加速度不断减小，而速度却不断增大，这可能吗？

(4) 当物体具有大小、方向不变的加速度时，物体的速度方向能否改变？

1.4 任意平面曲线运动的加速度的方向总指向曲线凹进那一侧，为什么？

1.5 根据开普勒第一定律，行星轨道为椭圆(图 1.13)。已知任一时刻行星的加速度方向都指向椭圆的一个焦点(太阳所在处)。分析行星在通过图中 M,N 两位置时，它的速率分别应正在增大还是正在减小？

1.6 一斜抛物体的水平初速度是 v_{0x}，它的轨道的最高点处的曲率圆的半径是多大？

1.7 有人说，考虑到地球的运动，一幢楼房的运动速率在夜里比在白天大，这是对什么参考系说的(图 1.14)？

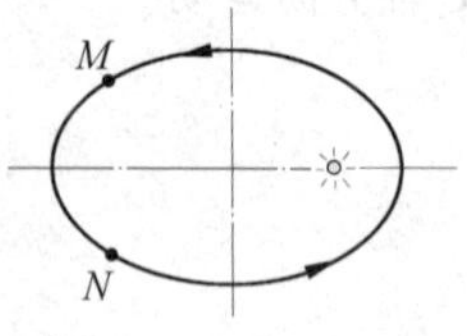

图 1.13 思考题 1.5 用图

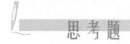

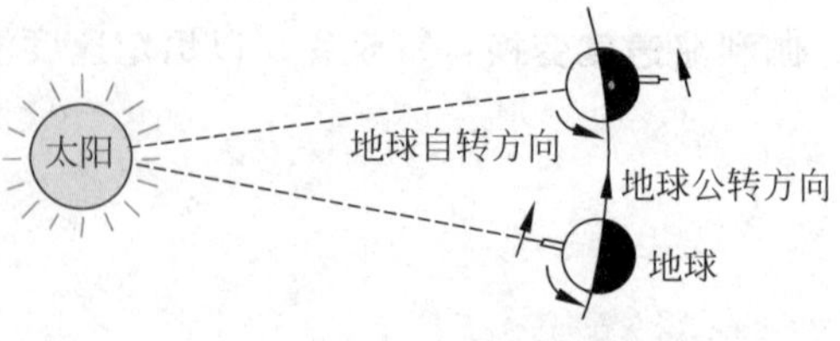

图 1.14 思考题 1.7 用图

习题

1.1 木星的一个卫星——木卫1——上面的珞玑火山喷发出的岩块上升高度可达 200 km,这些石块的喷出速度是多大?已知木卫1上的重力加速度为 1.80 m/s^2,而且在木卫1上没有空气。

1.2 一种喷气推进的实验车,从静止开始可在 1.80 s 内加速到 1600 km/h 的速率。按匀加速运动计算,它的加速度是否超过了人可以忍受的加速度 25 g?这 1.80 s 内该车跑了多大距离?

1.3 一辆卡车为了超车,以 90 km/h 的速度驶入左侧逆行道时,猛然发现前方 80 m 处一辆汽车正迎面驶来。假定该汽车以 65 km/h 的速度行驶,同时也发现了卡车超车。设两司机的反应时间都是 0.70 s(即司机发现险情到实际启动刹车所经过的时间),他们刹车后的减速度都是 7.5 m/s^2,试问两车是否会相撞?如果相撞,相撞时卡车的速度多大?

1.4 由消防水龙带的喷嘴喷出的水的流量是 q=280 L/min,水的流速 v=26 m/s。若这喷嘴竖直向上喷射,水流上升的高度是多少?在任一瞬间空中有多少升水?

1.5 一质点在 xy 平面上运动,运动函数为 $x=2t$,$y=4t^2-8$(采用国际单位制)。

(1) 求质点运动的轨道方程;

(2) 求 t_1=1 s 和 t_2=2 s 时,质点的位置、速度和加速度。

1.6 一个人扔石头的最大出手速率 v=25 m/s,他能把石头扔过与他的水平距离 L=50 m,高 h=13 m 的一座墙吗?在这个距离内他能把石头扔过墙的最高高度是多少?

1.7 山上和山下两炮各瞄准对方同时以相同初速各发射一枚炮弹(图 1.15),这两枚炮弹会不会在空中相碰?为什么?(忽略空气阻力)如果山高 h=50 m,两炮相隔的水平距离 s=200 m。要使这两枚炮弹在空中相碰,它们的速率至少应等于多少?

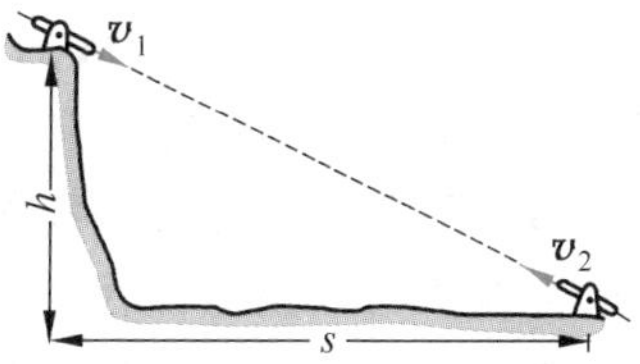

图 1.15 习题 1.7 用图

1.8 北京正负电子对撞机的储存环的周长为 240 m,电子要沿环以非常接近光速的速率运行。这些电子运动的向心加速度是重力加速度的几倍?

1.9 汽车在半径 R=400 m 的圆弧弯道上减速行驶。设在某一时刻,汽车的速率为 v=10 m/s,切向加速度的大小为 a_t=0.20 m/s^2。求汽车的法向加速度和总加速度的大小和方向。

*1.10 一张致密光盘(CD)音轨区域的内半径 R_1=2.2 cm,外半径为 R_2=5.6 cm(图 1.16),径向音轨密度 N=650 条/mm。在 CD 唱机内,光盘每转一圈,激光头沿径向向外移动一条音轨,激光束相对光盘是以 v=1.3 m/s 的恒定线速度运动的。

(1) 这张光盘的全部放音时间是多少?

(2) 激光束到达离盘心 r=5.0 cm 处时,光盘转动的角速度和角加速度各是多少?

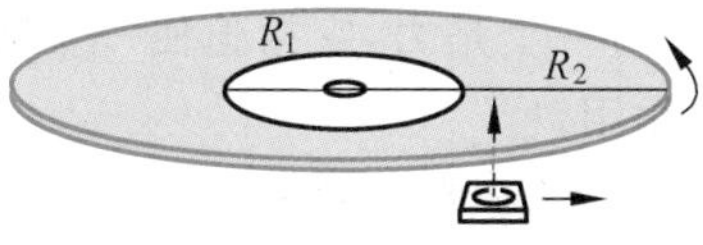

图 1.16 习题 1.10 用图

1.11 当速率为 30 m/s 的西风正吹时,相对于地面,向东、向西和向北传播的声音的速率各是多大?已知声音在空气中传播的速率为 344 m/s。

1.12 一个人骑车以 18 km/h 的速率自东向西行进时,看见雨点垂直下落,当他的速率增至 36 km/h 时看见雨点与他前进的方向成 120°角下落,求雨点对地的速度。

1.13 飞机 A 以 v_A=1000 km/h 的速率(相对地面)向南飞行,同时另一架飞机 B 以 v_B=800 km/h 的速率(相对地面)向东偏南 30°方向飞行。求 A 机相对于 B 机的速度与 B 机相对于 A 机的速度。

第2章

牛顿运动定律

第1章讨论了质点运动学，即如何描述一个质点的运动。本章将讨论质点动力学，即要说明质点为什么，或者说，在什么条件下作这样那样的运动。动力学的基本定律是牛顿三定律。以这三定律为基础的力学体系叫**牛顿力学**或**经典力学**。本章所涉及的基本定律，包括牛顿三定律以及与之相联系的概念，如惯性参考系、力、质量、动量等。还举例说明了如何应用牛顿定律解题。

2.1 牛顿三定律

牛顿在他1687年出版的名著《自然哲学的数学原理》一书中，提出了三条定律，这三条定律统称牛顿运动定律。它们是动力学的基础。牛顿所叙述的三条定律的中文译文如下：

第一定律　任何物体都保持静止的或沿一条直线作匀速运动的状态，除非作用在它上面的力迫使它改变这种状态。

第二定律　运动的变化与所加的动力成正比，并且发生在这力所沿的直线的方向上。

第三定律　对于每一个作用，总有一个相等的反作用与之相反；或者说，两个物体对各自对方的相互作用总是相等的，而且指向相反的方向。

这三条定律大家在中学已经相当熟悉了，下面对它们做一些解释和说明。

牛顿第一定律和两个力学基本概念相联系。一个是物体的**惯性**，它指物体本身要保持运动状态不变的性质，或者说是物体抵抗运动变化的性质。另一个是**力**，它指迫使一个物体运动状态改变，即，使该物体产生加速度的别的物体对它的作用。

由于运动只有相对于一定的参考系来说明才有意义，所以牛顿第一定律也定义了一种参考系。在这种参考系中观察，一个不受力作用的物体将保持静止或匀速直线运动状态不变。这样的参考系叫**惯性参考系**，简称惯性系。并非任何参考系都是惯性系。一个参考系是不是惯性系，要靠实验来判定。例如，实验指出，对一般力学现象来说，地面参考系是一个足够精确的惯性系。

牛顿第一定律只定性地指出了力和运动的关系。牛顿第二定律进一步给出了力和运动的定量关系。牛顿对他的叙述中的“运动”一词，定义为物体的质量和速度的乘积，现在把这一乘积称做物体的**动量**。以 $\boldsymbol{p}$ 表示质量为 m 的物体以速度 $\boldsymbol{v}$ 运动时的动量，则动量也是矢量，其定义式是

$$\boldsymbol{p} = m\boldsymbol{v} \tag{2.1}$$

这样，牛顿第二定律的文字表述应为：**物体的动量对时间的变化率与所加的外力成正比，并且发生在这外力的方向上。**

以 $\boldsymbol{F}$ 表示作用在物体（质点）上的力，则第二定律用数学公式表达就是（各量要选取适当的单位，见本节后面的说明）

$$\boldsymbol{F} = \frac{\mathrm{d}\boldsymbol{p}}{\mathrm{d}t} = \frac{\mathrm{d}(m\boldsymbol{v})}{\mathrm{d}t} \tag{2.2}$$

牛顿当时认为，一个物体的质量是一个与它的运动速度无关的常量。因而由式（2.2）可得

$$\boldsymbol{F} = m\frac{\mathrm{d}\boldsymbol{v}}{\mathrm{d}t}$$

由于 $\mathrm{d}\boldsymbol{v}/\mathrm{d}t = \boldsymbol{a}$ 是物体的加速度，所以有

$$\boldsymbol{F} = m\boldsymbol{a} \tag{2.3}$$

即物体所受的力等于它的质量和加速度的乘积。在牛顿力学中式（2.3）和式（2.2）完全等效。但要指出，式（2.2）应该看做是牛顿第二定律的基本的普遍形式。因为，现代实验已经证明，当物体速度达到接近光速时，其质量已经明显地和速度有关（见第 6 章），因而式（2.3）不再适用，但是式（2.2）却被实验证明仍然是成立的。

式（2.2）和式（2.3）是对物体只受一个力的情况说的。当一个物体同时受到几个力的作用时，它们和物体的加速度有什么关系呢？式中 $\boldsymbol{F}$ 应是这些力的**合力**（或**净力**），即这些力的**矢量和**。这样，**这几个力的作用效果跟它们的合力的作用效果一样**。这一结论叫**力的叠加原理**。

根据式（2.3）可以比较物体的质量。用同样的外力作用在两个质量分别是 m_1 和 m_2 的物体上，以 a_1 和 a_2 分别表示它们由此产生的加速度的数值，则由式（2.3）可得

$$\frac{m_1}{m_2} = \frac{a_2}{a_1}$$

即在相同外力的作用下，物体的质量和加速度成反比，质量大的物体产生的加速度小。这意味着质量大的物体抵抗运动变化的性质强，也就是它的惯性大。因此可以说，质量是物体惯性大小的量度。正因为这样，式（2.2）和式（2.3）中的质量叫做物体的**惯性质量**。

式（2.2）和式（2.3）都是矢量式，实际应用时常用它们的分量式。在直角坐标系中，这些分量式是

$$F_x = \frac{\mathrm{d}p_x}{\mathrm{d}t}, \quad F_y = \frac{\mathrm{d}p_y}{\mathrm{d}t}, \quad F_z = \frac{\mathrm{d}p_z}{\mathrm{d}t} \tag{2.4}$$

或

$$F_x = ma_x, \quad F_y = ma_y, \quad F_z = ma_z \tag{2.5}$$

对于平面曲线运动，常用沿切向和法向的分量式，即

$$F_{\mathrm{t}} = ma_{\mathrm{t}}, \quad F_{\mathrm{n}} = ma_{\mathrm{n}}$$

质量的 SI 单位名称是千克，符号是 kg。1 kg 现在仍用保存在巴黎度量衡局的地窖中的“千克标准原器”的质量来规定。为了方便比较，许多国家都有它的精确的复制品。

有了加速度和质量的 SI 单位，就可以利用式（2.3）来规定力的 SI 单位了。使 1 kg 物体产生 1 $\mathrm{m/s^2}$ 的加速度的力就规定为力的 SI 单位。它的名称是牛[顿]，符号是 N，

$1\ \text{N}=1\ \text{kg}\cdot\text{m/s}^2$。

关于牛顿第三定律，若以 $\boldsymbol{F}_{12}$ 表示第一个物体受第二个物体的作用力，以 $\boldsymbol{F}_{21}$ 表示第二个物体受第一个物体的作用力，则这一定律可用数学形式表示为

$$\boldsymbol{F}_{12}=-\boldsymbol{F}_{21} \tag{2.6}$$

应该十分明确，这两个力是分别作用在两个物体上的。牛顿力学还认为，这两个力总是同时作用而且是沿着一条直线的。可以用 16 个字概括第三定律的意义：作用力和反作用力是**同时存在，分别使用，方向相反，大小相等**。

最后应该指出，牛顿第二定律和第三定律只适用于惯性参考系。

量纲

在 SI 中，长度、质量和时间称为**基本量**，速度、加速度、力等都可以由这些基本量根据一定的物理公式导出，因而称为**导出量**。

为了定性地表示导出量和基本量之间的联系，常不考虑数字因数而将一个导出量用若干基本量的乘方之积表示出来。这样的表示式称为该物理量的**量纲**(或量纲式)。以 L，M，T 分别表示基本量长度、质量和时间的量纲，则速度、加速度、力和动量的量纲可以分别表示如下：

$$[v]=\text{LT}^{-1},\qquad [a]=\text{LT}^{-2}$$

$$[F]=\text{MLT}^{-2},\quad [p]=\text{MLT}^{-1}$$

式中各基本量的量纲的指数称为**量纲指数**。

量纲的概念在物理学中很重要。由于只有量纲相同的项才能进行加减或用等式连接，所以它的一个简单而重要的应用是检验结果的正误。例如，如果得出了一个结果是 $F=mv^2$，其左边的量纲为 MLT^{-2}，右边的量纲为 ML^2T^{-2}。由于两者不相符合，所以可以判定这一结果一定是错误的。在做题时对于每一个结果都应该这样检查一下量纲，以免出现原则性的错误。当然，只是量纲正确，并不能保证结果就一定正确，因为还可能出现数字系数的错误。

2.2 常见的几种力

要应用牛顿定律解决问题，首先必须能正确分析物体的受力情况。在中学物理课程中，大家已经熟悉了重力、弹性力、摩擦力等力。我们将在下面对它们作一简要的复习。

1. 重力

地球表面附近的物体都受到地球的吸引作用，这种由于地球吸引而使物体受到的力叫做**重力**。在重力作用下，任何物体产生的加速度都是重力加速度 $\boldsymbol{g}$。若以 $\boldsymbol{W}$ 表示物体受的重力，以 m 表示物体的质量，则根据牛顿第二定律就有

$$\boldsymbol{W}=m\boldsymbol{g} \tag{2.7}$$

即：重力的大小等于物体的质量和重力加速度大小的乘积，重力的方向和重力加速度的方向相同，即竖直向下。

2. 弹性力

发生形变的物体，由于要恢复原状，对与它接触的物体会产生力的作用，这种力叫**弹性力**。弹性力的表现形式有很多种。下面只讨论常见的三种表现形式。

互相压紧的两个物体在其接触面上都会产生对对方的弹性力作用。这种弹性力通常叫

做**正压力**(或**支持力**)。它们的大小取决于相互压紧的程度,方向总是垂直于接触面而指向对方。

拉紧的绳或线对被拉的物体有**拉力**。它的大小取决于绳被拉紧的程度,方向总是沿着绳而指向绳要收缩的方向。拉紧的绳的各段之间也相互有拉力作用。这种拉力叫做**张力**,通常绳中张力也就等于该绳拉物体的力。

通常相互压紧的物体或拉紧的绳子的形变都很小,难以直接观察到,因而常常忽略。

当弹簧被拉伸或压缩时,它就会对联结体(以及弹簧的各段之间)有弹力的作用(图 2.1)。这种**弹簧的弹力**遵守**胡克定律**:在弹性限度内,弹力和形变成正比。以 f 表示弹力,以 x 表示形变,即弹簧的长度相对于原长的变化,则根据胡克定律就有

$$f = -kx \tag{2.8}$$

式中,k 叫弹簧的**劲度系数**,决定于弹簧本身的结构。弹簧的弹力总是指向要恢复它原长的方向的。

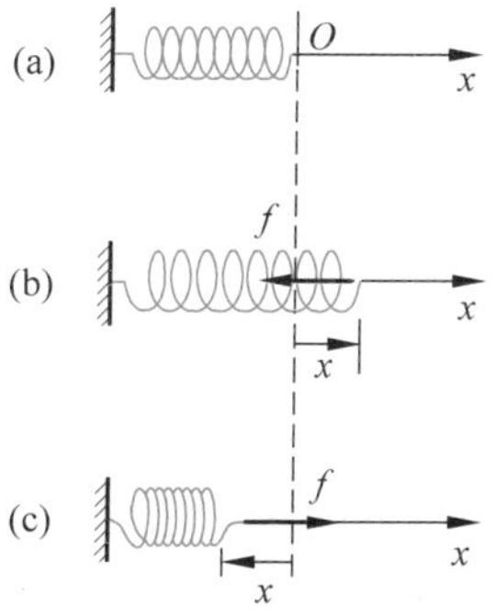

图 2.1 弹簧的弹力

(a) 弹簧的自然伸长;(b) 弹簧被拉伸;(c) 弹簧被压缩

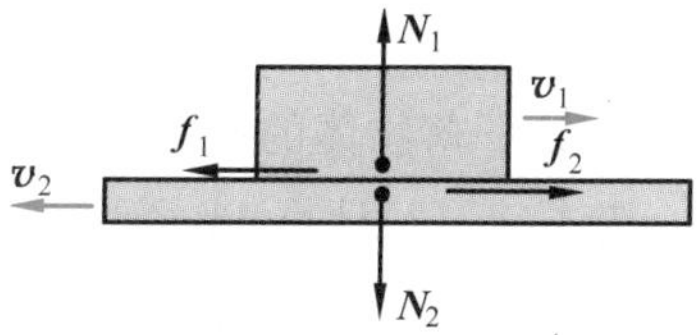

图 2.2 摩擦力

3. 摩擦力

两个相互接触的物体(指固体)沿着接触面的方向有**相对滑动**时(图 2.2),在各自的接触面上都受到阻止相对滑动的力。这种力叫**摩擦力**,它的方向总是与相对滑动的方向相反。实验证明当相对滑动的速度不是太大或太小时,摩擦力 f 的大小和滑动速度无关而和正压力 N 成正比,即

$$f = \mu N \tag{2.9}$$

式中 μ 为**摩擦系数**,它与接触面的材料和表面的状态(如光滑与否)有关。一些典型情况的 μ 的数值列在表 2.1 中,它们都只是粗略的数值。

表 2.1 一些典型情况的摩擦系数

接触面材料	μ	接触面材料	μ
钢—钢(干净表面)	0.6	玻璃—玻璃	0.4
钢—钢(加润滑剂)	0.05	橡胶—水泥路面	0.8
铜—钢	0.4	特氟隆—特氟隆(聚四氟乙烯)	0.04
铜—铸铁	0.3	涂蜡木滑雪板—干雪面	0.04

4. 流体曳力

一个物体在流体(液体或气体)中和流体有相对运动时,物体会受到流体的阻力,这种阻力称为流体曳力。这曳力的方向和物体相对于流体的速度方向相反,其大小和相对速度的大小有关。在相对速率较小,流体可以从物体周围平顺地流过时,曳力 f_d 的大小和相对速率 v 成正比,即

$$f_d = kv \tag{2.10}$$

式中比例系数 k 决定于物体的大小和形状以及流体的性质(如黏性、密度等)。在相对速率较大以至在物体的后方出现流体旋涡时(一般情形多是这样),曳力的大小将和相对速率的平方成正比。对于物体在空气中运动的情况,曳力的大小可以表示为

$$f_d = \frac{1}{2}C\rho Av^2 \tag{2.11}$$

其中 ρ 是空气的密度,A 是物体的有效横截面积,C 为曳引系数,一般在 0.4 到 1.0 之间(也随速率而变化)。相对速率很大时,曳力还会急剧增大。

由于流体曳力和速率有关,物体在流体中下落时的加速度将随速率的增大而减小,以至当速率足够大时,曳力会和重力平衡而物体将以匀速下落。物体在流体中下落的最大速率叫**终极速率**。对于在空气中下落的物体,利用式(2.11)可以求得终极速率为

$$v_t = \sqrt{\frac{2mg}{C\rho A}} \tag{2.12}$$

其中 m 为下落物体的质量。

按式(2.12)计算,半径为 1.5 mm 的雨滴在空气中下落的终极速率为 7.4 m/s,大约在下落 10 m 时就会达到这个速率。跳伞者,由于伞的面积 A 较大,所以其终极速率也较小,通常为 5 m/s 左右,而且在伞张开后下降几米就会达到这一速率。

5. 引力(或万有引力)

引力指存在于任何两个物质质点之间的吸引力。它的规律首先由牛顿发现,称为引力定律,这个定律说:**任何两个质点都互相吸引,这引力的大小与它们的质量的乘积成正比,和它们的距离的平方成反比**。用 m_1 和 m_2 分别表示两个质点的质量,以 r 表示它们的距离,则引力大小的数学表示式是

$$f = \frac{Gm_1m_2}{r^2} \tag{2.13}$$

式中 f 是两个质点的相互吸引力,G 是一个比例系数,叫**引力常量**,在国际单位制中它的值为

$$G = 6.67 \times 10^{-11}\ \mathrm{N \cdot m^2/kg^2}$$

式(2.13)中的质量反映了物体的引力性质,是物体与其他物体相互吸引的性质的量度,因此又叫**引力质量**。它和反映物体抵抗运动变化这一性质的惯性质量在意义上是不同的。但是任何物体的重力加速度都相等的实验表明,同一个物体的这两个质量是相等的,因此可以说它们是同一质量的两种表现,也就不必加以区分了。

2.3 应用牛顿定律解题

利用牛顿定律求解力学问题时，最好按下述"**三字经**"所设计的思路分析。

1. 认物体

在有关问题中选定一个物体(当成质点)作为分析对象。如果问题涉及几个物体，那就一个一个地作为对象进行分析，认出每个物体的质量。

2. 看运动

分析所认定的物体的运动状态，包括它的轨道、速度和加速度。问题涉及几个物体时，还要找出它们之间运动的联系，即它们的速度或加速度之间的关系。

3. 查受力

找出被认定的物体所受的所有外力。画简单的示意图表示物体的受力情况与运动情况，这种图叫**示力图**。

4. 列方程

把上面分析出的质量、加速度和力用牛顿第二定律联系起来列出方程式。利用直角坐标系的分量式(式(2.5))列式时，在图中应注明坐标轴方向。在方程式足够的情况下就可以求解未知量了。

动力学问题一般有两类，一类是已知力的作用情况求运动；另一类是已知运动情况求力。这两类问题的分析方法都是一样的，都可以按上面的步骤进行，只是未知数不同罢了。

例 2.1

皮带运砖。用皮带运输机向上运送砖块。设砖块与皮带间的摩擦系数为 μ，砖块的质量为 m，皮带的倾斜角为 α。求皮带向上匀速输送砖块时，它对砖块的摩擦力多大？

解 认定砖块进行分析。它向上匀速运动，因而加速度为零。在上升过程中，它的受力情况如图 2.3 所示。

选 x 轴沿着皮带方向，则对砖块用牛顿第二定律，可得 x 方向的分量式为

$$-mg\sin\alpha + f = ma_x = 0$$

由此得砖块受的摩擦力为

$$f = mg\sin\alpha$$

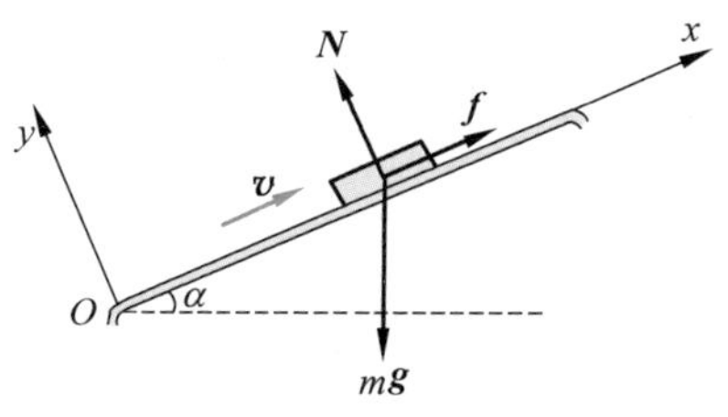

图 2.3 例 2.1 用图

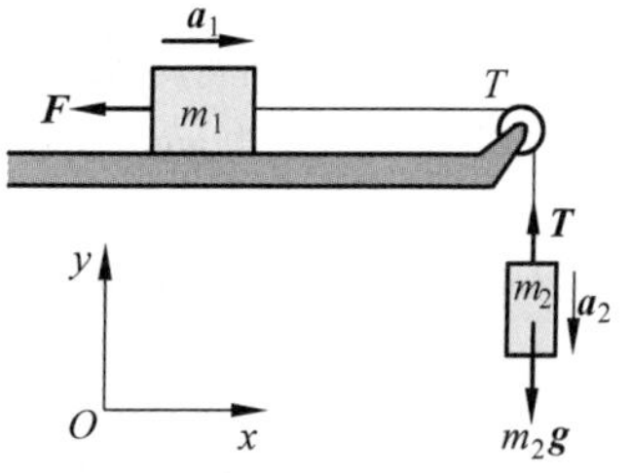

图 2.4 例 2.2 用图

例 2.2

双体联结。在光滑桌面上放置一质量 $m_1=5.0\ \mathrm{kg}$ 的物块，用绳通过一无摩擦滑轮将它和另一质量为 $m_2=2.0\ \mathrm{kg}$ 的物块相连。(1)保持两物块静止，需用多大的水平力 $\boldsymbol{F}$ 拉住桌上的物块？(2)换用 $F=30\ \mathrm{N}$ 的水平力向左拉 m_1 时，两物块的加速度和绳中张力 T 的大小各如何？(3)怎样的水平力 $\boldsymbol{F}$ 会使绳中张力为零？

解 如图 2.4 所示，设两物块的加速度分别为 $\boldsymbol{a}_1$ 和 $\boldsymbol{a}_2$。参照如图所示的坐标方向。

(1) 如两物体均静止，则 $a_1=a_2=0$，用牛顿第二定律，对 m_1，

$$-F+T=m_1a_1=0$$

对 m_2，

$$T-m_2g=m_2a_2=0$$

此二式联立给出

$$F=m_2g=2.0\times 9.8=19.6\ (\mathrm{N})$$

(2) 当 $F=30\ \mathrm{N}$ 时，则用牛顿第二定律，对 m_1，沿 x 方向，有

$$-F+T=m_1a_1 \tag{2.14}$$

对 m_2，沿 y 方向，有

$$T-m_2g=m_2a_2 \tag{2.15}$$

由于 m_1 和 m_2 用绳联结着，所以有 $a_1=a_2$，令其为 a。

联立解上两式，可得两物块的加速度为

$$a=\frac{m_2g-F}{m_1+m_2}=\frac{2\times 9.8-30}{5.0+2.0}=-1.49\ (\mathrm{m/s^2})$$

和图 2.4 所设 $\boldsymbol{a}_1$ 和 $\boldsymbol{a}_2$ 的方向相比，此结果的负号表示，两物块的加速度均与所设方向相反，即 m_1 将向左而 m_2 将向上以 $1.49\ \mathrm{m/s^2}$ 的加速度运动。

由上面式(2.15)可得此时绳中张力为

$$T=m_2(g-a_2)=2.0\times[9.8-(-1.49)]=22.6\ (\mathrm{N})$$

(3) 若绳中张力 $T=0$，则由式(2.15)知，$a_2=g$，即 m_2 自由下落，这时由式(2.14)可得

$$F=-m_1a_1=-m_1a_2=-m_1g=-5.0\times 9.8=-49\ (\mathrm{N})$$

负号表示力 $\boldsymbol{F}$ 的方向应与图 2.4 所示方向相反，即需用 49 N 的水平力向右推桌上的物块，才能使绳中张力为零。

例 2.3

珠子下落。一个质量为 m 的珠子系在线的一端，线的另一端绑在墙上的钉子上，线长为 l。先拉动珠子使线保持水平静止，然后松手使珠子下落。求线摆下 θ 角时这个珠子的速率和线的张力。

解 这是一个变加速问题，求解要用到微积分，但物理概念并没有什么特殊。如图 2.5 所示，珠子受的力有线对它的拉力 $\boldsymbol{T}$ 和重力 $m\boldsymbol{g}$。由于珠子沿圆周运动，所以我们按切向和法向来列牛顿第二定律分量式。

对珠子，在任意时刻，当摆下角度为 α 时，牛顿第二定律的切向分量式为

$$mg\cos\alpha=ma_t=m\frac{\mathrm{d}v}{\mathrm{d}t}$$

以 $\mathrm{d}s$ 乘以此式两侧，可得

$$mg\cos\alpha\,\mathrm{d}s=m\frac{\mathrm{d}v}{\mathrm{d}t}\mathrm{d}s=m\frac{\mathrm{d}s}{\mathrm{d}t}\mathrm{d}v$$

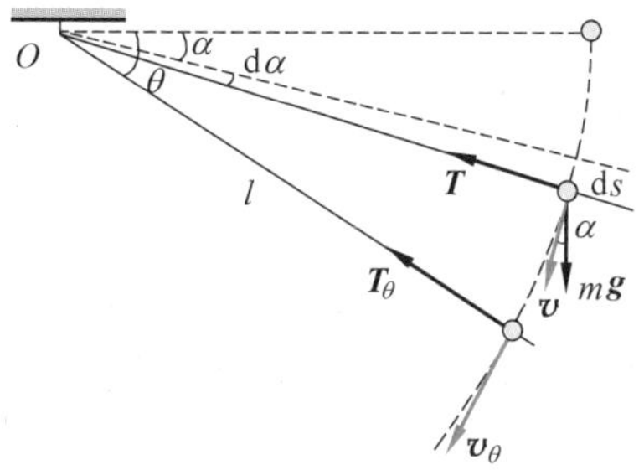

图 2.5　例 2.3 用图

由于 $ds = l d\alpha$，$\frac{ds}{dt} = v$，所以上式可写成

$$gl\cos\alpha\, d\alpha = v dv$$

两侧同时积分，由于摆角从 0 增大到 θ 时，速率从 0 增大到 v_θ，所以有

$$\int_0^\theta gl\cos\alpha \cdot d\alpha = \int_0^{v_\theta} v dv$$

由此得
$$gl\sin\theta = \frac{1}{2}v_\theta^2$$

从而
$$v_\theta = \sqrt{2gl\sin\theta}$$

对珠子，在摆下 θ 角时，牛顿第二定律的法向分量式为

$$T_\theta - mg\sin\theta = ma_n = m\frac{v_\theta^2}{l}$$

将上面 v_θ 值代入此式，可得线对珠子的拉力为

$$T_\theta = 3mg\sin\theta$$

这也就等于线中的张力。

例 2.4

跳伞运动。一跳伞运动员质量为 80 kg，一次从 4000 m 高空的飞机上跳出，以雄鹰展翅的姿势下落(图 2.6)，有效横截面积为 0.6 m^2。以空气密度为 1.2 kg/m^3 和曳引系数 $C=0.6$ 计算，他下落的终极速率多大？

图 2.6　2007 年 11 月 10 日美国得克萨斯州 83 岁的美国前总统老布什(下)高空跳伞

解　空气曳力用式(2.11)计算，终极速率出现在此曳力等于运动员所受重力的时候。由此可得终极速率为

$$v_t = \sqrt{\frac{2mg}{C\rho A}} = \sqrt{\frac{2\times 80\times 9.8}{0.6\times 1.2\times 0.6}} = 60\ (m/s)$$

这一速率比从 4000 m 高空"自由下落"的速率(280 m/s)小得多，但运动员以这一速率触地还是很危险的，所以他在接近地面时要打开降落伞。

例 2.5

圆周运动。一个水平的木制圆盘绕其中心竖直轴匀速转动(图 2.7)。在盘上离中心

$r=20$ cm 处放一小铁块，如果铁块与木板间的摩擦系数 $\mu=0.4$，求圆盘转速增大到多少(以 r/min 表示)时，铁块开始在圆盘上移动？

解　对铁块进行分析。它在盘上不动时，是作半径为 r 的匀速圆周运动，具有法向加速度 $a_n=r\omega^2$。图 2.7 中示出铁块受力情况，f 为摩擦力。

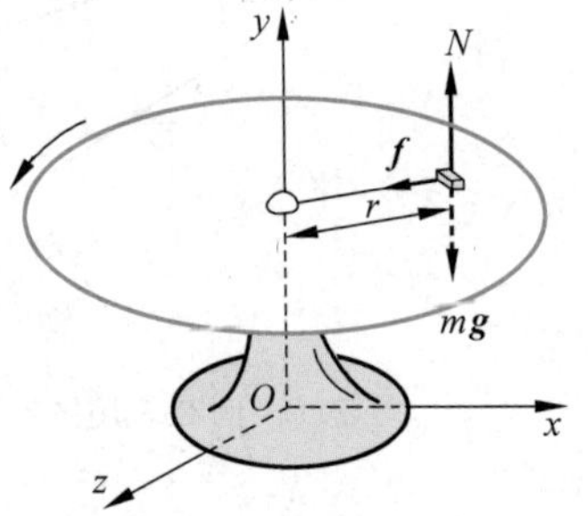

图 2.7　转动圆盘

对铁块用牛顿第二定律，得法向分量式为

$$f = ma_n = mr\omega^2$$

由于

$$f \leqslant \mu N = \mu mg$$

所以

$$\mu mg \geqslant mr\omega^2$$

即

$$\omega \leqslant \sqrt{\frac{\mu g}{r}} = \sqrt{\frac{0.4\times 9.8}{0.2}} = 4.43\ (\text{rad/s})$$

由此得

$$n = \frac{\omega}{2\pi} \leqslant 42.3\ (\text{r/min})$$

这一结果说明，圆盘转速达到 42.3 r/min 时，铁块开始在盘上移动。

例 2.6

行星运动。谷神星(最大的小行星，直径约 960 km)的公转周期为 1.67×10^3 d。试以地球公转为参考，求谷神星公转的轨道半径。

解　以 r 表示某一行星轨道的半径，T 为其公转周期。按匀加速圆周运动计算，该行星的法向加速度为 $4\pi^2 r/T^2$。以 M 表示太阳的质量，m 表示行星的质量，并忽略其他行星的影响，则由引力定律和牛顿第二定律可得

$$G\frac{Mm}{r^2} = m\frac{4\pi^2 r}{T^2}$$

由此得

$$\frac{T^2}{r^3} = \frac{4\pi^2}{GM}$$

由于此式右侧是与行星无关的常量，所以此结果即说明行星公转周期的平方和它的轨道半径的立方成正比。(由于行星轨道是椭圆，所以，严格地说，上式中的 r 应是轨道的半长轴。)这一结果称为关于行星运动的**开普勒第三定律**。

以 r_1，T_1 表示地球的轨道半径和公转周期，以 r_2，T_2 表示谷神星的轨道半径和公转周期，则

$$\frac{r_2^3}{r_1^3} = \frac{T_2^2}{T_1^2}$$

由此得

$$r_2 = r_1\left(\frac{T_2}{T_1}\right)^{2/3} = 1.50\times10^{11}\times\left(\frac{1.67\times10^3}{365}\right)^{2/3} = 4.13\times10^{11}\ (\text{m})$$

这一数值在火星和木星的轨道半径之间。实际上，在火星和木星间存在一个小行星带。

2.4　流体的稳定流动

本节与2.5节将介绍一些流体运动的知识。流体包括气体和液体，我们将主要讨论液体。实际的流体的运动是非常复杂的，作为初步介绍我们将只讨论最简单最基本的情况，即**理想流体**的运动。

实际的液体，如水，只是在很大的压强下才能被少量地压缩。因此，我们假定理想流体是**不可压缩的**，也就是说，它们在压强的作用下体积不会改变。实际的液体、气体也一样，都具有黏滞性，即液体中相邻的部分相互曳拉从而阻止它们的相对运动。例如，蜂蜜是非常黏滞的，油，甚至水乃至气体都有一定的黏滞性。为简单起见，我们还假定理想流体是**无黏滞性**的，即理想流体的各部分都自由地流动，相互之间以及流体和管道壁之间都没有相互曳拉的作用力。

实际的流体流动时，特别是越过障碍物时，其运动是非常复杂的，因为**湍流**可能出现(图2.8)。为简单起见我们只讨论流体的**稳定流动**或**稳流**(图2.8)。在这种流动中，在整个流道中，流过各点的流体元的速度不随时间改变。例如缓慢流过渠道的水流或流过水管的水流的中部就接近稳流，血管中血液的流动也近似稳流。稳流中流体元速度的分布常用**流线**描绘，图2.9就显示了这种流线图。各条流线都是连续的而且不会相交，流线密的地方流速大，稀疏的地方流速小。

图2.8　稳流和湍流

新疆喀纳斯河卧龙湾，近处湾面宽广，水流缓慢，各处水流速度不随时间改变，水面平静稳定，一如镜面。此处水流为稳流。远处水流通道截面缩小，水流速度变大而且各处水流速度不断随时间改变，形成湍流

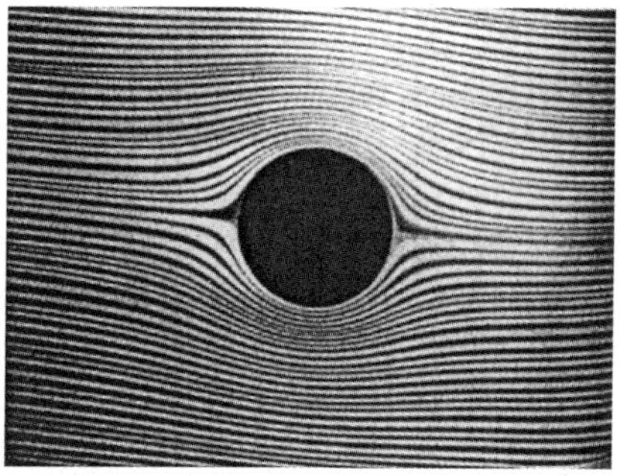

图2.9　用染色示踪剂显示的流体流过一圆筒的稳流流线图

总之，下面我们将只讨论理想流体(不可压缩而且无黏滞性)的稳定流动。

首先，我们给出流速与流体截面的关系。你一定看到过小河中流水的速率随河道宽窄而变的景象：河道越窄，流动越快；河道越宽，流动越慢。为了求出定量的关系，考虑如图 2.10 所示的水在粗细有变化的管道中流动的情形。以 v_1 和 v_2 分别表示水流过管道截面 S_1 较粗处和流过截面 S_2 较细处的速率。在时间间隔 Δt 内流过两截面处的水的体积分别为 $S_1 v_1 \Delta t$ 和 $S_2 v_2 \Delta t$。由于已假定水是理想流体而且是稳流，水就不可能在 S_1 和 S_2 之间发生积聚或短缺，于是流进 S_1 的水的体积必定等于同一时间内从 S_2 流出的水的体积。这样就有

$$S_1 v_1 \Delta t = S_2 v_2 \Delta t$$

或

$$S_1 v_1 = S_2 v_2 \tag{2.16}$$

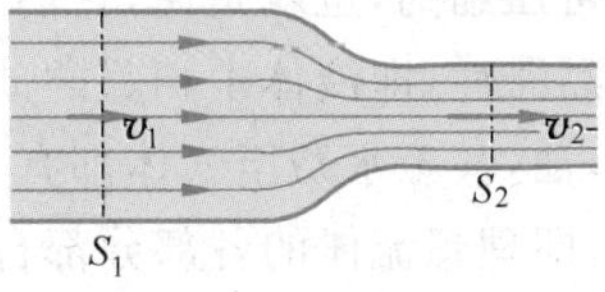

图 2.10　流体在管道中流动

这一关系式称为稳流的**连续性方程**，它说明管中的流速和管子的横截面积成反比。用橡皮管给花草洒水时，要想流出的水出口速率大一些就把管口用手指封住一些就是这个道理。

2.5 伯努利方程

2.4 节讲过，随着流体流动时横截面积的变化会引起速度的变化，而速度的变化，由牛顿第二定律，是和流体内各部分的相互作用力或压强相联系的。再者，随着流动时的高度变化，重力也会引起速度的变化，把流体作为质点系看待，直接应用牛顿定律分析其运动是非常复杂而繁难的工作。于是我们将回到守恒定律，用机械能守恒定律来求出理想流体稳定流动的运动和力的关系。

理想流体在粗细有变化的管道中流动时，其流速和压强是随处变化的。如图 2.11 所示，以 v_1 和 v_2 分别表示理想流体通过管道截面 S_1 和 S_2 处时的流速，以 p_1 和 p_2 分别表示流在两处的压强，以 h_1 和 h_2 分别表示两截面的高度，再以 ρ 表示理想流体的密度。可以证明，对理想流体的稳定流动，下式成立：

$$p_1 + \frac{1}{2}\rho v_1^2 + \rho g h_1 = p_2 + \frac{1}{2}\rho v_2^2 + \rho g h_2 \tag{2.17}$$

或写作

$$p + \frac{1}{2}\rho v^2 + \rho g h = \text{常量} \tag{2.18}$$

上二式为 18 世纪流体运动研究者伯努利首先导出，现在统称**伯努利方程**。下面举几个实际例子说明它的应用。

对于式(2.17)中 $v_1 = v_2 = 0$ 的特殊情况，如图 2.12 所示的在一大容器中的水，

$$p_1 + \rho g h_1 = p_2 + \rho g h_2$$

用液体深度 D 代替高度 h，由于 $D = H - h$，所以又可得

$$p_2 - p_1 = \rho g (D_2 - D_1) \tag{2.19}$$

此式表明静止的流体内两点的压强差与它们的深度差成正比。

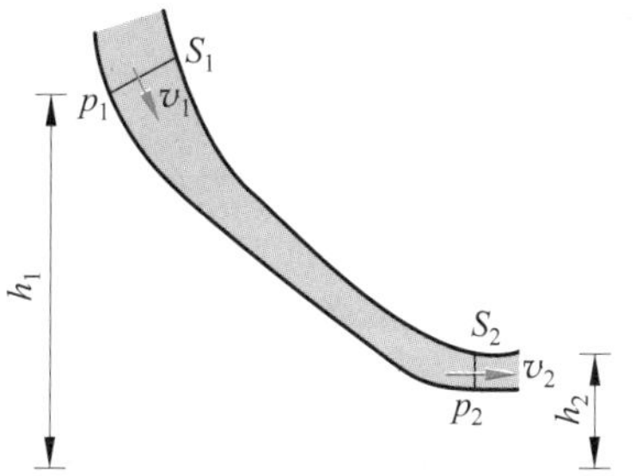

图 2.11 说明伯努利方程用图

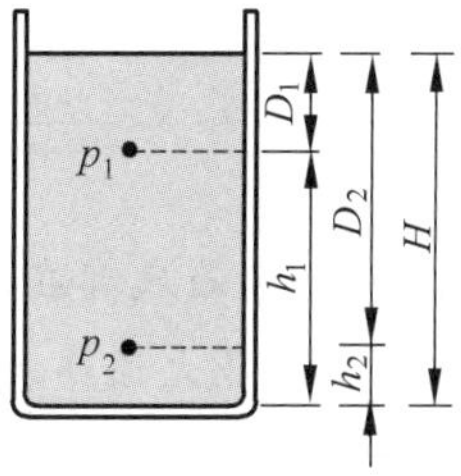

图 2.12 静止流体的压强

如果式(2.17)中 $h_1=h_2$，则得

$$p_1+\frac{1}{2}\rho v_1^2=p_2+\frac{1}{2}\rho v_2^2 \tag{2.20}$$

此式表明在水平管道内流动的流体在流速大处其压强小而在流速小处其压强大。

用式(2.20)可以解释足球场的"香蕉球"为什么能沿一弯曲轨道行进。为使球的轨道弯曲，必须把球踢得在它向前飞行的同时还绕自己的轴旋转，由于球向前运动，在球上看来，球周围的空气就向后流动，如图 2.13 所示(其中球向左飞行，气流向右)。由于旋转，球表面附近的空气就被球表面曳拉得随表面旋转。图 2.13 中球按顺时针方向旋转，其外面空气也按顺时针方向旋转，速度合成的结果使得球左方空气的流速就小于其右方空气的流速，其流线的疏密大致如图 2.13 所示。根据式(2.20)，球左侧所受空气的压强就大于球运动前方较远处的压强，而球右侧所受空气的压强将小于球运动前方较远处的压强，但在其前方较远处的压强是一样的。所以球左侧受空气的压强就大于其右侧受空气的压强，球左侧受的力也就大于右侧受的力。正是这一压力差迫使球偏离直线轨道而转向右方作曲线运动了。

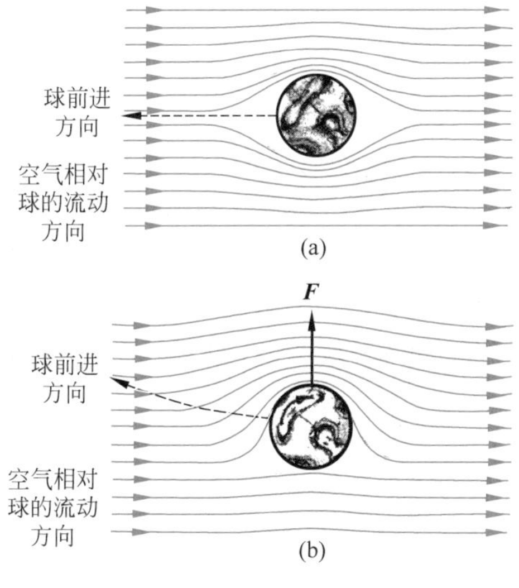

图 2.13 "香蕉球"轨道弯曲的解释(俯视)

(a) 不旋转的球直进；(b) 旋转的球偏斜

乒乓球赛事中最常见的上旋、下旋、左旋或右旋球的弯曲轨道也都是根据同样的道理产生的。

例 2.7

水箱放水。一水箱底部在其内水面下深度为 D 处安有一水龙头(图 2.14)。当水龙头打开时,箱中的水以多大速率流出?

解 箱中水的流动可以认为是从一段非常粗的管子流向一段细管而从出口流出,在粗管中的流速,也就是箱中液面下降的速率非常小,可以认为式(2.17)中的 $v_1=0$。另外,由于箱中液面和从龙头中流出的水所受的空气压强都是大气压强,所以 $p_1=p_2=p_{\rm atm}$。这样式(2.17)就给出

$$\rho g h_1 = \rho g h_2 + \frac{1}{2}\rho v_2^2$$

由此可得

$$v_2 = \sqrt{2g(h_1-h_2)} = \sqrt{2gD}$$

这一结果和水自由降落一高度 D 所获得的速率一样。你可以设想一些水从水箱中水面高度直接自由降落到出水口高度。

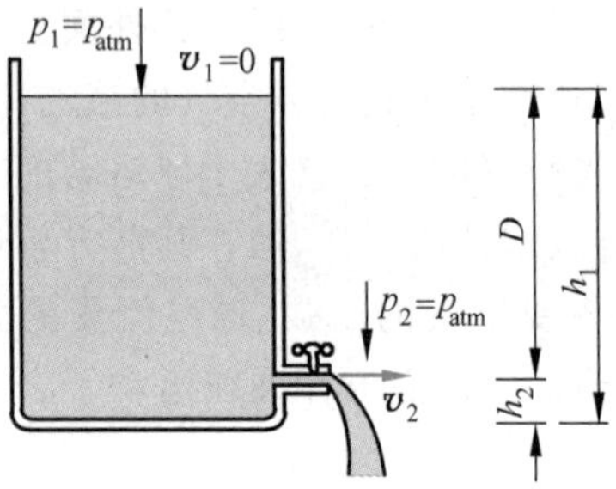

图 2.14 例 2.7 用图

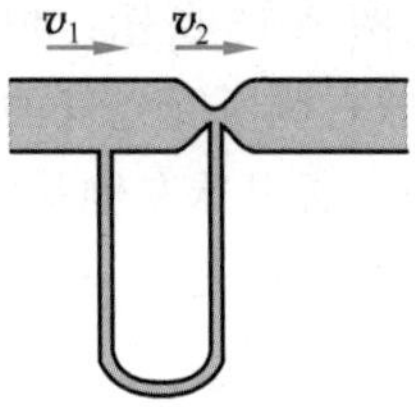

图 2.15 文丘里流速计

例 2.8

文丘里流速计。这是一个用来测定管道中流体流速或流量的仪器,它是一段具有一狭窄"喉部"的管,如图 2.15 所示。此喉部和管道分别与一压强计的两端相通,试用压强计所示的压强差表示管中流体的流速。

解 以 S_1 和 S_2 分别表示管道和喉部的横截面积,以 v_1 和 v_2 分别表示通过它们的流速。根据连续性方程,有

$$v_2 = v_1 S_1/S_2$$

由于管子平放,所以 $h_1=h_2$。伯努利方程给出

$$p_1 - p_2 = \frac{1}{2}\rho v_2^2 - \frac{1}{2}\rho v_1^2 = \frac{1}{2}\rho v_1^2[(S_1/S_2)^2-1]$$

由此得管中流速为

$$v_1 = \sqrt{\frac{2(p_1-p_2)}{\rho[(S_1/S_2)^2-1]}}$$

例 2.9

逆风行舟。俗话说："好船家会使八面风"，有经验的水手能够使用风力开船逆风行进，试说明其中的道理。

解 我们可以利用伯努利原理来说明这一现象。如图 2.16(a)所示，风沿 $\boldsymbol{v}$ 的方向吹来，以 $\boldsymbol{V}$ 表示船头的指向，即船要前进的方向。AB 为帆，注意帆并不是纯平的，而是弯曲的。因此，气流经过帆时，在帆凸起的一侧，气流速率要大些，而在凹进的一侧，气流的速率要小些(图 2.16(b))。这样，根据伯努利方程(这时 $h_1=h_2$)，在帆凹进的一侧，气流的压强要大于帆凸起的一侧的气流的压强，于是对帆就产生了一个**气动压力 $\boldsymbol{f}$**，其方向垂直于帆面而偏向船头的方向。此力可按图 2.16(c)那样分解为两个分力：指向船头方向的分力 $\boldsymbol{f}_{\rm f}$ 和指向船侧的分力 $\boldsymbol{f}_{\rm s}$。分力 $\boldsymbol{f}_{\rm s}$ 被船在水中的龙骨受水的侧向阻力所平衡，使船不致侧移，船就在分力 $\boldsymbol{f}_{\rm f}$ 的推动下向前行进了。

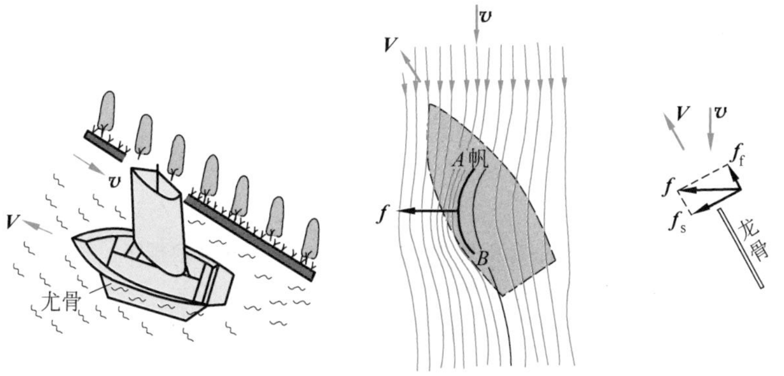

(a) (b) (c)

图 2.16 逆风行舟原理

(a) 逆风行驶；(b) 空气流线示意图；(c) 推进力 $\boldsymbol{f}_{\rm f}$ 的产生

由以上分析可知，船并不能正对着逆风前进，而是要偏一个角度。在逆风正好沿着航道吹来的情况下，船就只能沿"之"字形轨道曲折前进了，帆的形状和方向对船的"逆风"前进是有关键性的影响的。

提要

1. **牛顿运动定律**：

   第一定律 惯性和力的概念，惯性系的定义。

   第二定律 $\boldsymbol{F}=\dfrac{\mathrm{d}\boldsymbol{p}}{\mathrm{d}t}$，$\boldsymbol{p}=m\boldsymbol{v}$

   当 m 为常量时 $\boldsymbol{F}=m\boldsymbol{a}$

   第三定律 $\boldsymbol{F}_{12}=-\boldsymbol{F}_{21}$，同时存在，分别作用，方向相反，大小相等。

   力的叠加原理 $\boldsymbol{F}=\boldsymbol{F}_1+\boldsymbol{F}_2+\cdots$，相加用平行四边形定则或三角形定则。

2. **常见的几种力**：

   重力 $\boldsymbol{W}=m\boldsymbol{g}$

万有引力 $f=\frac{Gm_1m_2}{r^2}$

弹性力 接触面间的压力和绳的张力

弹簧的弹力 $f=-kx$，k：劲度系数

摩擦力 $f=\mu N$，μ：摩擦系数

流体曳力 $f_d=kv$ 或 $f_d=\frac{1}{2}C\rho Av^2$，$C$：曳引系数

3. 用牛顿定律解题"三字经"：认物体，看运动，查受力（画示力图），列方程（一般用分量式）。

4. 流体的稳定流动：

连续性方程 $S_1v_1=S_2v_2$

伯努利方程 $p+\frac{1}{2}\rho v^2+\rho gh=$常量

自测简题

2.1 下列3物体都做匀加速运动，按各自所受合力的大小由大到小将它们排序：

(1) 物体1质量为8 kg，20 s内速度由16 m/s增至24 m/s；

(2) 物体2质量为4 kg，经过100 m的位移，速度由5 m/s增大至10 m/s；

(3) 物体3质量为0.2 kg，从静止开始在5 s内前进3100 m。

2.2 下列3个物体各自受到两个力 $F_1=30$ N，$F_2=40$ N 的共同作用，按它们的加速度大小由大到小对它们排序：

(1) 物体1质量为28 kg，所受二力方向相同；

(2) 物体2质量为5 kg，所受二力方向相反；

(3) 物体3质量为10 kg，所受二力相互垂直。

2.3 一小球沿半径为 R 的圆周做匀速率运动。要使其运动的角速度增大到3倍，它受的向心力应增大到(1)3倍，(2)9倍，(3)不变。

2.4 图中理想流体流过所示的管道，按流体内压强由大到小，对1,2,3各点的压强排序。

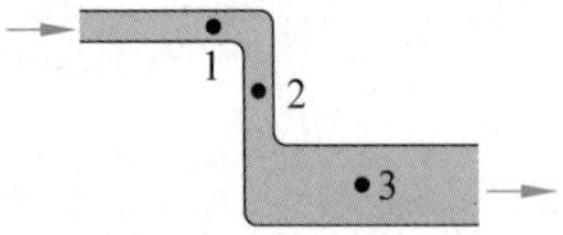

思考题

2.1 没有动力的小车通过弧形桥面（图2.17）时受几个力的作用？它们的反作用力作用在哪里？若 m 为车的质量，车对桥面的压力是否等于 $mg\cos\theta$？小车能否作匀速率运动？

2.2 有一单摆如图2.18所示。试在图中画出摆球到达最低点 P_1 和最高点 P_2 时所受的力。在这两个位置上，摆线中张力是否等于摆球重力或重力在摆线方向的分力？如果用一水平绳拉住摆球，使之静止在 P_2 位置上，线中张力多大？

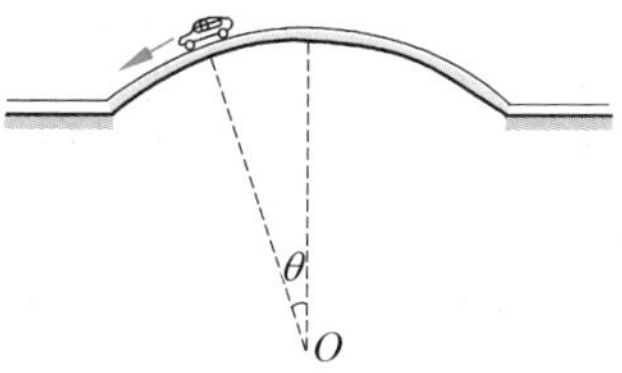

图 2.17 思考题 2.1 用图

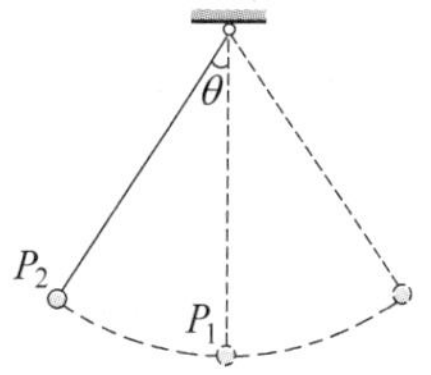

图 2.18 思考题 2.2 用图

2.3 用天平测出的物体的质量，是引力质量还是惯性质量？两汽车相撞时，其撞击力的产生是源于引力质量还是惯性质量？

2.4 飞机机翼断面形状如图 2.19 所示。当飞机起飞或飞行时机翼的上下两侧的气流流线如图所示。试据此图说明飞机飞行时受到“升力”的原因。这和气球上升的原因有何不同？

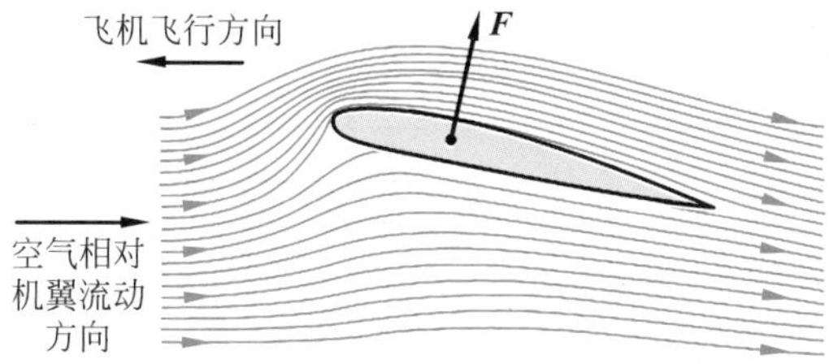

图 2.19 飞机“升力”的产生

2.5 不太严格地说，一物体所受重力就是地球对它的引力。据此，联立式(2.7)和式(2.13)导出以引力常量 G、地球质量 M 和地球半径 R 表示的重力加速度 g 的表示式。

习题

2.1 用力 $\boldsymbol{F}$ 推水平地面上一质量为 M 的木箱(图 2.20)。设力 $\boldsymbol{F}$ 与水平面的夹角为 θ，木箱与地面间的摩擦系数为 μ。

(1) 要推动木箱，F 至少应多大？此后维持木箱匀速前进，F 应需多大？

(2) 证明当 θ 角大于某一值时，无论用多大的力 F 也不能推动木箱。此 θ 角是多大？

2.2 设质量 $m=0.50$ kg 的小球挂在倾角 $\theta=30°$ 的光滑斜面上(图 2.21)。

(1) 当斜面以加速度 $a=2.0\ \mathrm{m/s^2}$ 沿如图所示的方向运动时，绳中的张力及小球对斜面的正压力各是多大？

(2) 当斜面的加速度至少为多大时，小球将脱离斜面？

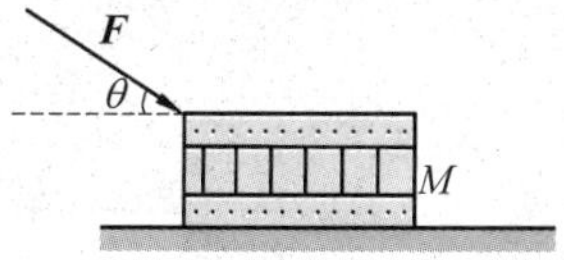

图 2.20 习题 2.1 用图

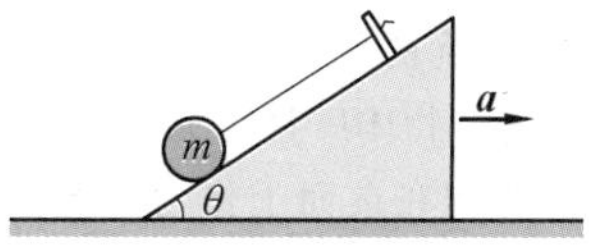

图 2.21 习题 2.2 用图

2.3 一架质量为 5000 kg 的直升机吊起一辆 1500 kg 的汽车以 $0.60\ \mathrm{m/s^2}$ 的加速度向上升起。

(1) 空气作用在螺旋桨上的上举力多大？

(2) 吊汽车的缆绳中张力多大？

2.4 如图 2.22 中猴子和果篮的质量都是 10 kg，猴子想吃水果，就用恒力 100 N 向下拽绳，企图上爬抓住水果篮。它能如愿以偿吗？它上升的加速度多大？5 s 内它上升了多高？这时它已拽过了多长绳子？

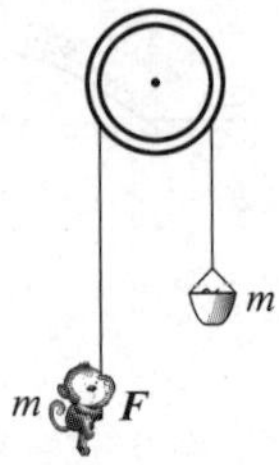

图 2.22 习题 2.4 用图

2.5 桌上有一质量 $M=1.50$ kg 的板，板上放一质量 $m=2.45$ kg 的另一物体。设物体与板、板与桌面之间的摩擦系数均为 $\mu=0.25$。要将板从物体下面抽出，至少需要多大的水平力？

2.6 如图 2.23 所示，在一质量为 M 的小车上放一质量为 m_1 的物块，它用细绳通过固定在小车上的滑轮与质量为 m_2 的物块相连，物块 m_2 靠在小车的前壁上而使悬线竖直。忽略所有摩擦。

(1) 当用水平力 $\boldsymbol{F}$ 推小车使之沿水平桌面加速前进时，小车的加速度多大？

(2) 如果要保持 m_2 的高度不变，力 $\boldsymbol{F}$ 应多大？

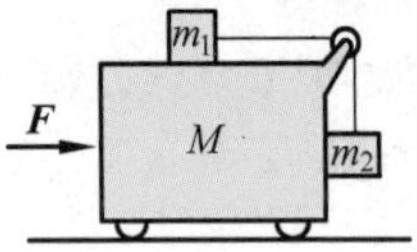

图 2.23 习题 2.6 用图

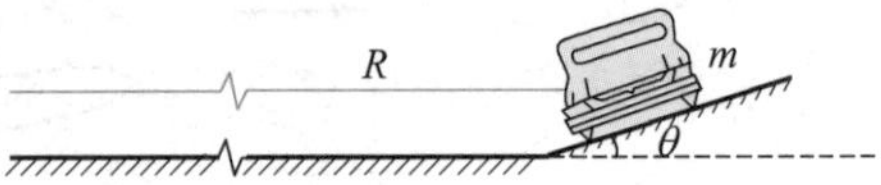

图 2.24 习题 2.7 用图

2.7 如图 2.24 所示，质量 $m=1200$ kg 的汽车，在一弯道上行驶，速率 $v=25$ m/s。弯道的水平半径 $R=400$ m，路面外高内低，倾角 $\theta=6°$。

(1) 求作用于汽车上的水平法向力与摩擦力。

(2) 如果汽车轮与轨道之间的摩擦系数 $\mu=0.9$，要保证汽车无侧向滑动，汽车在此弯道上行驶的最大允许速率应是多大？

2.8 现已知木星有 16 个卫星，其中 4 个较大的是伽利略用他自制的望远镜在 1610 年发现的(图 2.25)。这 4 个“伽利略卫星”中最大的是木卫三，它到木星的平均距离是 1.07×10^6 km，绕木星运行的周期是 7.16 d。试由此求出木星的质量。忽略其他卫星的影响。

2.9 星体自转的最大转速发生在其赤道上的物质所受向心力正好全部由引力提供之时。

(1) 证明星体可能的最小自转周期为 $T_{\min}=\sqrt{3\pi/(G\rho)}$，其中 ρ 为星体的密度。

(2) 行星密度一般约为 3.0×10^3 kg/m³，求其可能最小的自转周期。

(3) 有的中子星自转周期为 1.6 ms，若它的半径为 10 km，则该中子星的质量至少多大(以太阳质量为单位)？

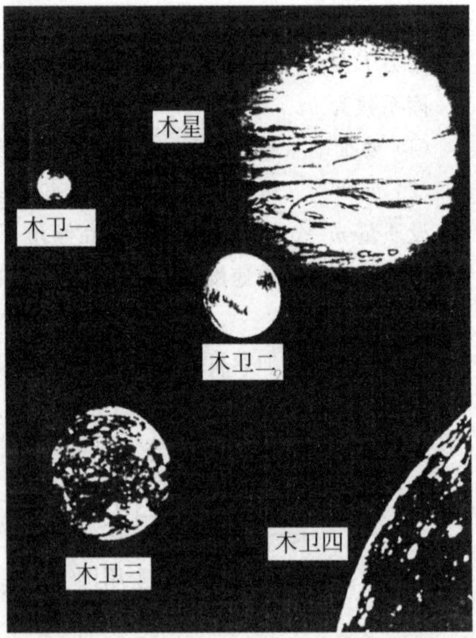

图 2.25 木星和它的最大的 4 个卫星

2.10 如图 2.26 所示，一个质量为 m_1 的物体拴在长为 L_1 的轻绳上，绳的另一端固定在一个水平光滑桌面的钉子上。另一物体质量为 m_2，用长为 L_2 的绳与 m_1 连接。二者均在桌面上作匀速圆周运动，假设 m_1，m_2 的角速度为 ω，求各段绳子上的张力。

2.11 喷药车的加压罐内杀虫剂水的表面压强是 $p_0=21$ atm，管道另一端的喷嘴的直径是 0.8 cm(图 2.27)。求喷药时，每分钟喷出的杀虫剂水的体积。设喷嘴和罐内液面处于同一高度。

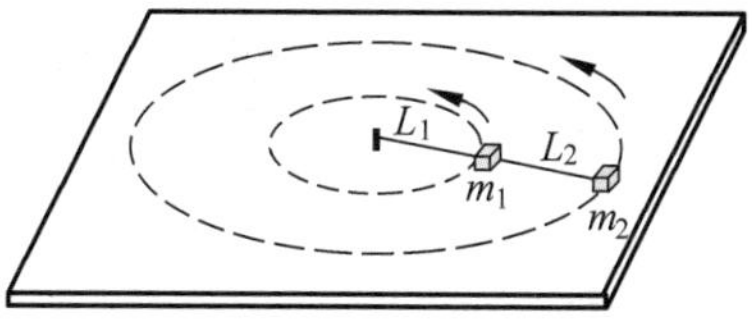

图 2.26 习题 2.10 用图

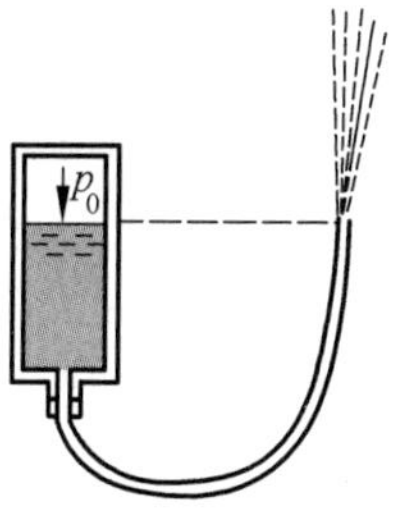

图 2.27 习题 2.11 用图

第3章

动量与角动量

本章把用式(2.2)表示的牛顿第二定律形式改写为微分形式并称为动量定理。把这一定理应用于质点系,导出了一条重要的守恒定律——动量守恒定律。然后引入了质点系的质心的概念,并说明了外力和质心运动的关系。后面几节介绍了描述物体转动特征的重要物理量——角动量,根据牛顿第二定律导出了角动量变化率和外力矩的关系——角动量定理,并进一步导出了另一条重要的守恒定律——角动量守恒定律。

3.1 冲量与动量定理

把牛顿第二定律公式(2.2)写成微分形式,即

$$\boldsymbol{F}\mathrm{d}t = \mathrm{d}\boldsymbol{p} \tag{3.1}$$

式中乘积 $\boldsymbol{F}\mathrm{d}t$ 叫做在 $\mathrm{d}t$ 时间内质点所受合外力的**冲量**。此式表明在 $\mathrm{d}t$ 时间内质点所受合外力的冲量等于在同一时间内质点的动量的增量。这一表示在一段时间内,外力作用的总效果的关系式叫做**动量定理**。

如果将式(3.1)对 t_0 到 t' 这段有限时间积分,则有

$$\int_{t_0}^{t'} \boldsymbol{F}\mathrm{d}t = \int_{p_0}^{p'} \mathrm{d}\boldsymbol{p} = \boldsymbol{p}' - \boldsymbol{p}_0 \tag{3.2}$$

左侧积分表示在 t_0 到 t' 这段时间内合外力的冲量,以 $\boldsymbol{I}$ 表示此冲量,即

$$\boldsymbol{I} = \int_{t_0}^{t'} \boldsymbol{F}\mathrm{d}t$$

则式(3.2)可写成

$$\boldsymbol{I} = \boldsymbol{p}' - \boldsymbol{p}_0 \tag{3.3}$$

式(3.2)或式(3.3)是动量定理的积分形式,它表明质点在 t_0 到 t' 这段时间内所受的合外力的冲量等于质点在同一时间内的动量的增量。值得注意的是,要产生同样的动量增量,力大力小都可以:力大,时间可短些;力小,时间需长些。只要外力的冲量一样,就产生同样的动量增量。

动量定理常用于碰撞过程,碰撞一般泛指物体间相互作用时间很短的过程。在这一过程中,相互作用力往往很大而且随时间改变。这种力通常叫**冲力**。例如,球拍反击乒乓球的力,两汽车相撞时的相互撞击的力都是冲力。图 3.1 是清华大学汽车碰撞实验室做汽车撞

击固定壁的实验照片与相应的冲力的大小随时间的变化曲线。

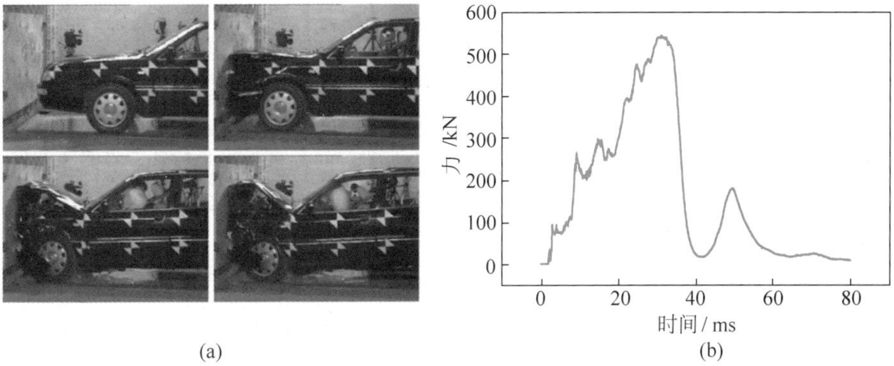

图 3.1 汽车撞击固定壁实验中汽车受壁的冲力

(a) 实验照片；(b) 冲力-时间曲线

对于短时间 Δt 内冲力的作用，常常把式(3.2)改写成

$$\overline{\boldsymbol{F}}\Delta t=\Delta \boldsymbol{P} \tag{3.4}$$

式中 $\overline{\boldsymbol{F}}$ 是**平均冲力**，即冲力对时间的平均值。平均冲力只是根据物体动量的变化计算出的平均值，它和实际的冲力的极大值可能有较大的差别，因此它不足以完全说明碰撞所可能引起的破坏性。

例 3.1

汽车碰撞实验。在一次碰撞实验中，一质量为 1200 kg 的汽车垂直冲向一固定壁，碰撞前速率为 15.0 m/s，碰撞后以 1.50 m/s 的速率退回，碰撞时间为 0.120 s。试求：(1)汽车受壁的冲量；(2)汽车受壁的平均冲力。

解 以汽车碰撞前的速度方向为正方向，则碰撞前汽车的速度 $v=15.0$ m/s，碰撞后汽车的速度 $v'=-1.50$ m/s，而汽车质量 $m=1200$ kg。

(1) 由动量定理知汽车受壁的冲量为

$$\begin{aligned}I&=p'-p=mv'-mv=1200\times(-1.50)-1200\times 15.0\\&=-1.98\times 10^4\ (\mathrm{N\cdot s})\end{aligned}$$

(2) 由于碰撞时间 $\Delta t=0.120$ s，所以汽车受壁的平均冲力为

$$\overline{F}=\frac{I}{\Delta t}=\frac{-1.98\times 10^4}{0.120}=-165\ (\mathrm{kN})$$

上两个结果的负号表明汽车所受壁的冲量和平均冲力的方向都和汽车碰前的速度方向相反。

平均冲力的大小为 165 kN，约为汽车本身重量的 14 倍，瞬时最大冲力还要比这大得多。

例 3.2

棒击垒球。一个质量 $m=140$ g 的垒球以 $v=40$ m/s 的速率沿水平方向飞向击球手，被击后它以相同速率沿 $\theta=60°$的仰角飞出，求垒球受棒的平均打击力。设球和棒的接触时间 $\Delta t=1.2$ ms。

解 本题可用式(3.4)求解。由于该式是矢量式，所以可以用分量式求解，也可直接用矢量关系求解。下面分别给出两种解法。

(1) 用分量式求解。已知 $v_1=v_2=v$,选如图3.2所示的坐标系,利用式(3.4)的分量式,由于 $v_{1x}=-v$, $v_{2x}=v\cos\theta$,可得垒球受棒的平均打击力的 x 方向分量为

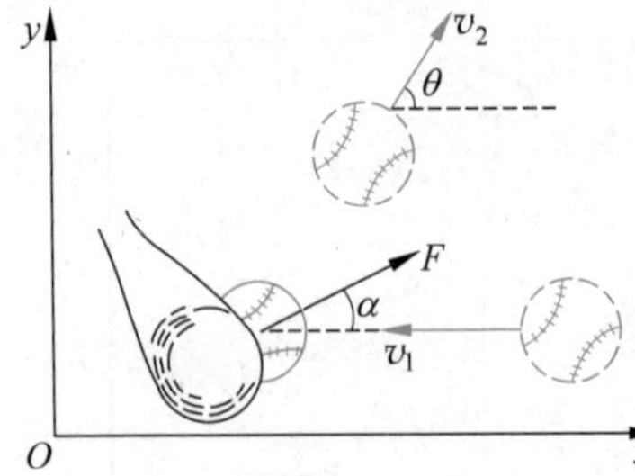

图 3.2　例 3.2 解法(1)图示

$$\overline{F}_x=\frac{\Delta p_x}{\Delta t}=\frac{mv_{2x}-mv_{1x}}{\Delta t}=\frac{mv\cos\theta-m(-v)}{\Delta t}$$

$$=\frac{0.14\times40\times(\cos60^\circ+1)}{1.2\times10^{-3}}=7.0\times10^3\ (\text{N})$$

又由于 $v_{1y}=0$, $v_{2y}=v\sin\theta$,可得此平均打击力的 y 方向分量为

$$\overline{F}_y=\frac{\Delta p_y}{\Delta t}=\frac{mv_{2y}-mv_{1y}}{\Delta t}=\frac{mv\sin\theta}{\Delta t}$$

$$=\frac{0.14\times40\times0.866}{1.2\times10^{-3}}=4.0\times10^3\ (\text{N})$$

球受棒的平均打击力的大小为

$$\overline{F}=\sqrt{\overline{F}_x^2+\overline{F}_y^2}=10^3\times\sqrt{7.0^2+4.0^2}=8.1\times10^3\ (\text{N})$$

以 α 表示此力与水平方向的夹角,则

$$\tan\alpha=\frac{\overline{F}_y}{\overline{F}_x}=\frac{4.0\times10^3}{7.0\times10^3}=0.57$$

由此得

$$\alpha=30^\circ$$

(2) 直接用矢量公式(3.4)求解。按式(3.4) $m\boldsymbol{v}_2$, $m\boldsymbol{v}_1$ 以及 $\overline{\boldsymbol{F}}\Delta t$ 形成如图3.3中的矢量三角形,其中 $mv_2=mv_1=mv$。由等腰三角形可知,$\overline{F}$ 与水平面的夹角 $\alpha=\theta/2=30^\circ$,且 $\overline{F}\Delta t=2mv\cos\alpha$,于是

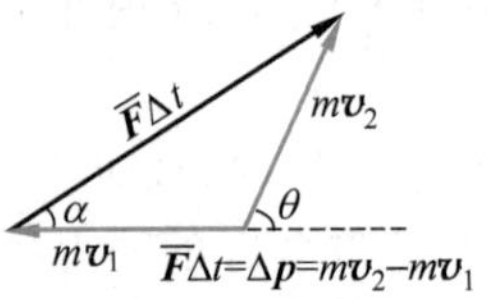

图 3.3　例 3.2 解法(2)图示

$$\overline{F}=\frac{2mv\cos\alpha}{\Delta t}=\frac{2\times0.14\times40\times\cos\alpha}{1.2\times10^{-3}}=8.1\times10^3\ (\text{N})$$

注意,此打击力约为垒球自重的5900倍!

3.2　动量守恒定律

在一个问题中,如果我们考虑的对象包括几个物体,则它们总体上常被称为一个**物体系统**或简称为**系统**。系统外的其他物体统称为**外界**。系统内各物体间的相互作用力称为**内力**,外界物体对系统内任意一物体的作用力称为**外力**。例如,把地球与月球看做一个系统,则它们之间的相互作用力称为内力,而系统外的物体如太阳以及其他行星对地球或月球的引力都是外力。本节讨论一个系统的动量变化的规律。

先讨论由两个质点组成的系统。设这两个质点的质量分别为 m_1, m_2。它们除分别受到相互作用力(内力) $\boldsymbol{f}$ 和 $\boldsymbol{f}'$ 外,还受到系统外其他物体的作用力(外力) $\boldsymbol{F}_1$, $\boldsymbol{F}_2$,如图3.4所示。分别对两质点写出动量定理式(3.1),得

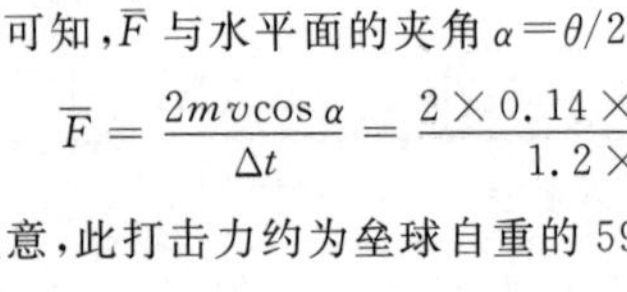

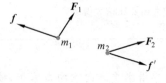

图 3.4　两个质点的系统

$$(\boldsymbol{F}_1+\boldsymbol{f})\mathrm{d}t=\mathrm{d}\boldsymbol{p}_1,\quad(\boldsymbol{F}_2+\boldsymbol{f}')\mathrm{d}t=\mathrm{d}\boldsymbol{p}_2$$

将这二式相加,可以得

$$(\boldsymbol{F}_1+\boldsymbol{F}_2+\boldsymbol{f}+\boldsymbol{f}')\mathrm{d}t=\mathrm{d}\boldsymbol{p}_1+\mathrm{d}\boldsymbol{p}_2$$

由于系统内力是一对作用力和反作用力,根据牛顿第三定律,得 $\boldsymbol{f}=-\boldsymbol{f}'$ 或 $\boldsymbol{f}+\boldsymbol{f}'=0$,因此上式给出

$$(\boldsymbol{F}_1+\boldsymbol{F}_2)\mathrm{d}t=\mathrm{d}(\boldsymbol{p}_1+\boldsymbol{p}_2)$$

如果系统包含两个以上，例如 i 个质点，可仿照上述步骤对各个质点写出牛顿定律公式，再相加。由于系统的各个内力总是以作用力和反作用力的形式成对出现的，所以它们的矢量总和等于零。因此，一般地又可得到

$$\Big(\sum_i \boldsymbol{F}_i\Big)\mathrm{d}t=\mathrm{d}\Big(\sum_i \boldsymbol{p}_i\Big) \tag{3.5}$$

其中 $\sum_i \boldsymbol{F}_i$ 为系统受的合外力，$\sum_i \boldsymbol{p}_i$ 为系统的总动量。式(3.5) 表明，系统的**总动量**随时间的变化率等于该系统所受的**合外力**。内力能使系统内各质点的动量发生变化，但它们对系统的总动量没有影响。(注意："合外力"和"总动量"都是**矢量和!**)

如果在式(3.5) 中，$\sum_i \boldsymbol{F}_i=0$，立即可以得到 $\mathrm{d}\Big(\sum_i \boldsymbol{p}_i\Big)=0$，或

$$\sum_i \boldsymbol{p}_i=\sum_i m_i\boldsymbol{v}_i=\text{常矢量}\quad\Big(\sum_i \boldsymbol{F}_i=0\Big) \tag{3.6}$$

这就是说**当一个质点系所受的合外力为零时，这一质点系的总动量就保持不变**。这一结论叫做**动量守恒定律**。

一个不受外界影响的系统，常被称为**孤立系统**。**一个孤立系统在运动过程中，其总动量一定保持不变**。这也是动量守恒定律的一种表述形式。

应用动量守恒定律分析解决问题时，应该注意以下几点。

(1) 动量守恒表示式(3.6)是矢量关系式。在实际问题中，常应用其分量式，即如果系统沿某一方向所受的合外力为零，则该系统沿此方向的总动量的分量守恒。例如，一个物体在空中爆炸后碎裂成几块，在忽略空气阻力的情况下，这些碎块受到的外力只有竖直向下的重力，因此它们的总动量在水平方向的分量是守恒的。

(2) 由于我们是用牛顿定律导出动量守恒定律的，所以它只适用于惯性系。

以上我们从牛顿定律出发导出了以式(3.6)表示的动量守恒定律。应该指出，更普遍的动量守恒定律不只适用于力学现象，而且也适用于电磁场，只是对于后者，其动量不再能用 $m\boldsymbol{v}$ 这样的形式表示。动量守恒定律实际上是关于自然界的一切物理过程的一条最基本的定律。

例 3.3

冲击摆。如图 3.5 所示，一质量为 M 的物体被静止悬挂着，今有一质量为 m 的子弹沿水平方向以速度 $\boldsymbol{v}$ 射中物体并停留在其中。求子弹刚停在物体内时物体的速度。

解 由于子弹从射入物体到停在其中所经历的时间很短，所以在此过程中物体基本上未动而停在原来的平衡位置。于是对子弹和物体这一系统，在子弹射入这一短暂过程中，它们所受的水平方向的外力为零，因此水平方向的动量守恒。设子弹刚停在物体中时物体的速度为 $\boldsymbol{V}$，则此系统此时的水平总动量为$(m+M)V$。由于子弹射入前此系统的水平总动量为 mv，所以有

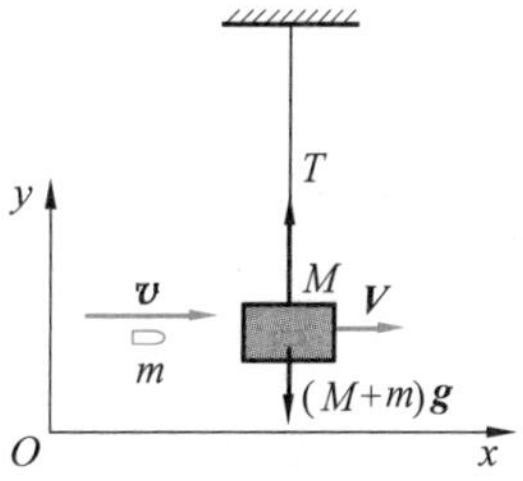

图 3.5 例 3.3 用图

$$mv=(m+M)V$$

由此得
$$V=\frac{m}{m+M}v$$

例 3.4

放射性衰变。原子核^{147}Sm是一种放射性核，它衰变时放出一α粒子，自身变成^{143}Nd核。已测得一静止的^{147}Sm核放出的α粒子的速率是1.04×10^7 m/s，求^{143}Nd核的反冲速率。

解 以M_0和$V_0(V_0=0)$分别表示^{147}Sm核的质量和速率，以M和V分别表示^{143}Nd核的质量和速率，以m和v分别表示α粒子的质量和速率，$\boldsymbol{V}$和$\boldsymbol{v}$的方向如图3.6所示，以^{147}Sm核为系统。由于衰变只是^{147}Sm核内部的现象，所以动量守恒。结合图3.6所示坐标的方向，应有$\boldsymbol{V}$和$\boldsymbol{v}$方向相反，其大小之间的关系为

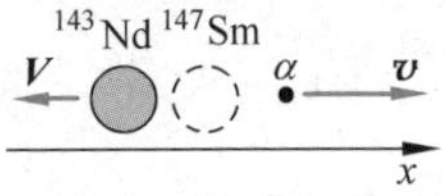

图3.6 ^{147}Sm衰变

$$M_0V_0=M(-V)+mv$$

由此解得^{143}Nd核的反冲速率应为
$$V=\frac{mv-M_0V_0}{M}=\frac{(M_0-M)v-M_0V_0}{M}$$

代入数值得
$$V=\frac{(147-143)\times1.04\times10^7-147\times0}{143}=2.91\times10^5\ (\mathrm{m/s})$$

3.3 火箭飞行原理

火箭是一种利用燃料燃烧后喷出的气体产生的反冲推力的发动机。它自带燃料与助燃剂，因而可以在空间任何地方发动。火箭技术在近代有很大的发展，火箭炮以及各种各样的导弹都利用火箭发动机作动力，空间技术的发展更以火箭技术为基础。各式各样的人造地球卫星、飞船和空间探测器都是靠火箭发动机发射并控制航向的。

火箭飞行原理分析如下。为简单起见，设火箭在自由空间飞行，即它不受引力或空气阻力等任何外力的影响。如图3.7所示，把某时刻t的火箭(包括火箭体和其中尚存的燃料)作为研究的系统，其总质量为M，以v表示此时刻火箭的速率，则此时刻系统的总动量为Mv(沿空间坐标x轴正向)。此后经过$\mathrm{d}t$时间，火箭喷出质量为$\mathrm{d}m$的气体，其喷出速率相对于火箭体为定值u。在$t+\mathrm{d}t$时刻，火箭体的速率增为$v+\mathrm{d}v$。在此时刻系统的总动量为

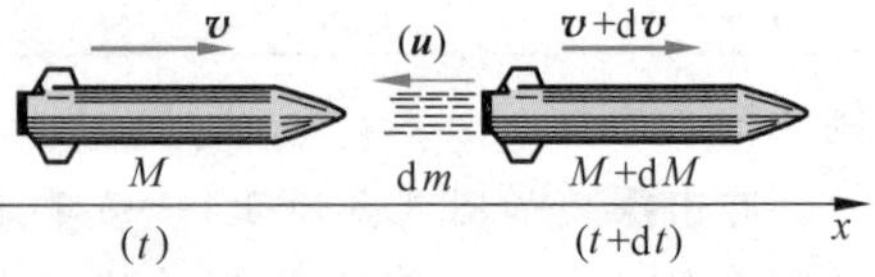

图3.7 火箭飞行原理说明图

$$\mathrm{d}m\cdot(v-u)+(M-\mathrm{d}m)(v+\mathrm{d}v)$$

由于喷出气体的质量$\mathrm{d}m$等于火箭质量的减小，即$-\mathrm{d}M$，所以上式可写为
$$-\mathrm{d}M\cdot(v-u)+(M+\mathrm{d}M)(v+\mathrm{d}v)$$

由动量守恒定律可得
$$-\mathrm{d}M\cdot(v-u)+(M+\mathrm{d}M)(v+\mathrm{d}v)=Mv$$

展开此等式，略去二阶无穷小量 $\mathrm{d}M\cdot\mathrm{d}v$，可得

$$u\mathrm{d}M+M\mathrm{d}v=0$$

或者

$$\mathrm{d}v=-u\frac{\mathrm{d}M}{M}$$

设火箭点火时质量为 M_{i}，初速为 v_{i}，燃料烧完后火箭质量为 M_{f}，达到的末速度为 v_{f}，对上式积分则有

$$\int_{v_{\mathrm{i}}}^{v_{\mathrm{f}}}\mathrm{d}v=-u\int_{M_{\mathrm{i}}}^{M_{\mathrm{f}}}\frac{\mathrm{d}M}{M}$$

由此得

$$v_{\mathrm{f}}-v_{\mathrm{i}}=u\ln\frac{M_{\mathrm{i}}}{M_{\mathrm{f}}}\tag{3.7}$$

此式表明，火箭在燃料燃烧后所增加的速率和喷气速率成正比，也与火箭的始末质量比（以下简称**质量比**）的自然对数成正比。

如果只以火箭本身作为研究的系统，以 F 表示在时间间隔 t 到 $t+\mathrm{d}t$ 内喷出气体对火箭体（质量为 $(M-\mathrm{d}m)$）的推力，则根据动量定理，应有

$$F\mathrm{d}t=(M-\mathrm{d}m)[(v+\mathrm{d}v)-v]=M\mathrm{d}v$$

将上面已求得的结果 $M\mathrm{d}v=-u\mathrm{d}M=u\mathrm{d}m$ 代入，可得

$$F=u\frac{\mathrm{d}m}{\mathrm{d}t}\tag{3.8}$$

此式表明，火箭发动机的推力与燃料燃烧速率 $\mathrm{d}m/\mathrm{d}t$ 以及喷出气体的相对速率 u 成正比。例如，一种火箭的发动机的燃烧速率为 1.38×10^4 kg/s，喷出气体的相对速率为 2.94×10^3 m/s，理论上它所产生的推力为

$$F=2.94\times10^3\times1.38\times10^4=4.06\times10^7\ (\mathrm{N})$$

这相当于 4000 t 海轮所受的浮力！

为了提高火箭的末速度以满足发射地球人造卫星或其他航天器的要求，人们制造了若干单级火箭串联形成的多级火箭（通常是三级火箭）。

3.4 质心

在讨论一个质点系的运动时，我们常常引入**质量中心**（简称**质心**）的概念。设一个质点系由 N 个质点组成，以 $m_1,m_2,\cdots,m_i,\cdots,m_N$ 分别表示各质点的质量，以 $\boldsymbol{r}_1,\boldsymbol{r}_2,\cdots,\boldsymbol{r}_i,\cdots,\boldsymbol{r}_N$ 分别表示各质点对某一坐标原点的位矢（图 3.8）。我们用公式

$$\boldsymbol{r}_C=\frac{\sum_i m_i\boldsymbol{r}_i}{\sum_i m_i}=\frac{\sum_i m_i\boldsymbol{r}_i}{m}\tag{3.9}$$

定义这一质点系的质心的位矢，式中 $m=\sum_i m_i$ 是质点系的总质量。作为位置矢量，质心位矢与坐标系的选择有关。但可以证明质心相对于质点系内各质点的相对位置是不

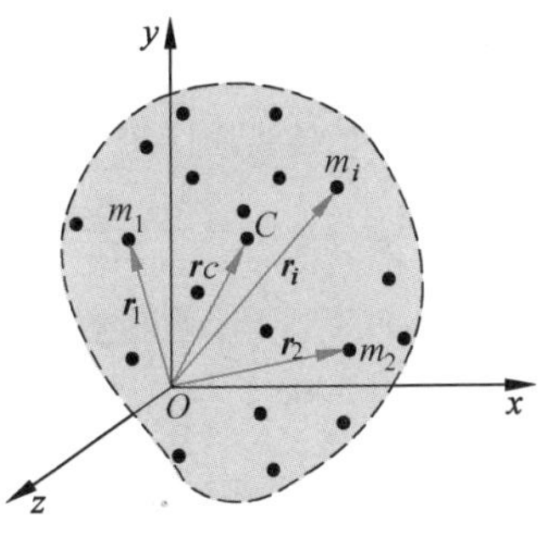

图 3.8 质心的位置矢量

会随坐标系的选择而变化的，即质心是相对于质点系本身的一个特定位置。

利用位矢沿直角坐标系各坐标轴的分量，由式(3.9)可以得到质心坐标表示式如下：

$$\left.\begin{aligned} x_C &= \frac{\sum_i m_i x_i}{m} \\ y_C &= \frac{\sum_i m_i y_i}{m} \\ z_C &= \frac{\sum_i m_i z_i}{m} \end{aligned}\right\} \tag{3.10}$$

一个大的连续物体，可以认为是由许多质点(或叫质元)组成的，以 $\mathrm{d}m$ 表示其中任一质元的质量，以 $\boldsymbol{r}$ 表示其位矢，则大物体的质心位置可用积分法求得，即有

$$\boldsymbol{r}_C = \frac{\int \boldsymbol{r}\mathrm{d}m}{\int \mathrm{d}m} = \frac{\int \boldsymbol{r}\mathrm{d}m}{m} \tag{3.11}$$

它的三个直角坐标分量式分别为

$$\left.\begin{aligned} x_C &= \int \frac{x\mathrm{d}m}{m} \\ y_C &= \int \frac{y\mathrm{d}m}{m} \\ z_C &= \int \frac{z\mathrm{d}m}{m} \end{aligned}\right\} \tag{3.12}$$

利用上述公式，可求得均匀直棒、均匀圆环、均匀圆盘、均匀球体等形体的质心就在它们的几何对称中心上。

力学上还常应用**重心**的概念。重心是一个物体各部分所受重力的合力作用点。可以证明尺寸不十分大的物体，它的质心和重心的位置重合。

例 3.5

地月质心。地球质量 $M_E=5.98\times10^{24}$ kg，月球质量 $M_M=7.35\times10^{22}$ kg，它们的中心距离 $l=3.84\times10^5$ km(参见图 3.9)。求地-月系统的质心位置。

解　把地球和月球都看做均匀球体，它们的质心就都在各自的球心处。这样就可以把地-月系统看做地球与月球质量分别集中在各自的球心的两个质点。选择地球中心为原点，x 轴沿着地球中心与月球中心的连线，则系统的质心坐标

$$\begin{aligned} x_C &= \frac{M_E\cdot 0 + M_M\cdot l}{M_E+M_M} \approx \frac{M_M l}{M_E} \\ &= \frac{7.35\times10^{22}}{5.98\times10^{24}}\times 3.84\times10^5 \\ &= 4.72\times10^3\ (\mathrm{km}) \end{aligned}$$

这就是地-月系统的质心到地球中心的距离。这一距离约为地球半径(6.37×10^3 km)的 70%，约为地球到月球距离的 1.2%。

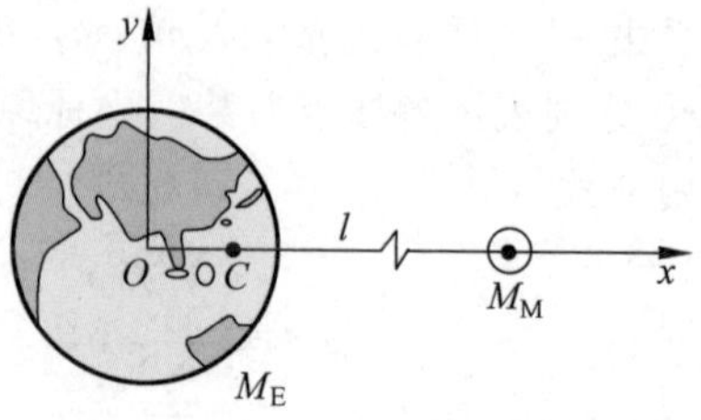

图 3.9　例 3.5 用图

例 3.6

半圆质心。一段均匀铁丝弯成半圆形，其半径为 R，求此半圆形铁丝的质心。

解 选如图 3.10 所示的坐标系，坐标原点为圆心。由于半圆对 y 轴对称，所以质心应该在 y 轴上。任取一小段铁丝，其长度为 $\mathrm{d}l$，质量为 $\mathrm{d}m$。以 ρ_l 表示铁丝的线密度(即单位长度铁丝的质量)，则有

$$\mathrm{d}m = \rho_l \mathrm{d}l$$

根据式(3.12)可得

$$y_C = \frac{\int y\rho_l \mathrm{d}l}{m}$$

由于 $y=R\sin\theta$，$\mathrm{d}l=R\mathrm{d}\theta$，所以

$$y_C = \frac{\int_0^{\pi} R\sin\theta \cdot \rho_l \cdot R\mathrm{d}\theta}{m} = \frac{2\rho_l R^2}{m}$$

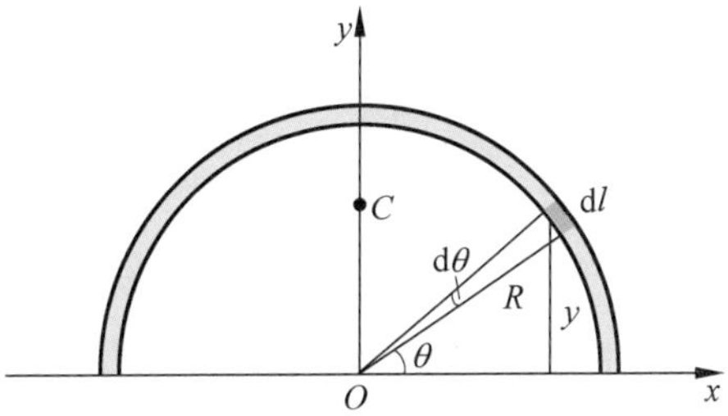

图 3.10 例 3.6 用图

铁丝的总质量

$$m = \pi R\rho_l$$

代入上式就可得

$$y_C = \frac{2}{\pi}R$$

即质心在 y 轴上离圆心 $2R/\pi$ 处。注意，这一弯曲铁丝的质心**并不**在铁丝上，但它相对于铁丝的位置是确定的。

3.5 质心运动定理

将式(3.9)中的 $\boldsymbol{r}_C$ 对时间 t 求导，可得出质心运动的速度为

$$\boldsymbol{v}_C = \frac{\mathrm{d}\boldsymbol{r}_C}{\mathrm{d}t} = \frac{\sum_i m_i \frac{\mathrm{d}\boldsymbol{r}_i}{\mathrm{d}t}}{m} = \frac{\sum_i m_i \boldsymbol{v}_i}{m} \tag{3.13}$$

由此可得

$$m\boldsymbol{v}_C = \sum_i m_i \boldsymbol{v}_i$$

上式等号右边就是质点系的总动量 $\boldsymbol{p}$，所以有

$$\boldsymbol{p} = m\boldsymbol{v}_C \tag{3.14}$$

即质点系的总动量 $\boldsymbol{p}$ 等于它的总质量与它的质心的运动速度的乘积，此乘积也称做质心的动量 $\boldsymbol{p}_C$。这一总动量的变化率为

$$\frac{\mathrm{d}\boldsymbol{p}}{\mathrm{d}t} = m\frac{\mathrm{d}\boldsymbol{v}_C}{\mathrm{d}t} = m\boldsymbol{a}_C$$

式中 $\boldsymbol{a}_C$ 是质心运动的加速度。由式(3.5)又可得一个质点系的质心的运动和该质点系所受的合外力 $\boldsymbol{F}$ 的关系为

$$\boldsymbol{F} = \frac{\mathrm{d}\boldsymbol{p}}{\mathrm{d}t} = m\boldsymbol{a}_C \tag{3.15}$$

这一公式叫做**质心运动定理**。它表明一个质点系的质心的运动，就如同这样一个质点的运

动，该质点质量等于整个质点系的质量并且集中在质心，而此质点所受的力是质点系所受的所有外力之和(实际上可能在质心位置处既无质量，又未受力)。

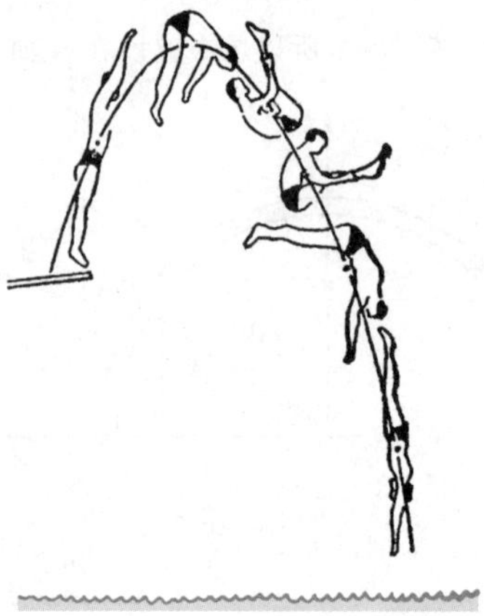

图 3.11 跳水运动员的运动

质心运动定理表明了"质心"这一概念的重要性。这一定理告诉我们，一个质点系内各个质点由于内力和外力的作用，它们的运动情况可能很复杂。但相对于此质点系有一个特殊的点，即质心，它的运动可能相当简单，只由质点系所受的合外力决定。例如，一颗手榴弹可以看做一个质点系。投掷手榴弹时，将看到它一面翻转，一面前进，其中各点的运动情况相当复杂。但由于它受的外力只有重力(忽略空气阻力的作用)，它的质心在空中的运动却和一个质点被抛出后的运动一样，其轨迹是一个抛物线。又如高台跳水运动员离开跳台后，他的身体可以做各种优美的翻滚伸缩动作，但是他的质心却只能沿着一条抛物线运动(图 3.11)。

此外我们知道，当质点系所受的合外力为零时，该质点系的总动量保持不变。由式(3.15)可知，该质点系的质心的速度也将保持不变。因此系统的动量守恒定律也可以说成是：当一质点系所受的合外力等于零时，其质心速度保持不变。

例 3.7

空中炸裂。一枚炮弹发射的初速度为 $\boldsymbol{v}_0$，发射角为 θ，在它飞行的最高点炸裂成质量均为 m 的两部分。一部分在炸裂后竖直下落，另一部分则继续向前飞行。求这两部分的着地点以及质心的着地点。(忽略空气阻力。)

解 选如图 3.12 所示的坐标系。如果炮弹没有炸裂，则它的着地点的横坐标就应该等于它的射程，即

$$X=\frac{v_0^2\sin 2\theta}{g}$$

最高点的 x 坐标为 $X/2$。由于第一部分在最高点竖直下落，所以着地点应为

$$x_1=\frac{v_0^2\sin 2\theta}{2g}$$

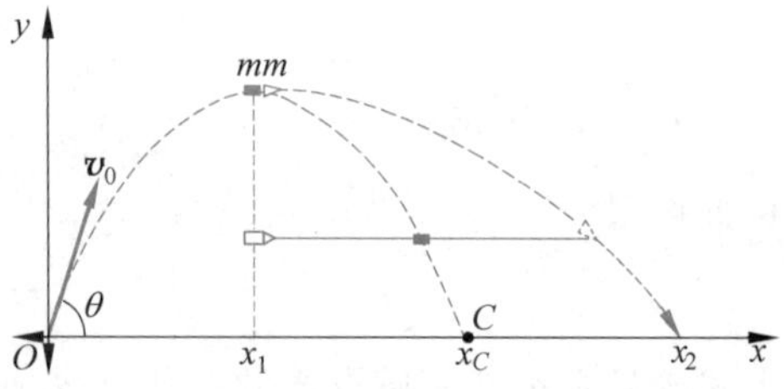

图 3.12 例 3.7 用图

炮弹炸裂时，内力使两部分分开，但因外力是重力，始终保持不变，所以质心的运动仍将和未炸裂的炮弹一样，它的着地点的横坐标仍是 X，即

$$x_C=\frac{v_0^2\sin 2\theta}{g}$$

第二部分的着地点 x_2 又可根据质心的定义由同一时刻第一部分和质心的坐标求出。由于第二部分与第一部分同时着地，所以着地时，

$$x_C=\frac{mx_1+mx_2}{2m}=\frac{x_1+x_2}{2}$$

由此得

$$x_2 = 2x_C - x_1 = \frac{3}{2}\frac{v_0^2 \sin 2\theta}{g}$$

例 3.8

拉纸球动。如图 3.13 所示,水平桌面上铺一张纸,纸上放一个均匀球,球的质量为 $M=0.5$ kg。将纸向右拉时会有 $f=0.1$ N 的摩擦力作用在球上。求该球的球心加速度 a_C 以及在从静止开始的 2 s 内,球心相对桌面移动的距离 s_C。

解 如大家熟知的,当拉动纸时,球体除平动外还会转动。它的运动比一个质点的运动复杂。但它的质心的运动比较简单,可以用质心运动定理求解。均匀球体的质心就是它的球心。把整个球体看做一个系统,它在水平方向只受到一个外力,即摩擦力 f。选如图 3.13 所示的坐标系,对球用质心运动定理,可得水平方向的分量式为

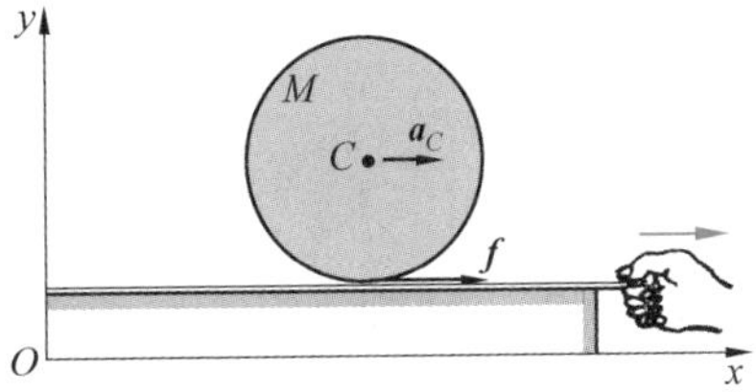

图 3.13 例 3.8 用图

$$f = Ma_C$$

由此得球心的加速度为

$$a_C = \frac{f}{M} = \frac{0.1}{0.5} = 0.2\ (\mathrm{m/s^2})$$

从静止开始 2 s 内球心运动的距离为

$$s_C = \frac{1}{2}a_C t^2 = \frac{1}{2} \times 0.2 \times 2^2 = 0.4\ (\mathrm{m})$$

注意,本题中摩擦力的方向和球心位移的方向都和拉纸的方向相同,读者可自己通过实验证实这一点。

3.6 质点的角动量和角动量定理

物体的圆周运动自古以来就受到很多人的关注,这可以上溯到纪元前人们对行星及其他天体运动的观察。现在实用技术和生活中的圆周运动或转动比比皆是,例如各种机器中轮子的转动。为了研究力对物体转动的作用效果,在牛顿力学中,引入了力矩这一概念。力矩是相对于一个参考点定义的。力 $\boldsymbol{F}$ 对参考点 O 的**力矩 $\boldsymbol{M}$** 定义为从参考点 O 到力的作用点 P 的径矢 $\boldsymbol{r}$ 和该力的矢量积,即

$$\boldsymbol{M} = \boldsymbol{r} \times \boldsymbol{F} \tag{3.16}$$

由此定义可知,力矩是一个矢量。如图 3.14 所示,力矩的大小为

$$M = rF\sin\alpha = r_{\perp} F \tag{3.17}$$

它的方向垂直于径矢 $\boldsymbol{r}$ 和力 $\boldsymbol{F}$ 所决定的平面,而指向用右手螺旋法则确定:使右手四指从 $\boldsymbol{r}$ 跨越小于 π 的角度转向 $\boldsymbol{F}$,这时拇指的指向就是 $\boldsymbol{M}$ 的方向。(注意定义式(3.16)中 $\boldsymbol{r}$ 在前,$\boldsymbol{F}$ 在后!)

在国际单位制中,力矩的量纲为 $\mathrm{ML^2T^{-2}}$,单位名称是牛[顿]米,符号是 N·m。

现在说明力矩的作用效果。在一惯性参考系中,设力作用在一个质量为 m 的质点上,其时质点的速度为 $\boldsymbol{v}$。相对于某一固定点 O,根据力矩的定义式(3.16)和牛顿第二定律,应有

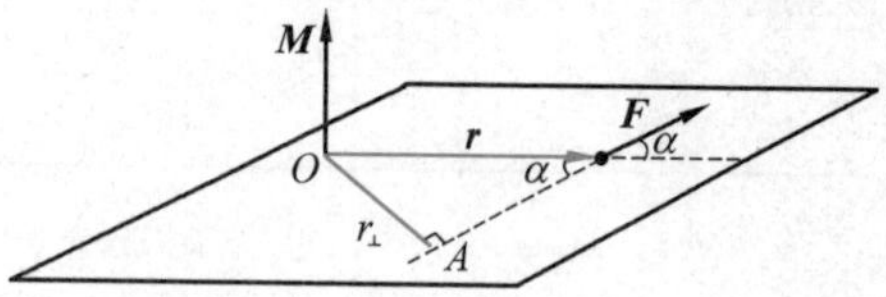

图 3.14 力矩的定义

$$\boldsymbol{M}=\boldsymbol{r}\times\boldsymbol{F}=\boldsymbol{r}\times\frac{\mathrm{d}\boldsymbol{p}}{\mathrm{d}t}=\frac{\mathrm{d}}{\mathrm{d}t}(\boldsymbol{r}\times\boldsymbol{p})-\frac{\mathrm{d}\boldsymbol{r}}{\mathrm{d}t}\times\boldsymbol{p}$$

由于$\frac{\mathrm{d}\boldsymbol{r}}{\mathrm{d}t}=\boldsymbol{v}$，而 $\boldsymbol{p}=m\boldsymbol{v}$，所以上式中最后一项为 0，由此得

$$\boldsymbol{M}=\frac{\mathrm{d}}{\mathrm{d}t}(\boldsymbol{r}\times\boldsymbol{p})\tag{3.18}$$

定义 $\boldsymbol{r}\times\boldsymbol{p}$ 为质点相对于固定点 O 的**角动量，它是一个矢量**，并以 $\boldsymbol{L}$ 表示此矢量，即

$$\boldsymbol{L}=\boldsymbol{r}\times\boldsymbol{p}\tag{3.19}$$

则上式就可以写成

$$\boldsymbol{M}=\frac{\mathrm{d}\boldsymbol{L}}{\mathrm{d}t}\tag{3.20}$$

这一等式的意义是：**质点所受的合外力矩等于它的角动量对时间的变化率**（力矩和角动量都是对于惯性系中同一固定点说的）。这个结论叫质点的**角动量定理**。它说明力对物体转动作用的效果：力矩使物体的角动量发生改变，而力矩就等于物体的角动量对时间的变化率。

角动量的定义式(3.19)可用图 3.15 表示。质点 m 对 O 点的角动量的大小为

$$L=rp\sin\varphi=mrv\sin\varphi\tag{3.21}$$

其方向垂直于 $\boldsymbol{r}$ 和 $\boldsymbol{p}$ 所决定的平面，指向由右手螺旋法则确定：使右手四指从 $\boldsymbol{r}$ 跨越小于 π 的角度转向 $\boldsymbol{p}$，这时拇指的指向就是 $\boldsymbol{L}$ 的方向。

作匀速圆周运动的质点 m 对其圆心的角动量的大小为

$$L=mrv$$

方向如图 3.16 所示。

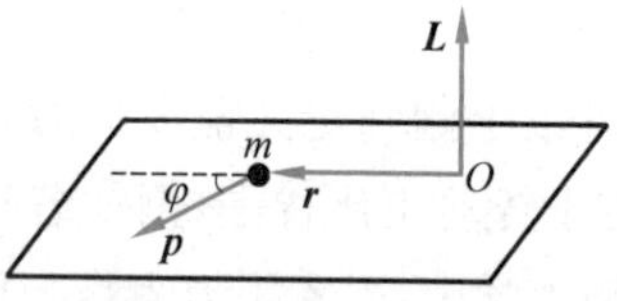

图 3.15 质点的角动量

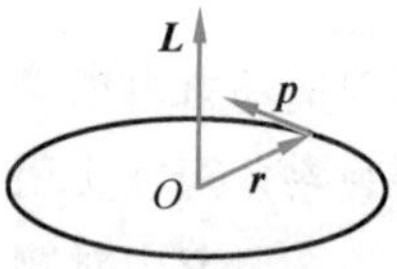

图 3.16 圆周运动对圆心的角动量

在国际单位制中，角动量的量纲为 $\mathrm{ML^2T^{-1}}$，单位名称是千克二次方米每秒，符号是 $\mathrm{kg\cdot m^2/s}$，也可写作 $\mathrm{J\cdot s}$。

3.7 角动量守恒定律

根据式(3.20)，如果 $\boldsymbol{M}=0$，则 $\mathrm{d}\boldsymbol{L}/\mathrm{d}t=0$，因而

$$\boldsymbol{L}=\text{常矢量}\tag{3.22}$$

这就是说，**如果对于某一固定点，质点所受的合外力矩为零，则此质点对该固定点的角动量矢量保持不变**。这一结论叫做**角动量守恒定律**。

角动量守恒定律和动量守恒定律一样，也是自然界的一条最基本的定律，并且在更广泛情况下它也不依赖牛顿定律。

关于外力矩为零这一条件，应该指出的是，由于力矩 $\boldsymbol{M}=\boldsymbol{r}\times\boldsymbol{F}$，所以它既可能是质点所受的外力为零，也可能是外力并不为零，但是在任意时刻外力总是与质点对于固定点的径矢平行或反平行。

例 3.9

开普勒第二定律。证明关于行星运动的开普勒第二定律：行星对太阳的径矢在相等的时间内扫过相等的面积。

解 行星是在太阳的引力作用下沿着椭圆轨道运动的。由于引力的方向在任何时刻总与行星对于太阳的径矢方向反平行，所以行星受到的引力对太阳的力矩等于零。因此，行星在运动过程中，对太阳的角动量将保持不变。我们来看这个不变意味着什么。

首先，由于角动量 $\boldsymbol{L}$ 的方向不变，表明 $\boldsymbol{r}$ 和 $\boldsymbol{v}$ 所决定的平面的方位不变。这就是说，行星总在一个平面内运动，它的轨道是一个平面轨道(图 3.17)，而 $\boldsymbol{L}$ 就垂直于这个平面。

其次，行星对太阳的角动量的大小为

$$L = mrv\sin\alpha = mr\left|\frac{\mathrm{d}\boldsymbol{r}}{\mathrm{d}t}\right|\sin\alpha = m\lim_{\Delta t\to 0}\frac{r\,|\,\Delta\boldsymbol{r}\,|\,\sin\alpha}{\Delta t}$$

由图 3.17 可知，乘积 $r|\Delta\boldsymbol{r}|\sin\alpha$ 等于阴影三角形的面积(忽略那个小角的面积)的两倍，以 ΔS 表示这一面积，就有

$$r\,|\,\Delta\boldsymbol{r}\,|\,\sin\alpha = 2\Delta S$$

将此式代入上式可得

$$L = 2m\lim_{\Delta t\to 0}\frac{\Delta S}{\Delta t} = 2m\frac{\mathrm{d}S}{\mathrm{d}t}$$

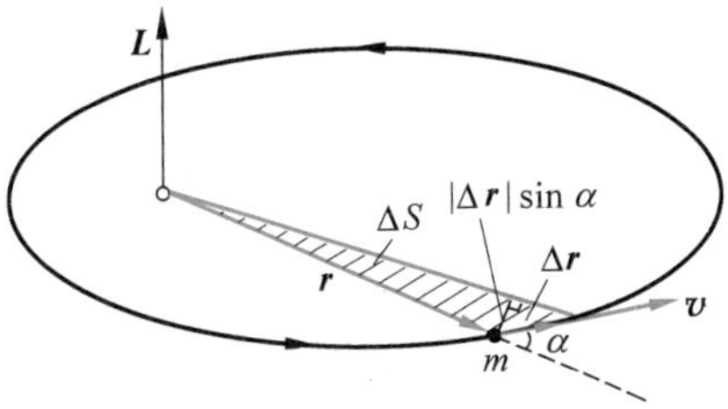

图 3.17 例 3.9 用图

此处 $\mathrm{d}S/\mathrm{d}t$ 为行星对太阳的径矢在单位时间内扫过的面积，叫做行星运动的**掠面速度**。行星运动的角动量守恒又意味着这一掠面速度保持不变。由此，我们可以直接得出行星对太阳的径矢在相等的时间内扫过相等的面积的结论。

提要

1. **动量定理**：合外力的冲量等于质点动量的增量，即

$$\boldsymbol{F}\mathrm{d}t = \mathrm{d}\boldsymbol{p}, \quad \boldsymbol{p} = m\boldsymbol{v}$$

2. **动量守恒定律**：系统所受合外力为零时，其总动量

$$\boldsymbol{p} = \sum_i \boldsymbol{p}_i = \text{常矢量}$$

3. **质心的概念**：质心的位矢

$$\boldsymbol{r}_C = \frac{\sum_i m_i\boldsymbol{r}_i}{m} \quad \text{或} \quad \boldsymbol{r}_C = \frac{\int \boldsymbol{r}\mathrm{d}m}{m}$$

4. **质心运动定理**：质点系所受的合外力等于其总质量乘以质心的加速度，即

$$\boldsymbol{F} = m\boldsymbol{a}_C$$

5. **质点的角动量定理**：对于惯性系中某一定点，

力 $\boldsymbol{F}$ 的力矩 $\boldsymbol{M}=\boldsymbol{r}\times\boldsymbol{F}$

质点的角动量 $\boldsymbol{L}=\boldsymbol{r}\times\boldsymbol{p}=m\boldsymbol{r}\times\boldsymbol{v}$

角动量定理 $\boldsymbol{M}=\frac{\mathrm{d}\boldsymbol{L}}{\mathrm{d}t}$

其中 $\boldsymbol{M}$ 为合外力矩，它和 $\boldsymbol{L}$ 都是对同一定点说的。

6. 角动量守恒定律：对某定点，质点受的合力矩为零时，则它对于同一定点的 $\boldsymbol{L}=$ 常矢量。

自测简题

3.1 下列各小球的运动发生变化，按其动量变化的大小由大小对小球排序：

(1) 小球质量为 20 g，速度方向不变，大小由 12 m/s 变为 20 m/s；

(2) 小球质量为 5 g，速度由向东 8 m/s 变为向西 16 m/s；

(3) 小球质量为 3 g，速度由向东 30 m/s 变为向北 40 m/s；

(4) 小球质量为 5 g，速度由向东 40 m/s 变为东偏北 60°，40 m/s。

3.2 10 吨大卡车误入逆行道与一 2 吨小客车相撞而扣在一起。卡车原来速度为 16 m/s，小客车速度为 20 m/s，相撞后二者的共同速度为(1)16 m/s，(2)20 m/s，(3)10 m/s。

3.3 2 吨小客车以 30 m/s 的高速追尾撞上一以 18 m/s 行驶的 10 吨大货车，二者扣在一起的共同速度是(1)8 m/s，(2)30 m/s，(3)20 m/s。

3.4 一段直的高速公路旁 40 m 处有一杨树，在路上一质量为 1.5 吨的小客车以 120 km/h 的高速行驶。此客车对杨树根部的角动量是[(1)2×16^{6}，(2)2×10^{7}，(3)2×10^{8}]$\mathrm{kg\cdot m^2/s}$。

思考题

3.1 小力作用在一个静止的物体上，只能使它产生小的速度吗？大力作用在一个静止的物体上，一定能使它产生大的速度吗？

3.2 一人躺在地上，身上压一块重石板，另一人用重锤猛击石板，但见石板碎裂，而下面的人毫无损伤。何故？

3.3 坐在自行车上，用力向前推车把，能使自行车前进吗？使自行车前进的力是什么力？

3.4 我国东汉时学者王充在他所著《论衡》(公元 28 年)一书中记有："奡(ào)、育，古之多力者，身能负荷千钧，手能决角伸钩，使之自举，不能离地。"说的是古代大力士自己不能把自己举离地面。这个说法正确吗？为什么？

3.5 你自己身体的质心是固定在身体内某一点吗？你能把你的身体的质心移到身体外面吗？

3.6 天安门前放烟花时，一朵五彩缤纷的烟花的质心的运动轨迹如何(忽略空气阻力与风力)？为什么在空中烟花总是以球形逐渐扩大？

3.7 人造地球卫星是沿着一个椭圆轨道运行的，地心 O 是这一轨道的一个焦点(图 3.18)。卫星经过近地点 P 和远地点 A 时的速率一样吗？它们和地心到 P 的距离 r_1 以及地心到 A 的距离 r_2 有什么关系？

3.8 一个 α 粒子飞过一金原子核而被散射，金核基本上未动(图 3.19)。在这一过程中，对金核中心来说，α 粒子的角动量是否守恒？为什么？α 粒子的动量是否守恒？

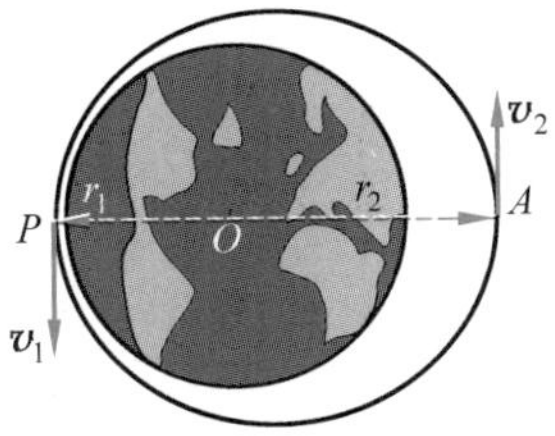

图 3.18 思考题 3.7 用图

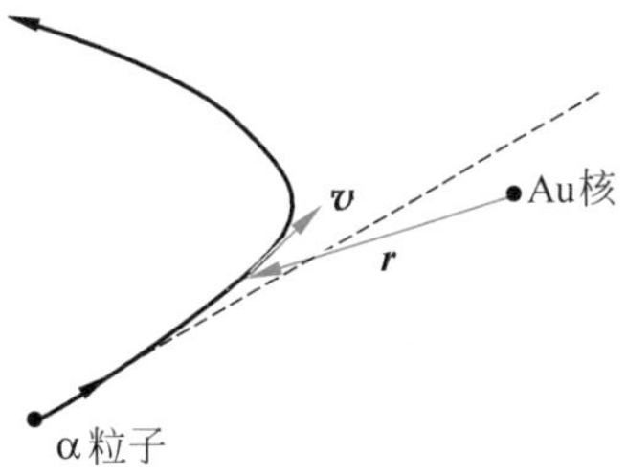

图 3.19 思考题 3.8 用图

习题

3.1 一个质量 $m=50$ g，以速率 $v=20$ m/s 作匀速圆周运动的小球，在 1/4 周期内向心力加给它的冲量是多大？

3.2 一跳水练习者一次从 10 m 跳台上跳下时失控，以致肚皮平拍在水面上。如果她起跳时跃起的高度是1.2 m，触水面后 0.80 s 末瞬时停止，她的身体受到的水的平均拍力多大？设她的体重是 420 N。

3.3 自动步枪连发时每分钟射出 120 发子弹，每发子弹的质量为 $m=7.90$ g，出口速率为 735 m/s。求射击时(以分钟计)枪托对肩部的平均压力。

3.4 水管有一段弯曲成 90°。已知管中水的流量为 3×10^3 kg/s，流速为 10 m/s。求水流对此弯管的压力的大小和方向。

*3.5 运载火箭的最后一级以 $v_0=7600$ m/s 的速率飞行。这一级由一个质量为 $m_1=290.0$ kg 的火箭壳和一个质量为 $m_2=150.0$ kg 的仪器舱扣在一起。当扣松开后，二者间的压缩弹簧使二者分离，这时二者的相对速率为 $u=910.0$ m/s。设所有速度都在同一直线上，求两部分分开后各自的速度。

3.6 两辆质量相同的汽车在十字路口垂直相撞，撞后二者扣在一起又沿直线滑动了 $s=25$ m 才停下来。设滑动时地面与车轮之间的滑动摩擦系数为 $\mu_k=0.80$。撞后两个司机都声明在撞车前自己的车速未超限制(14 m/s)，他们的话都可信吗？

3.7 求半圆形均匀薄板的质心。

3.8 有一正立方体铜块，边长为 a。今在其下半部中央挖去一截面半径为 $a/4$ 的圆柱形洞(图 3.20)。求剩余铜块的质心位置。

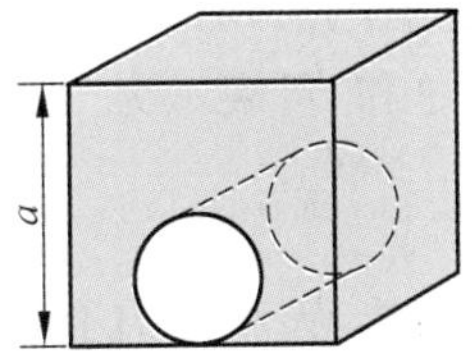

图 3.20 习题 3.8 用图

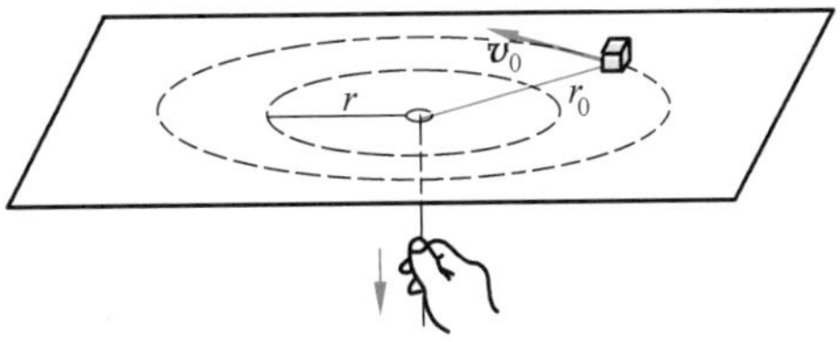

图 3.21 习题 3.9 用图

3.9 用绳系一小方块使之在光滑水平面上作圆周运动(图 3.21)，圆半径为 r_0，速率为 v_0。今缓慢地拉下绳的另一端，使圆半径逐渐减小。求圆半径缩短至 r 时，小球的速率 v 是多大。

第 4 章

功　和　能

如今能量已经成了非常大众化的概念了。例如，人们就常常谈论能源。本章介绍能量的物理意义及相关的概念和定律，包括动能、势能以及机械能守恒定律等。

4.1　功

功和能是一对紧密相连的物理量。一质点在力 $\boldsymbol{F}$ 的作用下，发生一无限小的元位移 $\mathrm{d}\boldsymbol{r}$ 时（图 4.1），力对质点做的**功 $\mathrm{d}A$ 定义为力 $\boldsymbol{F}$ 和位移 $\mathrm{d}\boldsymbol{r}$ 的标量积**，即

$$\mathrm{d}A = \boldsymbol{F} \cdot \mathrm{d}\boldsymbol{r} = F\,|\,\mathrm{d}\boldsymbol{r}\,|\cos\varphi = F_{\mathrm{t}}\,|\,\mathrm{d}\boldsymbol{r}\,| \tag{4.1}$$

式中 φ 是力 $\boldsymbol{F}$ 与元位移 $\mathrm{d}\boldsymbol{r}$ 之间的夹角，而 $F_{\mathrm{t}} = F\cos\varphi$ 为力 $\boldsymbol{F}$ 在位移 $\mathrm{d}\boldsymbol{r}$ 方向的分力。

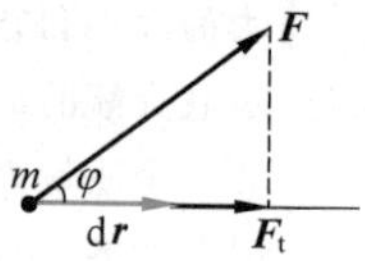

图 4.1　功的定义

按式(4.1)定义的功是标量。它没有方向，但有正负。当 $0 \leqslant \varphi < \pi/2$ 时，$\mathrm{d}A > 0$，力对质点做正功；当 $\varphi = \pi/2$ 时，$\mathrm{d}A = 0$，力对质点不做功；当 $\pi/2 < \varphi \leqslant \pi$ 时，$\mathrm{d}A < 0$，力对质点做负功。对于这最后一种情况，我们也常说成是质点在运动中克服力 $\boldsymbol{F}$ 做了功。

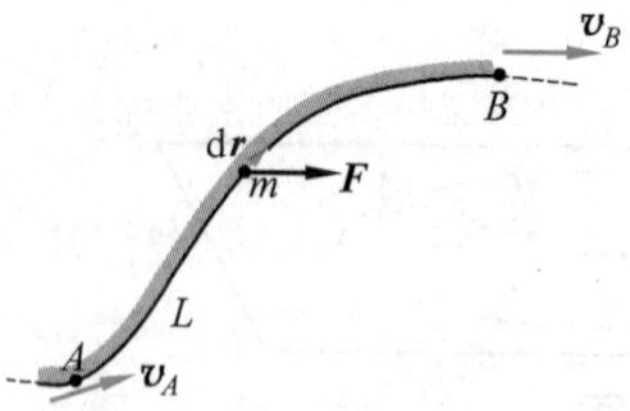

图 4.2　力沿一段曲线做的功

一般地说，当质点可以是沿曲线 L 运动，而且所受的力 $\boldsymbol{F}$ 随质点的位置发生变化时，如图 4.2 所示，质点沿路径 L 从 A 点到 B 点的过程中力 $\boldsymbol{F}$ 对它做的总功 A_{AB} 等于经过各段无限小元位移时力所做的功的总和，可表示为

$$A_{AB} = \int_{L\,(A)}^{(B)} \mathrm{d}A = \int_{L\,(A)}^{(B)} \boldsymbol{F} \cdot \mathrm{d}\boldsymbol{r} \tag{4.2}$$

这一积分在数学上叫做力 $\boldsymbol{F}$ 沿路径 L 从 A 到 B 的**线积分**。

在国际单位制中，功的量纲是 $\mathrm{ML^2T^{-2}}$，单位名称是焦[耳]，符号为 J，

$$1\ \mathrm{J} = 1\ \mathrm{N \cdot m}$$

其他常见的功的非 SI 单位有尔格(erg)、电子伏(eV)，

$$1\ \mathrm{erg} = 10^{-7}\ \mathrm{J}$$

$$1\ \mathrm{eV} = 1.6 \times 10^{-19}\ \mathrm{J}$$

例 4.1

推力做功。一超市营业员用 60 N 的力把一箱饮料在地板上沿直线匀速地推动了25 m，他的推力始终与地面保持 30°角。求：(1)营业员推箱子做的功；(2)地板对箱子的摩擦力做的功。

解 (1) 如图 4.3 所示，$F=60$ N，$s=25$ m，$\varphi=30°$。由式(4.1)可得营业员推箱子做的功为

$$A_{\boldsymbol{F}}=Fs\cos\varphi=60\times25\times\cos30°=1.30\times10^3\ (\text{J})$$

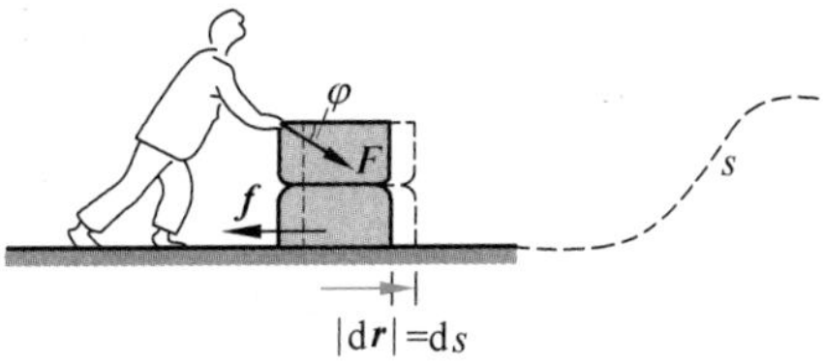

图 4.3 用力推箱

(2) 箱子还受着地面摩擦力 $\boldsymbol{f}$，所以水平方向上它受的合力为 $\boldsymbol{F}_{\text{net}}=\boldsymbol{F}+\boldsymbol{f}$。由于箱子作匀速运动，所以 $\boldsymbol{F}_{\text{net}}=0$，而此合力做的功为

$$A_{\text{net}}=\int\boldsymbol{F}_{\text{net}}\cdot\mathrm{d}\boldsymbol{r}=\int\boldsymbol{F}\cdot\mathrm{d}\boldsymbol{r}+\int\boldsymbol{f}\cdot\mathrm{d}\boldsymbol{r}=A_{\boldsymbol{F}}+A_f=0$$

由此可得摩擦力对箱子做的功为

$$A_f=-A_{\boldsymbol{F}}=-1.30\times10^3\ (\text{J})$$

例 4.2

摩擦力做功。马拉爬犁在水平雪地上沿一弯曲道路行走(图 4.4)。爬犁总质量为 3 t，它和地面的摩擦系数 $\mu=0.12$。求马拉爬犁行走 2 km 的过程中，路面摩擦力对爬犁做的功。

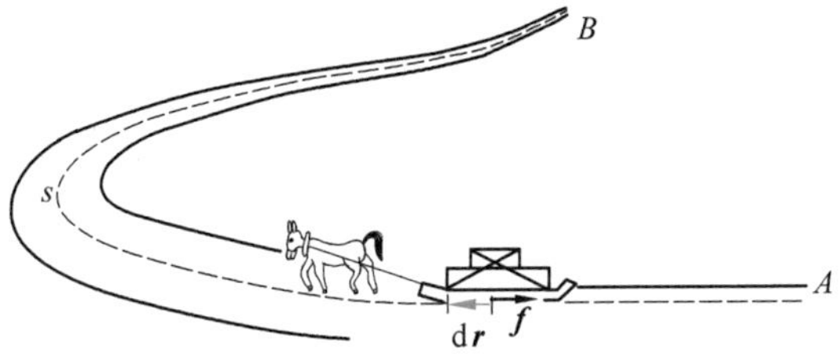

图 4.4 马拉爬犁在雪地上行进

解 这是一个物体沿曲线运动但力的大小不变的例子。爬犁在雪地上移动任一元位移 $\mathrm{d}\boldsymbol{r}$ 的过程中，它受的摩擦力的大小为

$$f=\mu N=\mu mg$$

由于摩擦力的方向总与位移 $\mathrm{d}\boldsymbol{r}$ 的方向相反(图 4.4)，所以相应的元功应为

$$\mathrm{d}A=\boldsymbol{f}\cdot\mathrm{d}\boldsymbol{r}=-f\,|\mathrm{d}\boldsymbol{r}|$$

以 $\mathrm{d}s=|\mathrm{d}\boldsymbol{r}|$ 表示元位移的大小，即相应的路程，则

$$\mathrm{d}A=-f\mathrm{d}s=-\mu mg\,\mathrm{d}s$$

爬犁从 A 移到 B 的过程中，摩擦力对它做的功就是

$$A_{AB}=\int_{(A)}^{(B)}\boldsymbol{f}\cdot\mathrm{d}\boldsymbol{r}=-\int_{(A)}^{(B)}\mu mg\,\mathrm{d}s=-\mu mg\int_{(A)}^{(B)}\mathrm{d}s$$

上式中最后一积分为从 A 到 B 爬犁实际经过的路程 s，所以

$$A_{AB}=-\mu mgs=-0.12\times3000\times9.81\times2000=-7.06\times10^6\ (\text{J})$$

此结果中的负号表示摩擦力对爬犁做了负功。此功的大小和物体经过的路径形状有关。如果爬犁是沿直

线从 A 到 B 的，则滑动摩擦力做的功的数值要比上面的小。

例 4.3

重力做功。一滑雪运动员质量为 m，沿滑雪道从 A 点滑到 B 点的过程中，重力对他做了多少功？

解 由式(4.2)可得，在运动员下降过程中，重力对他做的功为

$$A_g = \int_{(A)}^{(B)} m\boldsymbol{g}\cdot \mathrm{d}\boldsymbol{r}$$

由图 4.5 可知，

$$\boldsymbol{g}\cdot \mathrm{d}\boldsymbol{r} = g\,|\,\mathrm{d}\boldsymbol{r}\,|\cos\varphi = -g\mathrm{d}h$$

其中 $\mathrm{d}h$ 为与 $\mathrm{d}\boldsymbol{r}$ 相应的运动员下降的高度。以 h_A 和 h_B 分别表示运动员起始和终了的高度(以滑雪道底为参考零高度)，则有重力做的功为

$$A_g = \int_{(A)}^{(B)} mg\,|\,\mathrm{d}\boldsymbol{r}\,|\cos\varphi = -m\int_{(A)}^{(B)} g h = mgh_A - mgh_B \tag{4.3}$$

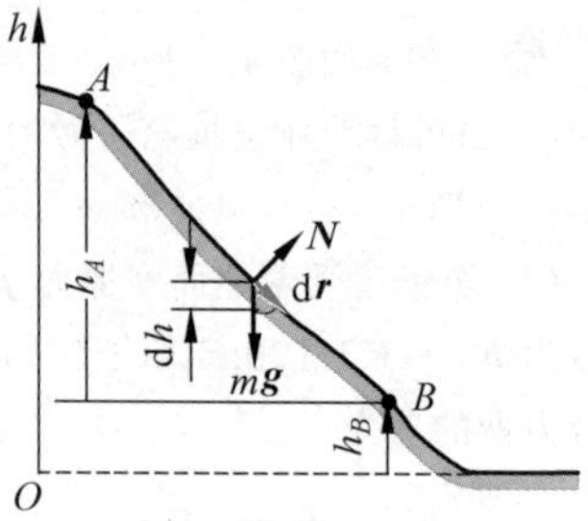

图 4.5 例 4.3 用图

此式表示重力的功只和运动员下滑过程的始末位置(以高度表示)有关，而和下滑过程经过的具体路径形状无关。

例 4.4

弹力做功。有一水平放置的弹簧，其一端固定，另一端系一小球(如图 4.6 所示)。求弹簧的伸长量从 x_A 变化到 x_B 的过程中，弹力对小球做的功。设弹簧的劲度系数为 k。

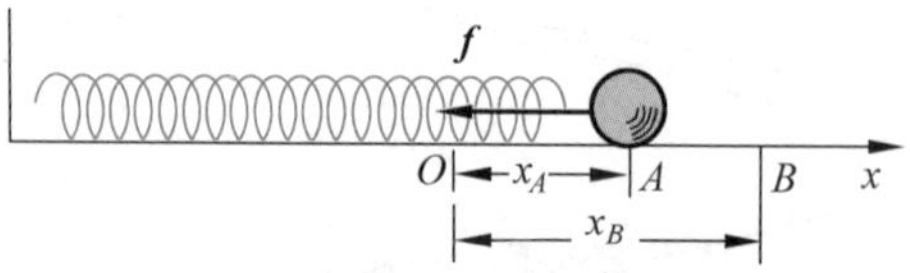

图 4.6 例 4.4 用图

解 这是一个路径为直线而力随位置改变的例子。取 x 轴与小球运动的直线平行，而原点对应于小球的平衡位置。这样，小球在任一位置 x 时，弹力就可以表示为

$$f_x = -kx$$

小球的位置由 A 移到 B 的过程中，弹力做的功为

$$A_{\mathrm{ela}} = \int_{(A)}^{(B)} \boldsymbol{f}\cdot \mathrm{d}\boldsymbol{r} = \int_{x_A}^{x_B} f_x\,\mathrm{d}x = \int_{x_A}^{x_B}(-kx)\,\mathrm{d}x$$

计算此积分，可得

$$A_{\mathrm{ela}} = \frac{1}{2}kx_A^2 - \frac{1}{2}kx_B^2 \tag{4.4}$$

这一结果说明，如果 $x_B > x_A$，即弹簧伸长时，弹力对小球做负功；如果 $x_B < x_A$，即弹簧缩短时，弹力对小球做正功。

值得注意的是，这一弹力的功只和弹簧的始末形状(以伸长量表示)有关，而和伸长的中间过程无关。

例 4.3 和例 4.4 说明了重力做的功和弹力做的功都只决定于做功过程系统的始末位置或形状，而与过程的具体形式或路径无关。这种**做功与路径无关，只决定于系统的始末位置**

或形状的力称为保守力。重力和弹簧的弹力都是保守力。例 4.2 说明摩擦力做的功直接与路径有关，所以摩擦力不是保守力，或者说它是非保守力。

保守力有另一个等价定义：**如果力作用在物体上，当物体沿闭合路径移动一周时，力做的功为零，这样的力就称为保守力**。这可证明如下。如图 4.7 所示，力沿任意闭合路径 $A1B2A$ 做的功为

$$A_{A1B2A} = A_{A1B} + A_{B2A}$$

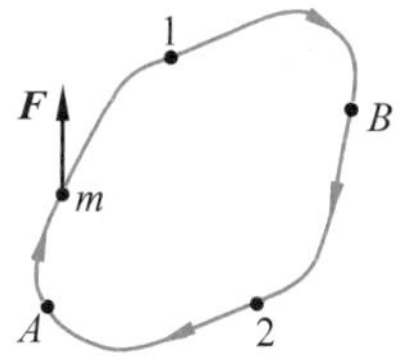

图 4.7 保守力沿闭合路径做功

因为对同一力 $\boldsymbol{F}$，当位移方向相反时，该力做的功应改变符号，所以 $A_{B2A}=-A_{A2B}$，这样就有

$$A_{A1B2A} = A_{A1B} - A_{A2B}$$

如果 $A_{A1B2A}=0$，则 $A_{A1B}=A_{A2B}$。这说明，物体由 A 点到 B 点沿任意两条路径力做的功都相等。这符合前述定义，所以这力是保守力。

4.2 动能定理

将牛顿第二定律公式代入功的定义式(4.1)，可得

$$dA = \boldsymbol{F}\cdot d\boldsymbol{r} = F_t\,|d\boldsymbol{r}| = ma_t\,|d\boldsymbol{r}|$$

由于

$$a_t = \frac{dv}{dt},\qquad |\,d\boldsymbol{r}\,| = v dt$$

所以

$$dA = mv dv = d\left(\frac{1}{2}mv^2\right) \tag{4.5}$$

定义

$$E_k = \frac{1}{2}mv^2 = \frac{p^2}{2m} \tag{4.6}$$

为质点在速度为 $\boldsymbol{v}$ 时的**动能**，则

$$dA = dE_k \tag{4.7}$$

将式(4.5)和式(4.7)沿从 A 到 B 的路径(参看图 4.2)积分，

$$\int_{(A)}^{(B)} dA = \int_{v_A}^{v_B} d\left(\frac{1}{2}mv^2\right)$$

可得

$$A_{AB} = \frac{1}{2}mv_B^2 - \frac{1}{2}mv_A^2$$

或

$$A_{AB} = E_{kB} - E_{kA} \tag{4.8}$$

式中 v_A 和 v_B 分别是质点经过 A 和 B 时的速率，而 E_{kA} 和 E_{kB} 分别是相应时刻质点的动能。式(4.7)和式(4.8)说明：合外力对质点做的功要改变质点的动能，而功的数值就等于质点动能的增量，或者说力对质点做的功是质点动能改变的量度。这一表示力在一段路程上作用的效果的结论叫做用于质点的**动能定理**(或**功-动能定理**)。它也是牛顿定律的直接推论。

由式(4.8)可知，动能和功的量纲和单位都相同，即为 ML^2T^{-2} 和 J。

例 4.5

冰面上滑动。以 30 m/s 的速率将一石块扔到一结冰的湖面上，它能向前滑行多远？设石块与冰面间的摩擦系数为 $\mu=0.05$。

解 以 m 表示石块的质量，则它在冰面上滑行时受到的摩擦力为 $f=\mu mg$。以 s 表示石块能滑行的距离，则滑行时摩擦力对它做的总功为 $A=\boldsymbol{f}\cdot\boldsymbol{s}=-fs=-\mu mgs$。已知石块的初速率为 $v_A=30$ m/s，而末速率为 $v_B=0$，而且在石块滑动时只有摩擦力对它做功，所以根据动能定理(式(4.8))可得

$$-\mu mgs=0-\frac{1}{2}mv_A^2$$

由此得

$$s=\frac{v_A^2}{2\mu g}=\frac{30^2}{2\times0.05\times9.8}=918\ (\mathrm{m})$$

此题也可以直接用牛顿第二定律和运动学公式求解，但用动能定理解答更简便些。基本定律虽然一样，但引入新概念往往可以使解决问题更为简便。

现在考虑由两个有相互作用的质点组成的质点系的动能变化和它们受的力所做的功的关系。

如图 4.8 所示，以 m_1，m_2 分别表示两质点的质量，以 $\boldsymbol{f}_1$，$\boldsymbol{f}_2$ 和 $\boldsymbol{F}_1$，$\boldsymbol{F}_2$ 分别表示它们受的内力和外力，以 $\boldsymbol{v}_{1A}$，$\boldsymbol{v}_{2A}$ 和 $\boldsymbol{v}_{1B}$，$\boldsymbol{v}_{2B}$ 分别表示它们在起始状态和终了状态的速度。

由动能定理式(4.8)，可得各自受的合外力做的功如下：

对 m_1： $$\int_{(A_1)}^{(B_1)}(\boldsymbol{F}_1+\boldsymbol{f}_1)\cdot\mathrm{d}\boldsymbol{r}_1=\int_{(A_1)}^{(B_1)}\boldsymbol{F}_1\cdot\mathrm{d}\boldsymbol{r}_1+\int_{(A_1)}^{(B_1)}\boldsymbol{f}_1\cdot\mathrm{d}\boldsymbol{r}_1=\frac{1}{2}m_1v_{1B}^2-\frac{1}{2}m_1v_{1A}^2$$

对 m_2： $$\int_{(A_2)}^{(B_2)}(\boldsymbol{F}_2+\boldsymbol{f}_2)\cdot\mathrm{d}\boldsymbol{r}_2=\int_{(A_2)}^{(B_2)}\boldsymbol{F}_2\cdot\mathrm{d}\boldsymbol{r}_2+\int_{(A_2)}^{(B_2)}\boldsymbol{f}_2\cdot\mathrm{d}\boldsymbol{r}_2=\frac{1}{2}m_2v_{2B}^2-\frac{1}{2}m_2v_{2A}^2$$

两式相加可得

$$\int_{(A_1)}^{(B_1)}\boldsymbol{F}_1\cdot\mathrm{d}\boldsymbol{r}_1+\int_{(A_2)}^{(B_2)}\boldsymbol{F}_2\cdot\mathrm{d}\boldsymbol{r}_2+\int_{(A_1)}^{(B_1)}\boldsymbol{f}_1\cdot\mathrm{d}\boldsymbol{r}_1+\int_{(A_2)}^{(B_2)}\boldsymbol{f}_2\cdot\mathrm{d}\boldsymbol{r}_2$$
$$=\frac{1}{2}m_1v_{1B}^2+\frac{1}{2}m_2v_{2B}^2-\left(\frac{1}{2}m_1v_{1A}^2+\frac{1}{2}m_2v_{2A}^2\right)$$

此式中等号左侧前两项是外力对质点系所做功之和，用 A_{ext} 表示。左侧后两项是质点系内力所做功之和，用 A_{in} 表示。等号右侧是质点系**总动能**的增量，可写为 $E_{kB}-E_{kA}$。这样我们就有

$$A_{\mathrm{ext}}+A_{\mathrm{in}}=E_{kB}-E_{kA}\tag{4.9}$$

这就是说，**所有外力对质点系做的功和内力对质点系做的功之和等于质点系总动能的增量**。这一结论很明显地可以推广到由任意多个质点组成的质点系，它就是用于质点系的动能定理。

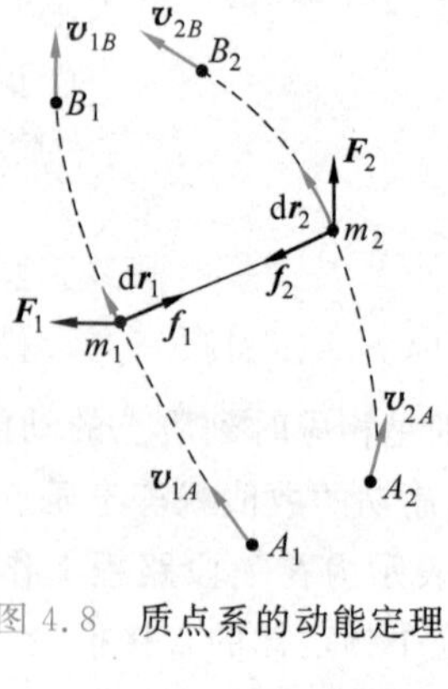

图 4.8 质点系的动能定理

这里应该注意的是，系统内力的功之和可以不为零，因而可以改变系统的总动能。例如，地雷爆炸后，弹片四向飞散，它们的总动能显然比爆炸前增加了。这就是内力(火药的爆炸力)对各弹片做正功的结果。又例如，两个都带正电荷的粒子，

在运动中相互靠近时总动能会减少。这是因为它们之间的内力(相互的斥力)对粒子都做负功的结果。**内力能改变系统的总动能,但不能改变系统的总动量**,这是需要特别注意加以区别的。

一个质点系的动能,常常相对于其**质心参考系**(即质心在其中静止的参考系)加以计算。以 $\boldsymbol{v}_i$ 表示第 i 个质点相对某一惯性系的速度,以 $\boldsymbol{v}'_i$ 表示该质点相对于质心参考系的速度,以 $\boldsymbol{v}_C$ 表示质心相对于惯性系的速度,则由于 $\boldsymbol{v}_i=\boldsymbol{v}'_i+\boldsymbol{v}_C$,故相对于惯性系,质点系的总动能应为

$$\begin{aligned}E_\mathrm{k}&=\sum\frac{1}{2}m_i\boldsymbol{v}_i^2=\sum\frac{1}{2}m_i(\boldsymbol{v}_C+\boldsymbol{v}'_i)^2\\&=\frac{1}{2}mv_C^2+\boldsymbol{v}_C\sum m_i\boldsymbol{v}'_i+\sum\frac{1}{2}m_iv'^2_i\end{aligned}$$

式中右侧第一项表示质量等于质点系总质量的一个质点以质心速度运动时的动能,叫质点系的**轨道动能**(或说其质心的动能),以 $E_{\mathrm{k}C}$ 表示;第二项中 $\sum m_i\boldsymbol{v}'_i=\frac{\mathrm{d}}{\mathrm{d}t}\sum m_i\boldsymbol{r}'_i=m\frac{\mathrm{d}\boldsymbol{r}'_C}{\mathrm{d}t}$。由于 $\boldsymbol{r}'_C$ 是质心在质心参考系中的位矢,它并不随时间变化,所以 $\frac{\mathrm{d}\boldsymbol{r}'_C}{\mathrm{d}t}=0$,而这第二项也就等于零;第三项是质点系相对于其质心参考系的总动能,叫质点系的**内动能**,以 $E_{\mathrm{k,in}}$ 表示。这样,上式就可写成

$$E_\mathrm{k}=E_{\mathrm{k}C}+E_{\mathrm{k,in}}\tag{4.10}$$

此式说明,一个质点系相对于某一惯性系的总动能等于该质点系的轨道动能和内动能之和。这一关系叫**柯尼希定理**。实例之一是,一个篮球在空中运动时,其内部气体相对于地面的总动能等于其中气体分子的轨道动能和它们相对于这气体的质心的动能——内动能——之和。这气体的内动能也就是它的所有分子无规则运动的动能之和。

4.3 势能

本节先介绍**重力势能**。对于这一概念,应明确以下几点。

(1) 只是因为重力是保守力,所以才能有重力势能的概念。重力是保守力,表现为式(4.3),即重力做的功只决定于物体的始末位置(以高度表示),因为这样,才能定义一个由物体位置决定的物理量——重力势能 E_p。并规定

$$A_g=-\Delta E_\mathrm{p}=E_{\mathrm{p}A}-E_{\mathrm{p}B}\tag{4.11}$$

式中 A,B 分别代表重力做功的起点和终点。此式表明:重力做的功等于物体重力势能的减少。

对比式(4.11)和式(4.3)即可得重力势能表示式

$$E_\mathrm{p}=mgh\tag{4.12}$$

(2) 重力势能表示式(4.11)要具有具体的数值,要求预先选定参考高度或称重力势能零点,在该高度时物体的重力势能为零,式(4.11)中的 h 是从该高度向上计算的。

(3) 由于重力是地球和物体之间的引力,所以重力势能应属于物体和地球这一系统,"物体的重力势能"只是一种简略的说法。

下面再介绍**弹簧的弹性势能**。弹簧的弹力也是保守力,这由式(4.4)可看出:

$$A_{ela} = \frac{1}{2}kx_A^2 - \frac{1}{2}kx_B^2$$

因此,可以定义一个由弹簧的伸长量 x 所决定的物理量——弹簧的弹性势能。这一势能的差按下式规定:

$$A_{ela} = -\Delta E_p = E_{pA} - E_{pB} \tag{4.13}$$

此式表明:弹簧的弹力做的功等于弹簧的弹性势能的减少。

对比式(4.13)和式(4.4),可得弹簧的弹性势能表示式为

$$E_p = \frac{1}{2}kx^2 \tag{4.14}$$

当 $x=0$ 时,式(4.14)给出 $E_p=0$,由此可知由式(4.14)得出的弹性势能的“零点”对应于弹簧的伸长为零,即它处于原长的形状。

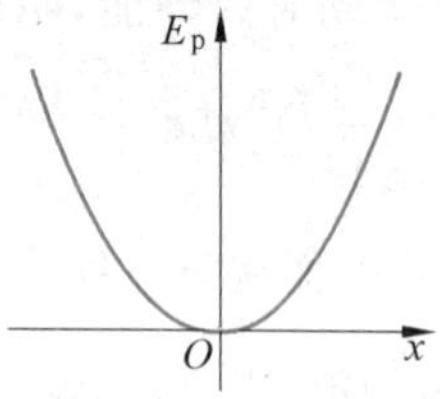

图 4.9 弹簧的弹性势能曲线

弹簧的弹性势能当然属于弹簧的整体。表示势能随位形变化的曲线叫做**势能曲线**,弹簧的弹性势能曲线如图 4.9 所示,是一条抛物线。

由以上关于两种势能的说明,可知关于势能的概念我们一般应了解以下几点。

(1) 只有对保守力才能引入势能概念,而且规定保守力做的功等于系统势能的减少,即

$$A_{AB} = -\Delta E_p = E_{pA} - E_{pB} \tag{4.15}$$

(2) 势能的具体数值要求预先选定系统的某一位形为势能零点。

(3) 势能属于有保守力相互作用的系统整体。

对于非保守力,例如摩擦力,不能引入势能概念。

4.4 引力势能

让我们先来证明万有引力是保守力。

根据牛顿的引力定律,质量分别为 m_1 和 m_2 的两质点相距 r 时相互间引力的大小为

$$f = \frac{Gm_1m_2}{r^2}$$

方向沿着两质点的连线。如图 4.10 所示,以 m_1 所在处为原点,当 m_2 由 A 点沿任意路径 L 移动到 B 点时,引力做的功为

$$A_{AB} = \int_{(A)}^{(B)} \boldsymbol{f} \cdot \mathrm{d}\boldsymbol{r} = \int_{(A)}^{(B)} \frac{Gm_1m_2}{r^2} |\mathrm{d}\boldsymbol{r}| \cos\varphi$$

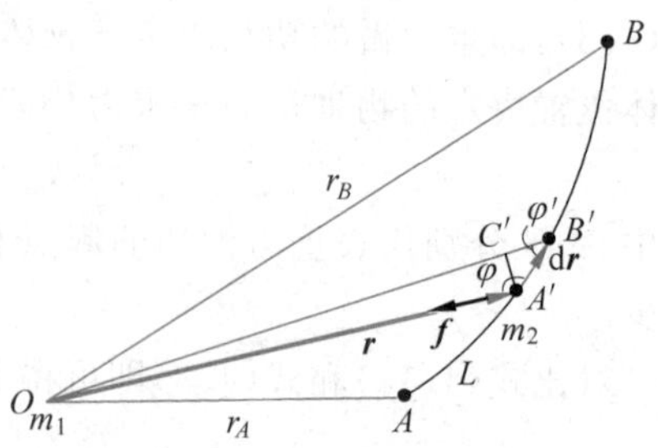

图 4.10 引力势能公式的推导

在图 4.10 中,径矢 OB' 和 OA' 长度之差为 $B'C'=\mathrm{d}r$。由于 $|\mathrm{d}\boldsymbol{r}|$ 为微小长度,所以 OB' 和 OA' 可视为平行,因而 $A'C' \perp B'C'$,于是 $|\mathrm{d}\boldsymbol{r}|\cos\varphi = -|\mathrm{d}\boldsymbol{r}|\cos\varphi' = -\mathrm{d}r$。将此关系代入上式可得

$$A_{AB} = -\int_{r_A}^{r_B} \frac{Gm_1m_2}{r^2}\mathrm{d}r = \frac{Gm_1m_2}{r_B} - \frac{Gm_1m_2}{r_A} \tag{4.16}$$

这一结果说明引力的功只决定于两质点间的始末距离而和移动的路径无关。所以，引力是保守力。

由于引力是保守力，所以可以引入势能概念。将式(4.16)和势能差的定义公式(4.15)($A_{AB}=E_{pA}-E_{pB}$)相比较，可得两质点相距 r 时的引力势能公式为

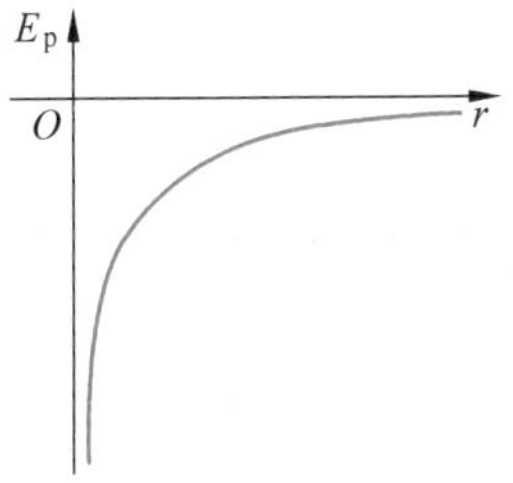

图 4.11 引力势能曲线

$$E_p=-\frac{Gm_1m_2}{r} \tag{4.17}$$

在式(4.17)中，当 $r\to\infty$ 时 $E_p=0$。由此可知与式(4.17)相应的引力势能的"零点"参考位形为两质点相距为无限远时。

由于 m_1，m_2 都是正数，所以式(4.17)中的负号表示：两质点从相距 r 的位形改变到势能零点的过程中，引力总做负功。根据这一公式画出的引力势能曲线如图 4.11 所示。

由式(4.17)可明显地看出，引力势能属于 m_1 和 m_2 两质点系统。由于 r 是两质点间的距离，所以引力势能也就和参考系无关。

例 4.6

陨石坠地。一颗重 5 t 的陨石从天外落到地球上，它和地球间的引力做功多少？已知地球质量为 6×10^{21} t，半径为 6.4×10^6 m。

解 "天外"可当作陨石和地球相距无限远。利用保守力的功和势能变化的关系可得

$$A_{AB}=E_{pA}-E_{pB}$$

再利用式(4.16)可得

$$A_{AB}=-\frac{GmM}{r_A}-\left(-\frac{GmM}{r_B}\right)$$

以 $m=5\times10^3$ kg，$M=6.0\times10^{24}$ kg，$G=6.67\times10^{-11}\ \mathrm{N\cdot m^2/kg^2}$，$r_A=\infty$，$r_B=6.4\times10^6$ m 代入上式，可得

$$A_{AB}=\frac{GmM}{r_B}=\frac{6.67\times10^{-11}\times5\times10^3\times6.0\times10^{24}}{6.4\times10^6}$$
$$=3.1\times10^{11}\ (\mathrm{J})$$

这一例子说明，在已知势能公式的条件下，求保守力的功时，可以不管路径如何，也就可以不作积分运算，这当然简化了计算过程。

---

*4.5 由势能求保守力

在 4.3 节中用保守力的功定义了势能。从数学上说，是用保守力对路径的线积分定义了势能。反过来，我们也应该能从势能函数对路径的导数求出保守力。下面就来说明这一点。

如图 4.12 所示，以 $\mathrm{d}\boldsymbol{l}$ 表示质点在保守力 $\boldsymbol{F}$ 作用下沿某一给定的 $\boldsymbol{l}$ 方向从 A 到 B 的元位移。以 $\mathrm{d}E_p$ 表示从 A 到 B 的势能增量。根据势能定义公式(4.15)，有

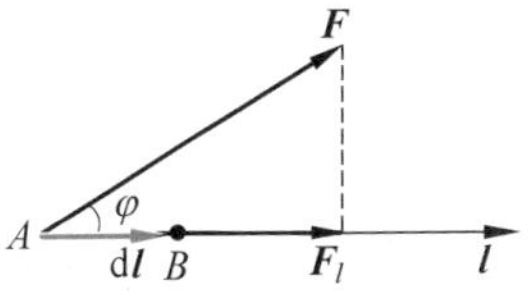

图 4.12 由势能求保守力

$$-\mathrm{d}E_{\mathrm{p}}=A_{AB}=\boldsymbol{F}\cdot\mathrm{d}\boldsymbol{l}=F\cos\varphi\,\mathrm{d}l$$

由于 $F\cos\varphi=F_l$ 为力 $\boldsymbol{F}$ 在 $\boldsymbol{l}$ 方向的分量，所以上式可写作

$$-\mathrm{d}E_{\mathrm{p}}=F_l\mathrm{d}l$$

由此可得

$$F_l=-\frac{\mathrm{d}E_{\mathrm{p}}}{\mathrm{d}l} \tag{4.18}$$

此式说明：**保守力沿某一给定的 $\boldsymbol{l}$ 方向的分量等于与此保守力相应的势能函数沿 $\boldsymbol{l}$ 方向的空间变化率**（即经过单位距离时的变化）**的负值**。

可以用引力势能公式验证式(4.18)。这时取 $\boldsymbol{l}$ 方向为从此质点到另一质点的径矢 $\boldsymbol{r}$ 的方向。引力沿 $\boldsymbol{r}$ 方向的空间变化率应为

$$F_r=-\frac{\mathrm{d}}{\mathrm{d}r}\left(-\frac{Gm_1m_2}{r}\right)=-\frac{Gm_1m_2}{r^2}$$

这实际上就是引力公式。

一般来讲，式(4.18)中 $\boldsymbol{l}$ 的方向可依次取 x，y 和 z 轴的方向而得到，相应的保守力沿各轴方向的分量为

$$F_x=-\frac{\partial E_{\mathrm{p}}}{\partial x},\quad F_y=-\frac{\partial E_{\mathrm{p}}}{\partial y},\quad F_z=-\frac{\partial E_{\mathrm{p}}}{\partial z} \tag{4.19}$$

式(4.19)表明保守力应等于势能曲线斜率的负值。例如，在图 4.9 所示的弹性势能曲线图中，在 $x>0$ 的范围内，曲线的斜率为正，弹力即为负，这表示弹力与 x 正方向相反。在 $x<0$ 的范围内，曲线的斜率为负，弹力即为正，这表示弹力与 x 正方向相同。在 $x=0$ 的点，曲线斜率为零，即没有弹力。这正是弹簧处于原长的情况。

4.6 机械能守恒定律

在 4.2 节中我们已求出了质点系的动能定理公式(4.9)，即

$$A_{\mathrm{ext}}+A_{\mathrm{in}}=E_{\mathrm{k}B}-E_{\mathrm{k}A}$$

内力中可能既有保守力，也有非保守力，因此内力的功可以写成保守内力的功 $A_{\mathrm{in,cons}}$ 和非保守内力的功 $A_{\mathrm{in,n\text{-}cons}}$ 之和。于是有

$$A_{\mathrm{ext}}+A_{\mathrm{in,cons}}+A_{\mathrm{in,n\text{-}cons}}=E_{\mathrm{k}B}-E_{\mathrm{k}A} \tag{4.20}$$

在 4.3 节中我们对保守内力定义了势能（见式(4.15)），即有

$$A_{\mathrm{in,cons}}=E_{\mathrm{p}A}-E_{\mathrm{p}B}$$

因此式(4.20)可写作

$$A_{\mathrm{ext}}+A_{\mathrm{in,n\text{-}cons}}=(E_{\mathrm{k}B}+E_{\mathrm{p}B})-(E_{\mathrm{k}A}+E_{\mathrm{p}A}) \tag{4.21}$$

系统的总动能和势能之和叫做系统的**机械能**，通常用 E 表示，即

$$E=E_{\mathrm{k}}+E_{\mathrm{p}} \tag{4.22}$$

以 E_A 和 E_B 分别表示系统初、末状态时的机械能，则式(4.21)又可写作

$$A_{\mathrm{ext}}+A_{\mathrm{in,n\text{-}cons}}=E_B-E_A \tag{4.23}$$

此式表明：**质点系在运动过程中，它所受的外力的功与系统内非保守力的功的总和等于它的机械能的增量**。这一关于功和能的关系的结论叫**机械能守恒定律**。在经典力学中，它是

牛顿定律的一个推论，因此也只适用于惯性系。

一个系统，如果内力中只有保守力，这种系统称为**保守系统**。对于保守系统，式(4.23)中的 $A_{\text{in, n-cons}}$ 一项自然等于零，于是有

$$A_{\text{ext}} = E_B - E_A = \Delta E \quad (\text{保守系统}) \tag{4.24}$$

一个系统，如果在其变化过程中，没有任何外力对它做功(或者实际上外力对它做的功可以忽略)，这样的系统称为**封闭系统**(或孤立系统)。对于一个封闭的保守系统，式(4.24)中的 $A_{\text{ext}}=0$，于是有 $\Delta E=0$，即

$$E_A = E_B \quad (\text{封闭的保守系统}, A_{\text{ext}} = 0) \tag{4.25}$$

即其机械能保持不变。这一陈述也常被称为机械能守恒定律。

如果一个封闭系统状态发生变化时，有非保守内力做功，根据式(4.23)，它的机械能当然就不守恒了。例如地雷爆炸时它(变成了碎片)的机械能会增加，两汽车相撞时它们的机械能要减少。但在这种情况下对更广泛的物理现象，包括电磁现象、热现象、化学反应以及原子内部的变化等的研究表明，如果引入更广泛的能量概念，例如电磁能、内能、化学能或原子核能等，则有大量实验证明：**一个封闭系统经历任何变化时，该系统的所有能量的总和是不改变的**，它只能从一种形式变化为另一种形式或从系统内的此一物体传给彼一物体。这就是**普遍的能量守恒定律**。它是自然界的一条普遍的最基本的定律，其意义远远超出了机械能守恒定律的范围，后者只不过是前者的一个特例。

例 4.7

长 l 的线的一端系一质量为 m 的珠子，另一端拴在墙上的钉子上。先用手拿珠子将线拉成水平，然后放手，求线摆下 θ 角时珠子的速率。

解 如图 4.13 所示，取珠子和地球作为被研究的系统。以线的悬点 O 所在高度为重力势能零点并相对于地面参考系(或实验室参考系)来描述珠子的运动。在珠子下落过程中，绳拉珠子的外力 $\boldsymbol{T}$ 总垂直于珠子的速度 $\boldsymbol{v}$，所以此外力不做功。因此所讨论的系统是一个封闭的保守系统，所以它的机械能守恒，此系统初态的机械能为

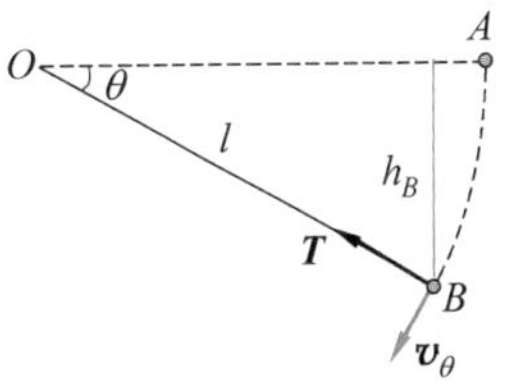

图 4.13 例 4.7 用图

$$E_A = mgh_A + \frac{1}{2}mv_A^2 = 0$$

线摆下 θ 角时系统的机械能为

$$E_B = mgh_B + \frac{1}{2}mv_B^2$$

由于 $h_B=-l\sin\theta$，$v_B=v_\theta$，所以

$$E_B = -mgl\sin\theta + \frac{1}{2}mv_\theta^2$$

由机械能守恒 $E_B=E_A$ 得出

$$-mgl\sin\theta + \frac{1}{2}mv_\theta^2 = 0$$

由此得

$$v_\theta = \sqrt{2gl\sin\theta}$$

例 4.8

球车互动。如图 4.14，一辆实验小车可在光滑水平桌面上自由运动。车的质量为 M，

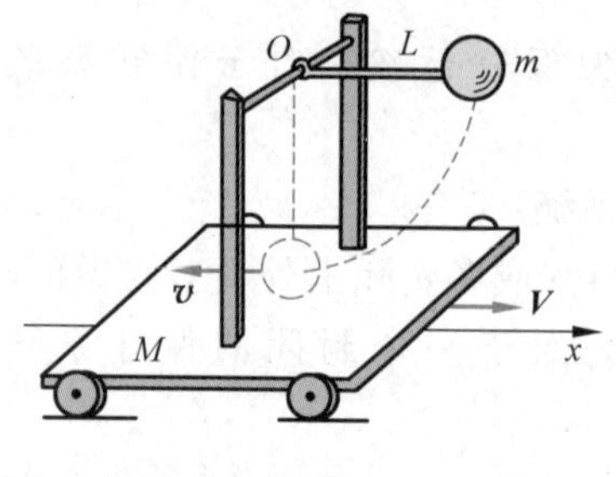

图 4.14 例 4.8 用图

车上装有长度为 L 的细杆(质量不计),杆的一端可绕固定于车架上的光滑轴 O 在竖直面内摆动,杆的另一端固定一钢球,球质量为 m。把钢球托起使杆处于水平位置,这时车保持静止,然后放手,使球无初速地下摆。求当杆摆至竖直位置时,钢球及小车的运动速度。

解 设当杆摆至竖直位置时钢球与小车相对于桌面的速度分别为 $\boldsymbol{v}$ 与 $\boldsymbol{V}$(如图 4.14 所示)。因为这两个速度都是未知的,所以必须找到两个方程式才能求解。

先看功能关系。把钢球、小车、地球看做一个系统。此系统所受外力为光滑水平桌面对小车的作用力,此力和小车运动方向垂直,所以不做功。有一个内力为杆与小车在光滑轴 O 处的相互作用力。由于这一对作用力与反作用力在同一处作用,位移相同而方向相反,所以它们做功之和为零。钢球、小车可以看做一个封闭的保守系统,所以系统的机械能应守恒。以球的最低位置为重力势能的势能零点,则钢球的最初势能为 mgL。由于小车始终在水平桌面上运动,所以它的重力势能不变,因而可不考虑。这样,系统的机械能守恒就给出

$$\frac{1}{2}mv^2+\frac{1}{2}MV^2=mgL$$

再看动量关系。这时取钢球和小车为系统,因桌面光滑,此系统所受的水平合外力为零,因此系统在水平方向的动量守恒。列出沿图示水平 x 轴的分量式,可得

$$MV-mv=0$$

以上两个方程式联立,可解得

$$v=\sqrt{\frac{M}{M+m}2gL}$$

$$V=\frac{m}{M}v=\sqrt{\frac{m^2}{M(M+m)}2gL}$$

上述结果均为正值,这表明所设的速度方向是正确的。

例 4.9

逃逸速率。求物体从地面出发的**逃逸速率**,即逃脱地球引力所需要的从地面出发的最小速率。地球半径取 $R=6.4\times10^6$ m。

解 选地球和物体作为被研究的系统,它是封闭的保守系统。当物体离开地球飞去时,这一系统的机械能守恒。以 v 表示物体离开地面时的速度,以 v_∞ 表示物体远离地球时的速度(相对于地面参考系)。由于将物体和地球分离无穷远时当作引力势能的零点,所以机械能守恒定律给出

$$\frac{1}{2}mv^2+\left(-\frac{GMm}{R}\right)=\frac{1}{2}mv_\infty^2+0$$

逃逸速度应为 v 的最小值,这和在无穷远时物体的速度 $v_\infty=0$ 相对应,由上式可得逃逸速率

$$v_e=\sqrt{\frac{2GM}{R}}$$

由于在地面上 $\frac{GM}{R^2}=g$,所以

$$v_e=\sqrt{2Rg}$$

代入已知数据可得

$$v_e=\sqrt{2\times6.4\times10^6\times9.8}=1.12\times10^4\ (\text{m/s})$$

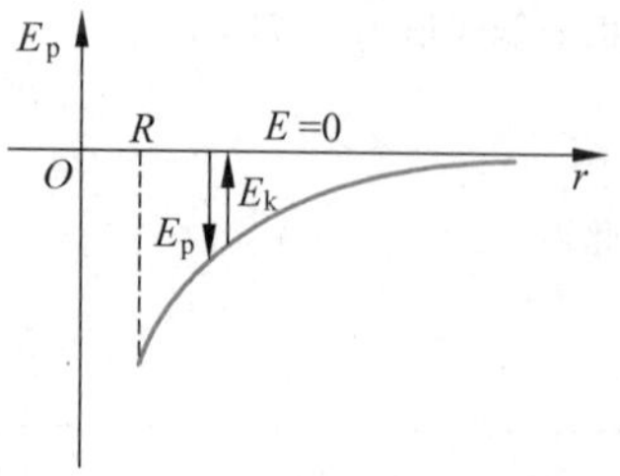

图 4.15 例 4.9 用图

在物体以 v_e 的速度离开地球表面到无穷远处的过程中,它的动能逐渐减小到零,它的势能(负值)大小也逐渐减小到零,在任意时刻

机械能总等于零。这些都显示在图 4.15 中。

以上计算出的 v_e 又叫做**第二宇宙速率**。第一宇宙速率是使物体可以环绕地球表面运行所需的最小速率，可以用牛顿第二定律直接求得，其值为 7.90×10^3 m/s。**第三宇宙速率**则是使物体脱离太阳系所需的最小发射速率，稍复杂的计算给出其数值为 1.67×10^4 m/s(相对于地球)。

例 4.10

水星运行。水星绕太阳运行轨道的近日点到太阳的距离为 $r_1=4.59\times10^7$ km，远日点到太阳的距离为 $r_2=6.98\times10^7$ km。求水星越过近日点和远日点时的速率 v_1 和 v_2。

解 分别以 M 和 m 表示太阳和水星的质量，由于在近日点和远日点处水星的速度方向与它对太阳的径矢方向垂直，所以它对太阳的角动量分别为 mr_1v_1 和 mr_2v_2。由角动量守恒可得

$$mr_1v_1 = mr_2v_2$$

又由机械能守恒定律可得

$$\frac{1}{2}mv_1^2-\frac{GMm}{r_1}=\frac{1}{2}mv_2^2-\frac{GMm}{r_2}$$

联立解上面两个方程可得

$$\begin{aligned}v_1&=\left[2GM\frac{r_2}{r_1(r_1+r_2)}\right]^{1/2}\\&=\left[2\times6.67\times10^{-11}\times1.99\times10^{30}\times\frac{6.98}{4.59\times(4.59+6.98)\times10^{10}}\right]^{1/2}\\&=5.91\times10^4\ (\text{m/s})\end{aligned}$$

$$v_2=v_1\frac{r_1}{r_2}=5.91\times10^4\times\frac{4.59}{6.98}=3.88\times10^4\ (\text{m/s})$$

4.7 碰撞

碰撞，一般是指两个物体在运动中相互靠近，或发生接触时，在相对较短的时间内发生强烈相互作用的过程。碰撞会使两个物体或其中的一个物体的运动状态发生明显的变化，例如两个台球的碰撞(图 4.16)，两个质子的碰撞(图 4.17)等。

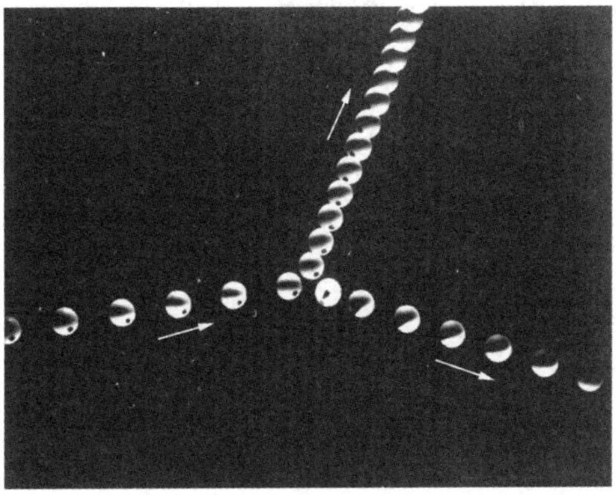

图 4.16 一个运动的台球和一个静止的台球的碰撞

碰撞过程一般都非常复杂，难以对过程进行仔细分析。但由于我们通常只需要了解物

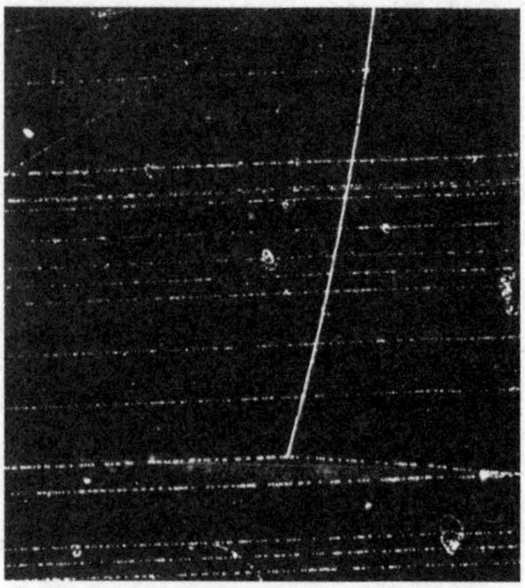

图 4.17 气泡室内一个运动的质子和一个静止的质子碰撞前后的径迹

体在碰撞前后运动状态的变化，而对发生碰撞的物体系来说，外力的作用又往往可以忽略，因而我们就可以利用动量、角动量以及能量守恒定律对有关问题求解。

例 4.11

完全非弹性碰撞。两个物体碰撞后如果不再分开，这样的碰撞叫完全非弹性碰撞。设有两个物体，它们的质量分别为 m_1 和 m_2，碰撞前二者速度分别为 $\boldsymbol{v}_1$ 和 $\boldsymbol{v}_2$，碰撞后合在一起，求由于碰撞而损失的动能。

解 对于这样的两物体系统，由于无外力作用，所以总动量守恒。以 $\boldsymbol{V}$ 表示碰后二者的共同速度，则由动量守恒定律可得

$$m_1\boldsymbol{v}_1 + m_2\boldsymbol{v}_2 = (m_1 + m_2)\boldsymbol{V}$$

由此求得

$$\boldsymbol{V} = \frac{m_1\boldsymbol{v}_1 + m_2\boldsymbol{v}_2}{m_1 + m_2}$$

由于 m_1 和 m_2 的质心位矢为 $\boldsymbol{r}_C = (m_1\boldsymbol{r}_1 + m_2\boldsymbol{r}_2)/(m_1 + m_2)$，而 $\boldsymbol{V} = \mathrm{d}\boldsymbol{r}_C/\mathrm{d}t = \boldsymbol{v}_C$，所以这共同速度 $\boldsymbol{V}$ 也就是碰撞前后质心的速度 $\boldsymbol{v}_C$。

由于此完全非弹性碰撞而损失的动能为碰撞前两物体动能之和减去碰撞后的动能，即

$$E_{\mathrm{loss}} = \frac{1}{2}m_1 v_1^2 + \frac{1}{2}m_2 v_2^2 - \frac{1}{2}(m_1 + m_2)V^2$$

又由柯尼希定理公式(4.10)可知，碰前两物体的总动能等于其内动能 $E_{\mathrm{k,in}}$ 和轨道动能 $\frac{1}{2}(m_1 + m_2)v_C^2$ 之和，所以上式给出

$$E_{\mathrm{loss}} = E_{\mathrm{k,in}}$$

即完全非弹性碰撞中物体系损失的动能等于该物体系的内动能，即相对于其质心系的动能，而轨道动能保持不变。

例 4.12

弹性碰撞。碰撞前后两物体总动能没有损失的碰撞叫做弹性碰撞。两个台球的碰撞近似于这种碰撞。两个分子或两个粒子的碰撞，如果没有引起内部的变化，也都是弹性碰撞。设想两个球的质量分别为 m_1 和 m_2，沿一条直线分别以速度 v_{10} 和 v_{20} 运动，碰撞后仍沿同一

直线运动。这样的碰撞叫**对心碰撞**(图 4.18)。求两球发生弹性的对心碰撞后的速度各如何。

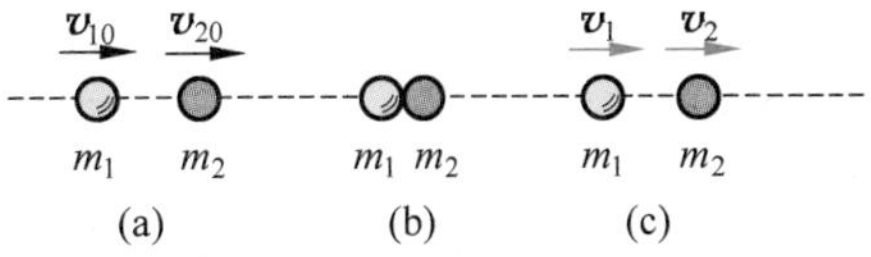

图 4.18 两个球的对心碰撞

(a) 碰撞前;(b) 碰撞时;(c) 碰撞后

解 以 v_1 和 v_2 分别表示两球碰撞后的速度。由于碰撞后二者还沿着原来的直线运动,根据动量守恒定律可得

$$m_1 v_{10} + m_2 v_{20} = m_1 v_1 + m_2 v_2$$

由于是弹性的碰撞,总动能应保持不变,即

$$\frac{1}{2}m_1 v_{10}^2 + \frac{1}{2}m_2 v_{20}^2 = \frac{1}{2}m_1 v_1^2 + \frac{1}{2}m_2 v_2^2$$

联立解这两个方程式可得

$$v_1 = \frac{m_1 - m_2}{m_1 + m_2}v_{10} + \frac{2m_2}{m_1 + m_2}v_{20} \tag{4.26}$$

$$v_2 = \frac{m_2 - m_1}{m_1 + m_2}v_{20} + \frac{2m_1}{m_1 + m_2}v_{10} \tag{4.27}$$

为了明确这一结果的意义,我们举两个特例。

特例 1:两个球的质量相等,即 $m_1 = m_2$。这时以上两式给出

$$v_1 = v_{20}, \quad v_2 = v_{10}$$

即碰撞结果是两个球互相交换速度。如果原来一个球是静止的,则碰撞后它将接替原来运动的那个球继续运动。打台球或打克朗棋时常常会看到这种情况,同种气体分子的相撞也常设想为这种情况。

特例 2:一球的质量远大于另一球,如 $m_2 \gg m_1$,而且大球的初速为零,即 $v_{20} = 0$。这时,式(4.26)和式(4.27)给出

$$v_1 = -v_{10}, \quad v_2 \approx 0$$

即碰撞后大球几乎不动而小球以原来的速率返回。乒乓球碰铅球,网球碰墙壁(这时大球是墙壁固定于其上的地球),拍皮球时球与地面的相碰都是这种情形;气体分子与容器壁的垂直碰撞,反应堆中中子与重核的完全弹性对心碰撞也是这样的实例。

例 4.13

弹弓效应。如图 4.19 所示,土星的质量为 5.67×10^{26} kg,以相对于太阳的轨道速率以 9.6 km/s 运行;一空间探测器质量为 150 kg,以相对于太阳 10.4 km/s 的速率迎向土星飞行。由于土星的引力,探测器绕过土星沿和原来速度相反的方向离去。求它离开土星后的速度。

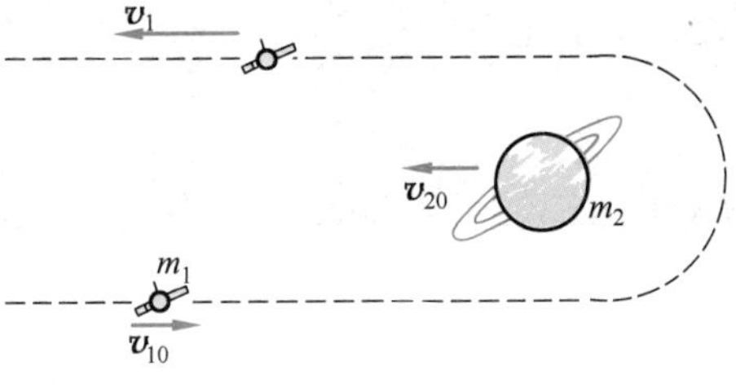

图 4.19 弹弓效应

解 如图 4.19 所示,探测器从土星旁飞过的过程可视为一种无接触的“碰撞”过程。它们遵守守恒定律的情况和例 4.12 两球的弹性碰撞相同,因而速度的变化可用式(4.26)求得。由于土星质量 m_2 远大于探测器的质量 m_1,在式(4.26)中可忽略 m_1 而得出探测器离开土星后的速度为

$$v_1 = -v_{10} + 2v_{20}$$

如图 4.19 所示，以 $\boldsymbol{v}_{10}$ 的方向为正，$v_{10}=10.4$ km/s，$v_{20}=-9.6$ km/s，因而

$$v_1 = -10.4 - 2\times 9.6 = -29.6\ (\mathrm{km/s})$$

这说明探测器从土星旁绕过后由于引力的作用而速率增大了。这种现象叫做弹弓效应。本例是一种最有利于速率增大的情况。实际上探测器飞近的速度不一定和行星的速度正好反向，但由于引力它绕过行星后的速率还是要增大的。

弹弓效应是航天技术中增大宇宙探测器速率的一种有效办法，又被称为引力助推。美国宇航局 1997 年 10 月 15 日发射了一颗探测土星的核动力航天器——重 5.67 t 的“卡西尼”号。它航行了 7 年，行程 3.5×10^9 km（图 4.20）。该航天器两次掠过金星，1999 年 8 月在 900 km 上空掠过地球，然后掠过木星。在掠过这些行星时都利用了引力助推技术来加速并改变航行方向，因而节省了 77 t 燃料。最后于 2004 年 7 月 1 日准时进入了土星轨道，开始对土星的光环系统和它的卫星进行为时 4 年的考察。它所携带的“惠更斯”号探测器于 2004 年 12 月离开它奔向土星最大的卫星——土卫六，以考察这颗和地球早期（45 亿年前）极其相似的天体。20 天后，“惠更斯”号飞临土卫六上空，打开降落伞下降并进行拍照和大气监测，随后在土卫六的表面着陆，继续工作约 90 分钟后就永远留在了那里。

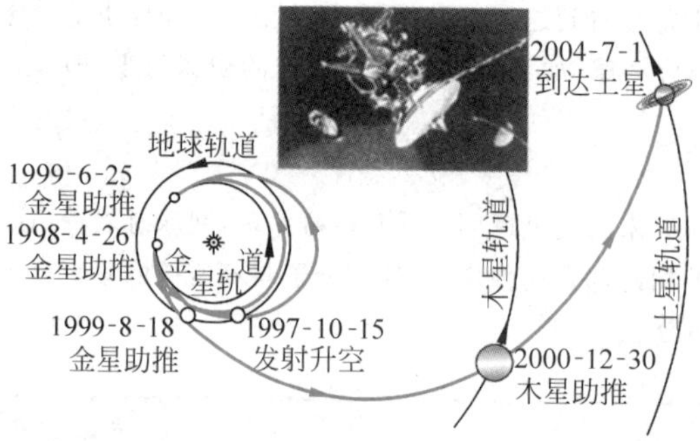

(a)

(b)

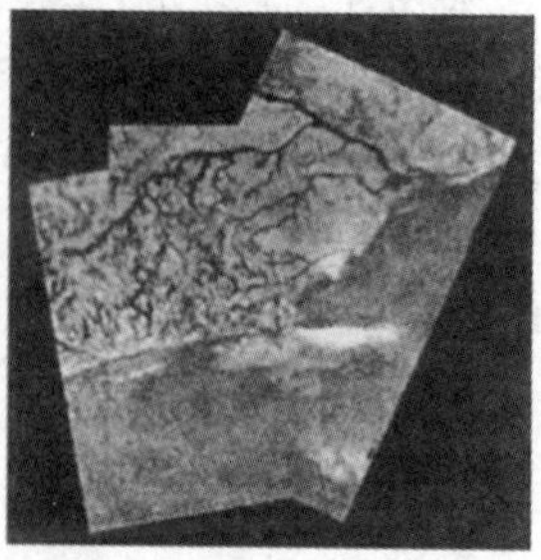

(c)

图 4.20 土星探测

(a)“卡西尼”号运行轨道；(b)“卡西尼”号越过土星光环；(c) 惠更斯拍摄的土卫六表面照片

提要

1. 功：

$$\mathrm{d}A = \boldsymbol{F} \cdot \mathrm{d}\boldsymbol{r}, \quad A_{AB} = \int_{L(A)}^{(B)} \boldsymbol{F} \cdot \mathrm{d}\boldsymbol{r}$$

保守力：做功与路径形状无关的力，或者说，沿闭合路径一周做功为零的力。保守力做的功只由系统的初、末位形决定。

2. 动能定理：

动能 $E_k = \frac{1}{2}mv^2$

对于一个质点， $A_{AB} = E_{kB} - E_{kA}$

对于一个质点系， $A_{ext} + A_{in} = E_{kB} - E_{kA}$

柯尼希定理：对于一个质点系

$$E_k = E_{kC} + E_{k,in}$$

其中 $E_{kC} = \frac{1}{2}mv_C^2$ 为质心的动能，$E_{k,in}$为各质点相对于质心(即在质心参考系内)运动的动能之和。

3. 势能：对保守力可引进势能概念。一个系统的势能 E_p决定于系统的位形，它由势能差定义为

$$A_{AB} = -\Delta E_p = E_{pA} - E_{pB}$$

确定势能 E_p 的值，需要先选定势能零点。

势能属于有保守力相互作用的整个系统，一个系统的势能与参考系无关。

重力势能：$E_p = mgh$，以物体在地面为势能零点。

弹簧的弹性势能：$E_p = \frac{1}{2}kx^2$，以弹簧的自然长度为势能零点。

引力势能：$E_p = -\frac{Gm_1m_2}{r}$，以两质点无穷远分离时为势能零点。

*4. **由势能函数求保守力**：

$$F_l = -\frac{\mathrm{d}E_p}{\mathrm{d}l}$$

5. 机械能守恒定律：质点系所受的外力做的功和系统内非保守力做的功之和等于该质点系机械能的增量。

外力对保守系统做的功等于该保守系统的机械能的增加。

封闭的保守系统的机械能保持不变。

6. 碰撞：完全非弹性碰撞，碰后合在一起；

弹性碰撞：碰撞时无动能损失。

自测简题

4.1 功是：(1)标量；(2)矢量。力 F 对物体做了负功，表示：(3)此功的方向和物体的运动方向相反；(4)该物体反抗(或克服)力 F 做了功，从而使本身的动能减少了。

4.2 在一以速率 60 m/s 行驶的动车组内，一质量为 20 g 的小球向车运动的前方相对于车厢以 20 m/s 的速率运动，此小球对地面参考系的动能是(1)4 J；(2)36 J；(3)64 J。

4.3 质量为 m 的物体自高度 h 处自由下落。当其高度为 $h/3$ 时，其重力势能为(1)$mgh/3$，(2)$\frac{2}{3}mgh$。其动能为(3)$mgh/3$，(4)$\frac{2}{3}mgh$。

4.4 在水平光滑面上放一劲度为 k 的弹簧，一端固定，另一端系一小球，使小球做振幅为 A 的振动，当其超过平衡位置时，(1)小球的动能为$\frac{1}{2}kA^2$，(2)弹簧的弹性势能为 0。当小球超过离平衡位置$\frac{A}{2}$的点时，(3)其动能为$\frac{1}{8}kA^2$，(4)弹簧的弹性势能为$\frac{3}{8}kA^2$。(5)上述弹性势能为$\frac{1}{8}kA^2$，(6)上述动能为$\frac{3}{8}kA^2$。

4.5 质量分别为 m_1 和 m_2 的两泥球以同样速率 v 相向运动，碰撞后合为一体，这一过程中所损失的机械能，为(1)$\frac{1}{2}m_1v^2$，(2)$\frac{2m_1m_2}{m_1+m_2}v^2$，(3)$\frac{4m_1m_2}{m_1+m_2}v^2$。

思考题

4.1 你在五楼的窗口向外扔石块。一次水平扔出，一次斜向上扔出，一次斜向下扔出。如果三个石块质量一样，在下落到地面的过程中，重力对哪一个石块做的功最多？

4.2 一质点的势能随 x 变化的势能曲线如图 4.21 所示。在 $x=2,3,4,5,6,7$ 诸位置时，质点受的力各是 $+x$ 还是 $-x$ 方向？哪个位置是平衡位置？哪个位置是稳定平衡位置(质点稍微离开平衡位置时，它受的力指向平衡位置，则该位置是稳定的；如果受的力是指离平衡位置，则该位置是不稳定的)？

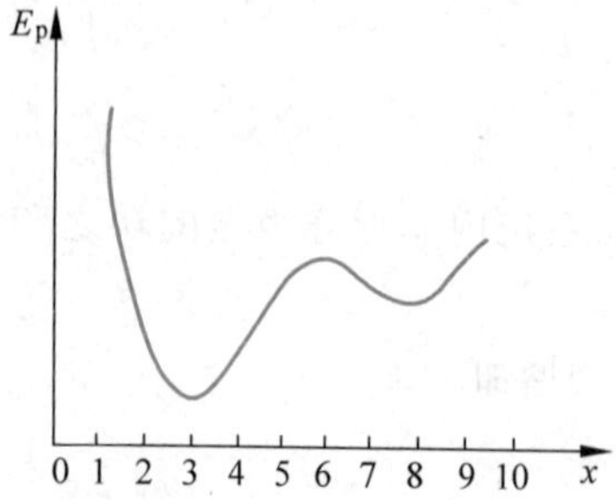

图 4.21 思考题 4.2 用图

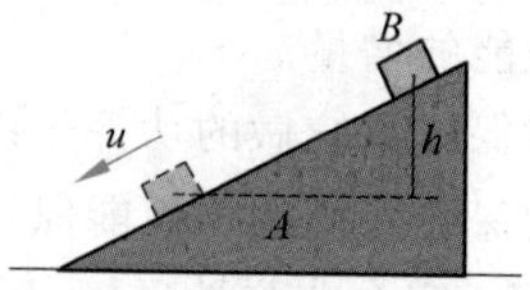

图 4.22 思考题 4.3 用图

4.3 如图 4.22 所示，物体 B(质量为 m)放在光滑斜面 A(质量为 M)上。二者最初静止于一个光滑水平面上。有人以 A 为参考系，认为 B 下落高度 h 时的速率 u 满足

$$mgh = \frac{1}{2}mu^2$$

其中 u 是 B 相对于 A 的速度。这一公式为什么错了？正确的公式应如何写？

4.4 如图 4.23 所示的两个由轻质弹簧和小球组成的系统，都放在水平光滑平面上，今拉长弹簧然后松手。在小球来回运动的过程中，对所选的参考系，两系统的动量是否都改变？两系统的动能是否都改变？两系统的机械能是否都改变？

4.5 行星绕太阳 S 运行时(图 4.24)，从近日点 P 向远日点 A 运行的过程中，太阳对它的引力做正功还是负功？再从远日点向近日点运行的过程中，太阳的引力对它做正功还是负功？由功判断，行星的动能以及引力势能在这两阶段的运行中各是增加还是减少？其机械能呢？

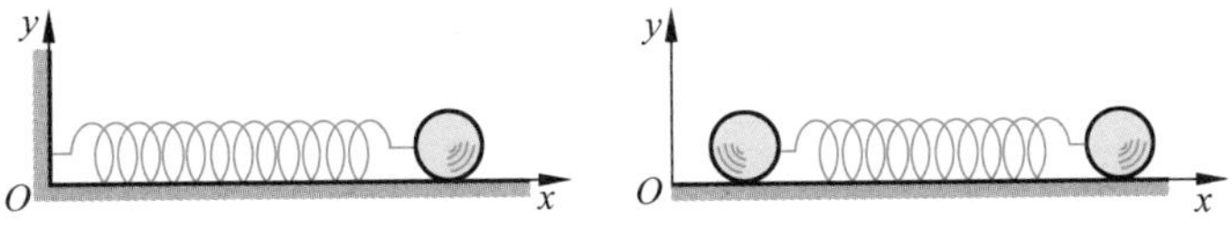

图 4.23 思考题 4.4 用图

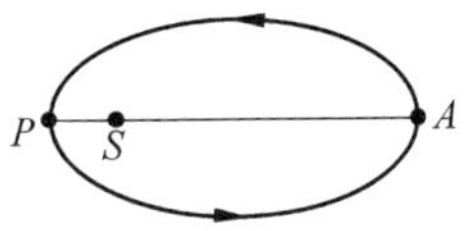

图 4.24 行星的公转运行

习题

4.1 电梯由一个起重间与一个配重组成。它们分别系在一根绕过定滑轮的钢缆的两端(图 4.25)。起重间(包括负载)的质量 $M=1200$ kg，配重的质量 $m=1000$ kg。此电梯由和定滑轮同轴的电动机所驱动。假定起重间由低层从静止开始加速上升，加速度 $a=1.5\ \text{m/s}^2$。

(1) 这时滑轮两侧钢缆中的拉力各是多少？

(2) 加速时间 $t=1.0$ s，在此时间内电动机所做功是多少(忽略滑轮与钢缆的质量)？

(3) 在加速 $t=1.0$ s 以后，起重间匀速上升。求它再上升 $\Delta h=10$ m 的过程中，电动机又做了多少功？

4.2 2001 年 9 月 11 日美国纽约世贸中心双子塔遭恐怖分子劫持的飞机撞毁(图 4.26)。据美国官方发表的数据，撞击南楼的飞机是波音 767 客机，质量为 132 t，速度为 942 km/h。求该客机的动能，这一能量相当于多少 TNT 炸药的爆炸能量？(1 kg TNT 爆炸放出 4.6×10^6 J 的能量。)

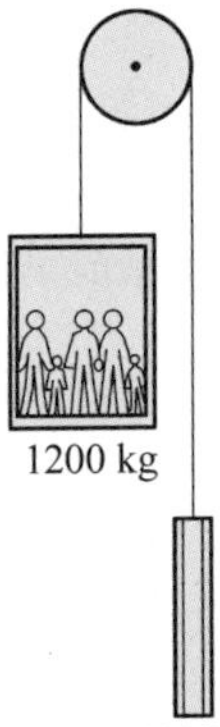

图 4.25 习题 4.1 用图

图 4.26 习题 4.2 用图

4.3 矿砂由料槽均匀落在水平运动的传送带上，落砂流量 $q=50\ \text{kg/s}$。传送带匀速移动，速率为 $v=1.5\ \text{m/s}$。求电动机拖动皮带的功率，这一功率是否等于单位时间内落砂获得的动能？为什么？

4.4 如图4.27所示，物体 A（质量 $m=0.5\ \text{kg}$）静止于光滑斜面上。它与固定在斜面底 B 端的弹簧上端 C 相距 $s=3\ \text{m}$。弹簧的劲度系数 $k=400\ \text{N/m}$，斜面倾角 $\theta=45°$。求当物体 A 由静止下滑时，能使弹簧长度产生的最大压缩量是多大？

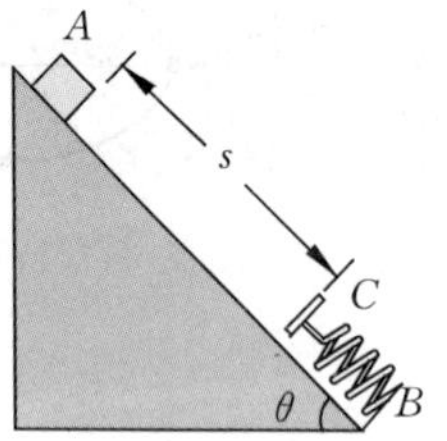

图4.27 习题4.4用图

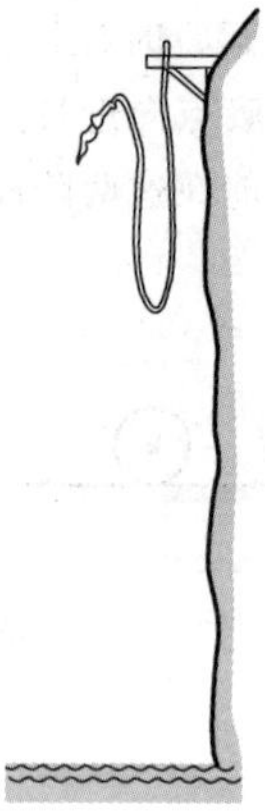
图4.28 跳蹦极

4.5 图4.28表示质量为72 kg的人跳蹦极。弹性蹦极带原长20 m，劲度系数为60 N/m。忽略空气阻力。

(1) 此人自跳台跳出后，落下多高时速度最大？此最大速度是多少？

(2) 已知跳台高于下面的水面60 m。此人跳下后会不会触到水面？

*4.6 如图4.29所示，一轻质弹簧劲度系数为 k，两端各固定一质量均为 M 的物块 A 和 B，放在水平光滑的桌面上静止。今有一质量为 m 的子弹沿弹簧的轴线方向以速度 $\boldsymbol{v}_0$ 射入一物块而不复出，求此后弹簧的最大压缩长度。

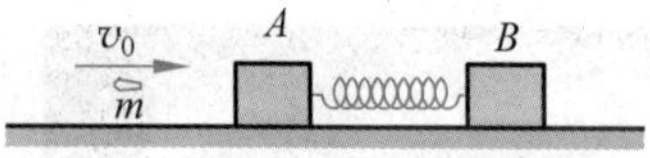

图4.29 习题4.6用图

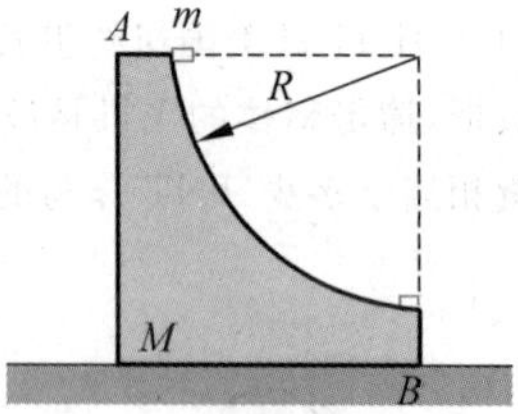

图4.30 习题4.7用图

*4.7 一质量为 m 的物体，从质量为 M 的圆弧形槽顶端由静止滑下，设圆弧形槽的半径为 R，张角为 $\pi/2$（图4.30）。如所有摩擦都可忽略，求：

(1) 物体刚离开槽底端时，物体和槽的速度各是多少？

(2) 在物体从 A 滑到 B 的过程中，物体对槽所做的功 A。

4.8 证明：一个运动的小球与另一个静止的质量相同的小球作弹性的非对心碰撞后，它们将总沿互成直角的方向离开。（参看图4.16和图4.17）。

4.9 一质量为 m 的人造地球卫星沿一圆形轨道运动，离开地面的高度等于地球半径的2倍（即 $2R$）。试以 m，R，引力恒量 G，地球质量 M 表示出：

(1) 卫星的动能；

(2) 卫星在地球引力场中的引力势能；

(3) 卫星的总机械能。

4.10 两颗中子星质量都是 10^{30} kg，半径都是 20 km，相距 10^{10} m。如果它们最初都是静止的，试求：

(1) 当它们的距离减小到一半时，它们的速度各是多大？

(2) 当它们就要碰上时，它们的速度又将各是多大？

4.11 一个星体的逃逸速度为光速时，亦即由于引力的作用光子也不能从该星体表面逃离时，该星体就成了一个“黑洞”。理论证明，对于这种情况，逃逸速度公式（$v_e=\sqrt{2GM/R}$）仍然正确。试计算太阳要是成为黑洞，它的半径应是多大（目前半径为 $R=7\times10^8$ m）？质量密度是多大？比原子核的平均密度（2.3×10^{17} kg/m^3）大到多少倍？

4.12 ^{238}U 核放射性衰变时放出的 α 粒子时释放的总能量是 4.27 MeV，求一个静止的 ^{238}U 核放出的 α 粒子的动能。

*4.13 已知某双原子分子的原子间相互作用的势能函数为

$$E_p(x)=\frac{A}{x^{12}}-\frac{B}{x^6}$$

其中 A,B 为常量，x 为两原子间的距离。试求原子间作用力的函数式及原子间相互作用力为零时的距离。

第5章

刚体的定轴转动

本章讲解刚体转动的规律，先应用牛顿第二定律导出力的作用对刚体转动的直接影响——转动定律，接着说明刚体的角动量及其守恒，最后再讲解功能概念对刚体转动的应用。

5.1 刚体转动的描述

刚体是固体物件的理想化模型。**它是受力时不改变形状和体积的物体**。刚体可以看成由许多质点组成，每一个质点叫做刚体的一个**质元**，刚体这个质点系的特点是，在外力作用下各质元之间的相对位置保持不变。

转动的最简单情况是定轴转动。在这种运动中各质元均做圆周运动，而且各圆的圆心都在一条固定不动的直线上，这条直线叫转轴。

刚体绕某一固定转轴转动时，各质元的线速度、加速度一般是不同的(图 5.1)。但由于各质元的相对位置保持不变，所以描述各质元运动的角量，如角位移、角速度和角加速度都是一样的。因此描述刚体整体的运动时，用角量最为方便。以 $\mathrm{d}\theta$ 表示刚体在 $\mathrm{d}t$ 时间内转过的角位移，则刚体的角速度为

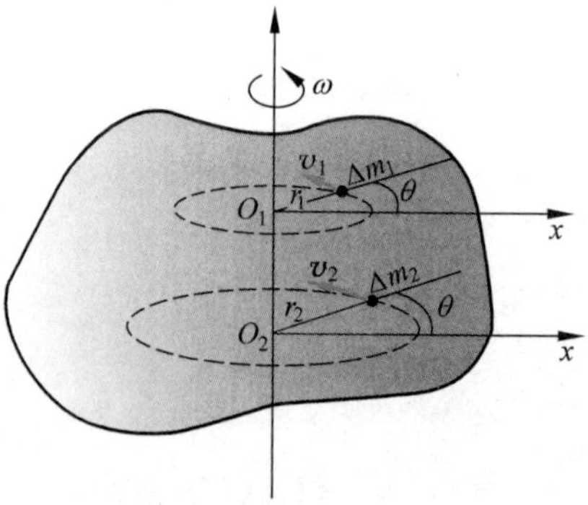

图 5.1 刚体的定轴转动

$$\omega = \frac{\mathrm{d}\theta}{\mathrm{d}t} \tag{5.1}$$

角速度实际上是矢量，以 $\boldsymbol{\omega}$ 表示。它的方向规定为沿轴的方向，其指向用右手螺旋法则确定(图 5.1)。在刚体定轴转动的情况下，角速度的方向只能沿轴取两个方向，相应于刚体转动的两个相反的旋转方向。这种情况下，ω 就可用代数方法处理，用正负来区别两个旋转方向。

刚体的角加速度为

$$\alpha = \frac{\mathrm{d}\omega}{\mathrm{d}t} = \frac{\mathrm{d}^2\theta}{\mathrm{d}t^2} \tag{5.2}$$

离转轴的距离为 r 的质元的线速度和刚体的角速度的关系为

$$v = r\omega \tag{5.3}$$

而其加速度与刚体的角加速度和角速度的关系为

$$a_t = r\alpha \tag{5.4}$$

$$a_n = r\omega^2 \tag{5.5}$$

定轴转动的一种简单情况是匀加速转动。在这一转动过程中，刚体的角加速度 α 保持不变。以 ω_0 表示刚体在时刻 $t=0$ 时的角速度，以 ω 表示它在时刻 t 时的角速度，以 θ 表示它在从 0 到 t 时刻这一段时间内的角位移，仿照匀加速直线运动公式的推导可得匀加速转动的相应公式

$$\omega = \omega_0 + \alpha t \tag{5.6}$$

$$\theta = \omega_0 t + \frac{1}{2}\alpha t^2 \tag{5.7}$$

$$\omega^2 - \omega_0^2 = 2\alpha\theta \tag{5.8}$$

例 5.1

缆索绕过滑轮。一条缆索绕过一定滑轮拉动一升降机(图 5.2)，滑轮半径 $r=0.5$ m，如果升降机从静止开始以加速度 $a=0.4\ \mathrm{m/s^2}$ 匀加速上升，且缆索与滑轮之间不打滑，求：

(1) 滑轮的角加速度。

(2) 开始上升后，$t=5$ s 末滑轮的角速度。

(3) 在这 5 s 内滑轮转过的圈数。

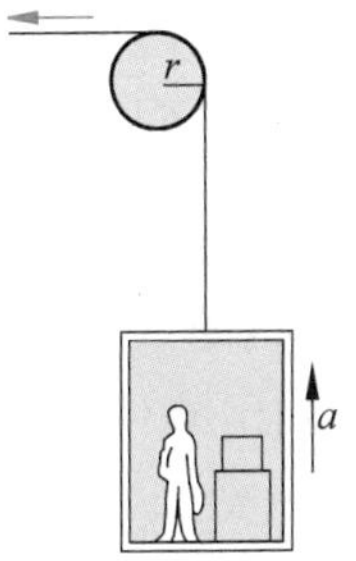

图 5.2 例 5.1 用图

解 (1) 由于升降机的加速度和轮缘上一点的切向加速度相等，根据式(5.4)可得滑轮的角加速度

$$\alpha = \frac{a_t}{r} = \frac{a}{r} = \frac{0.4}{0.5} = 0.8\ (\mathrm{rad/s^2})$$

(2) 利用匀加速转动公式(5.6)，由于 $\omega_0=0$，所以 5 s 末滑轮的角速度为

$$\omega = \alpha t = 0.8 \times 5 = 4\ (\mathrm{rad/s})$$

(3) 利用公式(5.7)，得滑轮转过的角度

$$\theta = \frac{1}{2}\alpha t^2 = \frac{1}{2} \times 0.8 \times 5^2 = 10\ (\mathrm{rad})$$

与此相应的圈数是 $\frac{10}{2\pi}=1.6$ (圈)。

5.2 转动定律

现在考虑力对刚体定轴转动的影响。

如图 5.3 所示，刚体的一个垂直于轴的截面与轴相交于 O 点。刚体转动时，质元 Δm_i 做半径为 r_i 的圆周运动。设一外力作用在质元 Δm_i 上，由于此外力平行于转轴的分力不可能影响刚体绕轴的转动，所以我们只考虑此外力垂直于轴的分力的作用，以 $\boldsymbol{F}_i$ 表示此分力。以 $\boldsymbol{f}_{ij}$ 表示质元 Δm_i 受另一质元 Δm_j 的力，则 Δm_i 受本刚体所有其他质元的合力为 $\sum_j \boldsymbol{f}_{ij}$。此力对刚体来说，是内力。以 $F_{i,t}$ 和 $\sum_j f_{ij,t}$ 分别表示外力和内力沿 Δm_i 的轨道的切向分力，则沿此

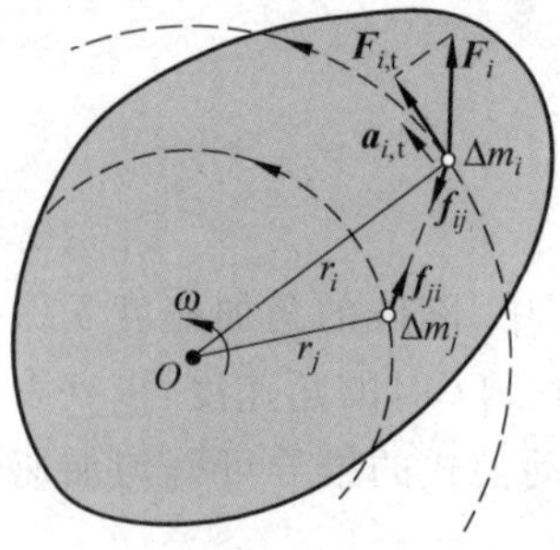

图 5.3 推导转动定律用图

切向,应用牛顿第二定律,有

$$F_{i,t}+\sum_j f_{ij,t}=\Delta m_i a_{i,t}=\Delta m_i\frac{dv_i}{dt}=\Delta m_i r_i\frac{d\omega}{dt}\tag{5.9}$$

式中 ω 是刚体的,也就是其中各质元的共有的角速度。

以 Δm_i 到轴的垂直距离 $\boldsymbol{r}_i$ 乘式(5.9)的首末各项,可得

$$r_iF_{i,t}+r_i\sum_j f_{ij,t}=\Delta m_i r_i^2\frac{d\omega}{dt}=\Delta m_i r_i^2\alpha\tag{5.10}$$

式中 $\alpha=d\omega/dt$ 为刚体的角加速度。式(5.10)中的 $r_iF_{i,t}$ 是力 $\boldsymbol{F}_i$ **对轴**的力矩(r_i 此处是力 $\boldsymbol{F}_i$ **对轴**的力臂),而 $r_i\sum_j f_{ij,t}$ 是 Δm_i 所受的所有其他质元的内力**对轴**的力矩。对刚体内所有质元分别写出式(5.10)样式的公式,然后相加可以得

$$\sum_i(r_iF_{i,t})+\sum_i\left(r_i\sum_j f_{ij,t}\right)=\left(\sum_i\Delta m_i r_i^2\right)\alpha\tag{5.11}$$

式(5.11)中第一项是刚体(各质元)所受的外力矩之和,称为合外力矩,以 M 表示。对刚体的定轴转动来说,力矩也只可能有沿轴的两个相反的方向,分别对应于绕轴的两个转向,因而力矩的这两个方向也可用正负加以区别。第二项是刚体内各质元受其他所有质元的内力对轴的力矩之和。本节末将证明,这一内力矩的总和等于零。

式(5.11)中等号右侧的求和因子只由刚体的质量和其对轴的分布决定,而与刚体的运动无关。我们定义这一因子为刚体对轴的**转动惯量**,并以 J 表示。即

$$J=\sum_i\Delta m_i r_i^2\quad(\text{刚体对轴的})\tag{5.12}$$

转动惯量的 SI 单位为 $kg\cdot m^2$。

这样,式(5.11)可以写为

$$M=J\alpha\tag{5.13}$$

这就是由牛顿定律决定的关于刚体的定轴转动的基本规律。它说明,定轴转动的**刚体所受的合外力矩等于刚体的转动惯量和其角加速度的乘积**。

将式(5.13)和牛顿第二定律公式 $\boldsymbol{F}=m\boldsymbol{a}$ 相比较,可知前者的外力矩相当于后者的外力,前者的角加速度相当于后者的加速度,前者的转动惯量相当于后者的惯性质量。这也是转动惯量命名的由来。

应用转动定律公式(5.13)解题最好也用类似 2.3 节中所述"三字经"所设计的解题步骤。不过这里要特别注意转动轴的位置和指向,也要注意力矩、角速度和角加速度的正负。下面举几个例题。

例 5.2

闸瓦制动飞轮。一个飞轮的质量 $m=60$ kg,半径 $R=0.25$ m,正在以 $\omega_0=1000$ r/min的转速转动。现在要制动飞轮(图 5.4),要求在 $t=5.0$ s 内使它均匀减速而最后停下来。求闸瓦对轮子的压力 N 为多大?假定闸瓦与飞轮之间的摩擦系数为 $\mu=0.8$,而飞轮的质量可以看做全部均匀分布在轮的外周上。因而其转动惯

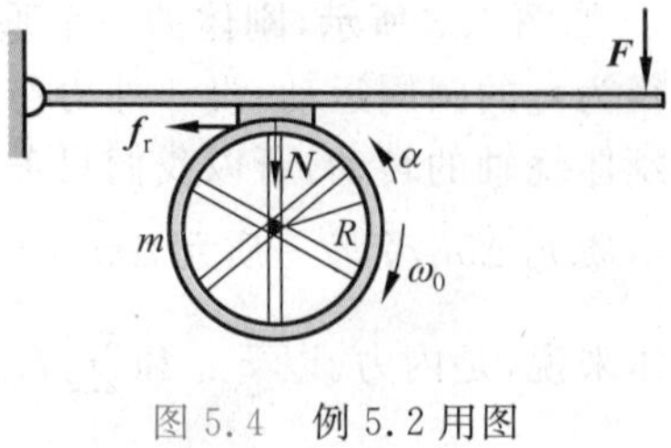

图 5.4 例 5.2 用图

量为$J=mR^2$。

解 飞轮在制动时一定有角加速度，这一角加速度 α 可以用下式求出：

$$\alpha=\frac{\omega-\omega_0}{t}$$

以 $\omega_0=1000\ \mathrm{r/min}=104.7\ \mathrm{rad/s}$，$\omega=0$，$t=5\ \mathrm{s}$ 代入可得

$$\alpha=\frac{0-104.7}{5}=-20.9\ (\mathrm{rad/s^2})$$

负值表示 α 与 ω_0 的方向相反，和减速转动相对应。

飞轮的这一负加速度是外力矩作用的结果，这一外力矩就是当用力 $\boldsymbol{F}$ 将闸瓦压紧到轮缘上时对轮缘产生的摩擦力的力矩，以 ω_0 方向为正，则此摩擦力矩应为负值。以 f_r 表示摩擦力的数值，则它对轮的转轴的力矩为

$$M=-f_rR=-\mu NR$$

根据刚体定轴转动定律 $M=J\alpha$，可得

$$-\mu NR=J\alpha$$

将 $J=mR^2$ 代入，可解得

$$N=-\frac{mR\alpha}{\mu}$$

代入已知数值，可得

$$N=-\frac{60\times0.25\times(-20.9)}{0.8}=392\ (\mathrm{N})$$

刚体内各质元受其他所有质元的内力对轴的力矩之和等于零的证明

由于所有质元间的内力总是以任意两个质元间的相互作用力成对出现的，我们先考虑 Δm_i 和 Δm_j 两个质元间的相互作用力 $\boldsymbol{f}_{ij}$ 和 $\boldsymbol{f}_{ji}$ 对于任一固定点 O 的力矩之和(图 5.5)。根据牛顿第三定律，一对相互作用力是大小相等方向相反而且沿着同一直线作用的，所以 $f_{ij}=f_{ji}$，而且二力对同一固定点 O 的力臂一样都是 $r_\perp$。但由于此二力的力矩对 O 点说是方向相反的，所以二力矩之和为

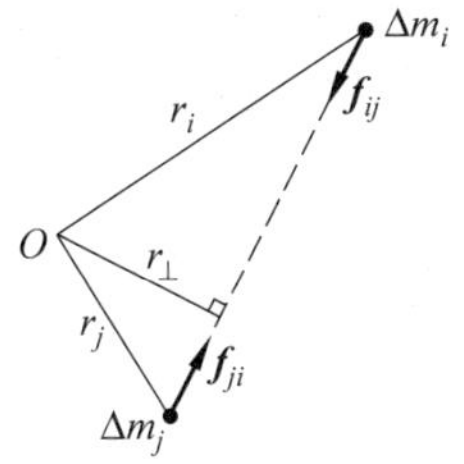

图 5.5 一对相互作用力的力矩之和

$$r_\perp f_{ij}-r_\perp f_{ji}=r_\perp(f_{ij}-f_{ji})=0$$

既然像这样任意一对内力对任一固定点 O 的力矩之和为 0，刚体内各质元间所有各对内力对任一固定点的力矩的总和也一定等于零。由此可知，所有这些内力对固定轴上各点，也就是对整个轴的力矩之和也一定等于零。这一结论正是我们要证明的。

5.3 转动惯量的计算

应用定轴转动定律公式(5.13)时，我们需要先求出刚体对固定转轴(取为 z 轴)的转动惯量。按式(5.12)，转动惯量定义为

$$J=J_z=\sum_i\Delta m_ir_i^2$$

对于质量连续分布的刚体，上述求和应以积分代替，即

$$J=\int r^2\mathrm{d}m \tag{5.14}$$

式中 r 为刚体质元 $\mathrm{d}m$ 到转轴的垂直距离。

由上面两式可知，刚体对某转轴的转动惯量等于刚体中各质元的质量和它们各自离该转轴的垂直距离的平方的乘积的总和，它的大小不仅与刚体的总质量有关，而且和质量相对于轴的分布有关。

下面举几个求刚体转动惯量的例子。

例 5.3

圆环的转动惯量。求质量为 m，半径为 R 的均匀薄圆环的转动惯量，轴与圆环平面垂直并且通过其圆心。

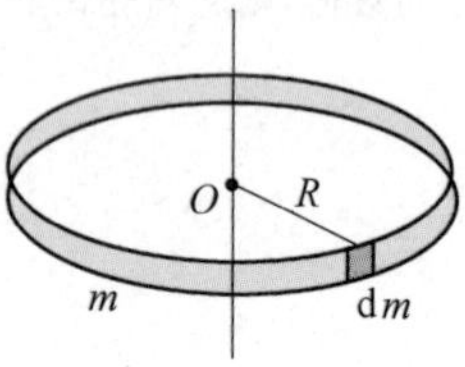

图 5.6 例 5.3 用图

解 如图 5.6 所示，环上各质元到轴的垂直距离都相等，而且等于 R，所以

$$J = \int R^2 \mathrm{d}m = R^2 \int \mathrm{d}m$$

后一积分的意义是环的总质量 m，所以有

$$J = mR^2$$

由于转动惯量是简单可加的，所以任何一个质量为 m，半径为 R 的薄壁圆筒对其轴的转动惯量也是 mR^2。

例 5.4

圆盘的转动惯量。求质量为 m，半径为 R，厚为 l 的均匀圆盘的转动惯量，轴与盘面垂直并通过盘心。

解 如图 5.7 所示，圆盘可以认为是由许多薄圆环组成的。取任一半径为 r，宽度为 $\mathrm{d}r$ 的薄圆环。它的转动惯量按例 5.3 计算出的结果为

$$\mathrm{d}J = r^2 \mathrm{d}m$$

其中 $\mathrm{d}m$ 为薄圆环的质量。以 ρ 表示圆盘的密度，则有

$$\mathrm{d}m = \rho 2\pi r l \,\mathrm{d}r$$

代入上式可得

$$\mathrm{d}J = 2\pi r^3 l \rho \mathrm{d}r$$

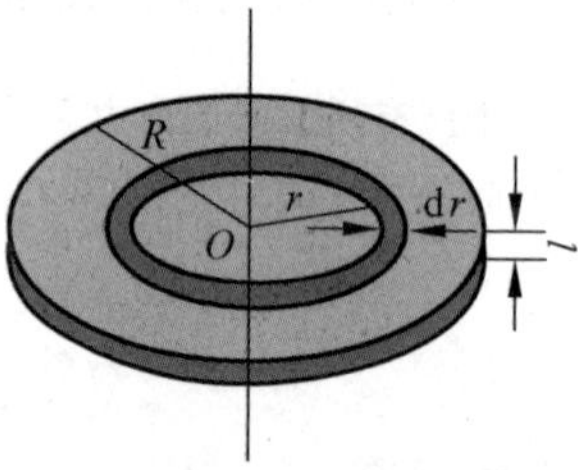

图 5.7 例 5.4 用图

因此

$$J = \int \mathrm{d}J = \int_0^R 2\pi r^3 l\rho \mathrm{d}r = \frac{1}{2}\pi R^4 l\rho$$

由于

$$\rho = \frac{m}{\pi R^2 l}$$

所以

$$J = \frac{1}{2}mR^2 \tag{5.15}$$

由于转动惯量是简单可加的，所以任何一个质量为 m，半径为 R 的均匀实心圆柱对其轴的转动惯量也是 $\frac{1}{2}mR^2$。

例 5.5

直棒的转动惯量。求长度为 L，质量为 m 的均匀细棒 AB 的转动惯量：

(1) 对于通过棒的一端与棒垂直的轴；

(2) 对于通过棒的中点与棒垂直的轴。

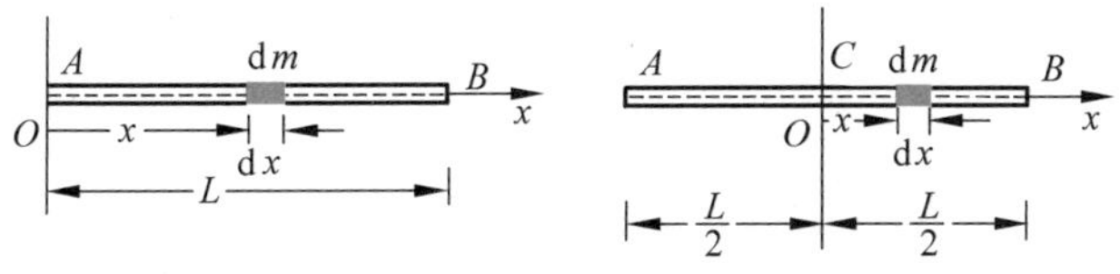

(a) (b)

图 5.8 例 5.5 用图

解 (1) 如图 5.8(a)所示，沿棒长方向取 x 轴，取任一长度元 dx。以 ρ_l 表示单位长度的质量，则这一长度元的质量为 $dm=\rho_l dx$。对于在棒的一端的轴来说，

$$J_A = \int x^2 dm = \int_0^L x^2 \rho_l dx = \frac{1}{3}\rho_l L^3$$

将 $\rho_l = m/L$ 代入，可得

$$J_A = \frac{1}{3} m L^2$$

(2) 对于通过棒的中点的轴来说，如图 5.8(b)所示，棒的转动惯量应为

$$J_C = \int x^2 dm = \int_{-\frac{L}{2}}^{+\frac{L}{2}} x^2 \rho_l dx = \frac{1}{12}\rho_l L^3$$

以 $\rho_l = m/L$ 代入，可得

$$J_C = \frac{1}{12} m L^2$$

一些常见的均匀刚体的转动惯量在表 5.1 中给出。

表 5.1 一些均匀刚体的转动惯量

刚体形状		轴的位置	转动惯量
细杆	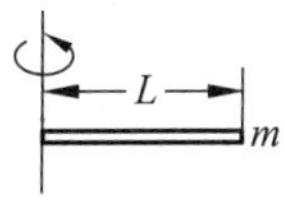	通过一端垂直于杆	$\frac{1}{3}mL^2$
细杆	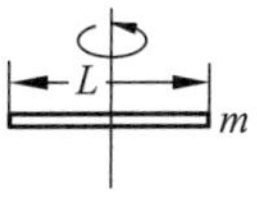	通过中点垂直于杆	$\frac{1}{12}mL^2$
薄圆环 (或薄圆筒)	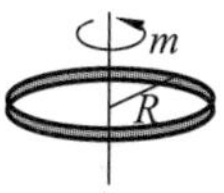	通过环心垂直于环面(或中心轴)	mR^2
圆盘 (或圆柱体)	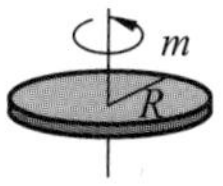	通过盘心垂直于盘面(或中心轴)	$\frac{1}{2}mR^2$
薄球壳	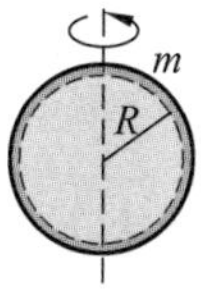	直径	$\frac{2}{3}mR^2$

续表

刚体形状		轴的位置	转动惯量
球体	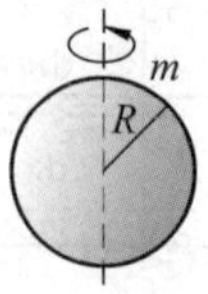	直径	$\frac{2}{5}mR^2$

5.4 刚体的角动量和角动量守恒

刚体绕定轴转动时，应该具有角动量。当一刚体绕一定轴以角速度 ω 转动时，它绕该轴的角动量为

$$L = \sum \Delta m_i r_i v_i = \sum \Delta m_i r_i^2 \omega = \left(\sum \Delta m_i r_i^2\right)\omega$$

由于 $\sum \Delta m_i r_i^2$ 为刚体对定轴的转动惯量 J，所以

$$L = J\omega \tag{5.16}$$

利用角动量的这一表示式，刚体定轴转动定律可重新表示为

$$M = J\frac{d\omega}{dt} = \frac{d(J\omega)}{dt} = \frac{dL}{dt} \tag{5.17}$$

此式说明，**刚体所受的外力矩等于刚体角动量的变化率**。此式和质点的角动量定理公式(3.20)类似，不同的是式(3.20)中的 M 和 L 是对定点说的，而式(5.17)中的 M 和 L 是对定轴说的。

在式(5.17)中，**如果外力矩 $M=0$，则刚体绕定轴转动的角动量不变**。此角动量守恒的结论也适用于一物体系统。

对于一个转动惯量可以改变的物体，当它受的外力矩为零时，它的角动量 $L=J\omega$ 也将保持不变。可以看下面的实例。

让一个人坐在有竖直光滑轴的转椅上，手持哑铃，两臂伸平(图5.9(a))，用手推他，使他转起来。当他把两臂收回使哑铃贴在胸前时，他的转速就明显地增大(图5.9(b))。这个现象可以用角动量守恒解释如下。把人在两臂伸平时和收回以后都当成一个刚体，分别以 J_1 和 J_2 表示他对固定竖直轴的转动惯量，以 ω_1 和 ω_2 分别表示两种状态时的角速度。由于人在收回手臂时对竖直轴并没有受到外力矩的作用，所以他的角动量应该守恒，即 $J_1\omega_1 = J_2\omega_2$。很明显，$J_2 < J_1$，因此 $\omega_2 > \omega_1$。

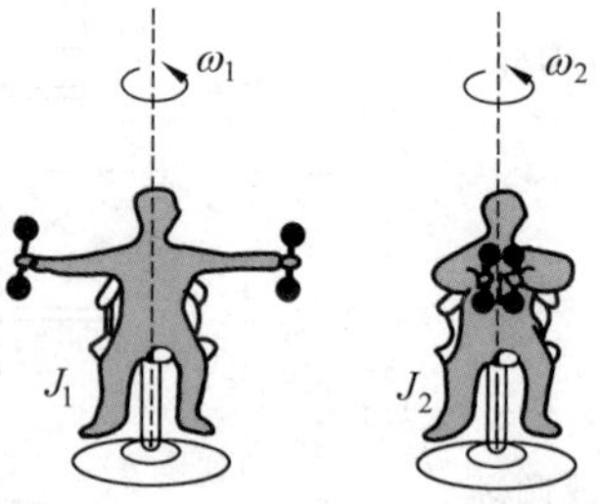

图5.9 角动量守恒演示

例 5.6

子弹击中棒。一根长 l，质量为 M 的均匀直棒，其一端挂在一个水平光滑轴上而静止在竖直位置。今有一子弹，质量为 m，以水平速度 v_0 射入棒的下端而不复出。求棒和子弹开

始一起运动时的角速度。

解 由于从子弹进入棒到二者开始一起运动所经过的时间极短，在这一过程中棒的位置基本不变，即仍然保持竖直(图 5.10)。因此，对于木棒和子弹系统，在子弹冲入过程中，系统所受的外力(重力和轴的支持力)对于轴 O 的力矩都是零。这样，系统对轴 O 的角动量守恒。以 v 和 ω 分别表示子弹和木棒一起开始运动时木棒端点的速度和角速度，则角动量守恒给出

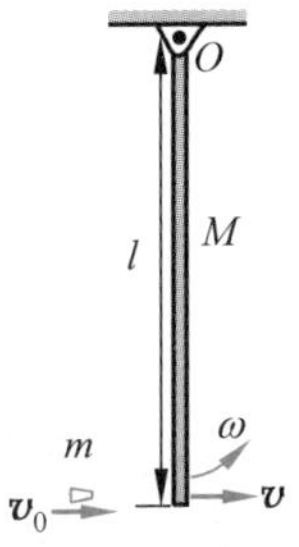

图 5.10 例 5.6 用图

$$mlv_0 = mlv + \frac{1}{3}Ml^2\omega$$

再利用关系式 $v = l\omega$，就可解得

$$\omega = \frac{3m}{3m+M}\frac{v_0}{l}$$

将此题和第 3 章例 3.3 比较一下是很有启发性的。注意，这里，在子弹射入棒的过程中，木棒和子弹系统的总动量并不守恒。

例 5.7

人走圆盘转。一个质量为 M，半径为 R 的水平均匀圆盘可绕通过中心的光滑竖直轴自由转动。在盘缘上站着一个质量为 m 的人，二者最初都相对地面静止。当人在盘上沿盘边走一周时，盘对地面转过的角度多大？

解 如图 5.11 所示，对盘和人组成的系统，在人走动时系统所受的对竖直轴的外力矩为零，所以系统对此轴的角动量守恒。以 j 和 J 分别表示人和盘对轴的转动惯量，并以 ω 和 Ω 分别表示任一时刻人和盘绕轴的角速度。由于起始角动量为零，所以角动量守恒给出

$$j\omega - J\Omega = 0$$

其中 $j = mR^2$，$J = \frac{1}{2}MR^2$，以 θ 和 Θ 分别表示人和盘对地面发生的角位移，则

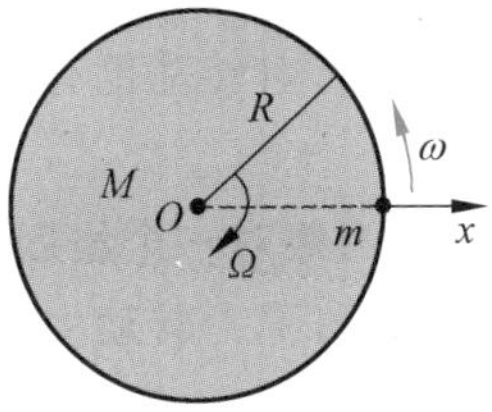

图 5.11 例 5.7 用图

$$\omega = \frac{\mathrm{d}\theta}{\mathrm{d}t}, \quad \Omega = \frac{\mathrm{d}\Theta}{\mathrm{d}t}$$

代入上一式得

$$mR^2\frac{\mathrm{d}\theta}{\mathrm{d}t} = \frac{1}{2}MR^2\frac{\mathrm{d}\Theta}{\mathrm{d}t}$$

两边都乘以 $\mathrm{d}t$，并积分，则有

$$\int_0^\theta mR^2\mathrm{d}\theta = \int_0^\Theta \frac{1}{2}MR^2\mathrm{d}\Theta$$

由此得

$$m\theta = \frac{1}{2}M\Theta$$

人在盘上走一周时

$$\theta = 2\pi - \Theta$$

代入上一式可解得

$$\Theta = \frac{2m}{2m+M} \times 2\pi$$

5.5 转动中的功和能

先说明如何计算力做的功。如图 5.12 所示，一刚体的一个截面与转轴正交于 O 点，$\boldsymbol{F}$ 为作用在刚体上的一个外力。当刚体转动一角位移 $d\theta$ 时，受此力作用的质元沿圆周的位移 $d\boldsymbol{r}$ 的大小为 $|d\boldsymbol{r}|=rd\theta$。

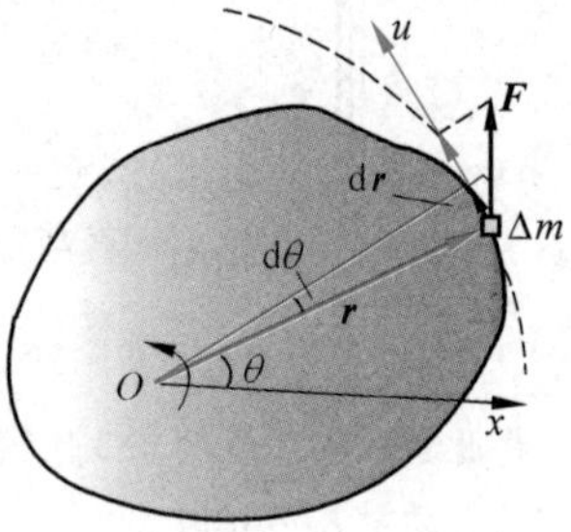

图 5.12 力矩做功

由功的定义式(4.1)可得，力 $\boldsymbol{F}$ 做的元功为

$$dA = \boldsymbol{F}\cdot d\boldsymbol{r} = F_t\,|\,d\boldsymbol{r}\,| = F_t r d\theta$$

由于式中 $F_t r=M$ 为力 $\boldsymbol{F}$ 对转轴的力矩，所以有

$$dA = Md\theta$$

即力对转动刚体做的元功等于相应的力矩和刚体的元角位移的乘积。

对于有限的角位移，力做的功应该用下式计算：

$$A_{AB} = \int_{\theta_A}^{\theta_B} M d\theta \tag{5.18}$$

此式常被称为力矩的功，它是力做的功在刚体转动中的特殊计算公式。

刚体转动时其**转动动能**就是各质元的动能之和，即转动动能

$$E_k = \sum \frac{1}{2}m_i v_i^2 = \sum \frac{1}{2}m_i(r_i\omega)^2 = \frac{1}{2}\left(\sum m_i r_i^2\right)\omega^2$$

亦即

$$E_k = \frac{1}{2}J\omega^2 \tag{5.19}$$

可以证明，对转动也有

$$A_{AB} = E_{kB} - E_{kA} \tag{5.20}$$

即合外力矩对一个绕固定轴转动的刚体所做的功等于它的转动动能的增量。和式(4.8)对比，此式可称为**转动中的动能定理**。

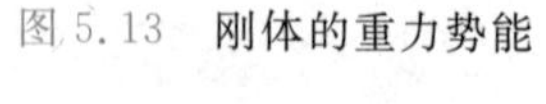

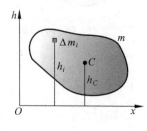

图 5.13 刚体的重力势能

如果一个刚体受到保守力的作用，也可以引入势能的概念。例如在重力场中的刚体就具有一定的**重力势能**，它的重力势能就是它的各质元重力势能的总和。对于一个不太大，质量为 m 的刚体(图 5.13)，它的重力势能为

$$E_p = \sum_i \Delta m_i g h_i = g\sum_i \Delta m_i h_i$$

根据质心的定义，此刚体的质心的高度应为

$$h_C = \frac{\sum_i \Delta m_i h_i}{m}$$

所以上一式可以写成

$$E_p = mgh_C \tag{5.21}$$

这一结果说明，**一个不太大的刚体的重力势能和它的全部质量集中在质心时所具有的重力势能一样**。

对于包括有刚体的封闭的保守系统，在运动过程中，它的包括转动动能在内的机械能也

应该守恒。下面举两个例子。

例 5.8

滑轮物块联动。如图 5.14 所示，一个质量为 M，半径为 R 的定滑轮（当作均匀圆盘）上面绕有细绳。绳的一端固定在滑轮边上，另一端挂一质量为 m 的物体而下垂。忽略轴处摩擦，求物体 m 由静止下落 h 高度时的速度和此时滑轮的角速度。

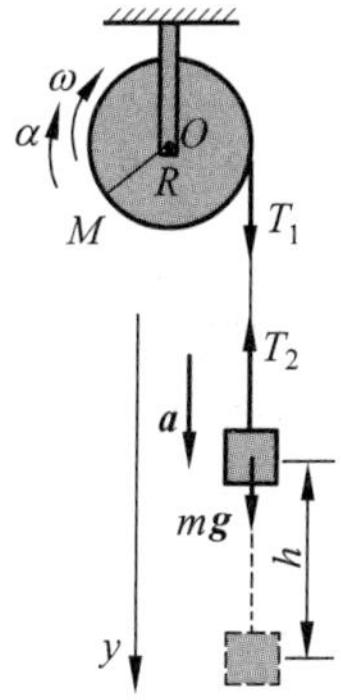

图 5.14 例 5.8 用图

解 以滑轮、物体和地球作为研究的系统。在质量为 m 的物体下落的过程中，滑轮随同转动。滑轮轴对滑轮的支持力（外力）不做功（因为无位移）。因此，所考虑的系统是封闭的保守系统，所以机械能守恒。

滑轮的重力势能不变，可以不考虑。取物体的初始位置为重力势能零点，则系统的初态的机械能为零，末态的机械能为

$$\frac{1}{2}J\omega^2+\frac{1}{2}mv^2+mg(-h)$$

机械能守恒给出

$$\frac{1}{2}J\omega^2+\frac{1}{2}mv^2-mgh=0$$

将关系式 $J=\frac{1}{2}MR^2$，$\omega=\frac{v}{R}$ 代入上式，即可求得物体下落高度 h 时，物体的速度为

$$v=\sqrt{\frac{4mgh}{2m+M}}$$

滑轮的角速度为

$$\omega=\frac{v}{R}=\sqrt{\frac{4mgh}{2m+M}}\bigg/R$$

例 5.9

直棒下摆。一根长 l，质量为 m 的均匀细直棒，其一端有一固定的光滑水平轴，因而可以在竖直平面内转动。最初棒静止在水平位置，求它由此下摆 θ 角时的角加速度和角速度。

解 讨论此棒的下摆运动时，不能再把它看成质点，而应作为刚体转动来处理。这需要用转动定律。

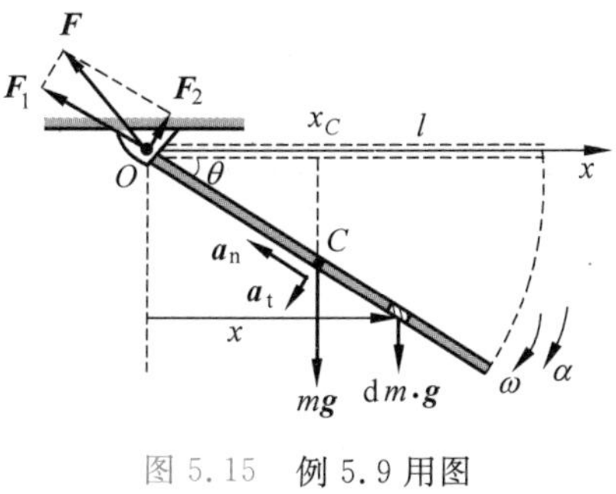

图 5.15 例 5.9 用图

棒的下摆是一加速转动，所受外力矩即重力对转轴 O 的力矩。取棒上一小段，其质量为 $\mathrm{d}m$（图 5.15）。在棒下摆任意角度 θ 时，它所受重力对轴 O 的力矩是 $\boldsymbol{x}\mathrm{d}m\cdot\boldsymbol{g}$，其中 x 是 $\mathrm{d}m$ 对轴 O 的水平坐标。整个棒受的重力对轴 O 的力矩就是

$$M=\int\boldsymbol{x}\mathrm{d}m\cdot\boldsymbol{g}=g\int x\mathrm{d}m$$

由质心的定义，$\int x\mathrm{d}m=mx_C$，其中 x_C 是质心对于轴 O 的 x 坐标。因而可得

$$M=mgx_C$$

这一结果说明**重力对整个棒的合力矩就和全部重力集中作用于质心所产生的力矩一样**。

由于

$$x_C = \frac{1}{2}l\cos\theta$$

所以有

$$M = \frac{1}{2}mgl\cos\theta$$

代入转动定律公式(5.13)可得棒的角加速度为

$$\alpha = \frac{M}{J} = \frac{\frac{1}{2}mgl\cos\theta}{\frac{1}{3}ml^2} = \frac{3g\cos\theta}{2l}$$

求棒下摆θ角时的角速度ω,可以利用机械能守恒定律。取棒和地球为系统,由于在棒下摆的过程中,外力(轴对棒的支持力)不做功,所以系统可视为封闭的保守系统而其机械能守恒。取棒的水平初位置为势能零点,机械能守恒给出

$$\frac{1}{2}J\omega^2 + mg(-h_C) = 0$$

利用公式 $J = \frac{1}{3}ml^2$, $h_C = \frac{1}{2}l\sin\theta$, 就可解得

$$\omega=\sqrt{\frac{3g\sin\theta}{l}}$$

例 5.10

球碰棒端。如图5.16所示,一根长l,质量为m的均匀直棒静止在一光滑水平面上。它的中点有一竖直光滑固定轴,一个质量为m'的小球以水平速度$\boldsymbol{v}_0$垂直于棒冲击其一端而粘上。求碰撞后球的速度$\boldsymbol{v}$和棒的角速度ω以及由此碰撞而损失的机械能。

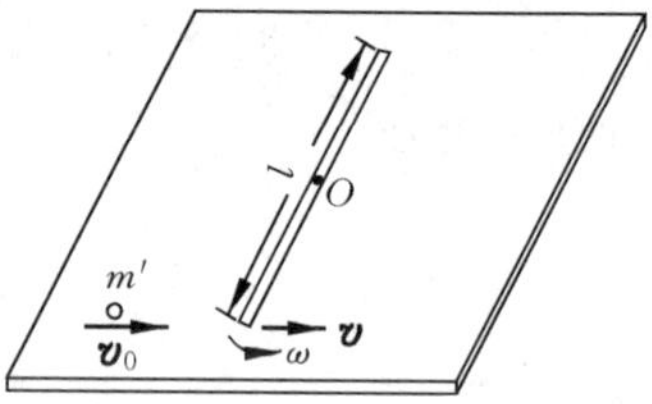

图5.16 例5.10用图

解 对棒和球系统,对于竖直光滑轴O,碰撞过程中外力矩为零,因而角动量守恒,即

$$\frac{m'lv_0}{2} = \frac{m'lv}{2} + \frac{1}{12}ml^2\omega$$

由于$v=\omega l/2$,所以上式可写为

$$\frac{m'lv_0}{2} = \frac{m'l^2}{4}\omega + \frac{1}{12}ml^2\omega$$

解此方程可得

$$\omega = \frac{6m'v_0}{(3m'+m)l}, \quad v = \frac{3m'v_0}{3m'+m}$$

由于碰撞而损失的机械能为

$$-\Delta E = \frac{1}{2}m'v_0^2 - \frac{1}{2}\left(\frac{m'l^2}{4} + \frac{1}{12}ml^2\right)\omega^2 = \frac{m}{3m'+m}\,\frac{1}{2}m'v_0^2$$

提要

1. 刚体的定轴转动:

匀加速转动:

$$\omega=\omega_0+\alpha t, \quad \theta=\omega_0 t+\frac{1}{2}\alpha t^2$$

$$\omega^2-\omega_0^2=2\alpha\theta$$

2. 刚体定轴转动定律：

$$M = J\alpha = \frac{\mathrm{d}L}{\mathrm{d}t}$$

式中 M 为外力对转轴的力矩之和，J 为刚体对转轴的转动惯量，$L=J\omega$ 为刚体对转轴的角动量。

3. 刚体的转动惯量：

$$J = \sum m_i r_i^2, \quad J = \int r^2 \mathrm{d}m$$

4. 对定轴的角动量守恒： 系统（包括刚体）所受的对某一固定轴的合外力矩为零时，系统对此轴的总角动量保持不变。

5. 刚体转动中的功和能：

力矩的功： $A_{AB} = \int_{\theta_A}^{\theta_B} M\mathrm{d}\theta$

转动动能： $E_\mathrm{k} = \frac{1}{2}J\omega^2$

刚体的重力势能： $E_\mathrm{p} = mgh_C$

对包含刚体的封闭的保守系统，在运动过程中，其总机械能，包括转动动能，保持不变。

6. 规律对比： 把质点的运动规律和刚体的定轴转动规律对比一下（见表 5.2），有助于从整体上系统地理解力学定律。读者还应了解它们之间的联系。

表 5.2 质点的运动规律和刚体的定轴转动规律对比

质点的运动	刚体的定轴转动
速度 $\boldsymbol{v}=\frac{\mathrm{d}\boldsymbol{r}}{\mathrm{d}t}$	角速度 $\omega=\frac{\mathrm{d}\theta}{\mathrm{d}t}$
加速度 $\boldsymbol{a}=\frac{\mathrm{d}\boldsymbol{v}}{\mathrm{d}t}=\frac{\mathrm{d}^2\boldsymbol{r}}{\mathrm{d}t^2}$	角加速度 $\alpha=\frac{\mathrm{d}\omega}{\mathrm{d}t}=\frac{\mathrm{d}^2\theta}{\mathrm{d}t^2}$
质量 m	转动惯量 $J = \int r^2 \mathrm{d}m$
力 $\boldsymbol{F}$	力矩 $M=r_\perp F_\perp$（$\perp$表示垂直转轴）
运动定律 $\boldsymbol{F}=m\boldsymbol{a}$	转动定律 $M=J\alpha$
动量 $\boldsymbol{p}=m\boldsymbol{v}$	动量 $\boldsymbol{p}=\sum_i \Delta m_i \boldsymbol{v}_i$
角动量 $\boldsymbol{L}=\boldsymbol{r}\times\boldsymbol{p}$	角动量 $L=J\omega$
动量定理 $\boldsymbol{F}=\frac{\mathrm{d}(m\boldsymbol{v})}{\mathrm{d}t}$	角动量定理 $M=\frac{\mathrm{d}(J\omega)}{\mathrm{d}t}$
动量守恒 $\sum_i \boldsymbol{F}_i = 0$ 时，$\sum_i m_i \boldsymbol{v}_i =$ 恒量	角动量守恒 $M = 0$ 时，$\sum J\omega =$ 恒量
力的功 $A_{AB} = \int_{(A)}^{(B)} \boldsymbol{F}\cdot\mathrm{d}\boldsymbol{r}$	力矩的功 $A_{AB} = \int_{\theta_A}^{\theta_B} M\mathrm{d}\theta$
动能 $E_\mathrm{k} = \frac{1}{2}mv^2$	转动动能 $E_\mathrm{k} = \frac{1}{2}J\omega^2$

续表

质点的运动	刚体的定轴转动
动能定理 $A_{AB}=\frac{1}{2}mv_B^2-\frac{1}{2}mv_A^2$	动能定理 $A_{AB}=\frac{1}{2}J\omega_B^2-\frac{1}{2}J\omega_A^2$
重力势能 $E_p=mgh$	重力势能 $E_p=mgh_C$
机械能守恒 对封闭的保守系统， $E_k+E_p=$ 恒量	机械能守恒 对封闭的保守系统， $E_k+E_p=$ 恒量

自测简题

5.1 一根质量可忽略的细直棒上固定有3个小硬球，如图示，它们的质量分别为 $m_1=m, m_2=2m, m_3=3m$，间距为 a。设想3个分别通过 m_1，m_2 和 m_3 而垂直于细木棒的轴，将对于通过各小球的轴的转动惯量由大到小排序。

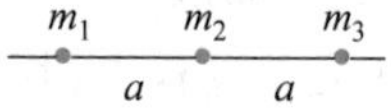

5.2 一长 L 质量为 M 的均匀直棒一端吊起，使其可以在竖直平面内自由摆动。先用手将棒持水平，放开手瞬间。棒受的对转轴的重力矩是(1) MgL，(2) $MgL/2$；此时刻棒的角加速度是(3) $3g/2L$，(4) $3g/L$；直棒下摆到竖直位置时的角速度是(5) $\sqrt{3g/L}$，(6) $\sqrt{3g/2L}$。

5.3 一学生做图5.9的转动实验，两臂内收时(图5.9(b))其转速为 ω_1，他两臂伸直时，转动惯量增加到原来的3倍，此时他的转速将减小到(1) $\omega_1/2$，(2) $\omega_1/3$。

思考题

5.1 一个有固定轴的刚体，受有两个力的作用。当这两个力的合力为零时，它们对轴的合力矩也一定是零吗？当这两个力对轴的合力矩为零时，它们的合力也一定是零吗？举例说明之。

5.2 就自身来说，你作什么姿势和对什么样的轴，转动惯量最小或最大？

5.3 走钢丝的杂技演员，表演时为什么要拿一根长直棍(图5.17)？

5.4 两个半径相同的轮子，质量相同。但一个轮子的质量聚集在边缘附近，另一个轮子的质量分布比较均匀，试问：

(1) 如果它们的角动量相同，哪个轮子转得快？

(2) 如果它们的角速度相同，哪个轮子的角动量大？

5.5 假定时钟的指针是质量均匀的矩形薄片。分针长而细，时针短而粗，两者具有相等的质量。哪一个指针有较大的转动惯量？哪一个有较大的动能与角动量？

5.6 花样滑冰运动员想高速旋转时，她先把一条腿和两臂伸开，并用脚蹬冰使自己转动起来，然后她再收拢腿和臂，这时她的转速就明显地加快了。这是利用了什么原理？

5.7 一个站在水平转盘上的人，左手举一个自行车轮，使轮子的轴竖直(图5.18)。当他用右手拨动轮缘使车轮转动时，他自己会同时沿相反方向转动起来。解释其中的道理。

5.8 刚体定轴转动时，它的动能的增量只决定于外力对它做的功而与内力的作用无关。对于非刚体也是这样吗？为什么？

图 5.17 阿迪力走钢丝跨过北京野生动物园上空（引自新京报）

图 5.18 思考题 5.7 用图

5.9 一定轴转动的刚体的转动动能等于其中各质元的动能之和，试根据这一理由推导转动动能 $E_k=\frac{1}{2}J\omega^2$。

习题

5.1 一汽车发动机的主轴的转速在 7.0 s 内由 200 r/min 均匀地增加到 3000 r/min。求：

(1) 在这段时间内主轴的初角速度和末角速度以及角加速度；

(2) 这段时间内主轴转过的角度和圈数。

5.2 求位于北纬 40°的颐和园排云殿（以图 5.19 中 P 点表示）相对于地心参考系的线速度与加速度的数值与方向。

5.3 一个氧原子的质量是 2.66×10^{-26} kg，一个氧分子中两个氧原子的中心相距 1.21×10^{-10} m。求氧分子相对于通过其质心并垂直于二原子连线的轴的转动惯量。如果一个氧分子相对于此轴的转动动能是 2.06×10^{-21} J，它绕此轴的转动周期是多少？

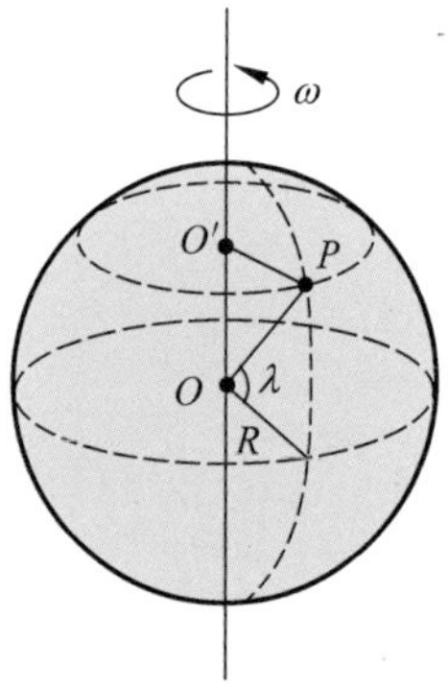

图 5.19 习题 5.2 用图

5.4 在伦敦的英国议会塔楼上的大本钟的分针长 4.50 m，质量为 100 kg；时针长 2.70 m，质量为 60.0 kg。二者对中心轴的角动量和转动动能各是多少？将二者都当成均匀细直棒处理。

5.5 如图 5.20 所示，两物体质量分别为 m_1 和 m_2，定滑轮的质量为 m，半径为 r，可视作均匀圆盘。已知 m_2 与桌面间的摩擦系数为 μ，求 m_1 下落的加速度和两段绳子中的张力各是多少？设绳子和滑轮间无相对滑动，滑轮轴受的摩擦力忽略不计。

5.6 一根均匀米尺，在 60 cm 刻度处被钉到墙上，且可以在竖直平面内自由转动。先用手使米尺保持水平，然后释放。求刚释放时米尺的角加速度和米尺到竖直位置时的角速度各是多大？

5.7 坐在转椅上的人手握哑铃（图 5.9）。两臂伸直时，人、哑铃和椅系统对竖直轴的转动惯量为 $J_1=2\ \text{kg}\cdot\text{m}^2$。在外人推动后，此系统开始以 $n_1=15$ r/min 转动。当人的两臂收回，使系统的转动惯量变为 $J_2=0.80\ \text{kg}\cdot\text{m}^2$ 时，它的转速 n_2 是多大？两臂收回过程中，系统的机械能是否守恒？什么力做了功？做功多少？设轴上摩擦忽略不计。

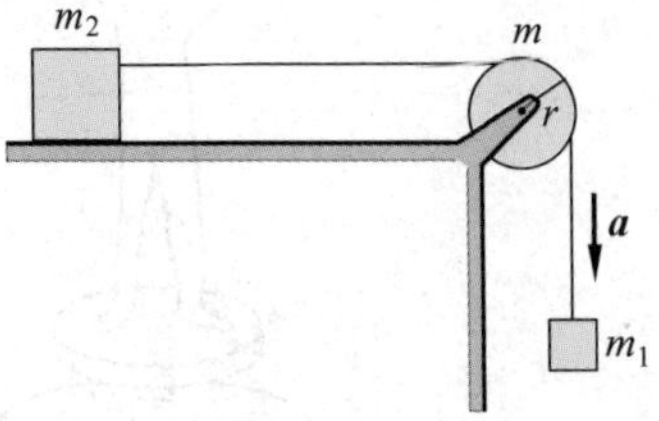

图 5.20 习题 5.5 用图

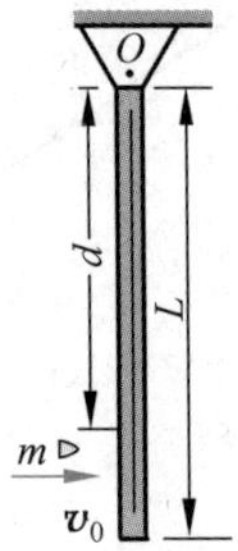

图 5.21 习题 5.8 用图

5.8 图 5.21 中均匀杆长 $L=0.40$ m，质量 $M=1.0$ kg，由其上端的光滑水平轴吊起而处于静止。今有一质量 $m=8.0$ g 的子弹以 $v=200$ m/s 的速率水平射入杆中而不复出，射入点在轴下 $d=3L/4$ 处。

(1) 求子弹停在杆中时杆的角速度；

(2) 求杆的最大偏转角。

5.9 一转台绕竖直固定轴转动，每转一周所需时间为 $t=10$ s，转台对轴的转动惯量为 $J=1200\ \text{kg}\cdot\text{m}^2$。一质量为 $M=80$ kg 的人，开始时站在转台的中心，随后沿半径向外跑去，当人离转台中心 $r=2$ m 时转台的角速度是多大？

5.10 两辆质量都是 1200 kg 的汽车在平直公路上都以 72 km/h 的高速迎面开行。由于两车质心轨道间距离太小，仅为 0.5 m，因而发生碰撞，碰后两车扣在一起，此残体对于其质心的转动惯量为 $2500\ \text{kg}\cdot\text{m}^2$，求：

(1) 两车扣在一起时的旋转角速度；

(2) 由于碰撞而损失的机械能。

第6章

相　对　论

牛顿力学曾被作为科学真理兴盛了两个多世纪。从20世纪开始，物理学开始深入扩展到微观高速领域，这时发现牛顿力学在这些领域不再适用。物理学的发展要求对牛顿力学作出根本性的改革。这种改革终于实现了，那就是相对论和量子力学的建立。本章介绍相对论的基础知识，包括对时间、空间和能量、质量等基本概念的重新认识。

6.1　牛顿相对性原理和伽利略坐标变换

力学是研究物体的运动的，物体的运动就是它的位置随时间的变化。为了定量研究这种变化，必须选定适当的参考系。

牛顿力学认为：对于任何惯性参考系，牛顿定律都成立。因此，在任何惯性系中观察，同一力学现象将按同样的形式发生和演变。这个结论叫**牛顿相对性原理**或**力学相对性原理**，也叫做伽利略不变性。这个思想首先是伽利略表述的。他曾以大船作比喻，生动地指出：在"以任何速度前进，只要运动是匀速的，同时也不这样那样摆动"的大船船舱内，观察各种力学现象，如人的跳跃，抛物，水滴的下落，烟的上升，鱼的游动，甚至蝴蝶和苍蝇的飞行等，你会发现，它们都会和船静止不动时一样地发生。人们并不能从这些现象来判断大船是否在运动。无独有偶，在我国古籍中也有类似的记述，《尚书纬·考灵曜》中有这样的文字："地恒动不止而人不知，譬如人在大舟中，闭牖而坐，舟行而不觉也"（图6.1）。

图6.1　舟行而不觉

在作匀速直线运动的大船内观察任何力学现象，都不能据此判断船本身的运动。只有打开舷窗向外看，当看到岸上灯塔的位置相对于船不断地在变化时，才能判定船相对于地面是在运动的，并由此确定航速。即使这样，也只能作出相对运动的结论，并不能肯定"究竟"是地面在运动，还是船在运动。只能确定两个惯性系的相对运动速度，谈论某一惯性系的绝对运动（或绝对静止）是没有意义的。这是力学相对性原理的一个重要结论。

关于空间和时间的问题，牛顿有的是**绝对空间**和**绝对时间**概念，或**绝对时空观**。所谓绝对空间是指长度的量度与参考系无关，绝对时间是指时间的量度和参考系无关。这也就是说，同样两点间的距离或同样的前后两个事件之间的时间，无论在哪个惯性系中测量都是一样的。牛顿本人曾说过："绝对空间，就其本性而言，与外界任何事物**无关**，而永远是相同的和不动的。"还说过："绝对的、真正的和数学的时间自己流逝着，并由于它的本性而均匀地与任何外界对象**无关**地流逝着。"还有，在牛顿那里，时间和空间的量度是**相互独立**的。

牛顿的相对性原理和他的绝对时空概念是有直接联系的，下面就来说明这种联系。

设想两个相对作匀速直线运动的参考系，分别以直角坐标系 $S(O,x,y,z)$ 和 $S'(O',x',y',z')$ 表示（图 6.2），两者的坐标轴分别相互平行，而且 x 轴和 x' 轴重合在一起。S' 相对于 S 沿 x 轴方向以速度 $\boldsymbol{u}=u\boldsymbol{i}$ 运动。

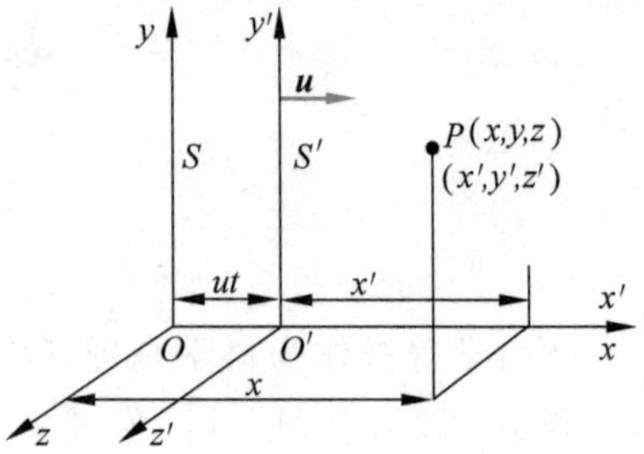

图 6.2 相对作匀速直线运动的两个参考系 S 和 S'

为了测量时间，设想在 S 和 S' 系中各处各有自己的钟，所有的钟结构完全相同，而且同一参考系中的所有的钟都是校准好而同步的，它们分别指示时刻 t 和 t'。为了对比两个参考系中所测的时间，我们假定两个参考系中的钟都以原点 O' 和 O 重合的时刻作为计算时间的零点。让我们找出两个参考系测出的同一质点到达某一位置 P 的时刻以及该位置的空间坐标之间的关系。

由于时间的绝对性，给出

$$t' = t \tag{6.1}$$

由于空间的绝对性给出

$$x' = x - ut \tag{6.2}$$

$$y' = y \tag{6.3}$$

同理

$$z' = z \tag{6.4}$$

将式(6.1)～式(6.4)写到一起，就得到下面一组变换公式：

$$x' = x - ut, \quad y' = y, \quad z' = z, \quad t' = t \tag{6.5}$$

这组公式叫**伽利略坐标变换**，它是绝对时空概念的直接反映。

由公式(6.5)可进一步求得速度变换公式。将其中前 3 式对时间求导，考虑到 $t=t'$，可得

$$\frac{dx'}{dt'} = \frac{dx}{dt} - u, \quad \frac{dy'}{dt'} = \frac{dy}{dt}, \quad \frac{dz'}{dt'} = \frac{dz}{dt}$$

亦即

$$v_x' = v_x - u, \quad v_y' = v_y, \quad v_z' = v_z \tag{6.6}$$

式(6.6)中的三式可以合并成一个矢量式，即

$$\boldsymbol{v}' = \boldsymbol{v} - \boldsymbol{u} \tag{6.7}$$

这正是在第 1 章中已导出的伽利略速度变换公式(1.32)。由上面的推导可以看出它是以绝对的时空概念为基础的。

将式(6.7)再对时间求导，可得出加速度变换公式。由于 $\boldsymbol{u}$ 与时间无关，所以有

$$\frac{\mathrm{d}\boldsymbol{v}'}{\mathrm{d}t'} = \frac{\mathrm{d}\boldsymbol{v}}{\mathrm{d}t}$$

即

$$\boldsymbol{a}' = \boldsymbol{a} \tag{6.8}$$

这说明同一质点的加速度在不同的惯性系内测得的结果是一样的。

在牛顿力学里，质点的质量和运动速度没有关系，因而也不受参考系的影响。牛顿力学中的力只跟质点的相对位置或相对运动有关，因而也是和参考系无关的。因此，只要 $\boldsymbol{F}=m\boldsymbol{a}$ 在参考系 S 中是正确的，那么，对于参考系 S' 来说，由于 $\boldsymbol{F}'=\boldsymbol{F}$，$m'=m$ 以及式(6.8)，则必然有

$$\boldsymbol{F}' = m'\boldsymbol{a}' \tag{6.9}$$

即对参考系 S' 说，牛顿定律也是正确的。一般地说，牛顿定律对任何惯性系都是正确的。

这样，我们就由牛顿的绝对时空概念(以及"绝对质量"概念)得到了牛顿相对性原理。

6.2　爱因斯坦相对性原理和光速不变

在 19 世纪中叶，已形成了比较严整的电磁理论——麦克斯韦理论。它预言光是一种电磁波，而且不久也为实验所证实。但在分析与物体运动有关的电磁现象包括光现象时，也发现有不符合牛顿相对性原理的实例。特别是关于光的速率的问题。以 c 表示在某一参考系 S 中测得的光在真空中的速率，以 c' 表示在另一参考系 S' 中测得的光在真空中的速率，如果根据伽利略变换，就应该有

$$c' = c \pm u$$

式中 u 为 S' 相对于 S 的速度，它前面的正负号由 $\boldsymbol{c}$ 和 $\boldsymbol{u}$ 的方向相反或相同而定。但是麦克斯韦的电磁场理论给出的结果与此不相符，该理论给出的光在真空中的速率与参考系无关，而为一恒定值

$$c = 2.99 \times 10^8\ \mathrm{m/s}$$

这一结论还为后来的很多精确的实验和观察所证实。这就是说，光或电磁波的运动不服从伽利略变换！

正是根据光在真空中的速度与参考系无关这一性质，在精密的激光测量技术的基础上，现在把光在真空中的速率规定为一个基本的物理常量，其值规定为

$$c = 299\ 792\ 458\ \mathrm{m/s}$$

SI 的长度单位"m"就是在光速的这一规定的基础上规定的(参看 1.1 节)。

针对以绝对时空概念为基础的伽利略变换的失效，爱因斯坦于 1905 年提出了两条基本假设：

一、物理规律对所有惯性系都是一样的，不存在任何一个特殊的(例如"绝对静止"的)惯性系。爱因斯坦称这一假设为相对性原理，我们称之为**爱因斯坦相对性原理**。和牛顿相对性原理加以比较，可以看出前者是后者的推广，使相对性原理不仅适用于力学现象，而且适用于所有物理现象，包括电磁现象在内。

二、在所有惯性系中，光在真空中的速率都相等。这一假设称为**光速不变原理**。就是在看来这样简单而且最一般的两个假设的基础上，爱因斯坦建立了一套完整的理论——狭义相对论，而把物理学推进到了一个新的阶段。由于在这里涉及的只是无加速运动的惯性

系，所以叫**狭义相对论**，以别于后来爱因斯坦发展的**广义相对论**，在那里讨论了作加速运动的参考系。

既然选择了相对性原理，那就必须修改伽利略变换，爱因斯坦从考虑同时性的相对性开始导出了一套新的时空变换公式——洛伦兹变换。

6.3 同时性的相对性和时间延缓

爱因斯坦首先深入思考了时间的概念，得到了一个异乎寻常的结论：时间的量度是相对的！对于不同的参考系，同样的先后两个事件之间的时间间隔是不同的。

爱因斯坦的论述是从讨论"同时性"概念开始的。他指出"凡是时间在里面起作用的我们的一切判断，总是关于同时的事件的判断。比如我们说，'那列火车7点钟到达这里'，这大概是说，'我的表的短针指到7同火车到达是同时的事件'"。

注意到了同时性，我们就会发现，和光速不变紧密联系在一起的是：在某一惯性系中同时发生的两个事件，在相对于此惯性系运动的另一惯性系中观察，并不是同时发生的。这可由下面的理想实验看出来。

仍设如图6.2所示的两个参考系 S 和 S'，设在坐标系 S' 中的 x' 轴上的 A'，B' 两点各放置一个接收器，每个接收器旁各有一个静止于 S' 的钟，在 $A'B'$ 的中点 M' 上有一闪光光源(图6.3)。今设光源发出一闪光，由于 $M'A'=M'B'$，而且向各个方向的光速是一样的，所以闪光必将同时传到两个接收器，或者说，光到达 A' 和到达 B' 这两个事件在 S' 系中观察是同时发生的。

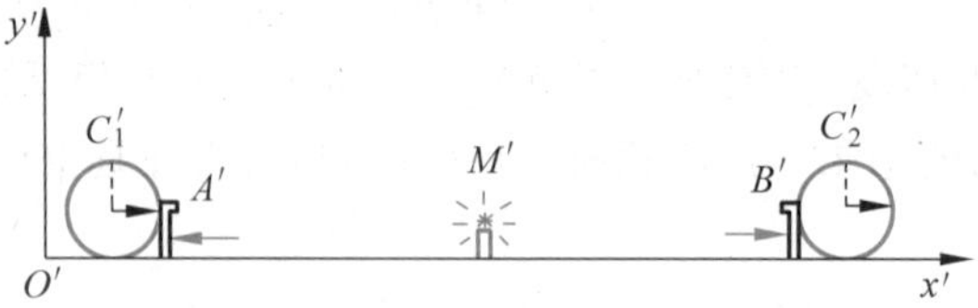

图6.3 在 S' 系中观察，光同时到达 A' 和 B'

在 S 系中观察这两个同样的事件，其结果又如何呢？如图6.4所示，在光从 M' 发出到达 A' 这一段时间内，A' 已迎着光线走了一段距离，而在光从 M' 出发到达 B' 这段时间内，B' 却背着光线走了一段距离。

显然，光线从 M' 发出到达 A' 所走的距离比到达 B' 所走的距离要短。因为这两个方向的光速还是一样的(光速与光源和观察者的相对运动无关)，所以光必定先到达 A' 而后到达 B'，或者说，光到达 A' 和到达 B' 这两个事件在 S 系中观察并不是同时发生的。这就说明，同时性是相对的。

如果 M，A，B 是固定在 S 系的 x 轴上的一套类似装置，则用同样分析可以得出，在 S 系中同时发生的两个事件，在 S' 系中观察，也不是同时发生的。分析这两种情况的结果还可以得出以下结论：沿两个惯性系相对运动方向发生的两个事件，在其中一个惯性系中表现为同时的，在另一惯性系中观察，则总是**在前一惯性系运动的后方的那一事件先发生**。

由图6.4也很容易了解，S' 系相对于 S 系的速度越大，在 S 系中所测得的沿相对速度方向配置的两事件之间的时间间隔就越长。这就是说，对不同的参考系，沿相对速度方向配置的同样的两个事件之间的时间间隔是不同的。这也就是说，**时间的测量是相对的**。

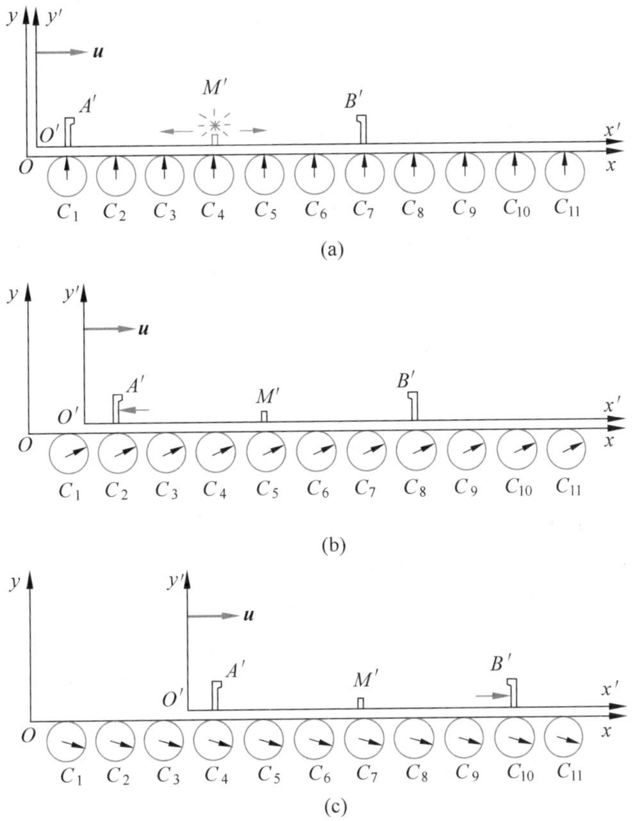

图 6.4　在 S 系中观察

(a) 光由 M' 发出；(b) 光到达 A'；(c) 光到达 B'

下面我们来导出时间量度和参考系相对速度之间的关系。

如图 6.5(a)所示，设在 S' 系中 A' 点有一闪光光源，它近旁有一只钟 C'。在平行于 y' 轴方向离 A' 距离为 d 处放置一反射镜，镜面向 A'。今令光源发出一闪光射向镜面又反射回 A'，光从 A' 发出到再返回 A' 这两个事件相隔的时间由钟 C' 给出，它应该是

$$\Delta t' = \frac{2d}{c} \tag{6.10}$$

在 S 系中测量，光从 A' 发出再返回 A' 这两个事件相隔的时间又是多长呢？首先，我们看到，由于 S' 系的运动，这两个事件并不发生在 S 系中的同一地点。为了测量这一时间间隔，必须利用沿 x 轴配置的许多静止于 S 系的经过校准而同步的钟 C_1，C_2 等，而待测时间间隔由光从 A' 发出和返回 A' 时，A' 所邻近的钟 C_1 和 C_2 给出。我们还可以看到，在 S 系中测量时，光线由发出到返回并不沿同一直线进行，而是沿一条折线。为了计算光经过这条折线的时间，需要算出在 S 系中测得的斜线 l 的长度。为此，我们先说明，在 S 系中测量，沿 y 方向从 A' 到镜面的距离也是 d（这里应当怀疑一下牛顿的绝对长度的概念），这可以由下述火车钻洞的假想实验得出。

设在山洞外停有一列火车，车厢高度与洞顶高度相等。现在使车厢匀速地向山洞开去。这时它的高度是否和洞顶高度相等呢？或者说，高度是否和运动有关呢？假设高度由于运

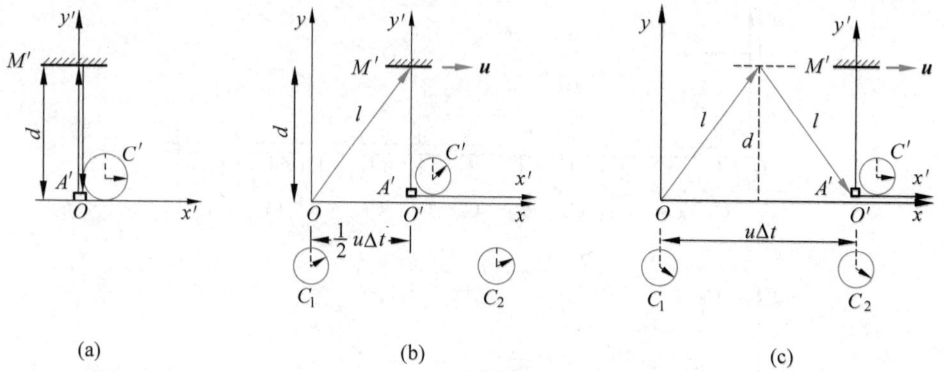

图 6.5 时间量度与参考系相对速度的关系
(a) 在 S' 系中测量；(b),(c) 在 S 系中测量

动而变小了，这样，在地面上观察，由于运动的车厢高度减小，它当然能顺利地通过山洞。如果在车厢上观察，则山洞是运动的，由相对性原理，洞顶的高度应减小，这样车厢势必在山洞外被阻住。这就发生了矛盾。但车厢能否穿过山洞是一个确定的物理事实，应该和参考系的选择无关，因而上述矛盾不应该发生。这说明上述假设是错误的。因此在满足相对性原理的条件下，车厢和洞顶的高度不应因运动而减小。这也就是说，垂直于相对运动方向的长度测量与运动无关，因而在图 6.5(c)中，由 S 系观察，A'和反射镜之间沿 y 方向的距离仍是 d。

以 Δt 表示在 S 系中测得的闪光由 A'发出到返回 A'所经过的时间。由于在这段时间内，A'移动了距离 $u\Delta t$，所以

$$l=\sqrt{d^2+\left(\frac{u\Delta t}{2}\right)^2} \tag{6.11}$$

由光速不变，又有

$$\Delta t=\frac{2l}{c}=\frac{2}{c}\sqrt{d^2+\left(\frac{u\Delta t}{2}\right)^2}$$

由此式解出

$$\Delta t=\frac{2d}{c}\frac{1}{\sqrt{1-u^2/c^2}}$$

和式(6.10)比较可得

$$\Delta t=\frac{\Delta t'}{\sqrt{1-u^2/c^2}} \tag{6.12}$$

此式说明，如果在某一参考系 S'中发生在同一地点的两个事件相隔的时间是 $\Delta t'$，则在另一参考系 S 中测得的这两个事件相隔的时间 Δt 总是要长一些，二者之间差一个 $\sqrt{1-u^2/c^2}$ 因子。这就从数量上显示了时间测量的相对性。

在某一参考系中**同一地点先后发生的两个事件之间的时间间隔**叫**固有时**，它是静止于此参考系中的一只钟测出的。在上面的例子中，$\Delta t'$就是光从 A'发出又返回 A'所经历的固有时。由式(6.12)可看出，**固有时最短**。固有时和在其他参考系中测得的时间的关系，如果用钟走得快慢来说明，就是 S 系中的观察者把相对于他运动的那只 S'系中的钟和自己的许多同步的钟对比，发现那只钟慢了，那只运动的钟的一秒对应于这许多静止的同步的钟的好

几秒。这个效应叫做运动的钟**时间延缓**。

应注意，时间延缓是一种相对效应。也就是说，S'系中的观察者会发现静止于S系中而相对于自己运动的任一只钟比自己的参考系中的一系列同步的钟走得慢。这时S系中的一只钟给出固有时，S'系中的钟给出的不是固有时。

由式(6.12)还可以看出，当$u \ll c$时，$\sqrt{1-u^2/c^2} \approx 1$，而$\Delta t \approx \Delta t'$。这种情况下，同样的两个事件之间的时间间隔在各参考系中测得的结果都是一样的，即时间的测量与参考系无关。这就是牛顿的绝对时间概念。由此可知，牛顿的绝对时间概念实际上是相对论时间概念在参考系的相对速度很小时的近似。

例 6.1

飞船飞行。一飞船以$u=9\times10^3$ m/s的速率相对于地面(我们假定为惯性系)匀速飞行。飞船上的钟走了5 s的时间，用地面上的钟测量是经过了多少时间？

解 $u=9\times10^3$ m/s，$\Delta t'=5$ s，$\Delta t=?$

因为$\Delta t'$为固有时，所以

$$\Delta t=\frac{\Delta t'}{\sqrt{1-u^2/c^2}}=\frac{5}{\sqrt{1-[(9\times10^3)/(3\times10^8)]^2}}$$

$$\approx 5\left[1+\frac{1}{2}\times(3\times10^{-5})^2\right]=5.000\ 000\ 002\ \text{(s)}$$

此结果说明对于飞船的这样大的速率来说，时间延缓效应实际上是很难测量出来的。

例 6.2

粒子衰变。带正电的π介子是一种不稳定的粒子。当它静止时，平均寿命为2.5×10^{-8} s，过后即衰变为一个μ介子和一个中微子。今产生一束π介子，在实验室测得它的速率为$u=0.99c$，并测得它在衰变前通过的平均距离为52 m。这些测量结果是否一致？

解 如果用平均寿命$\Delta t'=2.5\times10^{-8}$ s和速率u相乘，得

$$0.99\times3\times10^8\times2.5\times10^{-8}=7.4\ \text{(m)}$$

这和实验结果明显不符。若考虑相对论时间延缓效应，$\Delta t'$是静止π介子的平均寿命，为固有时，当π介子运动时，在实验室测得的平均寿命应是

$$\Delta t=\frac{\Delta t'}{\sqrt{1-u^2/c^2}}=\frac{2.5\times10^{-8}}{\sqrt{1-0.99^2}}=1.8\times10^{-7}\text{(s)}$$

在实验室测得它通过的平均距离应该是

$$u\Delta t=0.99\times3\times10^8\times1.8\times10^{-7}=53\ \text{(m)}$$

和实验结果很好地符合。

这是符合相对论的一个高能粒子的实验。实际上，近代高能粒子实验，每天都在考验着相对论，而相对论每次也都经受住了这种考验。

6.4 长度收缩

现在讨论长度的测量。6.3节已说过，垂直于运动方向的长度测量是与参考系无关的。沿运动方向的长度测量又如何呢？

应该明确的是，长度测量是和同时性概念密切相关的。在某一参考系中测量棒的长度，就是要测量它的两端点在**同一时刻**的位置之间的距离。这一点在测量静止的棒的长度时并不明显地重要，因为它的两端的位置不变，不管是否同时记录两端的位置，结果总是一样的。但在测量运动的棒的长度时，同时性的考虑就带有决定性的意义了。如图6.6所示，要测量正在行进的汽车的长度 l，就必须在同一时刻记录车头的位置 x_2 和车尾的位置 x_1，然后算出来 $l=x_2-x_1$（图6.6(a)）。如果两个位置不是在同一时刻记录的，例如在记录了 x_1 之后过一会再记录 x_2（图6.6(b)），则 x_2-x_1 就和两次记录的时间间隔有关系，它的数值显然不代表汽车的长度。

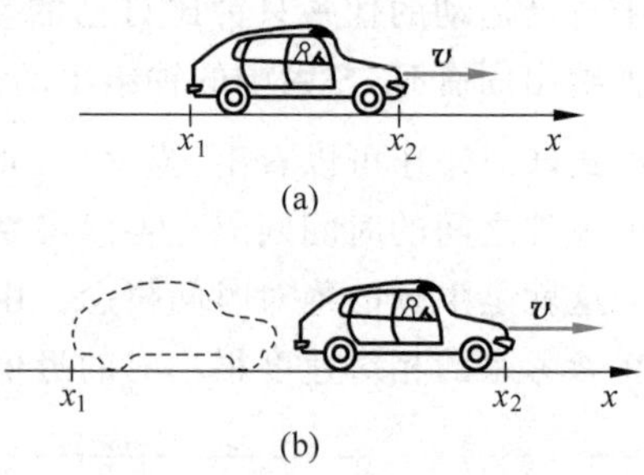

图6.6 测量运动的汽车的长度

(a) 同时记录 x_1 和 x_2；(b) 先记录 x_1，后记录 x_2

根据爱因斯坦的观点，既然同时性是相对的，那么长度的测量也必定是相对的。长度测量和参考系的运动有什么关系呢？

仍假设如图6.2所示的两个参考系 S 和 S'。有一根棒 $A'B'$ 固定在 x' 轴上，在 S' 系中测得它的长度为 l'。为了求出它在 S 系中的长度 l，我们假想在 S 系中某一时刻 t_1，B' 端经过 x_1，如图6.7(a)，在其后 $t_1+\Delta t$ 时刻 A' 经过 x_1。由于棒的运动速度为 u，在 $t_1+\Delta t$ 这一时刻 B' 端的位置一定在 $x_2=x_1+u\Delta t$ 处，如图6.7(b)。根据上面所说长度测量的规定，在 S 系中棒长就应该是

$$l = x_2 - x_1 = u\Delta t \tag{6.13}$$

现在再看 Δt，它是 B' 端和 A' 端相继通过 x_1 点这两个事件之间的时间间隔。由于 x_1 是 S 系中一个固定地点，所以 Δt 是这两个事件之间的固有时。

从 S' 系看来，棒是静止的，由于 S 系向左运动，x_1 这一点相继经过 B' 和 A' 端（图6.8）。由于棒长为 l'，所以 x_1 经过 B' 和 A' 这两个事件之间的时间间隔 $\Delta t'$，在 S' 系中测量为

$$\Delta t' = \frac{l'}{u} \tag{6.14}$$

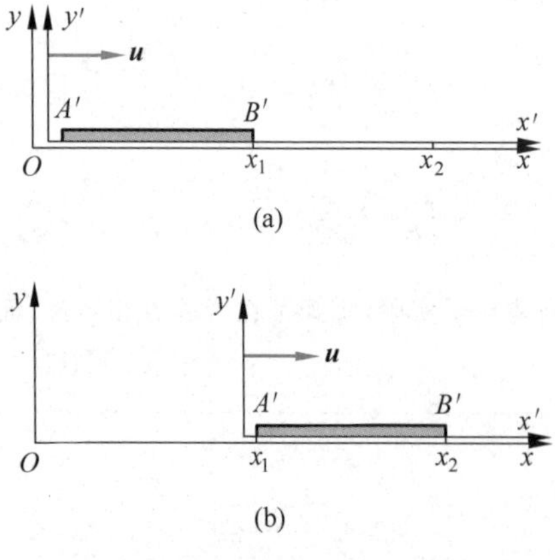

图6.7 在 S 系中测量运动的棒 $A'B'$ 长度

(a) 在 t_1 时刻 $A'B'$ 的位置；

(b) 在 $t_1+\Delta t$ 时刻 $A'B'$ 的位置

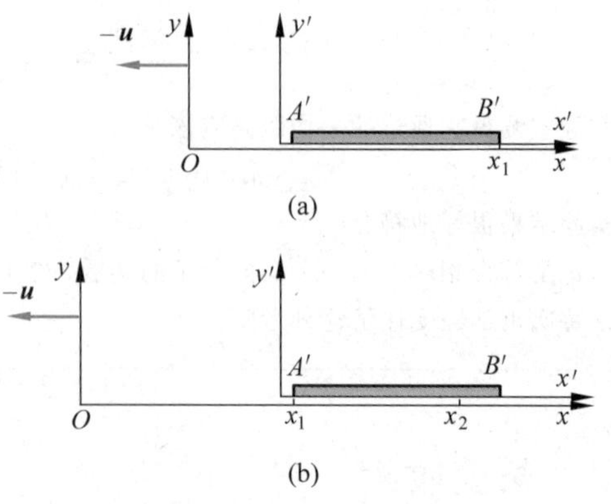

图6.8 在 S' 系中观察的结果

(a) x_1 经过 B' 点；(b) x_1 经过 A' 点

Δt 和 $\Delta t'$ 都是指同样两个事件之间的时间间隔，根据时间延缓关系，有

$$\Delta t = \Delta t' \sqrt{1 - u^2/c^2} = \frac{l'}{u} \sqrt{1 - u^2/c^2}$$

将此式代入式(6.13)即可得

$$l = l' \sqrt{1 - u^2/c^2} \tag{6.15}$$

此式说明，如果在某一参考系(S')中，一根静止的棒的长度是 l'，则在另一参考系中测得的同一根棒的长度 l 总要短些，二者之间相差一个因子 $\sqrt{1-u^2/c^2}$。这就是说，**长度的测量也是相对的**。

棒静止时测得的它的长度叫**棒的静长**或**固有长度**。上例中的 l' 就是固有长度。由式(6.15)可看出，**固有长度最长**。这种长度测量值的不同显然只适用于棒沿着运动方向放置的情况。这种效应叫做运动的棒(纵向)的**长度收缩**。

也应该指出，长度收缩也是一种相对效应。静止于 S 系中沿 x 方向放置的棒，在 S' 系中测量，其长度也要收缩。此时，l 是固有长度，而 l' 不是固有长度。

由式(6.15)可以看出，当 $u \ll c$ 时，$l \approx l'$。这时又回到了牛顿的绝对空间的概念：空间的量度与参考系无关。这也说明，牛顿的绝对空间概念是相对论空间概念在相对速度很小时的近似。

例 6.3

飞船飞行。固有长度为 5 m 的飞船以 $u = 9 \times 10^3$ m/s 的速率相对于地面匀速飞行时，从地面上测量，它的长度是多少？

解 $l' = 5$ m，$u = 9 \times 10^3$ m/s，$l = ?$

l' 即为固有长度，所以

$$l = l' \sqrt{1 - u^2/c^2} = 5\sqrt{1 - [(9 \times 10^3)/(3 \times 10^8)]^2}$$

$$\approx 5\left[1 - \frac{1}{2} \times (3 \times 10^{-5})^2\right] = 4.999\,999\,998 \text{ (m)}$$

这个结果和静长 5 m 的差别是难以测出的。

例 6.4

介子寿命。试从 π 介子在其中静止的参考系来考虑 π 介子的平均寿命(参照例 6.2)。

解 从 π 介子的参考系看来，实验室的运动速率为 $u = 0.99\,c$，实验室中测得的距离 $l = 52$ m 为固有长度。在 π 介子参考系中测量此距离应为

$$l' = l\sqrt{1 - u^2/c^2} = 52 \times \sqrt{1 - 0.99^2} = 7.3 \text{ (m)}$$

而实验室飞过这一段距离所用的时间为

$$\Delta t' = l'/u = 7.3/0.99c = 2.5 \times 10^{-8} \text{ (s)}$$

这正好就是静止 π 介子的平均寿命。

6.5 洛伦兹坐标变换

在 6.1 节中我们根据牛顿的绝对时空概念导出了伽利略坐标变换。现在我们根据爱因斯坦的相对论时空概念导出相应的另一组坐标变换式——洛伦兹坐标变换。

仍然设S,S'两个参考系如图6.9所示，S'以速度$\boldsymbol{u}$相对于S运动，二者原点O,O'在$t=t'=0$时重合。我们求由两个坐标系测出的在某时刻发生在P点的一个事件(例如一次爆炸)的两套坐标值之间的关系。在该时刻，在S'系中测量(图6.9(b))时刻为t'，从$y'z'$平面到P点的距离为x'。在S系中测量(图6.9(a))，该同一时刻为t，从yz平面到P点的距离x应等于此时刻两原点之间的距离ut加上$y'z'$平面到P点的距离。但这后一段距离在S系中测量，其数值不再等于x'，根据长度收缩，应等于$x'\sqrt{1-u^2/c^2}$，因此在S系中测量的结果应为

$$x = ut + x'\sqrt{1-u^2/c^2} \tag{6.16}$$

或者

$$x' = \frac{x-ut}{\sqrt{1-u^2/c^2}} \tag{6.17}$$

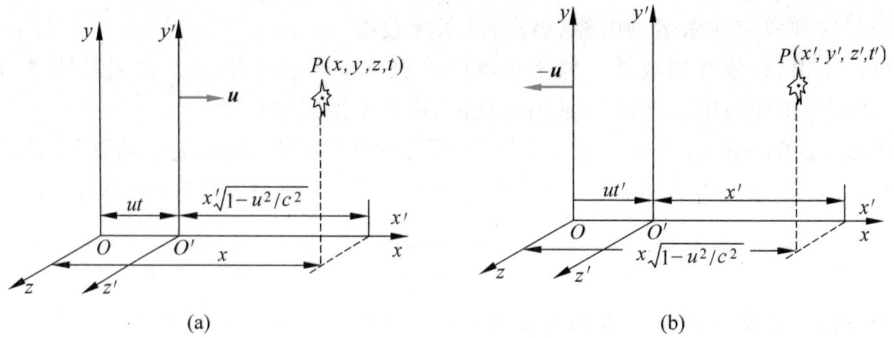

图6.9 洛伦兹坐标变换的推导

(a) 在S系中测量；(b) 在S'系中测量

为了求得时间变换公式，可以先求出以x和t'表示的x'的表示式。在S'系中观察时，yz平面到P点的距离应为$x\sqrt{1-u^2/c^2}$，而OO'的距离为ut'，这样就有

$$x' = x\sqrt{1-u^2/c^2} - ut' \tag{6.18}$$

在式(6.16)、式(6.18)中消去x'，可得

$$t' = \frac{t-\frac{u}{c^2}x}{\sqrt{1-u^2/c^2}} \tag{6.19}$$

在6.3节中已经指出，垂直于相对运动方向的长度测量与参考系无关，即$y'=y$，$z'=z$，将上述变换式列到一起，有

$$x' = \frac{x-ut}{\sqrt{1-u^2/c^2}},\quad y'=y,\quad z'=z,\quad t' = \frac{t-\frac{u}{c^2}x}{\sqrt{1-u^2/c^2}} \tag{6.20}$$

式(6.20)称为**洛伦兹坐标变换**。

可以明显地看出，当$u \ll c$时，洛伦兹坐标变换就约化为伽利略坐标变换。这也说明已指出过的，牛顿的绝对时空概念是相对论时空概念在参考系相对速度很小时的近似。

与伽利略坐标变换相比，洛伦兹坐标变换中的时间坐标明显地和空间坐标有关。这说明，在相对论中，时间空间的测量**互相不能分离**，它们联系成一个整体了。因此在相对论中常把一个事件发生时的位置和时刻联系起来称为它的**时空坐标**。

在现代相对论的文献中，常用下面两个恒等符号：

$$\beta \equiv \frac{u}{c}, \quad \gamma \equiv \frac{1}{\sqrt{1-\beta^2}} \tag{6.21}$$

这样，洛伦兹坐标变换就可写成

$$x' = \gamma(x-\beta ct), \quad y' = y, \quad z' = z, \quad t' = \gamma\left(t-\frac{\beta}{c}x\right) \tag{6.22}$$

对此式解出 x, y, z, t，可得**逆变换公式**

$$x = \gamma(x'+\beta ct'), \quad y = y', \quad z = z', \quad t = \gamma\left(t'+\frac{\beta}{c}x'\right) \tag{6.23}$$

此逆变换公式也可以根据相对性原理，在正变换式(6.22)中把带撇的量和不带撇的量相互交换，同时把 β 换成 $-\beta$ 得出。

这时应指出一点，在式(6.20)中，$t=0$ 时，

$$x' = \frac{x}{\sqrt{1-u^2/c^2}}$$

如果 $u \geqslant c$，则对于各 x 值，x' 值将只能以无穷大值或虚数值和它对应，这显然是没有物理意义的。因而两参考系的相对速度不可能等于或大于光速。由于参考系总是借助于一定的物体(或物体组)而确定的，所以我们也可以说，根据狭义相对论的基本假设，任何物体相对于另一物体的速度不能等于或超过真空中的光速，即在真空中的光速 c 是一切实际物体运动速度的极限①。其实这一点我们从式(6.12)已经可以看出了，在 6.8 节中还要介绍关于这一结论的直接实验验证。

6.6 相对论速度变换

在讨论速度变换时，我们首先注意到，各速度分量的定义如下：

在 S 系中 $\qquad v_x = \frac{\mathrm{d}x}{\mathrm{d}t}, \quad v_y = \frac{\mathrm{d}y}{\mathrm{d}t}, \quad v_z = \frac{\mathrm{d}z}{\mathrm{d}t}$

在 S' 系中 $\qquad v_x' = \frac{\mathrm{d}x'}{\mathrm{d}t'}, \quad v_y' = \frac{\mathrm{d}y'}{\mathrm{d}t'}, \quad v_z' = \frac{\mathrm{d}z'}{\mathrm{d}t'}$

在洛伦兹变换公式(6.22)中，对 t' 求导，可得

$$\frac{\mathrm{d}x'}{\mathrm{d}t'} = \frac{\dfrac{\mathrm{d}x'}{\mathrm{d}t}}{\dfrac{\mathrm{d}t'}{\mathrm{d}t}} = \frac{\dfrac{\mathrm{d}x}{\mathrm{d}t}-\beta c}{1-\dfrac{\beta}{c}\dfrac{\mathrm{d}x}{\mathrm{d}t}}$$

$$\frac{\mathrm{d}y'}{\mathrm{d}t'} = \frac{\dfrac{\mathrm{d}y'}{\mathrm{d}t}}{\dfrac{\mathrm{d}t'}{\mathrm{d}t}} = \frac{\dfrac{\mathrm{d}y}{\mathrm{d}t}}{\gamma\left(1-\dfrac{\beta}{c}\dfrac{\mathrm{d}x}{\mathrm{d}t}\right)}$$

$$\frac{\mathrm{d}z'}{\mathrm{d}t'} = \frac{\dfrac{\mathrm{d}z'}{\mathrm{d}t}}{\dfrac{\mathrm{d}t'}{\mathrm{d}t}} = \frac{\dfrac{\mathrm{d}z}{\mathrm{d}t}}{\gamma\left(1-\dfrac{\beta}{c}\dfrac{\mathrm{d}x}{\mathrm{d}t}\right)}$$

① 关于光速是极限速度的问题，现在仍不断引起讨论。对此感兴趣的读者可参看：张三慧．谈谈超光速，物理通报，2002,10. p. 45

利用上面的速度分量定义公式,这些式子可写作

$$\left.\begin{aligned}
v_x' &= \frac{v_x-\beta c}{1-\dfrac{\beta}{c}v_x}=\frac{v_x-u}{1-\dfrac{uv_x}{c^2}}\\
v_y' &= \frac{v_y}{\gamma\left(1-\dfrac{\beta}{c}v_x\right)}=\frac{v_y}{1-\dfrac{uv_x}{c^2}}\sqrt{1-u^2/c^2}\\
v_z' &= \frac{v_z}{\gamma\left(1-\dfrac{\beta}{c}v_x\right)}=\frac{v_z}{1-\dfrac{uv_x}{c^2}}\sqrt{1-u^2/c^2}
\end{aligned}\right\}\tag{6.24}$$

这就是**相对论速度变换公式**,可以明显地看出,当 u 和 v 都比 c 小很多时,它们就约化为伽利略速度变换公式(6.6)。

对于光,设在 S 系中一束光沿 x 轴方向传播,其速率为 c,则在 S' 系中,$v_x=c, v_y=v_z=0$ 按式(6.24),光的速率应为

$$v'=v_x'=\frac{c-u}{1-\dfrac{cu}{c^2}}=c$$

仍然是 c。这一结果和相对速率 u 无关。也就是说,光在任何惯性系中速率都是 c。正应该这样,因为这是相对论的一个出发点。

在式(6.24)中,将带撇的量和不带撇的量互相交换,同时把 u 换成 $-u$,可得速度的逆变换式如下:

$$\left.\begin{aligned}
v_x &= \frac{v_x'+\beta c}{1+\dfrac{\beta}{c}v_x'}=\frac{v_x'+u}{1+\dfrac{uv_x'}{c^2}}\\
v_y &= \frac{v_y'}{\gamma\left(1+\dfrac{\beta}{c}v_x'\right)}=\frac{v_y'}{1+\dfrac{uv_x'}{c^2}}\sqrt{1-u^2/c^2}\\
v_z &= \frac{v_z'}{\gamma\left(1+\dfrac{\beta}{c}v_x'\right)}=\frac{v_z'}{1+\dfrac{uv_x'}{c^2}}\sqrt{1-u^2/c^2}
\end{aligned}\right\}\tag{6.25}$$

例 6.5

速度变换。在地面上测到有两个飞船分别以 $+0.9c$ 和 $-0.9c$ 的速度向相反方向飞行。求一飞船相对于另一飞船的速度有多大?

解 如图 6.10,设 S 为速度是 $-0.9c$ 的飞船在其中静止的参考系,则地面对此参考系以速度 $u=0.9c$ 运动。以地面为参考系 S',则另一飞船相对于 S' 系的速度为 $v_x'=0.9c$,由公式(6.25)可得所求速度为

$$v_x=\frac{v_x'+u}{1+uv_x'/c^2}=\frac{0.9c+0.9c}{1+0.9\times0.9}$$

$$=\frac{1.80}{1.81}c=0.994c$$

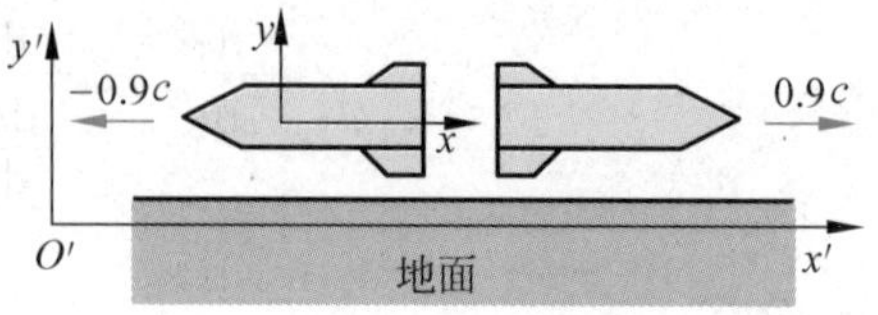

图 6.10 例 6.5 用图

这和伽利略变换($v_x=v_x'+u$)给出的结果($1.8c$)是不同

的，此处 $v_x<c$。一般地说，按相对论速度变换，在 u 和 v' 都小于 c 的情况下，v 不可能大于 c。

值得指出的是，相对于地面来说，上述两飞船的“相对速度”确实等于 $1.8c$，这就是说，由地面上的观察者测量，两飞船之间的距离是按 $2\times0.9c$ 的速率增加的。但是，就一个物体来讲，它对任何其他物体或参考系，其速度的大小是不可能大于 c 的，而这一速度正是速度这一概念的真正含义。

例 6.6

星光照耀。在太阳参考系中观察，一束星光垂直射向地面，速率为 c，而地球以速率 u 垂直于光线运动。求在地面上测量，这束星光的速度的大小与方向各如何？

解　以太阳参考系为 S 系(图 6.11(a))，以地面参考系为 S' 系(图 6.11(b))。S' 系以速度 $\boldsymbol{u}$ 向右运动。在 S 系中，星光的速度为 $v_y=-c$, $v_x=0$, $v_z=0$。在 S' 系中星光的速度根据式(6.24)，应为

$$v_x'=-u$$

$$v_y'=v_y\sqrt{1-u^2/c^2}=-c\sqrt{1-u^2/c^2}$$

$$v_z'=0$$

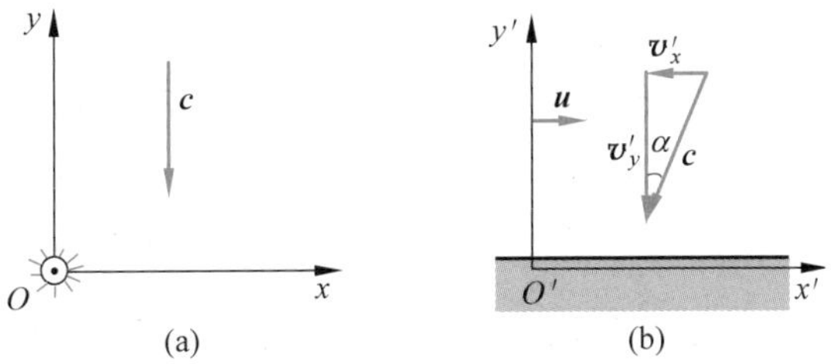

图 6.11　例 6.6 用图

由此可得这星光速度的大小为

$$v'=\sqrt{v_x'^2+v_y'^2+v_z'^2}=\sqrt{u^2+c^2-u^2}=c$$

即仍为 c。其方向用光线方向与竖直方向(即 y' 轴)之间的夹角 α 表示，则有

$$\tan\alpha=\frac{|v_x'|}{|v_y'|}=\frac{u}{c\sqrt{1-u^2/c^2}}$$

由于 $u=3\times10^4$ m/s (地球公转速率)，这比光速小得多，所以有

$$\tan\alpha\approx\frac{u}{c}$$

将 u 和 c 值代入，可得

$$\tan\alpha\approx\frac{3\times10^4}{3\times10^8}=10^{-4}$$

即

$$\alpha\approx20.6''$$

6.7　相对论质量

上面讲了相对论运动学，现在开始介绍相对论动力学。动力学中一个基本概念是质量，在牛顿力学中是通过比较物体在相同的力作用下产生的加速度来比较物体的质量并加以量度的(见 2.1 节)。在高速情况下，$F=ma$ 不再成立，这样质量的概念也就无意义了。这时

我们注意到动量这一概念。在牛顿力学中，一个质点的动量的定义是

$$\boldsymbol{p} = m\boldsymbol{v} \tag{6.26}$$

式中质量与质点的速率无关，也就是质点静止时的质量可以称为**静止质量**。根据式(6.26)，一个质点的动量是和速率成正比的。在高速情况下，实验发现，质点(例如电子)的动量也随其速率增大而增大，但比正比增大要快得多。在这种情况下，如果继续以式(6.26)定义质点的动量，就必须把这种非正比的增大归之于质点的质量随其速率的增大而增大。以 m 表示一般的质量，以 m_0 表示静止质量。实验给出的质点的动量比 p/m_0v 也就是质量比 m/m_0 随质点的速率变化的图线如图 6.12 所示。

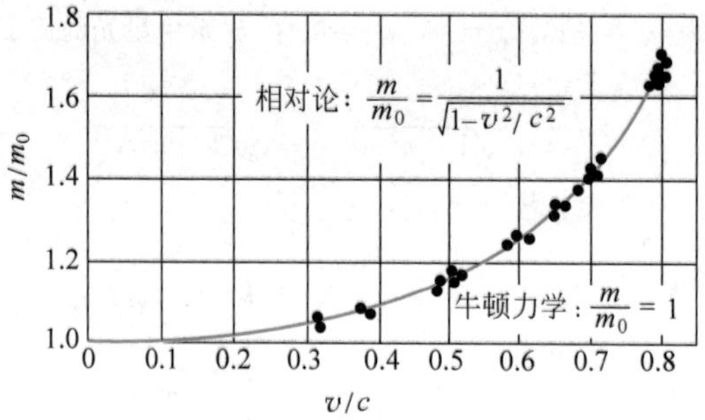

图 6.12 电子的 m/m_0 随速率 v 变化的曲线

我们已指出过，动量守恒定律是比牛顿定律更为基本的自然规律(见 3.2 节)。根据这一定律的要求，采用式(6.26)的动量定义，利用洛伦兹变换可以导出一相对论质量-速率关系：

$$m = \frac{m_0}{\sqrt{1-v^2/c^2}} = \gamma m_0 \tag{6.27}$$

式中 m 是比牛顿质量(静止质量 m_0)意义更为广泛的质量，称为**相对论质量**。静止质量是质点相对于参考系静止时的质量，它是一个确定的不变的量。

要注意式(6.27)中的速率是质点相对于相关的参考系的速率，而**不是**两个参考系的相对速率。同一质点相对于不同的参考系可以有不同的质量，式(6.27)中的 $\gamma=(1-v^2/c^2)^{-1/2}$，虽然形式上和式(6.21)中的 $\gamma=(1-u^2/c^2)^{-1/2}$ 相同，但 v 和 u 的意义是不相同的。

当 $v \ll c$ 时，式(6.27)给出 $m \approx m_0$，这时可以认为物体的质量与速率无关，等于其静质量。这就是牛顿力学讨论的情况。从这里也可以看出牛顿力学的结论是相对论力学在速度非常小时的近似。

实际上，在一般技术中宏观物体所能达到的速度范围内，质量随速率的变化非常小，因而可以忽略不计。例如，当 $v=10^4$ m/s 时，物体的质量和静质量相比的相对变化为

$$\frac{m-m_0}{m_0} = \frac{1}{\sqrt{1-\beta^2}} - 1 \approx \frac{1}{2}\beta^2 = \frac{1}{2}\times\left(\frac{10^4}{3\times10^8}\right)^2 = 5.6\times10^{-10}$$

在关于微观粒子的实验中，粒子的速率经常会达到接近光速的程度，这时质量随速率的改变就非常明显了。例如，当电子的速率达到 $v=0.98\,c$ 时，按式(6.27)可以算出此时电子的质量为

$$m = 5.03m_0$$

有一种粒子，例如光子，具有质量，但总是以速度 c 运动。根据式(6.27)，在 m 有限的

情况下，只可能是 $m_0=0$。这就是说，以光速运动的粒子其静质量为零。

由式(6.27)也可以看到，当 $v>c$ 时，m 将成为虚数而无实际意义，这也说明，在真空中的光速 c 是一切物体运动速度的极限。

利用相对论质量表示式(6.27)，相对论动量可表示为

$$\boldsymbol{p}=m\boldsymbol{v}=\frac{m_0\boldsymbol{v}}{\sqrt{1-v^2/c^2}}=\gamma m_0\boldsymbol{v} \tag{6.28}$$

在相对论力学中仍然用动量变化率定义质点受的力，即

$$\boldsymbol{F}=\frac{\mathrm{d}\boldsymbol{p}}{\mathrm{d}t}=\frac{\mathrm{d}}{\mathrm{d}t}(m\boldsymbol{v}) \tag{6.29}$$

仍是正确的。但由于 m 是随 v 变化，因而也是随时间变化的，所以它不再和表示式

$$\boldsymbol{F}=m\boldsymbol{a}=m\frac{\mathrm{d}\boldsymbol{v}}{\mathrm{d}t}$$

等效。这就是说，用加速度表示的牛顿第二定律公式，在相对论力学中不再成立。

6.8 相对论动能

在相对论动力学中，动能定理(式(4.8))仍被应用，即力 $\boldsymbol{F}$ 对一质点做的功使质点的速率由零增大到 v 时，力所做的功等于质点最后的动能。以 E_k 表示质点速率为 v 时的动能，则可由质速关系式(6.27)导出(见本节末)，即有

$$E_k=mc^2-m_0c^2 \tag{6.30}$$

这就是**相对论动能**公式，式中 m 和 m_0 分别是质点的相对论质量和静止质量。

式(6.30)显示，质点的相对论动能表示式和其牛顿力学表示式$\left(E_k=\frac{1}{2}mv^2\right)$明显不同。但是，当 $v\ll c$ 时，由于

$$\frac{1}{\sqrt{1-v^2/c^2}}=1+\frac{1}{2}\frac{v^2}{c^2}+\cdots\approx 1+\frac{1}{2}\frac{v^2}{c^2}$$

则由式(6.30)可得

$$E_k=\frac{m_0c^2}{\sqrt{1-v^2/c^2}}-m_0c^2\approx m_0c^2\left(1+\frac{1}{2}\frac{v^2}{c^2}\right)-m_0c^2=\frac{1}{2}m_0v^2$$

这时又回到了牛顿力学的动能公式。

注意，相对论动量公式(6.26)和相对论动量变化率公式(6.29)，在形式上都与牛顿力学公式一样，只是其中 m 要换成相对论质量。但相对论动能公式(6.30)和牛顿力学动能公式形式上不一样，只是把后者中的 m 换成相对论质量并不能得到前者。

由式(6.30)可以得到粒子的速率由其动能表示为

$$v^2=c^2\left[1-\left(1+\frac{E_k}{m_0c^2}\right)^{-2}\right] \tag{6.31}$$

此式表明，当粒子的动能 E_k 由于力对它做的功增多而增大时，它的速率也逐渐增大。但无论 E_k 增到多大，速率 v 都不能无限增大，而有一极限值 c。我们又一次看到，对粒子来说，存在着一个极限速率，它就是光在真空中的速率 c。

粒子速率有一极限这一结论，已于 1962 年被贝托齐用实验直接证实，他的实验结果如

图 6.13 所示，它明确地显示出电子动能增大时，其速率趋近于极限速率 c，而按牛顿公式电子速率是会很快地无限制地增大的。

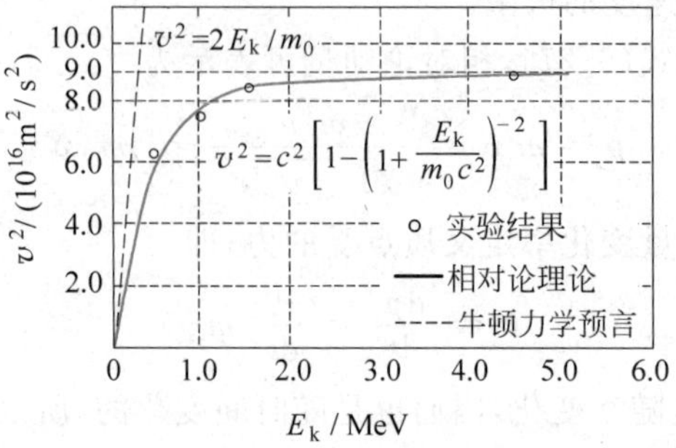

图 6.13 贝托齐极限速率实验结果

式(6.30)的推导

对静止质量为 m_0 的质点，应用动能定理式(4.8)可得

$$E_k = \int_{(v=0)}^{(v)} \boldsymbol{F} \cdot \mathrm{d}\boldsymbol{r} = \int_{(v=0)}^{(v)} \frac{\mathrm{d}(m\boldsymbol{v})}{\mathrm{d}t} \cdot \mathrm{d}\boldsymbol{r} = \int_{(v=0)}^{(v)} \boldsymbol{v} \cdot \mathrm{d}(m\boldsymbol{v})$$

由于 $\boldsymbol{v} \cdot \mathrm{d}(m\boldsymbol{v}) = m\boldsymbol{v} \cdot \mathrm{d}\boldsymbol{v} + \boldsymbol{v} \cdot \boldsymbol{v}\mathrm{d}m = mv\mathrm{d}v + v^2\mathrm{d}m$，又由式(6.27)，可得

$$m^2c^2 - m^2v^2 = m_0^2c^2$$

两边求微分，有

$$2mc^2\mathrm{d}m - 2mv^2\mathrm{d}m - 2m^2v\mathrm{d}v = 0$$

即

$$c^2\mathrm{d}m = v^2\mathrm{d}m + mv\mathrm{d}v$$

所以有

$$\boldsymbol{v} \cdot \mathrm{d}(m\boldsymbol{v}) = c^2\mathrm{d}m$$

代入上面求 E_k 的积分式内可得

$$E_k = \int_{m_0}^{m} c^2\mathrm{d}m$$

由此得

$$E_k = mc^2 - m_0c^2$$

这正是**相对论动能**公式(6.30)。

6.9 相对论能量

在相对论动能公式(6.30)$E_k = mc^2 - m_0c^2$ 中，等号右端两项都具有能量的量纲，可以认为 m_0c^2 表示粒子静止时具有的能量，叫**静能**。而 mc^2 表示粒子以速率 v 运动时所具有的能量，这个能量是在相对论意义上粒子的总能量，以 E 表示此相对论能量，则

$$E = mc^2 \tag{6.32}$$

在粒子速率等于零时，总能量就是静能①

① 对静质量 $m_0=0$ 的粒子，静能为零，即不存在处于静止状态的这种粒子。

$$E_0 = m_0 c^2 \tag{6.33}$$

这样式(6.30)也可以写成

$$E_k = E - E_0 \tag{6.34}$$

即粒子的动能等于粒子该时刻的总能量和静能之差。

把粒子的能量 E 和它的质量 m(甚至是静质量 m_0)直接联系起来的结论是相对论最有意义的结论之一。**一定的质量相应于一定的能量,二者的数值只相差一个恒定的因子 c^2。** 按式(6.33)计算,和一个电子的静质量 0.911×10^{-30} kg 相应的静能为 8.19×10^{-14} J 或 0.511 MeV,和一个质子的静质量 1.673×10^{-27} kg 相应的静能为 1.503×10^{-10} J 或 938 MeV。这样,质量就被赋予了新的意义,即物体所含能量的量度。在牛顿那里,质量是惯性质量,也是产生引力的基础。从牛顿质量到爱因斯坦质量是物理概念发展的重要事例之一。

按相对论的概念,几个粒子在相互作用(如碰撞)过程中,最一般的能量守恒应表示为

$$\sum_i E_i = \sum_i (m_i c^2) = \text{常量}^{①} \tag{6.35}$$

由此公式立即可以得出,在相互作用过程中

$$\sum_i m_i = \text{常量} \tag{6.36}$$

这表示质量守恒。在历史上**能量守恒和质量守恒是分别发现的两条相互独立的自然规律,在相对论中二者完全统一起来了。**

在核反应中,以 m_{01} 和 m_{02} 分别表示反应粒子和生成粒子的总的静质量,以 E_{k1} 和 E_{k2} 分别表示反应前后它们的总动能。利用能量守恒定律式(6.34),有

$$m_{01}c^2 + E_{k1} = m_{02}c^2 + E_{k2}$$

由此得

$$E_{k2} - E_{k1} = (m_{01} - m_{02})c^2 \tag{6.37}$$

$E_{k2}-E_{k1}$ 表示核反应后与前相比,粒子总动能的增量,也就是核反应所释放的能量,通常以 ΔE 表示;$m_{01}-m_{02}$ 表示经过反应后粒子的总的静质量的减小,叫**质量亏损**,以 Δm_0 表示。这样式(6.37)就可以表示成

$$\Delta E = \Delta m_0 c^2 \tag{6.38}$$

这说明核反应中释放一定的能量相应于一定的质量亏损。这个公式是关于原子能的一个基本公式。

例 6.7

热核反应。 在一种热核反应

$${}_1^2\mathrm{H} + {}_1^3\mathrm{H} \longrightarrow {}_2^4\mathrm{He} + {}_0^1\mathrm{n}$$

中,各种粒子的静质量如下:

氘核(${}_1^2\mathrm{H}$)	$m_D = 3.3437\times10^{-27}$ kg
氚核(${}_1^3\mathrm{H}$)	$m_T = 5.0049\times10^{-27}$ kg
氦核(${}_2^4\mathrm{He}$)	$m_{He} = 6.6425\times10^{-27}$ kg
中子(n)	$m_n = 1.6750\times10^{-27}$ kg

① 若有光子参与,需计入光子的能量 $E = h\nu$ 以及质量 $m = h\nu/c^2$。

求这一热核反应释放的能量是多少？

解 这一反应的质量亏损为

$$\begin{aligned}\Delta m_0 &= (m_D + m_T) - (m_{He} + m_n) \\ &= [(3.3437 + 5.0049) - (6.6425 + 1.6750)] \times 10^{-27} \\ &= 0.0311 \times 10^{-27}\ (\text{kg})\end{aligned}$$

相应释放的能量为

$$\Delta E = \Delta m_0 c^2 = 0.0311 \times 10^{-27} \times 9 \times 10^{16} = 2.799 \times 10^{-12}\ (\text{J})$$

1 kg 的这种核燃料所释放的能量为

$$\frac{\Delta E}{m_D + m_T} = \frac{2.799 \times 10^{-12}}{8.3486 \times 10^{-27}} = 3.35 \times 10^{14}\ (\text{J/kg})$$

这一数值是 1 kg 优质煤燃烧所释放热量（约 7×10^6 cal/kg$=2.93\times10^7$ J/kg）的 1.15×10^7 倍，即 1 千多万倍！即使这样，这一反应的“释能效率”，即所释放的能量占燃料的相对论静能之比，也不过是

$$\frac{\Delta E}{(m_D + m_T)c^2} = \frac{2.799 \times 10^{-12}}{8.3486 \times 10^{-27} \times (3 \times 10^8)^2} = 0.37\%$$

提要

1. 牛顿绝对时空观：长度和时间的测量与参考系无关，并且二者相互独立。

伽利略坐标变换式：$x' = x - ut,\ y' = y,\ z' = z,\ t' = t$

伽利略速度变换式：$v_x' = v_x - u,\ v_y' = v_y,\ v_z' = v_z$

2. 狭义相对论基本假设：

爱因斯坦相对性原理：物理规律对所有惯性参考系都是一样的。

光速不变原理：在所有惯性参考系中，光在真空中的速率都相等。

3. 同时性的相对性：

时间延缓 $$\Delta t = \frac{\Delta t'}{\sqrt{1 - u^2/c^2}} \quad (\Delta t' \text{ 为固有时})$$

长度收缩 $$l = l'\sqrt{1 - u^2/c^2} \quad (l' \text{ 为固有长度})$$

4. 洛伦兹变换：

坐标变换式：

$$x' = \frac{x - ut}{\sqrt{1 - u^2/c^2}},\quad y' = y,\quad z' = z,\quad t' = \frac{t - \dfrac{u}{c^2}x}{\sqrt{1 - u^2/c^2}}$$

速度变换式：

$$v_x' = \frac{v_x - u}{1 - \dfrac{uv_x}{c^2}},\quad v_y' = \frac{v_y}{1 - \dfrac{uv_x}{c^2}}\sqrt{1 - u^2/c^2},\quad v_z' = \frac{v_z}{1 - \dfrac{uv_x}{c^2}}\sqrt{1 - u^2/c^2}$$

5. 相对论质量：

$$m = \frac{m_0}{\sqrt{1 - v^2/c^2}} \quad (m_0 \text{ 为静质量})$$

6. 相对论动量：

$$\boldsymbol{p}=m\,\boldsymbol{v}=\frac{m_0\,\boldsymbol{v}}{\sqrt{1-v^2/c^2}}$$

7. 相对论能量： $E=mc^2$

相对论动能 $E_k=E-E_0=mc^2-m_0c^2$ （$E_0=m_0c^2$ 为静能）

自测简题

6.1 爱因斯坦相对论是一种：(1)物质结构理论，(2)时空理论，(3)它主张事物过程的时空测量和物质的运动有关，即相对于不同的参考系，同一事件的时空测量有不同的结果，即相对论时空观。

6.2 相对论的关键思想是：(1)同时性的相对性，由此推出(2)固有时(同一地点发生的两事件的时间间隔)最短，在相对于该事件运动的参考系测出的时间均比固有时长。(3)固有长度(静止时的长度)最长，在相对于它运动的参考系内测得的长度均比固有长度短。

6.3 关于质量的认识，相对论区别于牛顿力学的有：(1)质速关系 $m=m_0/\sqrt{1-v^2/c^2}$，(2)质能关系 $E=mc^2$(有质量即有能量)。

思考题

6.1 什么是力学相对性原理？在一个参考系内作力学实验能否测出这个参考系相对于惯性系的加速度？

6.2 同时性的相对性是什么意思？为什么会有这种相对性？如果光速是无限大，是否还会有同时性的相对性？

6.3 前进中的一列火车的车头和车尾各遭到一次闪电轰击，据车上的观察者测定这两次轰击是同时发生的。试问，据地面上的观察者测定它们是否仍然同时？如果不同时，何处先遭到轰击？

6.4 如图 6.14 所示，在 S 和 S' 系中的 x 和 x' 轴上分别固定有 5 个钟。在某一时刻，原点 O 和 O' 正好重合，此时钟 C_3 和钟 C_3' 都指零。若在 S 系中观察，试画出此时刻其他各钟的指针所指的方位。

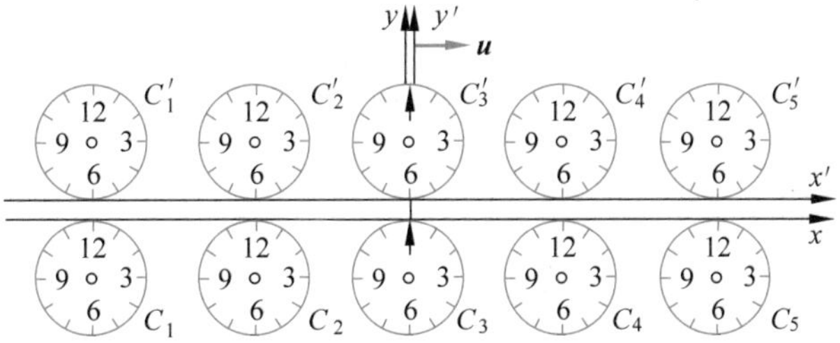

图 6.14 思考题 6.4 用图

6.5 什么是固有时？为什么说固有时最短？

6.6 在某一参考系中同一地点、同一时刻发生的两个事件，在任何其他参考系中观察都将是同时发生的，对吗？

6.7 长度的测量和同时性有什么关系？为什么长度的测量会和参考系有关？长度收缩效应是否因为棒的长度受到了实际的压缩？

6.8 相对论的时间和空间概念与牛顿力学的有何不同？有何联系？

6.9 在相对论中，在垂直于两个参考系的相对速度方向的长度的量度与参考系无关，而为什么在此方向上的速度分量却又和参考系有关？

6.10 能把一个粒子加速到光速吗？为什么？

6.11 什么叫质量亏损？它和原子能的释放有何关系？

习题

6.1 一根直杆在 S 系中观察，其静止长度为 l，与 x 轴的夹角为 θ，试求它在 S' 系中的长度和它与 x' 轴的夹角。

6.2 静止时边长为 a 的正立方体，当它以速率 u 沿与它的一个边平行的方向相对于 S' 系运动时，在 S' 系中测得它的体积将是多大？

6.3 S 系中的观察者有一根米尺固定在 x 轴上，其两端各装一手枪。固定于 S' 系中的 x' 轴上有另一根长刻度尺。当后者从前者旁边经过时，S 系的观察者同时扳动两枪，使子弹在 S' 系中的刻度上打出两个记号。求在 S' 尺上两记号之间的刻度值。在 S' 系中观察者将如何解释此结果。

6.4 宇宙射线与大气相互作用时能产生 π 介子衰变，此衰变在大气上层放出叫做 μ 子的基本粒子。这些 μ 子的速度接近光速（$v=0.998c$）。由实验室内测得的静止 μ 子的平均寿命等于 2.2×10^{-6} s，试问在 8000 m 高空由 π 介子衰变放出的 μ 子能否飞到地面。

6.5 在 S 系中观察到在同一地点发生两个事件，第二事件发生在第一事件之后 2 s。在 S' 系中观察到第二事件在第一事件后 3 s 发生。求在 S' 系中这两个事件的空间距离。

6.6 在 S 系中观察到两个事件同时发生在 x 轴上，其间距离是 1 m。在 S' 系中观察这两个事件之间的距离是 2 m。求在 S' 系中这两个事件的时间间隔。

6.7 一光源在 S' 系的原点 O' 发出一光线，其传播方向在 $x'y'$ 平面内并与 x' 轴夹角为 θ'，试求在 S 系中测得的此光线的传播方向，并证明在 S 系中此光线的速率仍是 c。

6.8 在什么速度下粒子的动量等于非相对论动量的两倍？又在什么速度下粒子的动能等于非相对论动能的两倍。

6.9 一个质子的静质量为 $m_p=1.672\,65\times10^{-27}$ kg，一个中子的静质量为 $m_n=1.674\,95\times10^{-27}$ kg，一个质子和一个中子结合成的氘核的静质量为 $m_D=3.343\,65\times10^{-27}$ kg。求结合过程中放出的能量是多少 MeV？此能量称为氘核的结合能，它是氘核静能量的百分之几？

一个电子和一个质子结合成一个氢原子，结合能是 13.58 eV，这一结合能是氢原子静能量的百分之几？已知氢原子的静质量为 $m_H=1.673\,23\times10^{-27}$ kg。

6.10 太阳发出的能量是由质子参与一系列反应产生的，其总结果相当于下述热核反应：

$$^1_1\mathrm{H}+{}^1_1\mathrm{H}+{}^1_1\mathrm{H}+{}^1_1\mathrm{H}\longrightarrow{}^4_2\mathrm{He}+2{}^0_1\mathrm{e}$$

已知一个质子（$^1_1$H）的静质量是 $m_p=1.6726\times10^{-27}$ kg，一个氦核（$^4_2$He）的静质量是 $m_{He}=6.6425\times10^{-27}$ kg。一个正电子（$^0_1$e）的静质量是 $m_e=0.0009\times10^{-27}$ kg。

(1) 这一反应释放多少能量？

(2) 消耗 1 kg 质子可以释放多少能量？

(3) 目前太阳辐射的总功率为 $P=3.9\times10^{26}$ W，它一秒钟消耗多少千克质子？

(4) 目前太阳约含有 $m=1.5\times10^{30}$ kg 质子。假定它继续以上述(3)求得的速率消耗质子，这些质子可供消耗多长时间？

科学家简介

爱因斯坦

(Albert Einstein,1879—1955 年)

爱因斯坦是 20 世纪最伟大的科学家。他创立了狭义相对论和广义相对论,提出了光的量子理论与受激辐射理论(现代激光技术的理论基础),发展了量子统计理论,开创了现代宇宙学。这些理论成就和他的科学思想都极深刻地影响着现代科学的进展。但他谦逊地说:“我们在这里并没有革命行动,而不过是一条可以回溯几个世纪的路线的自然继续。”

关于人生,他说过:“人只有献身于社会,才能找出那实际上是短暂而有风险的生命的意义。”

关于青年教育,他告诫人们:“学校的目标始终应当是:青年人在离开学校时,是作为一个和谐的人,而不是作为一个专家。……发展独立思考和独立判断的一般能力,应当始终放在首位,而不应当把专业知识放在首位。如果一个人掌握了他的学科的基础理论,并且学会了独立思考和工作,他必定会找到自己的道路,而且比起那种主要以获得细节知识为其培训内容的人来,他一定会更好地适应进步和变化。”

第2篇 电磁学

电磁学是研究电磁现象的规律的学科。关于电磁现象的观察记录，可以追溯到公元前6世纪希腊学者泰勒斯(Thales)，他观察到用布摩擦过的琥珀能吸引轻微物体。在我国古籍中也有类似的记载。如公元1世纪王充所著《论衡》一书中有“顿牟(即琥珀)缀芥，磁石引针”字句(顿牟缀芥即吸拾轻小物体)。在西方，electricity(电)这个词是根据希腊字 ἠλεκτρου(原意琥珀)创造的。在我国，“电”字最早见于周朝(公元前8世纪)遗物青铜器“畓生簋”上的铭文中，是雷电这种自然现象的观察记录。

关于电磁现象的定量的理论研究，最早可以从库仑1785年研究电荷之间的相互作用算起。伽伐尼于1786年发现了电流。1820年奥斯特发现了电流的磁效应。1831年法拉第发现了有名的电磁感应现象。在这样的基础上，麦克斯韦集前人之大成，建立了以一套方程组为基础的完整的宏观的电磁场理论。在这一历史过程中，有偶然的机遇，也有有目的的探索；有精巧的实验技术，也有大胆的理论独创；有天才的物理模型设想，也有严密的数学方法应用。最后形成的麦克斯韦电磁场方程组是“完整的”，它使人类对宏观电磁现象的认识达到了一个新的高度。麦克斯韦的这一理论被认为是从牛顿建立力学理论以后物理学史上又一划时代的理论成果。

1905年爱因斯坦创立了相对论。它不但使人们对牛顿力学有了更全面的认识，也使人们对已知的电磁现象和理论有了更深刻的理解。它证明了电场和磁场的相对性，从而说明了电磁场是一个统一的实体。而且麦克斯韦方程组可以在此基础上加以统一的论证。

本篇介绍的是经典的电磁理论，包括静电场、静磁场、电磁感应以及电磁波的基本知识。

第7章

静 电 场

作为电磁学的开篇，本章讲解静止电荷相互作用的规律。内容包括电荷，库仑定律，电场和电场强度的概念等。普遍意义的高斯定律及应用它求静电场的方法。

7.1 电荷

电磁现象现在都归因于物体所带的**电荷**以及这些电荷的运动。电荷是物质的基本属性之一，它的一般性质有以下几方面。

电荷有两种，正电荷和负电荷。静止的电荷，同种相斥，异种相吸。

带电体所带电荷的多少叫**电量**(也常简单地直称电荷)，常用 Q 或 q 表示，在国际单位制中，它的单位的规定方法见 11.5 节，其名称为库[仑]，符号为 C。正电荷电量取正值，负电荷电量取负值。一个带电体所带总电量为其所带正负电量的代数和。

电荷是量子化的，即在自然界中，电荷总是以一个**基本单元**的整数倍出现，这个特性叫做电荷的**量子性**。电荷的基本单元就是一个电子所带电量的绝对值，常以 e 表示。经测定为

$$e = 1.602 \times 10^{-19}\,\mathrm{C}$$

本章讨论电磁现象的宏观规律，所涉及的电荷常常是基元电荷的许多倍。在这种情况下，将只从平均效果上考虑，认为电荷**连续**地分布在带电体上，而忽略电荷的量子性所引起的微观起伏。

在以后的讨论中经常用到点电荷这一概念。当一个带电体本身的线度比所研究的问题中所涉及的距离小很多时，该带电体的形状与电荷在其上的分布状况均无关紧要，该带电体就可看作一个带电的点，叫**点电荷**。由此可见，点电荷是个相对的概念。在宏观意义上谈论电子、质子等带电粒子时，完全可以把它们视为点电荷。

电荷是守恒的，即对于一个系统，如果没有净电荷出入其边界，则该系统的正、负电荷的电量的代数和将保持不变。这就是**电荷守恒定律**。

电荷与带电体的运动速率无关，即随着带电体的运动速率的变化，它所具有的电荷的电量是不改变的。由于同一带电体的速率在不同的参考系内可以不同，因而电荷的这一性质也可说成是电荷与参考系无关。因此，电荷的这一性质又被称为电荷的**相对论不变性**。

7.2 电场和电场强度

自法拉第19世纪30年代提出电荷是通过中间介质发生相互作用并把这种中间介质称为"**场**"以来，今天的物理学家们已普遍地接受了场的概念并作出了许多有关场的非常深入的研究。现已确认：两个电荷，无论运动与否，它们之间的相互作用是靠场来传递的。其中一种相互作用叫**电场力**，而传递这种力的场称为**电场**。下面我们就来说明什么是电场以及如何描述电场[①]。

在图7.1中，电荷 Q 和 q 通过它们的场发生相互作用。当我们研究 q 受 Q 的作用时，Q 称为**场源电荷**或源电荷。它周围存在着与它相联系的，或说是"由 Q 产生的"场。q 在这场中某点(这点称为**场点**)时就受到在该点处 Q 产生的场的作用力，这力称为**场力**。为了描述 Q 的场在各处的特征，我们将被称为**检验电荷**的点电荷 q 放在这场内某场点 P 处，使其**保持静止**并测量它受的场力。以 $\boldsymbol{F}$ 表示所测得的场力，然后依次把 q 放到其他场点处做同样的实验。结果表明，对于一定的场源电荷 Q，同一检验电荷 q 在各场点所受的场力的方向和大小一般都不相同。但电量不同的同种检验电荷 q 在同一场点所受场力的方向都是一样的，而且尽管由于 q 不同所受场力的大小不等，但是比值 F/q 在同一场点对不同的 q 却是一个定值，它与 q 无关而只决定于场点所在的位置。这样就可以用比值 $\boldsymbol{F}/q$ 连方向带大小来确定场源电荷周围各场点的场的特征。这种利用**静止的**检验电荷 q 确定的场称为**电场**，$\boldsymbol{F}$ 称为**电场力**，而比值 $\boldsymbol{F}/q$ 就称为各点的**电场强度**。以 $\boldsymbol{E}$ 表示电场强度，就有定义公式

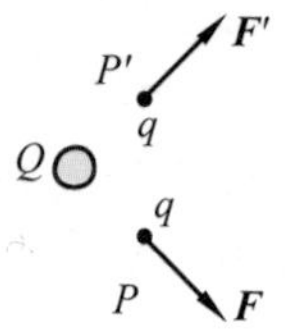

图7.1　静止的检验电荷受的电场力

$$\boldsymbol{E} = \frac{\boldsymbol{F}}{q} \quad (q\ \text{静止}) \tag{7.1}$$

这就是说，电场中某场点的电场强度的方向为静止的正的检验电荷受场力的方向，而其大小等于静止的单位电荷受的场力。在场源电荷静止的情况下，其周围的电场称为**静电场**。这时，由式(7.1)所定义的电场强度(也常简称为电场)是空间坐标的矢量函数。

电场强度的SI单位为牛[顿]每库[仑]，符号为N/C。

几个电荷可以同时在同一空间内产生自己的电场。这时空间中某一场点的电场强度仍由式(7.1)定义，不过式中 $\boldsymbol{F}$ 应是各场源电荷单独存在时在该场点的电场对检验电荷 q 的电场力的合力。以 $\boldsymbol{F}_i$ 表示一个场源电荷单独存在时在某场点的 q 所受的电场力，则 $\boldsymbol{F} = \sum \boldsymbol{F}_i$。将此 $\boldsymbol{F}$ 代入式(7.1)可得该场点的电场强度为

$$\boldsymbol{E} = \frac{\boldsymbol{F}}{q} = \frac{\sum \boldsymbol{F}_i}{q} = \sum \frac{\boldsymbol{F}_i}{q} \tag{7.2}$$

但由式(7.1)可知 $\boldsymbol{F}_i/q$ 为一个场源电荷单独在有关场点产生的电场强度 $\boldsymbol{E}_i$，所以由式(7.2)又可得

$$\boldsymbol{E} = \sum_{i=1}^{n} \boldsymbol{E}_i \tag{7.3}$$

① 电荷之间的另一种相互作用是磁场力，它和电荷的运动有关，磁场和磁场力将在第10章和第11章介绍。

此式表示：**在 n 个电荷产生的电场中某场点的电场强度等于每个电荷单独存在时在该点所产生的电场强度的矢量和**。这个结论叫**电场叠加原理**。

7.3 库仑定律与静电场的计算

电荷既然是通过它们的场相互作用的，那么，要想求出一个电荷受的电场力以及其运动情况，就必须先知道电场的分布状况。场源电荷和它在周围产生的电场的分布有什么关系呢？我们将从最简单的情况开始讨论，即先考虑在真空中一个静止的电荷 q 的周围的电场分布。

1785 年法国科学家库仑用扭秤做实验确定了电荷间相互作用的基本定律，现在就叫**库仑定律**。它的内容是：**在真空中两个静止的点电荷之间的作用力的方向沿着两个点电荷的连线(同性相斥，异性相吸)，作用力的大小 F 和两个点电荷的电量 q_1 和 q_2 都成正比，和它们之间的距离 r 的平方成反比**。用 SI 单位，写成数学等式，就有

$$F=\frac{kq_1q_2}{r^2} \tag{7.4}$$

式中的比例常量 k 称为**静电力常量**，其一般计算用值为

$$k=9\times10^9\ \mathrm{N\cdot m^2/C^2} \tag{7.5}$$

为了从数学上简化电磁学规律的表达式和计算，又常引入另一常量 ε_0 并令

$$\varepsilon_0=\frac{1}{4\pi k}=8.85\times10^{-12}\ \mathrm{C^2/(N\cdot m^2)}^{①} \tag{7.6}$$

这 ε_0 称为**真空介电常量**(或**真空电容率**)。用 ε_0 取代 k，式(7.4)又可写成

$$F=\frac{q_1q_2}{4\pi\varepsilon_0 r^2} \tag{7.7}$$

在此式中，如果把 q_2 当作检验电荷，F 就是它在 q_1 的电场中所受的电场力。根据电场强度的定义，式(7.1)，$F/q_2=q_1/4\pi\varepsilon_0 r^2$ 就是 q_2 所在处的 q_1 的电场的电场强度。去掉 q_1 的下标，我们就可以得到一般的一个在真空中静止的点电荷 q 在它的周围产生的电场的电场强度的大小为

$$E=\frac{q}{4\pi\varepsilon_0 r^2} \tag{7.8}$$

其中 r 是从场源电荷到场点的距离。用一正检验电荷放在此场点可以确定此电场的方向是：如果 q 为正电荷，则电场指离 q；如果 q 是负电荷，则电场指向 q(图 7.2)。

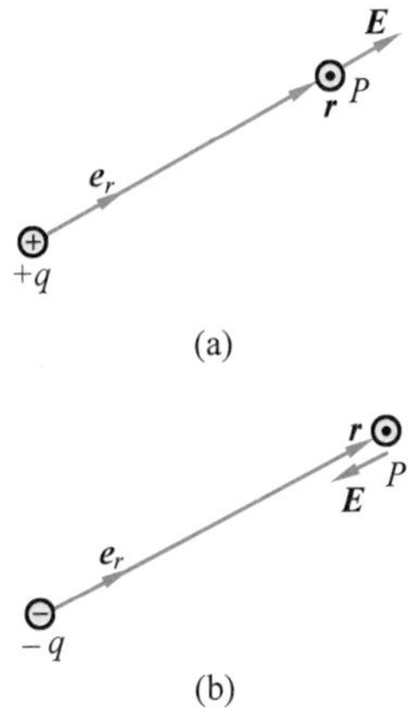

图 7.2 电场方向
(a) $q>0$；(b) $q<0$

将式(7.8)表示的电场强度的大小和上面关于电场强度方向的说明结合起来，一个在真空中静止的点电荷 q 在离它的距离为 r 的场点产生的电场强度可用下一矢量式表示：

$$\boldsymbol{E}=\frac{q}{4\pi\varepsilon_0 r^2}\boldsymbol{e}_r \tag{7.9}$$

式中 $\boldsymbol{e}_r$ 是从点电荷 q 指向场点 P 的单位矢量(图 7.2)。

---

① 单位 $\mathrm{C^2/(N\cdot m^2)}$ 也写成 F/m，F 是电容的单位，见第 9 章。

由于式(7.9)表示 $\boldsymbol{E}$ 只和矢径 $\boldsymbol{r}$ 的大小和方向有关，所以，从总体上看，一个点电荷的静电场具有以该点电荷为中心的**球对称分布**。

有了点电荷的电场强度公式，式(7.9)，再根据电场叠加原理，式(7.3)，原则上我们就可以求在真空中任意的静止的场源电荷的电场分布了。对于点电荷 $q_1, q_2, \cdots, q_n$ 的静电场中任一点的场强，我们有

$$\boldsymbol{E} = \sum_{i=1}^{n} \frac{q_i}{4\pi\varepsilon_0 r_i^2}\boldsymbol{e}_{ri} \tag{7.10}$$

式中，r_i 为 q_i 到场点的距离，$\boldsymbol{e}_{ri}$ 为从 q_i 指向场点的单位矢量。

若带电体的电荷是连续分布的，可认为该带电体的电荷是由许多无限小的电荷元 $\mathrm{d}q$ 组成的，而每个电荷元都可以当作点电荷处理。设其中任一个电荷元 $\mathrm{d}q$ 在 P 点产生的场强为 $\mathrm{d}\boldsymbol{E}$，按式(7.9)有

$$\mathrm{d}\boldsymbol{E} = \frac{\mathrm{d}q}{4\pi\varepsilon_0 r^2}\boldsymbol{e}_r$$

式中 r 是从电荷元 $\mathrm{d}q$ 到场点 P 的距离，而 $\boldsymbol{e}_r$ 是这一方向上的单位矢量。整个带电体在 P 点所产生的总场强可用积分计算为

$$\boldsymbol{E} = \int \mathrm{d}\boldsymbol{E} = \int \frac{\mathrm{d}q}{4\pi\varepsilon_0 r^2}\boldsymbol{e}_r \tag{7.11}$$

例 7.1

电偶极子的静电场。相距一段小距离 l 的一对等量正负电荷构成一个电偶极子，求电偶极子中垂线上离电偶极子甚远处(即 $r \gg l$)任一场点的静电场强度。

解 设 $+q$ 和 $-q$ 到偶极子中垂线上任一点 P 处的位置矢量分别为 $\boldsymbol{r}_+$ 和 $\boldsymbol{r}_-$，而 $r_+ = r_-$(图 7.3)。由式(7.9)，$+q$，$-q$ 在 P 点处的场强 $\boldsymbol{E}_+$，$\boldsymbol{E}_-$ 分别为(以 $\boldsymbol{r}/r$ 代替 $\boldsymbol{e}_r$)

$$\boldsymbol{E}_+ = \frac{q\boldsymbol{r}_+}{4\pi\varepsilon_0 r_+^3}$$

$$\boldsymbol{E}_- = \frac{-q\boldsymbol{r}_-}{4\pi\varepsilon_0 r_-^3}$$

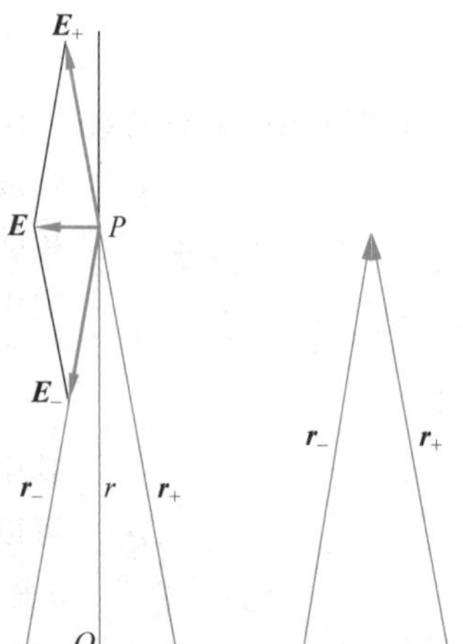

图 7.3 电偶极子的电场

以 r 表示电偶极子中心到 P 点的距离，则

$$r_+ = r_- = \sqrt{r^2 + \frac{l^2}{4}} = r\sqrt{1 + \frac{l^2}{4r^2}}$$

$$= r\left(1 + \frac{l^2}{8r^2} + \cdots\right)$$

在距电偶极子甚远时，即当 $r \gg l$ 时，取一级近似，有 $r_+ = r_- = r$，而 P 点的总场强为

$$\boldsymbol{E} = \boldsymbol{E}_+ + \boldsymbol{E}_- = \frac{q}{4\pi\varepsilon_0 r^3}(\boldsymbol{r}_+ - \boldsymbol{r}_-)$$

以 $\boldsymbol{l}$ 表示从负电荷指向正电荷的矢量间距，则 $\boldsymbol{r}_+ - \boldsymbol{r}_- = -\boldsymbol{l}$，而上式化为

$$\boldsymbol{E} = \frac{-q\boldsymbol{l}}{4\pi\varepsilon_0 r^3}$$

此式中的乘积 $q\boldsymbol{l}$ 称为电偶极子的**电偶极矩**，简称**电矩**。以 $\boldsymbol{p}$ 表示此电矩，则

$$\boldsymbol{p} = q\boldsymbol{l} \tag{7.12}$$

而上述结果又可写成

$$E = \frac{-\boldsymbol{p}}{4\pi\varepsilon_0 r^3} \tag{7.13}$$

此结果表明，电偶极子中垂线上距离电偶极子中心较远处各点的电场强度与电偶极子的电矩成正比，与该点离电偶极子中心的距离的三次方成反比，方向与电矩的方向相反。

从总体上看电偶极子的静电场具有以电偶极子轴线为轴的**轴对称**分布，式(7.13)给出了电偶极子中垂面上的电场分布。

例 7.2

带电圆环的静电场。一均匀带电细圆环，半径为 R，所带总电量为 q（设 $q>0$），求圆环轴线上任一点的场强。

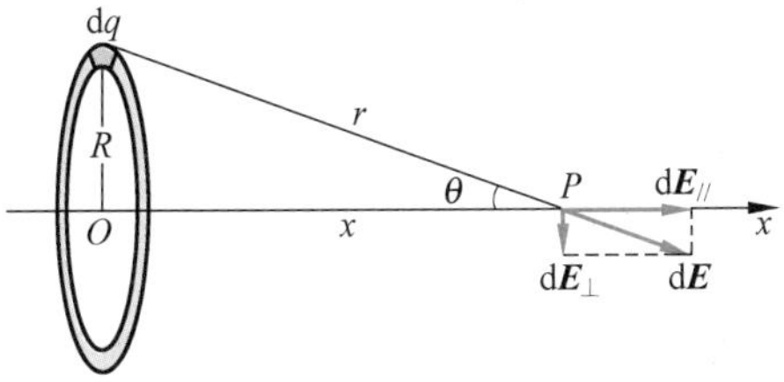

图 7.4 均匀带电细圆环轴线上的电场

解 如图 7.4 所示，把圆环分割成许多小段，任取一小段 $\mathrm{d}l$，其上带电量为 $\mathrm{d}q$。设此电荷元 $\mathrm{d}q$ 在 P 点的场强为 $\mathrm{d}\boldsymbol{E}$，并设 P 点与 $\mathrm{d}q$ 的距离为 r，而 $OP=x$，$\mathrm{d}\boldsymbol{E}$ 沿平行和垂直于轴线的两个方向的分量分别为 $\mathrm{d}\boldsymbol{E}_{/\!/}$ 和 $\mathrm{d}\boldsymbol{E}_{\perp}$。由于圆环电荷分布对于轴线对称，所以圆环上全部电荷的 $\mathrm{d}\boldsymbol{E}_{\perp}$ 分量的矢量和为零，因而 P 点的场强沿轴线方向，且

$$E = \int_q \mathrm{d}E_{/\!/}$$

式中积分为对环上全部电荷 q 积分。

由于

$$\mathrm{d}E_{/\!/} = \mathrm{d}E\cos\theta = \frac{\mathrm{d}q}{4\pi\varepsilon_0 r^2}\cos\theta$$

其中 θ 为 $\mathrm{d}\boldsymbol{E}$ 与 x 轴的夹角，所以

$$E = \int_q \mathrm{d}E_{/\!/} = \int_q \frac{\mathrm{d}q}{4\pi\varepsilon_0 r^2}\cos\theta = \frac{\cos\theta}{4\pi\varepsilon_0 r^2}\int_q \mathrm{d}q$$

此式中的积分值即为整个环上的电荷 q，所以

$$E = \frac{q\cos\theta}{4\pi\varepsilon_0 r^2}$$

考虑到 $\cos\theta = x/r$，而 $r=\sqrt{R^2+x^2}$，可将上式改写成

$$E = \frac{qx}{4\pi\varepsilon_0 (R^2+x^2)^{3/2}} \tag{7.14}$$

$\boldsymbol{E}$ 的方向为沿轴线指向远方。

从总体上看，均匀带电圆环的静电场的分布具有相对于圆环轴线的轴对称性，也具有相对于圆环平面的镜面对称性。式(7.14)只给出了圆环轴线上的电场分布。

例 7.3

带电圆面的静电场。一带电平板，如果限于考虑离板的距离比板的厚度大得多的地方的电场，则该带电板就可以看作一个带电平面。今设一均匀带电圆面，半径为 R（图 7.5），面电荷密度（即单位面积上的电荷）为 σ（设 $\sigma>0$），求圆面轴线上任一点的场强。

解 带电圆面可看成由许多同心的带电细圆环组成。取一半径为 r，宽度为 $\mathrm{d}r$ 的细圆环。由于此环带有电荷 $\sigma\cdot 2\pi r\mathrm{d}r$，所以由例 7.2 可知，此圆环电荷在 P 点的场强大小为

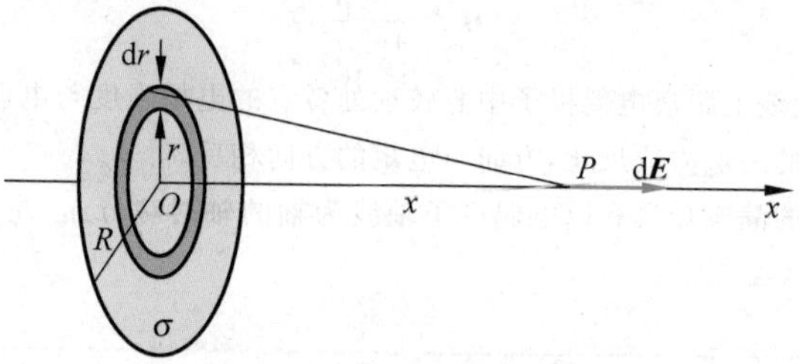

图 7.5 均匀带电圆面轴线上的电场

$$dE = \frac{\sigma \cdot 2\pi r dr \cdot x}{4\pi\varepsilon_0 (r^2 + x^2)^{3/2}}$$

方向沿着轴线指向远方。由于组成圆面的各圆环的电场 d$\boldsymbol{E}$ 的方向都相同，所以 P 点的场强为

$$E = \int dE = \frac{\sigma x}{2\varepsilon_0}\int_0^R \frac{r dr}{(r^2 + x^2)^{3/2}} = \frac{\sigma}{2\varepsilon_0}\left[1 - \frac{x}{(R^2 + x^2)^{1/2}}\right] \tag{7.15}$$

其方向也垂直于圆面指向远方。

从总体上看，均匀带电圆盘的静电场的分布具有和均匀带电圆环的静电场相似的对称性。式(7.15)只给出了圆盘轴线上的电场分布。

当 $x \ll R$ 时，式(7.15)给出

$$E = \frac{\sigma}{2\varepsilon_0} \tag{7.16}$$

此时相对于 x，可将该带电圆面看作"无限大"带电平面。因此，可以说，在一无限大均匀带电平面附近，电场是一个均匀场，其大小由式(7.16)给出。

当 $x \gg R$ 时，式(7.15)给出

$$(R^2 + x^2)^{-1/2} = \frac{1}{x}\left(1 - \frac{R^2}{2x^2} + \cdots\right) \approx \frac{1}{x}\left(1 - \frac{R^2}{2x^2}\right)$$

于是

$$E \approx \frac{\pi R^2 \sigma}{4\pi\varepsilon_0 x^2} = \frac{q}{4\pi\varepsilon_0 x^2}$$

式中 $q = \sigma\pi R^2$ 为圆面所带的总电量。这一结果也说明，在远离带电圆面处的电场也相当于一个点电荷的电场。

7.4 电场线和电通量

为了形象地描绘电场在空间的分布，可以画电场线图。电场线是按下述规定在电场中画出的一系列假想的曲线：曲线上每一点的切线方向表示该点场强的方向；电场中某点场强的大小，等于该点处的**电场线密度**，即通过该点与电场方向垂直的单位面积的电场线条数。这样画出的电场线都是连续的曲线，互不相交而且起自正电荷终于负电荷。(为什么能这样，见 7.5 节。)图 7.6 画出了几种不同电荷系统的静电场的电场线圈，它们都是各种静电场的包含场源电荷在内的对称平面内的电场线分布。

式(7.13)、式(7.14)和式(7.15)表示了几种场源电荷的电场分布和场源电荷的关系，它们都基于库仑定律和电场叠加原理。利用电场线概念，可以将场源电荷和它们的电场分布的一般关系用另一种形式——高斯定律表示出来。为了导出这一形式，我们需要引入**电场**

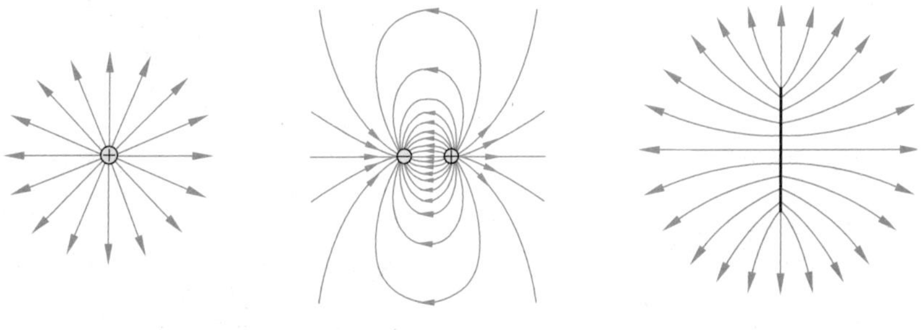

图 7.6 几种静止的电荷的电场线图

(a) 点电荷；(b) 电偶极子；(c) 均匀带电直线段

通量，简称**电通量**的概念。

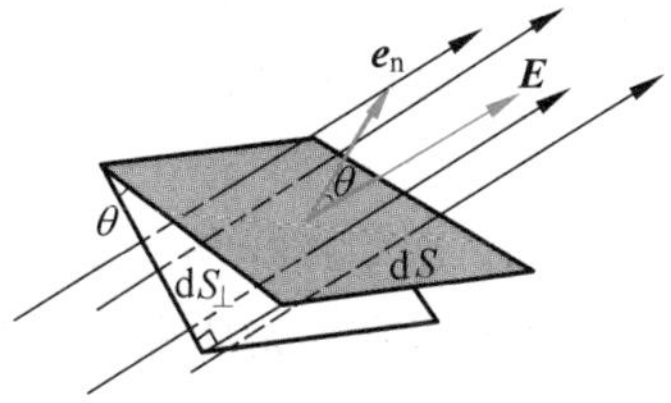

图 7.7 通过 dS 的电通量

通过某一面积的电通量 Φ_e，形象化地定义为通过该面积的电场线的条数。先考虑通过电场中一微小面元 dS 的电通量 $d\Phi_e$。如图 7.7 所示，做此面元垂直于电场方向的投影 $dS_\perp$。很明显，通过面元 dS 和 $dS_\perp$ 的电场线条数是一样的。根据电场线疏密的规定，面元处电场强度的大小 E 应等于该处通过面元 $dS_\perp$ 上单位面积的电场线条数，而通过面元 $dS_\perp$ 的电场线条数，也就是通过面元 dS 的电通量，应为

$$d\Phi_e = EdS_\perp = EdS\cos\theta$$

为了同时表示出电场线是从哪一侧面穿过面元 dS 的，我们规定垂直面元 dS 的某一方向为面元的法线正方向，并以单位矢量 $\boldsymbol{e}_n$ 表示之。这时面元就用矢量面元 $d\boldsymbol{S}=dS\boldsymbol{e}_n$ 表示。由图 7.7 可以看出，dS 和 $dS_\perp$ 两面积之间的夹角也等于电场 $\boldsymbol{E}$ 和 $\boldsymbol{e}_n$ 之间的夹角。由标量积的定义，可得

$$EdS\cos\theta = \boldsymbol{E}\cdot\boldsymbol{e}_n dS = \boldsymbol{E}\cdot d\boldsymbol{S}$$

将此式与上式对比，可得用标量积表示的通过面元 $d\boldsymbol{S}$ 的电通量的公式为

$$d\Phi_e = \boldsymbol{E}\cdot d\boldsymbol{S} \tag{7.17}$$

注意，由此式决定的电通量 $d\Phi_e$ 有正、负之别。当 $0\leqslant\theta<\pi/2$ 时，$d\Phi_e$ 为正；当 $\theta=\pi/2$ 时，$d\Phi_e=0$；当 $\pi/2<\theta\leqslant\pi$ 时，$d\Phi_e$ 为负。

为了求出通过任意曲面 S 的电通量(图 7.8)，可将曲面 S 分割成许多小面元 dS。先计算通过每一小面元的电通量，然后对整个 S 面上所有面元的电通量相加。用数学式表示就有

$$\Phi_e = \int d\Phi_e = \int_S \boldsymbol{E}\cdot d\boldsymbol{S} \tag{7.18}$$

这样的积分在数学上叫**面积分**，积分号下标 S 表示此积分遍及整个曲面。

通过一个封闭曲面 S(图 7.9)的电通量可表示为

$$\Phi_e = \oint_S \boldsymbol{E}\cdot d\boldsymbol{S} \tag{7.19}$$

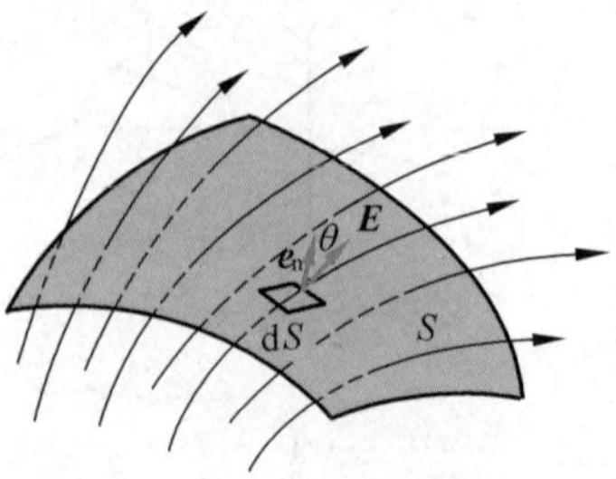

图 7.8 通过任意曲面的电通量

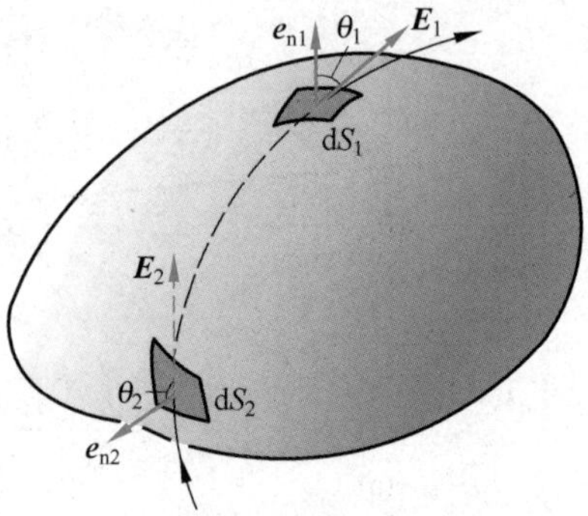

图 7.9 通过封闭曲面的电通量

积分符号“$\oint$”表示对整个封闭曲面进行面积分。

对于不闭合的曲面，面上各处法向单位矢量的正向可以任意取指向这一侧或那一侧。对于闭合曲面，由于它使整个空间划分成内、外两部分，所以一般规定**自内向外**的方向为各处面元法向的正方向。因此，当电场线从内部穿出时（如在图 7.9 中面元 dS_1 处），$0\leqslant\theta_1<\pi/2$，$d\Phi_e$为正。当电场线由外面穿入时（如图 7.9 中面元 dS_2 处），$\pi/2<\theta_2\leqslant\pi$，$d\Phi_e$为负。式(7.19)中表示的通过整个封闭曲面的电通量 Φ_e 就等于穿出与穿入封闭曲面的电场线的条数之差，也就是**净穿出封闭面**的电场线的总条数。

7.5 高斯定律

高斯定律是用电通量表示的电场和场源电荷关系的定律。下面我们利用电通量的概念根据库仑定律和场强叠加原理来导出这个关系。

我们先讨论一个静止的点电荷 q 的电场。以 q 所在点为中心，取任意长度 r 为半径作一球面 S 包围这个点电荷 q（图 7.10(a)）。我们知道，球面上任一点的电场强度 $\boldsymbol{E}$ 的大小都是$\dfrac{q}{4\pi\varepsilon_0 r^2}$，方向都沿着径矢 $\boldsymbol{r}$ 的方向，且处处与球面垂直。根据式(7.19)，可得通过这球面的电通量为

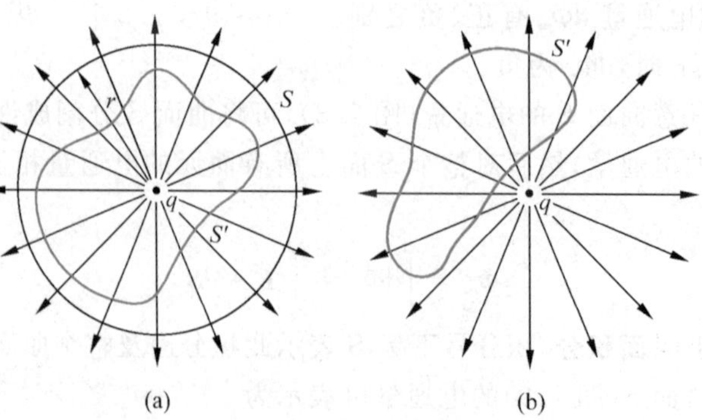

(a) (b)

图 7.10 说明高斯定律用图

(a) 封闭面包围点电荷；(b) 封闭面不包围点电荷

$$\Phi_e = \oint_S \boldsymbol{E} \cdot \mathrm{d}\boldsymbol{S} = \oint_S \frac{q}{4\pi\varepsilon_0 r^2}\mathrm{d}S$$

$$= \frac{q}{4\pi\varepsilon_0 r^2}\oint_S \mathrm{d}S = \frac{q}{4\pi\varepsilon_0 r^2}4\pi r^2 = \frac{q}{\varepsilon_0}$$

此结果与球面半径 r 无关，只与它所包围的电荷的电量有关。这意味着，对以点电荷 q 为中心的任意球面来说，通过它们的电通量都一样，都等于 q/ε_0。用电场线的图像来说，这表示通过各球面的电场线总条数相等，或者说，**从点电荷 q 发出的电场线连续地延伸到无限远处**。这就是电场分布可以如图 7.6 中那样用**连续的**曲线——电场线描绘的根据。

现在设想另一个任意的闭合面 S'，S' 与球面 S 包围同一个点电荷 q（图 7.10(a)），由于电场线的连续性，可以得出通过闭合面 S 和 S' 的电力线数目是一样的。因此通过任意形状的包围点电荷 q 的闭合面的电通量都等于 q/ε_0。

如果闭合面 S' 不包围点电荷 q（图 7.10(b)），则由电场线的连续性可得出，由这一侧进入 S' 的电场线条数一定等于从另一侧穿出 S' 的电场线条数，所以净穿出闭合面 S' 的电场线的总条数为零，亦即通过 S' 面的电通量为零。用公式表示，就是

$$\Phi_e = \oint_S \boldsymbol{E} \cdot \mathrm{d}\boldsymbol{S} = 0$$

以上是关于单个点电荷的电场的结论。对于一个由点电荷 $q_1, q_2, \cdots, q_n$ 等组成的电荷系来说，在它们的电场中的任意一点，由场强叠加原理可得

$$\boldsymbol{E} = \boldsymbol{E}_1 + \boldsymbol{E}_2 + \cdots + \boldsymbol{E}_n$$

其中 $\boldsymbol{E}_1, \boldsymbol{E}_2, \cdots, \boldsymbol{E}_n$ 为单个点电荷产生的电场，$\boldsymbol{E}$ 为总电场。这时通过任意封闭曲面 S 的电通量为

$$\begin{aligned}\Phi_e &= \oint_S \boldsymbol{E} \cdot \mathrm{d}\boldsymbol{S} \\ &= \oint_S \boldsymbol{E}_1 \cdot \mathrm{d}\boldsymbol{S} + \oint_S \boldsymbol{E}_2 \cdot \mathrm{d}\boldsymbol{S} + \cdots + \oint_S \boldsymbol{E}_n \cdot \mathrm{d}\boldsymbol{S} \\ &= \Phi_{e1} + \Phi_{e2} + \cdots + \Phi_{en}\end{aligned}$$

其中 $\Phi_{e1}, \Phi_{e2}, \cdots, \Phi_{en}$ 为单个点电荷的电场通过封闭曲面的电通量。由上述关于单个点电荷的结论可知，当 q_i 在封闭曲面内时，$\Phi_{ei} = q_i/\varepsilon_0$；当 q_i 在封闭曲面外时，$\Phi_{ei} = 0$，所以上式可以写成

$$\Phi_e = \oint_S \boldsymbol{E} \cdot \mathrm{d}\boldsymbol{S} = \frac{1}{\varepsilon_0}\sum q_{\mathrm{in}} \tag{7.20}$$

式中，$\sum q_{\mathrm{in}}$ 表示在封闭曲面内的电量的代数和。式(7.20)就是高斯定律的数学表达式，它表明：**在真空中的静电场内，通过任意封闭曲面的电通量等于该封闭面所包围的电荷的电量的代数和的 $1/\varepsilon_0$ 倍**。

对高斯定律的理解应注意以下几点：①高斯定律表达式中的场强 $\boldsymbol{E}$ 是曲面上各点的场强，它是由**全部电荷**（既包括封闭曲面内又包括封闭曲面外的电荷）共同产生的合场强，并非只由封闭曲面内的电荷 $\sum q_{\mathrm{in}}$ 所产生。②通过封闭曲面的总电通量只决定于它所包围的电荷，即只有封闭曲面**内部的电荷**才对这一总电通量有贡献，封闭曲面外部电荷对这一总电通量无贡献。

7.6 利用高斯定律求静电场的分布

在一个参考系内，当静止的电荷分布具有某种对称性时，可以应用高斯定律求场强分布。这种方法一般包含两步：首先，根据电荷分布的对称性分析电场分布的对称性；然后，再应用高斯定律计算场强数值。这一方法的决定性的技巧是选取合适的封闭积分曲面（常叫**高斯面**）以便使积分 $\oint \boldsymbol{E}\cdot \mathrm{d}\boldsymbol{S}$ 中的 $\boldsymbol{E}$ 能以标量形式从积分号内提出来。下面举几个例子，它们都要求求出在场源电荷静止的参考系内自由空间中的电场分布。

例 7.4

均匀带电球面。求半径为 R，均匀地带有总电量 q（设 $q>0$）的球面的静电场分布。

解 先求球面外任一场点 P 处的场强。设 P 距球心为 r（图 7.11），由于电荷分布对于 O 点的球对称性，其电场的分布也必然具有球对称性，即各点场强 $\boldsymbol{E}$ 的方向都是沿着各自径矢的方向。而且，在以 O 为心的同一球面上各点的电场强度的大小都应该相等。因此，可选球面 S 为高斯面，通过它的电通量为

$$\Phi_e=\oint_S \boldsymbol{E}\cdot \mathrm{d}\boldsymbol{S}=\oint_S E\mathrm{d}S=E\oint_S \mathrm{d}S=E\cdot 4\pi r^2$$

此球面包围的电荷为 $\sum q_{in}=q$。高斯定律给出

$$E\cdot 4\pi r^2=\frac{q}{\varepsilon_0}$$

由此得出

$$E=\frac{q}{4\pi\varepsilon_0 r^2}\quad (r>R)$$

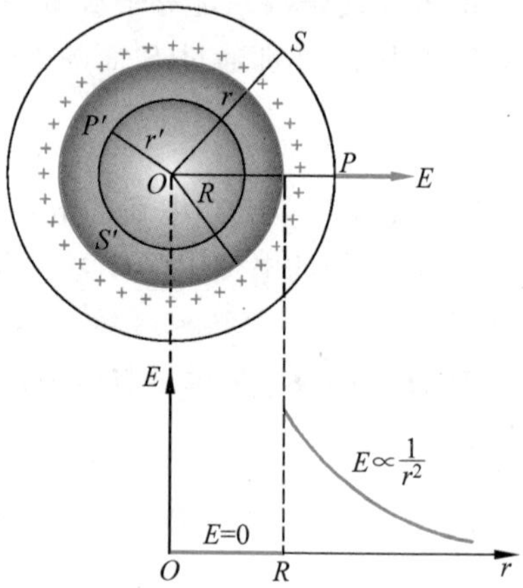

图 7.11 均匀带电球面的电场分析

考虑 $\boldsymbol{E}$ 的方向，可得电场强度的矢量式为

$$\boldsymbol{E}=\frac{q}{4\pi\varepsilon_0 r^2}\boldsymbol{e}_r\quad (r>R) \tag{7.21}$$

此结果说明，均匀带电球面外的场强分布正像球面上的电荷都集中在球心时所形成的一个点电荷在该区的场强分布一样。

对球面内部任一点 P'，上述关于场强的大小和方向的分析仍然适用。过 P' 点作半径为 r' 的同心球面为高斯面 S'。通过它的电通量仍可表示为 $4\pi r'^2 E$，但由于此 S' 面内没有电荷，根据高斯定律，应该有

$$E\cdot 4\pi r^2=0$$

即

$$E=0\quad (r<R) \tag{7.22}$$

这表明：均匀带电球面内部的场强处处为零。

根据上述结果，可画出场强随距离的变化曲线——E-r 曲线（图 7.11）。从 E-r 曲线中可看出，场强值在球面（$r=R$）上是不连续的。

例 7.5

均匀带电球体。求半径为 R，均匀地带有总电量 q 的球体的静电场分布。

铀核可视为带有 $92e$ 的均匀带电球体，半径为 7.4×10^{-15} m，求其表面的电场强度。

解 设想均匀带电球体是由一层层同心均匀带电球面组成。这样例 7.4 中关于场强方向和大小的分析在本例中也适用。因此，可以直接得出：在球体外部的场强分布和所有电荷都集中到球心时产生的电场一样，即

$$\boldsymbol{E}=\frac{q}{4\pi\varepsilon_0 r^2}\boldsymbol{e}_r \quad (r\geqslant R) \tag{7.23}$$

为了求出球体内任一点的场强，可以通过球内 P 点做一个半径为 $r(r<R)$ 的同心球面 S 作为高斯面(图 7.12)，通过此面的电通量仍为 $E\cdot 4\pi r^2$。此球面包围的电荷为

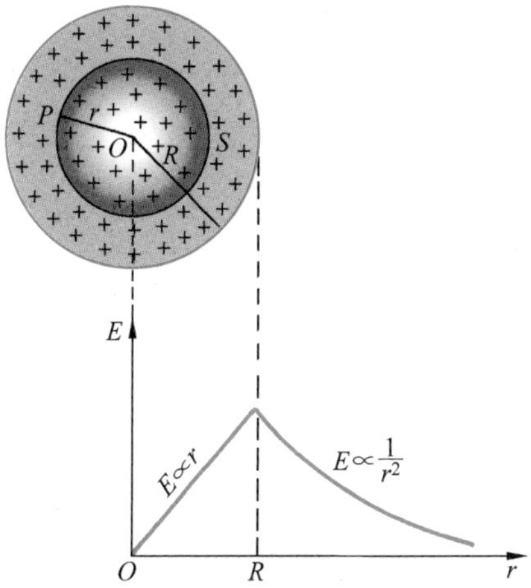

图 7.12 均匀带电球体的电场分析

$$\sum q_{\text{in}}=\frac{q}{\frac{4}{3}\pi R^3}\frac{4}{3}\pi r^3=\frac{qr^3}{R^3}$$

由此利用高斯定律可得

$$E=\frac{q}{4\pi\varepsilon_0 R^3}r \quad (r\leqslant R)$$

这表明，在均匀带电球体内部各点场强的大小与径矢大小成正比。考虑到 $\boldsymbol{E}$ 的方向，球内电场强度也可以用矢量式表示为

$$\boldsymbol{E}=\frac{q}{4\pi\varepsilon_0 R^3}\boldsymbol{r} \quad (r\leqslant R) \tag{7.24}$$

以 ρ 表示体电荷密度，则式(7.24)又可写成

$$\boldsymbol{E}=\frac{\rho}{3\varepsilon_0}\boldsymbol{r} \tag{7.25}$$

均匀带电球体的 E-r 曲线绘于图 7.12 中。注意，在球体表面上，场强的大小是连续的。

由式(7.24)可得铀核表面的电场强度为

$$E=\frac{92e}{4\pi\varepsilon_0 R^2}=\frac{92\times 1.6\times 10^{-19}}{4\pi\times 8.85\times 10^{-12}\times(7.4\times 10^{-15})^2}$$
$$=2.4\times 10^{21}\ (\text{N/C})$$

这一数值比现今实验室内获得的最大电场强度(约 10^6 N/C)大得多！

例 7.6

无限长均匀带电直线。 求线电荷密度为 λ 的无限长均匀带电直线的静电场分布。

输电线上均匀带电，线电荷密度为 4.2 nC/m，求距电线 0.50 m 处的电场强度。

解 带电直线的电场分布应具有轴对称性，考虑离直线距离为 r 的一点 P 处的场强 $\boldsymbol{E}$(图 7.13)。由于空间各向同性而带电直线为无限长，且均匀带电，所以电场分布具有轴对称性，因而 P 点的电场方向唯一的可能是垂直于带电直线而沿径向，并且和 P 点在同一圆柱面(以带电直线为轴)上的各点的场强大小也都相等，而且方向都沿径向。

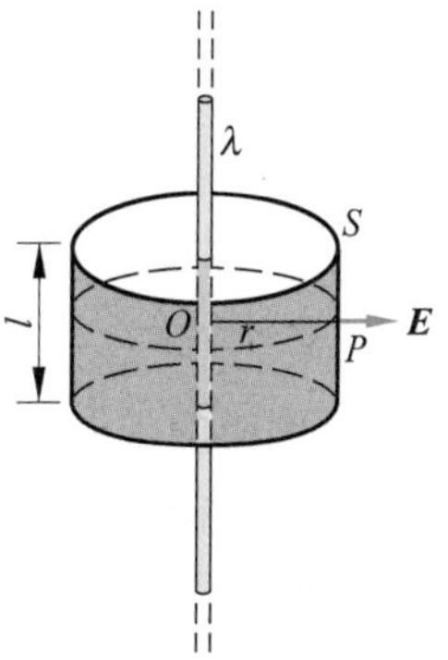

图 7.13 无限长均匀带电直线的场强分析

作一个通过 P 点，以带电直线为轴，高为 l 的圆筒形封闭面为高斯面 S，通过 S 面的电通量为

$$\Phi_e=\oint_S \boldsymbol{E}\cdot d\boldsymbol{S}$$
$$=\int_{S_l}\boldsymbol{E}\cdot d\boldsymbol{S}+\int_{S_t}\boldsymbol{E}\cdot d\boldsymbol{S}+\int_{S_b}\boldsymbol{E}\cdot d\boldsymbol{S}$$

在 S 面的上、下底面(S_t 和 S_b)上，场强方向与底面平行，因此，上式第 2 个等号右侧后面两项等于零。而在侧面(S_l)上各点 $\boldsymbol{E}$ 的方向与各该点的法线方向相同，所以有

$$\oint_S \boldsymbol{E}\cdot d\boldsymbol{S}=\int_{S_l}\boldsymbol{E}\cdot d\boldsymbol{S}=\int_{S_l}EdS=E\int_{S_l}dS=E\cdot 2\pi rl$$

此封闭面内包围的电荷 $\sum q_{in}=\lambda l$。由高斯定律得

$$E\cdot 2\pi rl=\lambda l/\varepsilon_0$$

由此得

$$E=\frac{\lambda}{2\pi\varepsilon_0 r} \tag{7.26}$$

题中所述输电线周围 0.50 m 处的电场强度为

$$E=\frac{\lambda}{2\pi\varepsilon_0 r}=\frac{4.2\times 10^{-9}}{2\pi\times 8.85\times 10^{-12}\times 0.50}=1.5\times 10^2\ (\text{N/C})$$

例 7.7

无限大均匀带电平面。求面电荷密度为 σ 的无限大均匀带电平面的静电场分布。

解 考虑距离带电平面为 r 的 P 点的场强 $\boldsymbol{E}$(图 7.14)。由于电荷分布对于垂线 OP 是对称的，所以 P 点的场强必然垂直于该带电平面。又由于电荷均匀分布在一个无限大平面上，所以电场分布必然对该平面对称，而且离平面等远处(两侧一样)的场强大小都相等，方向都垂直指离平面(当 $\sigma>0$ 时)。

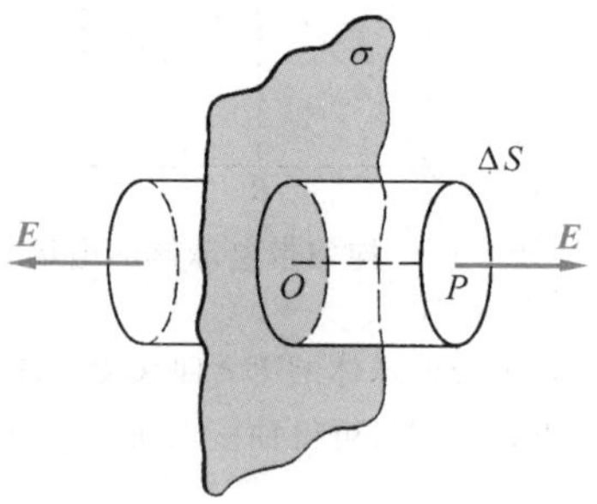

图 7.14 无限大均匀带电平面的电场分析

我们选一个其轴垂直于带电平面的圆筒式的封闭面作为高斯面 S，带电平面平分此圆筒，而 P 点位于它的一个底上。

由于圆筒的侧面上各点的 $\boldsymbol{E}$ 与侧面平行，所以通过侧面的电通量为零。因而只需要计算通过两底面(S_{tb})的电通量。以 ΔS 表示一个底的面积，则

$$\Phi_e=\oint_S \boldsymbol{E}\cdot d\boldsymbol{S}=\int_{S_{tb}}\boldsymbol{E}\cdot d\boldsymbol{S}=2E\Delta S$$

由于

$$\sum q_{in}=\sigma\Delta S$$

高斯定律给出

$$2E\Delta S=\sigma\Delta S/\varepsilon_0$$

从而

$$E=\frac{\sigma}{2\varepsilon_0} \tag{7.27}$$

此结果说明，无限大均匀带电平面两侧的电场是均匀场。这一结果和式(7.16)相同。

上述各例中的带电体的电荷分布都具有某种对称性，利用高斯定律计算这类带电体的场强分布是很方便的。不具有特定对称性的电荷分布，其电场不能直接用高斯定律求出。当然，这绝不是说，高斯定律对这些电荷分布不成立。

对带电体系来说，如果其中每个带电体上的电荷分布都具有对称性，那么可以用高斯定律求出每个带电体的电场，然后再应用场强叠加原理求出带电体系的总电场分布。下面举个例子。

例 7.8

双带电平面。两个平行的无限大均匀带电平面(图 7.15),其面电荷密度分别为 $\sigma_1=+\sigma$ 和 $\sigma_2=-\sigma$,而 $\sigma=4\times10^{-11}\ \mathrm{C/m^2}$。求这一带电系统的电场分布。

解 这两个带电平面的总电场不再具有前述的简单对称性,因而不能直接用高斯定律求解。但据例 7.7,两个带电面在各自的两侧产生的场强的方向如图 7.15 所示,其大小分别为

$$E_1=\frac{\sigma_1}{2\varepsilon_0}=\frac{\sigma}{2\varepsilon_0}=\frac{4\times10^{-11}}{2\times8.85\times10^{-12}}=2.26\ (\mathrm{V/m})$$

$$E_2=\frac{|\sigma_2|}{2\varepsilon_0}=\frac{\sigma}{2\varepsilon_0}=\frac{4\times10^{-11}}{2\times8.85\times10^{-12}}=2.26\ (\mathrm{V/m})$$

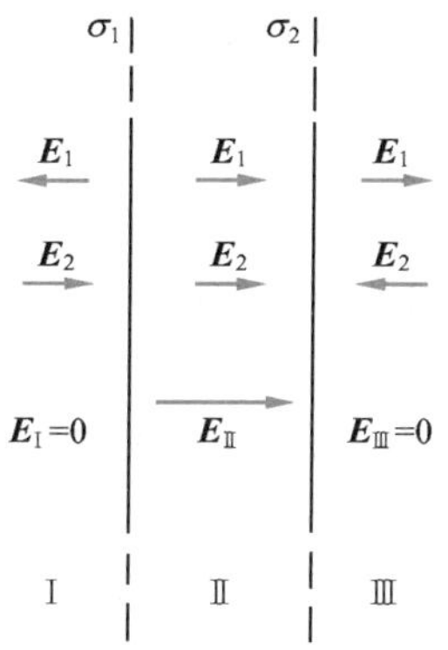

图 7.15 带电平行平面的电场分析

根据场强叠加原理可得

在Ⅰ区:$E_{\mathrm{I}}=E_1-E_2=0$;

在Ⅱ区:$E_{\mathrm{II}}=E_1+E_2=\dfrac{\sigma}{\varepsilon_0}=4.52\ \mathrm{V/m}$,方向向右;

在Ⅲ区:$E_{\mathrm{III}}=E_1-E_2=0$。

7.7 导体的静电平衡

金属导体的电结构特征是它内部有大量的脱离它们“原来所属”的原子核的吸引而能在导体内各处自由移动的电子。这种电子叫**自由电子**。在一般情况下,虽然这些自由电子不停地作无规则热运动,但在宏观上不会出现电荷的局部聚集而导体就处于平静的电中和状态。

当把一个孤立的导体放到另一个孤立的带电导体的附近时,前者内部的自由电子将在后者的电场作用下作定向运动从而引起前者中电荷的重新分布,这种现象称为**静电感应**。电荷的重新分布将会引起导体内部及周围的电场重新分布,这种改变将一直进行到两导体上的电荷和它们周围的电场都达到一稳定的分布为止。导体的这种最后的平衡状态叫做**静电平衡**。

导体在什么条件下达到静电平衡状态呢?根据导体的电结构特征可知,首先,**导体内部的电场强度应等于零**,即

$$\boldsymbol{E}_{\mathrm{in}}=0 \tag{7.28}$$

这是因为,如果不为零,导体内部的自由电子将在电场的作用下继续定向运动而使电荷以及周围电场的分布不断改变。再者,**导体表面的电场必须与表面垂直**,即

$$\boldsymbol{E}_{\mathrm{sur}}\perp\text{表面} \tag{7.29}$$

这是因为,如果不垂直,导体表面的自由电子将会在电场的沿表面方向的分量的作用下而定向运动,这也将使电荷以及周围电场的分布不断改变。

根据式(7.28)和式(7.29),用高斯定律可推出静电平衡时导体上的(宏观)电荷的分布规律。首先,**导体内部的电荷为零**,电荷只可能存在于导体的表面。如图 7.16 所示,在一处于静电平衡的带电导体内部任何地点,想象一小的高斯封闭面 S。根据式(7.28)通过此封

闭面的电通量必然等于零，于是高斯定律就给出此小封闭面内的电荷为零，将此推理应用于导体内各处，就会得出上述结论。

其次，**导体表面各处的电荷密度与该处的电场强度成正比**。为证明这一点，可在导体表面选建一个跨越一小块表面 ΔS 的小圆筒形高斯面(图 7.16)，以 $\boldsymbol{E}$ 表示该处的电场，则其电场线只穿过外筒盖，因而通过此高斯面的电通量是 $E\Delta S$。由于封闭在此高斯面内的电荷是 $\sigma\Delta S$，其中 σ 是该处导体表面的面电荷密度，所以高斯定律直接给出

$$\sigma = \varepsilon_0 E \tag{7.30}$$

最后，我们不加证明地指出以下事实：静电平衡时，**导体表面各处的面电荷密度随表面曲率的增大而增大**。对于有尖端的导体，尖端处的面电荷密度非常大，其附近的电场可以强到足以使空气分子电离的程度，从而使尖端上的电荷逸出与空气中的相反电荷中和。这种电荷通过导体的尖端而流失的现象叫**尖端放电**，避雷针就利用了这个原理。避雷针是安装在高楼顶上的有尖端的金属棒，其下端用导线与埋在楼下深处的金属板相连，当带有大量电荷的云团逐渐移近高楼时，高楼以及附近地面因静电感应产生的相反电荷会通过避雷针的尖端放电与云中的电荷徐徐中和，从而能避免大的灾难性雷击(图 7.17，闪电未“击中”有避雷针的烟囱)。

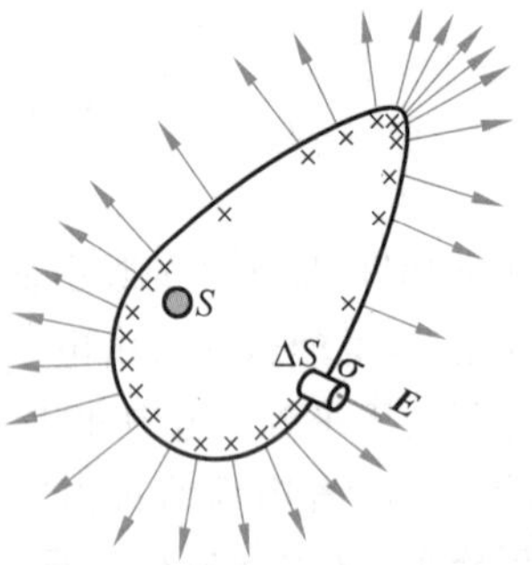

图 7.16 导体静电平衡时电荷和电场的分布

图 7.17 闪电通路

例 7.9

双金属板。有一块大金属平板，面积为 S，带有总电量 Q，今在其近旁平行地放置第二块大金属平板，此板原来不带电。求静电平衡时，金属板上的电荷分布及周围空间的电场分布。(忽略金属板的边缘效应。)

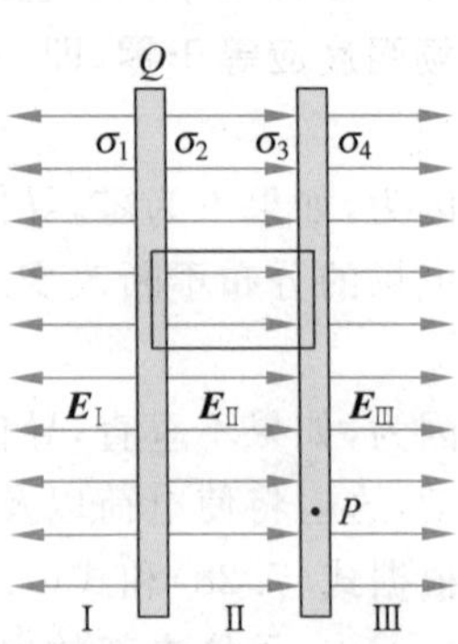

图 7.18 例 7.9 解用图

解 由于静电平衡时导体内部无净电荷，所以电荷只能分布在两金属板的表面上。不考虑边缘效应，这些电荷都可当作是均匀分布的。设 4 个表面上的面电荷密度分别为 $\sigma_1,\sigma_2,\sigma_3$ 和 σ_4，如图 7.18 所示。由电荷守恒定律可知

$$\sigma_1 + \sigma_2 = \frac{Q}{S}$$

$$\sigma_3 + \sigma_4 = 0$$

由于板间电场与板面垂直，且板内的电场为零，所以选一个两底分别在两个金属板内而侧面垂直于板面的封闭面作为高斯面，则通过此高斯面的电通量为零。根据高斯定律就可以得出

$$\sigma_2 + \sigma_3 = 0$$

在金属板内一点 P 的场强应该是 4 个带电面的电场的叠加，因而有

$$E_P = \frac{\sigma_1}{2\varepsilon_0} + \frac{\sigma_2}{2\varepsilon_0} + \frac{\sigma_3}{2\varepsilon_0} - \frac{\sigma_4}{2\varepsilon_0}$$

由于静电平衡时，导体内各处场强为零，所以 $E_P=0$，因而有

$$\sigma_1 + \sigma_2 + \sigma_3 - \sigma_4 = 0$$

将此式和上面 3 个关于 σ_1，σ_2，σ_3 和 σ_4 的方程联立求解，可得电荷分布的情况为

$$\sigma_1 = \frac{Q}{2S},\quad \sigma_2 = \frac{Q}{2S},\quad \sigma_3 = -\frac{Q}{2S},\quad \sigma_4 = \frac{Q}{2S}$$

由此可根据式(7.30)求得电场的分布如下：

在Ⅰ区，$E_{\rm I} = \dfrac{Q}{2\varepsilon_0 S}$，方向向左

在Ⅱ区，$E_{\rm II} = \dfrac{Q}{2\varepsilon_0 S}$，方向向右

在Ⅲ区，$E_{\rm III} = \dfrac{Q}{2\varepsilon_0 S}$，方向向右

例 7.10

金属球壳。在一原来不带电的金属球壳的中心放一点电荷 q，求这一系统的电场分布及金属球壳内外表面的电荷分布。设金属球壳的内外半径分别是 R_1 和 R_2。

解 首先，我们知道，在金属壳体内，

$$\boldsymbol{E}_{\rm in} = 0 \quad (R_1 < r < R_2)$$

而且电荷为零。

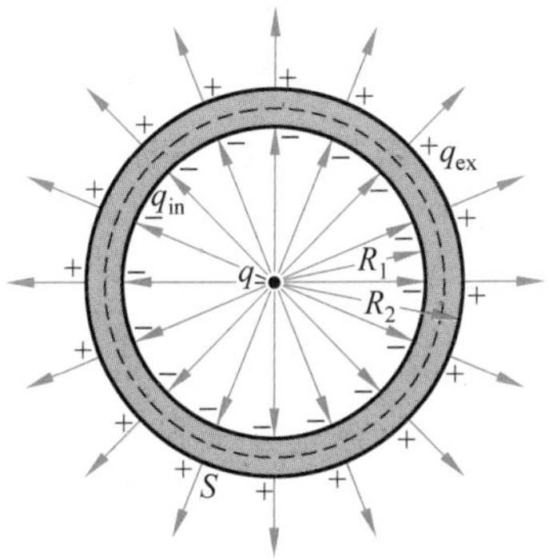

图 7.19 例 7.10 用图

由于此电荷系统有球对称性(图 7.19)，所以在球壳内，选以球壳中心为球心的高斯面，用高斯定律可得此区域内电场就是点电荷 q 的电场，即

$$\boldsymbol{E} = \frac{q}{4\pi\varepsilon_0 r^2}\boldsymbol{e}_r \quad (r < R_1)$$

选一遍及球壳体内的高斯面 S。由于通过此球面的电通量为零，高斯定律给出此高斯面内的总电荷为零。以 $q_{\rm in}$ 表示金属壳内表面上的总电荷，则应有

$$q_{\rm in} + q = 0$$

于是得

$$q_{\rm in} = -q$$

而且由于球对称性，$q_{\rm in}$ 均匀地分布在球壳的内表面。

由于原来球壳不带电，以 $q_{\rm ext}$ 表示球壳外表面上的总电荷，则由电荷守恒，

$$q_{\rm in} + q_{\rm ext} = 0$$

于是得

$$q_{\rm ext} = -q_{\rm in} = q$$

而且也均匀分布在球壳的外表面。

在球壳外部选一以球壳中心为球心的球形高斯面，则由高斯定律可得

$$\boldsymbol{E} = \frac{q}{4\pi\varepsilon_0 r^2}\boldsymbol{e}_r \quad (r > R_2)$$

例 7.10 的分析用到了球对称性。如果把电荷 q 移离球壳中心，则可用高斯定律证明球壳内表面上的总电荷仍为 $-q$，但不再均匀分布。球壳内电场也不再是球对称场，但球壳外表面上的总电荷仍是 q 而且还是均匀分布在表面上，而球壳外的电场分布也由此均匀分布的电荷决定具有球对称性而保持不变(图 7.20)。

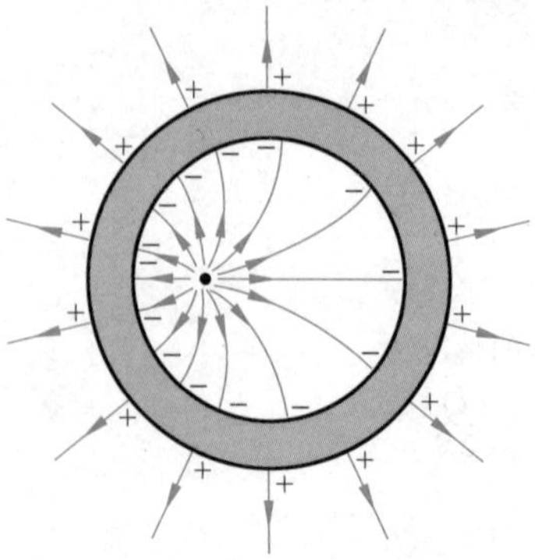

图 7.20 静电屏蔽示例

实际上，封闭球壳体由于其内部电场为零，在空间形成了一个“静电隔离带”，它屏蔽了壳内外两区域内的电荷的相互影响，使内外区域的电荷和电场分布各自独立。这种现象叫**静电屏蔽**，其原理可用理论严格证明。实际上所用的屏蔽金属可以是任意形状的封闭面，而且往往用金属网代替金属片。防电磁干扰的房间就是用铜丝网包围起来的。

7.8 电场对电荷的作用力

电场对电荷(或说带电粒子)有作用力，电场强度 $\boldsymbol{E}$ 的定义式是式(7.1)，$\boldsymbol{E}=\boldsymbol{F}/q$。如果已经知道了(或者已测知了)电场强度的分布，由于电场强度等于单位电荷受的力，所以电量为 q 的带电粒子受的力就应为

$$\boldsymbol{F} = \boldsymbol{E}q \tag{7.31}$$

作为检验电荷，式(7.1)中的点电荷必须是静止的。在已知电场分布后，作为受力的带电粒子，其电荷与其运动速率无关，而且实验(理论上也可)证明，它受的**电场力**也和它的运动速率无关，而由电场强度按式(7.31)给出。让我们根据这一点来分析下一例题。

例 7.11

质子加速。在 $E=2000$ N/C 的均匀电场中，一质子由静止出发，经过多长时间和多大距离后速率可达 $0.001c$(c 为光速)？

解 由于质子受的重力比电场力小到可以忽略不计，所以我们只考虑电场对质子的作用力。再者，像质子或电子在电场中运动时，在很多实际情况下，速率往往达到非常接近光速的程度。这时就必须用相对论理论来分析考察其运动，本题所涉及的速率远较光速更小，所以我们仍可按牛顿力学处理。

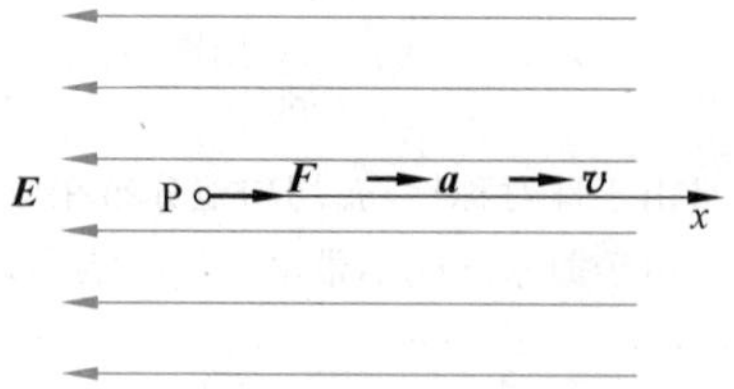

图 7.21 例 7.11 用图

由式(7.31)和牛顿第二定律，可知质子起动后将沿逆电场方向作匀加速直线运动(图 7.21)，加速度为 $a=F/m_p=Ee/m_p$。由于 $v=at=\dfrac{Ee}{m_p}t$，所以质子速率达到 $0.001c$ 所经过的时间为

$$t=\frac{m_p v}{Ee}=\frac{1.67\times10^{-27}\times0.001\times3.0\times10^{8}}{2000\times1.6\times10^{-19}}=1.57\times10^{-6}\ (\mathrm{s})$$

而经过的距离应为

$$x=\frac{1}{2}at^2=\frac{1}{2}\frac{Ee}{m_p}t^2=\frac{1}{2}\frac{2000\times1.6\times10^{-19}}{1.67\times10^{-27}}\times(1.57\times10^{-6})^2=0.236\ (\mathrm{m})$$

例 7.12

电场中的电偶极子。求电矩为 $\boldsymbol{p}=q\boldsymbol{l}$ 的电偶极子在电场强度为 $\boldsymbol{E}$ 的均匀电场中静止时受的电场力和力矩。

解 如图 7.22 所示，正、负电荷所受电场力分别是 $\boldsymbol{F}_+=q\boldsymbol{E}$，$\boldsymbol{F}_-=-q\boldsymbol{E}$。二者大小相等，方向相反，电偶极子受均匀电场的合力为零。

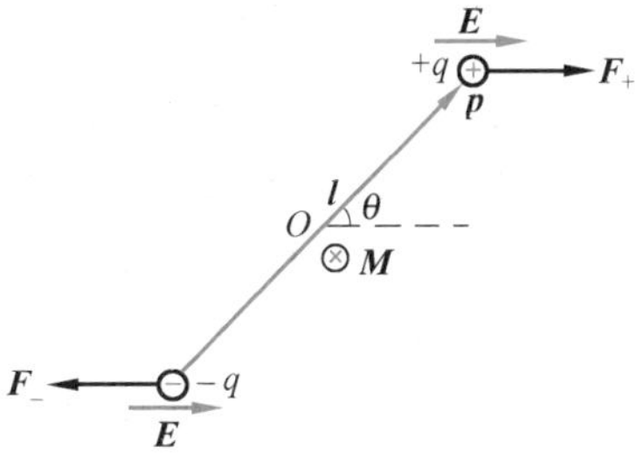

图 7.22 电偶极子受力矩作用

以 θ 表示电偶极子的电矩方向与电场方向之间的夹角，则电场对正、负电荷的作用力对 l 中点的力矩的方向相同，力矩之和的大小为

$$M=2\times\frac{l}{2}\sin\theta qE=qlE\sin\theta=pE\sin\theta$$

此力矩的方向为垂直纸面指离读者，此力矩的作用总是使电偶极子转向电场 $\boldsymbol{E}$ 的方向。当转到 $\boldsymbol{p}$ 和 $\boldsymbol{E}$ 方向相同时，力矩为零。用矢量表示，上一结果可写为

$$\boldsymbol{M}=\boldsymbol{p}\times\boldsymbol{E}\tag{7.32}$$

提要

1. **电荷**：电荷有两种，电荷是量子化的，守恒的，具有相对论不变性。
2. **电场和电场强度**：电荷通过场相互作用，其中之一是电场。

   电场强度的定义：$\boldsymbol{E}=\boldsymbol{F}/q$，其中 q 是静止的检验电荷。

   电场叠加原理：$\boldsymbol{E}=\sum\boldsymbol{E}_i$
3. **库仑定律**：真空中两静止的点电荷的相互作用力

$$F=\frac{q_1q_2}{4\pi\varepsilon_0r^2}$$

   静止的点电荷的电场分布

$$\boldsymbol{E}=\frac{q}{4\pi\varepsilon_0r^2}\boldsymbol{e}_r\quad(q\text{：场源电荷})$$

   电偶极子的中垂线上的静电场分布

$$\boldsymbol{E}=\frac{-\boldsymbol{p}}{4\pi\varepsilon_0r^3}\quad(\text{电矩：}\boldsymbol{p}=q\boldsymbol{l})$$

4. **电场线和电通量**：通过某一面积 S 的电通量为

$$\Phi_e=\int_S\boldsymbol{E}\cdot\mathrm{d}\boldsymbol{S}$$

5. **高斯定律**：

$$\Phi_e=\oint_S\boldsymbol{E}\cdot\mathrm{d}\boldsymbol{S}=\frac{1}{\varepsilon_0}\sum q_{\mathrm{in}}$$

6. 典型静电场：

均匀带电球面：$\boldsymbol{E}=0$（球内）；$\boldsymbol{E}=\frac{q}{4\pi\varepsilon_0 r^2}\boldsymbol{e}_r$（球外）

均匀带电球体：$\boldsymbol{E}=\frac{q}{4\pi\varepsilon_0 R^3}\boldsymbol{r}=\frac{\rho}{3\varepsilon_0}\boldsymbol{r}$（球内）；$\boldsymbol{E}=\frac{q}{4\pi\varepsilon_0 r^2}\boldsymbol{e}_r$（球外）

无限长均匀带电直线：$E=\frac{\lambda}{2\pi\varepsilon_0 r}$，方向垂直带电直线

无限大均匀带电平面：$E=\sigma/2\varepsilon_0$，方向垂直带电平面。

7. 导体的静电平衡：无宏观电荷移动。

电场分布：$\boldsymbol{E}_{\text{in}}=0$，$\boldsymbol{E}_{\text{sur}}\perp$表面

电荷分布：$q_{\text{in}}=0$，$\sigma=\varepsilon_0 E$（曲率大处，σ 大）

封闭的金属壳在壳体内 $\boldsymbol{E}_{\text{in}}=0$，形成“静电隔离带”，起静电屏蔽作用。

8. 电场对电荷的作用力：

$$\boldsymbol{F}=\boldsymbol{E}q \quad \text{（此电场力与 } q \text{ 的速率无关）}$$

电偶极子受电场的力矩：$\boldsymbol{M}=\boldsymbol{p}\times\boldsymbol{E}$

自测简题

7.1 根据下列各点电荷之间相互作用力的大小，由大到小将它们排序：

(1) q,q，相距 l；(2) $2q,-2q$，相距 $2l$；(3) $-3q,2q$，相距 $3l$；(4) $4q,2q$，相距 $2l$。

7.2 验证：如右下图所示在电荷 $-Q$ 四周有 4 个电荷 $-2q,-2q,3q$ 和 $3q$。距离为 a 或 $2a$。电荷 $-Q$ 受其他电荷的合力为

(1) $\frac{qQ^2}{4\pi\varepsilon_0 a^2}$，向 $-2q$；(2) $\frac{2qQ^2}{4\pi\varepsilon_0 a^2}$；(3) $\frac{3qQ}{4\pi\varepsilon_0 4a^2}$，向 $2q$；(4) $\frac{5qQ}{4\pi\varepsilon_0 2a^2}$，向 $-2q$。

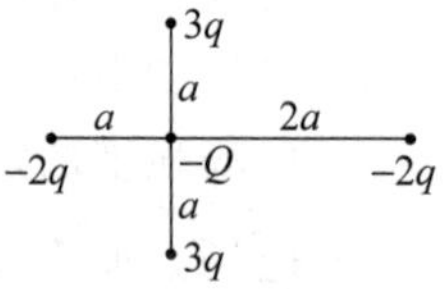

7.3 判断两无限大金属平板平行放置，分别带有正负电荷。如果两板相对表面之一的面电荷密度为 σ，则

(1) 另一相对表面的面电荷密度就是 $-\sigma$；

(2) 两板间电场是均匀的，其值为 σ/ε_0；

(3) 此电场方向由 $-\sigma$ 板指向 $+\sigma$ 板。

7.4 判断

(1) 在电场中对于所选高斯面说，面上各点的电场改变由面内和面外的所有电荷决定，而通过此高斯面的电通量则只由面内的电荷决定；

(2) 正方形的四个顶点放置有 4 个点电荷。画一个包围此 4 个点电荷的封闭面。由于高斯定律对这样分布的 4 个点电荷不成立，所以不能用高斯定律求它们的电场分布。

思考题

7.1 点电荷的电场公式为

$$\boldsymbol{E}=\frac{q}{4\pi\varepsilon_0 r^2}\boldsymbol{e}_r$$

从形式上看，当所考察的点与点电荷的距离 $r\to 0$ 时，场强 $E\to\infty$，这是没有物理意义的。你对此如何解释？

7.2 $\boldsymbol{E}=\dfrac{\boldsymbol{F}}{q}$ 与 $\boldsymbol{E}=\dfrac{q}{4\pi\varepsilon_0 r^2}\boldsymbol{e}_r$ 两公式有什么区别和联系？对前一公式中的 q 有何要求？

7.3 电场线、电通量和电场强度的关系如何？电通量的正、负表示什么意义？

7.4 三个相等的电荷放在等边三角形的三个顶点上，问是否可以以三角形中心为球心作一个球面，利用高斯定律求出它们所产生的场强？对此球面高斯定律是否成立？

7.5 如果通过闭合面 S 的电通量 Φ_e 为零，是否能肯定：(1)面 S 上每一点的场强都等于零？(2)面内没有电荷？(3)面内净电荷为零？

7.6 用高斯定律说明：电场线总起自正电荷，终于负电荷而且不能在无电荷处中断。

7.7 两块平行放置的导体大平板带电后，其相对的两表面的面电荷密度是否一定大小相等，方向相反？为什么？

习题

7.1 在边长为 a 的正方形的四角，依次放置点电荷 q，$2q$，$-4q$ 和 $2q$，求它的正中心 C 点的电场强度。

7.2 三个电量为 $-q$ 的点电荷各放在边长为 r 的等边三角形的三个顶点上，电荷 $Q(Q>0)$ 放在三角形的重心上。为使每个负电荷受力为零，Q 之值应为多大？

7.3 一个电偶极子的电矩为 $\boldsymbol{p}=q\boldsymbol{l}$，证明此电偶极子轴线上距其中心为 $r(r\gg l)$ 处的一点的场强为 $\boldsymbol{E}=\boldsymbol{p}/2\pi\varepsilon_0 r^3$。

7.4 两根无限长的均匀带电直线相互平行，相距为 $2a$，线电荷密度分别为 $+\lambda$ 和 $-\lambda$，求每单位长度的带电直线受的作用力。

7.5 一均匀带电直线段长为 L，线电荷密度为 λ。求直线段的延长线上距 L 中点为 $r\ (r>L/2)$ 处的场强。

7.6 一根不导电的细塑料杆，被弯成近乎完整的圆(图 7.23)，圆的半径 $R=0.5$ m，杆的两端有 $b=2$ cm 的缝隙，$Q=3.12\times10^{-9}$ C 的正电荷均匀地分布在杆上，求圆心处电场的大小和方向。

7.7 如图 7.24 所示，两根平行长直线间距为 $2a$，一端用半圆形线连起来。全线上均匀带电，试证明在圆心 O 处的电场强度为零。

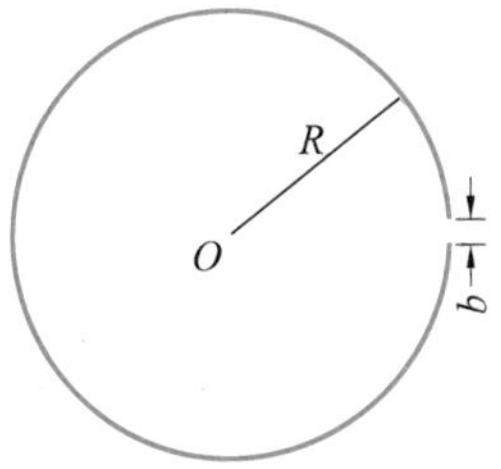

图 7.23 习题 7.6 用图

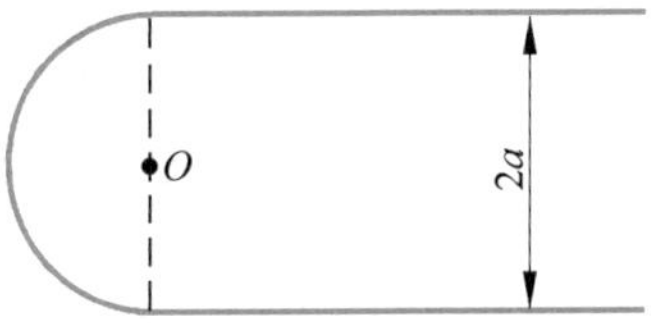

图 7.24 习题 7.7 用图

7.8 (1) 点电荷 q 位于边长为 a 的正立方体的中心，通过此立方体的每一面的电通量各是多少？

(2) 若电荷移至正立方体的一个顶点上，那么通过每个面的电通量又各是多少？

7.9 实验证明，地球表面上方电场不为 0，晴天大气电场的平均场强约为 120 V/m，方向向下，这意味着地球表面上有多少过剩电荷？试以每平方厘米的额外电子数来表示。

7.10 地球表面上方电场方向向下，大小可能随高度改变(图 7.25)。设在地面上方 100 m 高处场强为 150 N/C，300 m 高处场强为 100 N/C。试由高斯定律求在这两个高度之间的平均体电荷密度，以多余的或缺少的电子数密度表示。

7.11 一无限长的均匀带电圆柱面，截面半径为 a，面电荷密度为 σ，设垂直于圆柱面的轴的方向从中心向外的径矢的大小为 r，求其电场分布并画出 E-r 曲线。

7.12 两个无限长同轴圆柱面半径分别为 R_1 和 R_2，单位长度带电量分别为 $+\lambda$ 和 $-\lambda$。求内圆柱面内、两圆柱面间及外圆柱面外的电场分布。

7.13 一均匀带电球体，半径为 R，体电荷密度为 ρ，今在球内挖去一半径为 $r(r<R)$ 的球体，求证由此形成的空腔内的电场是均匀的，并求其值。

7.14 一球形导体 A 含有两个球形空腔，这导体本身的总电荷为零，但在两空腔中心分别有一点电荷 q_b 和 q_c，导体球外距导体球很远的 r 处有另一点电荷 q_d（图 7.26）。试求 q_b，q_c 和 q_d 各受到多大的力。哪个答案是近似的？

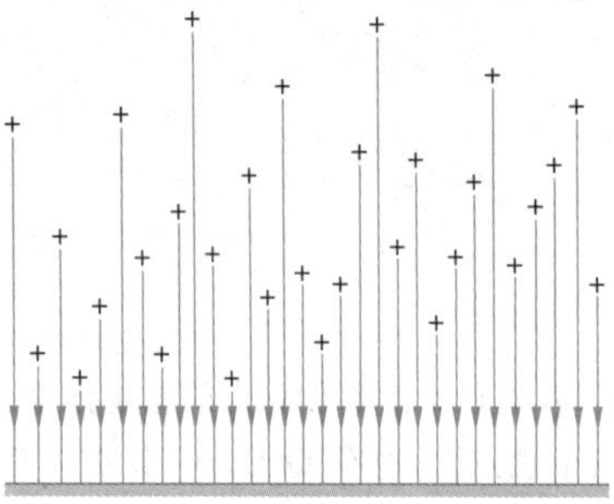

图 7.25 习题 7.10 用图

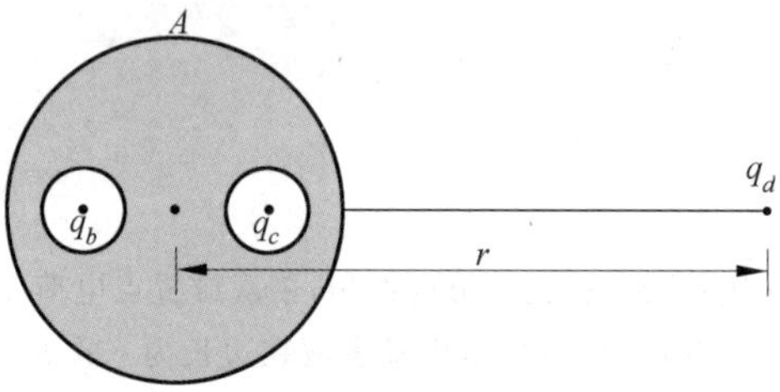

图 7.26 习题 7.14 用图

7.15 设在氢原子中，负电荷均匀分布在半径为 $r_0=0.53\times10^{-10}$ m 的球体内，总电量为 $-e$，质子位于此电子云的中心。求当外加电场 $E=3\times10^6$ V/m（实验室内很强的电场）时，负电荷的球心和质子相距多远（设电子云不因外加电场而变形）？此时氢原子的“感生电偶极矩”多大？

7.16 喷墨打印机的结构简图如图 7.27 所示。其中墨盒可以发出墨汁微滴，其半径约 10^{-5} m。（墨盒每秒钟可发出约 10^5 个微滴，每个字母约需百余滴。）此微滴经过带电室时被带上负电，带电的多少由计算机按字体笔画高低位置输入信号加以控制。带电后的微滴进入偏转板，由电场按其带电量的多少施加偏转电力，从而可沿不同方向射出，打到纸上即显示出字体来。无信号输入时，墨汁滴径直通过偏转板而注入回流槽流回墨盒。

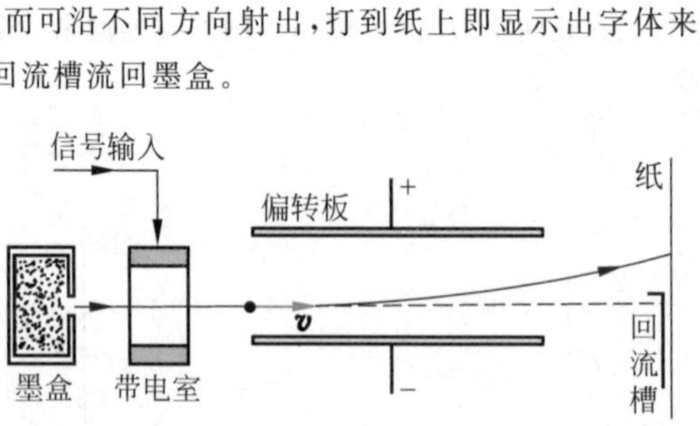

图 7.27 习题 7.16 用图

设一个墨汁滴的质量为 1.5×10^{-10} kg，经过带电室后带上了 -1.4×10^{-13} C 的电量，随后即以 20 m/s 的速度进入偏转板，偏转板长度为 1.6 cm。如果板间电场强度为 1.6×10^6 N/C，那么此墨汁滴离开偏转板时在竖直方向将偏转多大距离（忽略偏转板边缘的电场不均匀性，并忽略空气阻力）？

第 8 章

电　势

第7章介绍了电场强度，它说明电场对电荷有作用力。电场对电荷既然有作用力，那么，当电荷在电场中移动时，电场力就要做功。本章首先根据静电场的保守性，引入电势的概念，把它和电场强度直接联系起来，并介绍了计算电势的方法。接着指出静电平衡的导体是等势体以及由电势求电场强度的方法。静电系统的静电能可以认为是储存在电场中的。本章最后给出了由电场强度求静电能的方法并引入了电场能量密度的概念。

8.1　静电场的保守性

本章从功能的角度研究静电场的性质，我们先从库仑定律出发证明静电场是保守场。

图8.1中，以 q 表示固定于某处的一个点电荷，当另一电荷 q_0 在它的电场中由 P_1 点沿任一路径 C 移到 P_2 点时，q_0 受的静电场力所做的功为

$$A_{12}={}_C\int_{(P_1)}^{(P_2)}\boldsymbol{F}\cdot \mathrm{d}\boldsymbol{r}={}_C\int_{(P_1)}^{(P_2)}q_0\boldsymbol{E}\cdot \mathrm{d}\boldsymbol{r}=q_0\,{}_C\int_{(P_1)}^{(P_2)}\boldsymbol{E}\cdot \mathrm{d}\boldsymbol{r}\tag{8.1}$$

上式两侧除以 q_0，得到

$$\frac{A_{12}}{q_0}={}_C\int_{(P_1)}^{(P_2)}\boldsymbol{E}\cdot \mathrm{d}\boldsymbol{r}\tag{8.2}$$

式(8.2)等号右侧的积分 ${}_C\int_{(P_1)}^{(P_2)}\boldsymbol{E}\cdot \mathrm{d}\boldsymbol{r}$ 叫电场强度 $\boldsymbol{E}$ 沿任意路径 C 的**线积分**，它表示在电场中从 P_1 点到 P_2 点移动单位正电荷时电场力所做的功。由于这一积分只由 q 的电场强度 $\boldsymbol{E}$ 的分布决定，而与被移动的电荷的电量无关，所以可以用它来说明电场的性质。

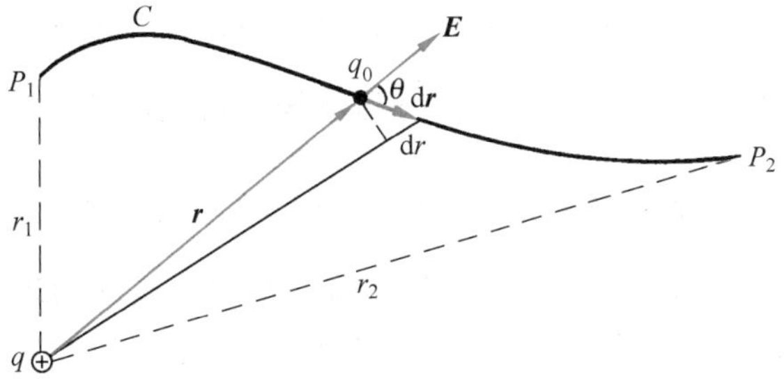

图8.1　电荷运动时电场力做功的计算

对于静止的点电荷 q 的电场来说，其电场强度公式为

$$\boldsymbol{E}=\frac{q}{4\pi\varepsilon_0 r^2}\boldsymbol{e}_r=\frac{q}{4\pi\varepsilon_0 r^3}\boldsymbol{r}$$

将此式代入到式(8.2)中，得场强 $\boldsymbol{E}$ 的线积分为

$$\int_{C\,(P_1)}^{(P_2)}\boldsymbol{E}\cdot\mathrm{d}\boldsymbol{r}=\int_{C\,(P_1)}^{(P_2)}\frac{q}{4\pi\varepsilon_0 r^3}\boldsymbol{r}\cdot\mathrm{d}\boldsymbol{r}$$

从图8.1看出，$\boldsymbol{r}\cdot\mathrm{d}\boldsymbol{r}=r\cos\theta|\mathrm{d}\boldsymbol{r}|=r\mathrm{d}r$，这里 θ 是从电荷 q 引到 q_0 的径矢与 q_0 的位移元 $\mathrm{d}\boldsymbol{r}$ 之间的夹角。将此关系代入上式，得

$$\int_{C\,(P_1)}^{(P_2)}\boldsymbol{E}\cdot\mathrm{d}\boldsymbol{r}=\int_{C\,r_1}^{r_2}\frac{q}{4\pi\varepsilon_0 r^2}\mathrm{d}r=\frac{q}{4\pi\varepsilon_0}\left(\frac{1}{r_1}-\frac{1}{r_2}\right)\tag{8.3}$$

由于 r_1 和 r_2 分别表示从点电荷 q 到起点和终点的距离，所以此结果说明，在静止的点电荷 q 的电场中，电场强度的线积分只与积分路径的起点和终点位置有关，而与积分路径无关。也可以说在静止的点电荷的电场中，移动单位正电荷时，**电场力所做的功只取决于被移动的电荷的起点和终点的位置，而与移动的路径无关**。

根据场强叠加原理，此结论可以直接推广至静止的点电荷系或任意静止的电荷分布的电场，即任意**静电场**。静电场的这一特性叫**静电场的保守性**。

静电场的保守性还可以表述成另一种形式。如图8.2所示，在静电场中作一任意闭合路径 C，考虑场强 $\boldsymbol{E}$ 沿此闭合路径的线积分。在 C 上取任意两点 P_1 和 P_2，它们把 C 分成 C_1 和 C_2 两段，因此，沿 C 环路的场强的线积分为

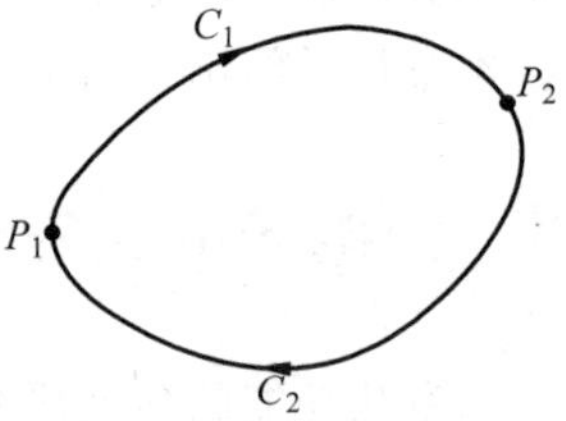

图8.2 静电场的环路定理

$$\oint_C\boldsymbol{E}\cdot\mathrm{d}\boldsymbol{r}=\int_{C_1\,(P_1)}^{(P_2)}\boldsymbol{E}\cdot\mathrm{d}\boldsymbol{r}+\int_{C_2\,(P_2)}^{(P_1)}\boldsymbol{E}\cdot\mathrm{d}\boldsymbol{r}$$

$$=\int_{C_1\,(P_1)}^{(P_2)}\boldsymbol{E}\cdot\mathrm{d}\boldsymbol{r}-\int_{C_2\,(P_1)}^{(P_2)}\boldsymbol{E}\cdot\mathrm{d}\boldsymbol{r}$$

由于场强的线积分与路径无关，所以上式最后的两个积分值相等。因此

$$\oint_C\boldsymbol{E}\cdot\mathrm{d}\boldsymbol{r}=0\tag{8.4}$$

此式表明，**在静电场中，场强沿任意闭合路径的线积分等于零**。这就是静电场的保守性的另一种说法，称作**静电场环路定理**。

8.2 电势和电势差

根据静电场的保守性可知，在静电场中，从 P 点到 P_0 点电场强度沿任意路径的线积分，就等于从 P 点到 P_0 点移动单位正电荷时静电场力所做的功，亦即 $\int_{(P)}^{(P_0)}\boldsymbol{E}\cdot\mathrm{d}\boldsymbol{r}$ 只决定于 P 点和 P_0 点的位置而与路径无关，如果选定 P_0 点为共同的参考点，则积分 $\int_{(P)}^{(P_0)}\boldsymbol{E}\cdot\mathrm{d}\boldsymbol{r}$ 就只由电场中各点 P 的位置决定了。这一表征静电场中各点性质的物理量被定义为各点的电势，以 φ 表示静电场中 P 点的电势，则有定义公式

$$\varphi=\int_{(P)}^{(P_0)}\boldsymbol{E}\cdot\mathrm{d}\boldsymbol{r}\tag{8.5}$$

式(8.5)表明，显然 P_0 点的电势为零，所以它被称做**电势零点**。P 点的电势等于将单位正电荷自 P 点沿任意路径移到电势零点时，电场力所做的功。电势零点选定后，电场中所有各点的电势值就由式(8.5)唯一地确定了，由此确定的电势是空间坐标的标量函数，即 $\varphi=\varphi(x,y,z)$。

电势零点的选择只视方便而定。当电荷只分布在有限区域时，电势零点通常选在无限远处。这时式(8.5)可以写成

$$\varphi=\int_{(P)}^{\infty}\boldsymbol{E}\cdot\mathrm{d}\boldsymbol{r} \tag{8.6}$$

在实际问题中，也常常选地球的电势为零电势。

由式(8.5)明显看出，电场中各点电势的大小与电势零点的选择有关，相对于不同的电势零点，电场中同一点的电势会有不同的值。因此，在具体说明各点电势数值时，必须事先明确电势零点在何处。

电势和电势差具有相同的单位。在国际单位制中，电势的单位名称是伏[特]，符号为 V，

$$1\ \mathrm{V}=1\ \mathrm{J/C}$$

当电场中电势分布已知时，利用电势的定义式(8.5)，可以很方便地计算出点电荷在静电场中移动时电场力做的功。由式(8.1)和式(8.5)可知，电荷 q 从 P_1 点移到 P_2 点时，静电场力做的功可用下式计算：

$$\begin{aligned}A_{12}&=q\int_{(P_1)}^{(P_2)}\boldsymbol{E}\cdot\mathrm{d}\boldsymbol{r}=q\left(\int_{(P_1)}^{(P_0)}\boldsymbol{E}\cdot\mathrm{d}\boldsymbol{r}+\int_{(P_0)}^{(P_2)}\boldsymbol{E}\cdot\mathrm{d}\boldsymbol{r}\right)\\&=q\left(\int_{(P_1)}^{(P_0)}\boldsymbol{E}\cdot\mathrm{d}\boldsymbol{r}-\int_{(P_2)}^{(P_0)}\boldsymbol{E}\cdot\mathrm{d}\boldsymbol{r}\right)=q(\varphi_1-\varphi_2)\end{aligned} \tag{8.7}$$

式中 $(\varphi_1-\varphi_2)$ 为 P_1 和 P_2 两点的**电势差**。而

$$\varphi_1-\varphi_2=\int_{(P_1)}^{(P_2)}\boldsymbol{E}\cdot\mathrm{d}\boldsymbol{r} \tag{8.8}$$

根据定义式(8.6)，在式(8.3)中，以 P_2 为电势零点并选 P_2 在无限远处，即令 $r_2=\infty$，则距静止的点电荷 q 的距离为 $r(r=r_1)$ 处的电势为

$$\varphi=\frac{q}{4\pi\varepsilon_0 r} \tag{8.9}$$

这就是在真空中静止的点电荷的电场中各点电势的公式。此式中视 q 的正负，电势 φ 可正可负。在正电荷的电场中，各点电势均为正值，离电荷越远的点，电势越低。在负电荷的电场中，各点电势均为负值，离电荷越远的点，电势越高。

下面举例说明，在真空中，当静止的电荷分布已知时，如何求出电势的分布。利用式(8.5)进行计算时，首先要明确电势零点，其次是要先求出电场的分布，然后选一条路径进行积分。

例 8.1

均匀带电球面的电势。求均匀带电球面的电场中的电势分布。球面半径为 R，总带电量为 q。

解 以无限远为电势零点。由于在球面外直到无限远处场强的分布都和电荷集中到球心处的一个

点电荷的场强分布一样，因此，球面外任一点的电势应与式(8.9)相同，即

$$\varphi=\frac{q}{4\pi\varepsilon_0 r}\quad (r\geqslant R)$$

若 P 点在球面内($r<R$)，由于球面内、外场强的分布不同，所以由定义式(8.6)，积分要分两段，即

$$\varphi=\int_r^{\infty}\boldsymbol{E}\cdot d\boldsymbol{r}=\int_r^{R}\boldsymbol{E}\cdot d\boldsymbol{r}+\int_R^{\infty}\boldsymbol{E}\cdot d\boldsymbol{r}$$

因为在球面内各点场强为零，而球面外场强为

$$\boldsymbol{E}=\frac{q}{4\pi\varepsilon_0 r^3}\boldsymbol{r}$$

所以上式结果为

$$\varphi=\int_R^{\infty}\boldsymbol{E}\cdot d\boldsymbol{r}=\int_R^{\infty}\frac{q}{4\pi\varepsilon_0 r^2}dr=\frac{q}{4\pi\varepsilon_0 R}\quad (r\leqslant R)$$

它说明均匀带电球面内各点电势相等，都等于球面上各点的电势。电势随 r 的变化曲线(φ-r 曲线)如图8.3所示。在球面处($r=R$)，电势是连续的。

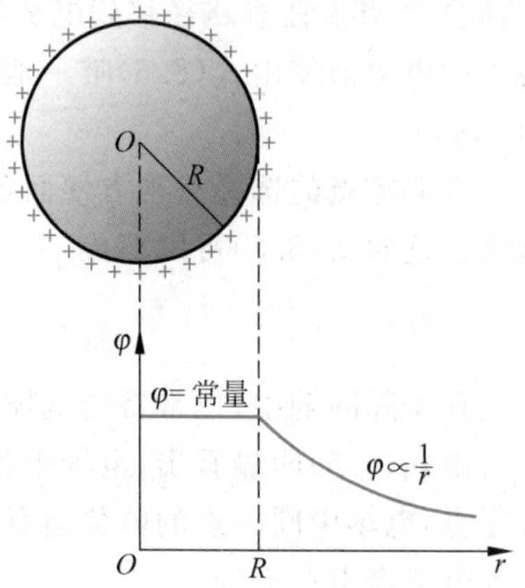

图8.3 均匀带电球面的电势分布

8.3 电势叠加原理

已知在真空中静止的电荷分布求其电场中的电势分布时，除了直接利用定义公式(8.5)以外，还可以在点电荷电势公式(8.9)的基础上应用叠加原理来求出结果。这后一方法的原理如下。

设场源电荷系由若干个带电体组成，它们各自分别产生的电场为 $\boldsymbol{E}_1,\boldsymbol{E}_2,\cdots$，由叠加原理知道总场强 $\boldsymbol{E}=\boldsymbol{E}_1+\boldsymbol{E}_2+\cdots$。根据定义公式(8.5)，它们的电场中 P 点的电势应为

$$\varphi=\int_{(P)}^{(P_0)}\boldsymbol{E}\cdot d\boldsymbol{r}=\int_{(P)}^{(P_0)}(\boldsymbol{E}_1+\boldsymbol{E}_2+\cdots)\cdot d\boldsymbol{r}$$

$$=\int_{(P)}^{(P_0)}\boldsymbol{E}_1\cdot d\boldsymbol{r}+\int_{(P)}^{(P_0)}\boldsymbol{E}_2\cdot d\boldsymbol{r}+\cdots$$

再由定义式(8.5)可知，上式最后面一个等号右侧的每一积分分别是各带电体单独存在时产生的电场在 P 点的电势 $\varphi_1,\varphi_2,\cdots$。因此就有

$$\varphi=\sum\varphi_i \tag{8.10}$$

此式称作**电势叠加原理**。它表示**一个电荷系的电场中任一点的电势等于每一个带电体单独存在时在该点所产生的电势的代数和**。

实际上应用电势叠加原理时，可以从点电荷的电势出发，先考虑场源电荷系由许多点电荷组成的情况。这时将点电荷电势公式(8.9)代入式(8.10)，可得点电荷系的电场中 P 点的电势为

$$\varphi=\sum\frac{q_i}{4\pi\varepsilon_0 r_i} \tag{8.11}$$

式中 r_i 为从点电荷 q_i 到 P 点的距离。

对一个电荷连续分布的带电体，可以设想它由许多电荷元 dq 所组成。将每个电荷元都当成点电荷，就可以由式(8.11)得出用叠加原理求电势的积分公式

$$\varphi = \int \frac{\mathrm{d}q}{4\pi\varepsilon_0 r} \tag{8.12}$$

应该指出的是：由于公式(8.11)或式(8.12)都是以点电荷的电势公式(8.9)为基础的，所以应用式(8.11)和式(8.12)时，电势零点都已选定在无限远处了。

下面举例说明电势叠加原理的应用。

例 8.2

电偶极子的电势。求电偶极子的电场中的电势分布。已知电偶极子中两点电荷 $-q$，$+q$ 间的距离为 l。

解 设场点 P 离 $+q$ 和 $-q$ 的距离分别为 r_+ 和 r_-，P 离偶极子中点 O 的距离为 r(图 8.4)。

根据电势叠加原理，P 点的电势为

$$\varphi = \varphi_+ + \varphi_- = \frac{q}{4\pi\varepsilon_0 r_+} + \frac{-q}{4\pi\varepsilon_0 r_-} = \frac{q(r_- - r_+)}{4\pi\varepsilon_0 r_+ r_-}$$

对于离电偶极子比较远的点，即 $r \gg l$ 时，应有

$$r_+ r_- \approx r^2, \quad r_- - r_+ \approx l\cos\theta$$

θ 为 OP 与 $\boldsymbol{l}$ 之间夹角，将这些关系代入上式，即可得

$$\varphi = \frac{ql\cos\theta}{4\pi\varepsilon_0 r^2} = \frac{p\cos\theta}{4\pi\varepsilon_0 r^2} = \frac{\boldsymbol{p}\cdot\boldsymbol{r}}{4\pi\varepsilon_0 r^3}$$

式中 $\boldsymbol{p} = q\boldsymbol{l}$ 是电偶极子的电矩。

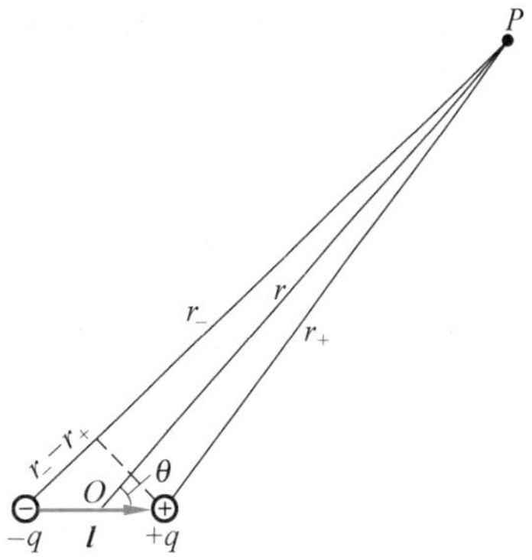

图 8.4 计算电偶极子的电势用图

例 8.3

带电圆环的电势。一半径为 R 的均匀带电细圆环，所带总电量为 q，求在圆环轴线上任意点 P 的电势。

解 在图 8.5 中以 x 表示从环心到 P 点的距离，以 $\mathrm{d}q$ 表示在圆环上任一电荷元。由式(8.11)可得 P 点的电势为

$$\varphi = \int \frac{\mathrm{d}q}{4\pi\varepsilon_0 r} = \frac{1}{4\pi\varepsilon_0 r}\int_q \mathrm{d}q = \frac{q}{4\pi\varepsilon_0 r} = \frac{q}{4\pi\varepsilon_0 (R^2 + x^2)^{1/2}}$$

当 P 点位于环心 O 处时，$x=0$，则

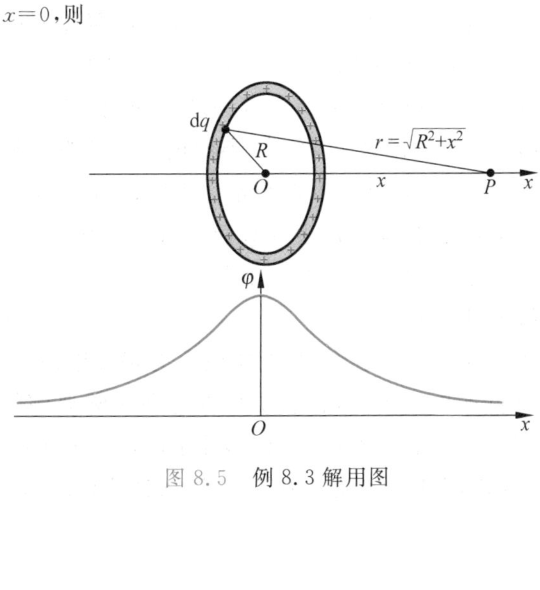

图 8.5 例 8.3 解用图

$$\varphi = \frac{q}{4\pi\varepsilon_0 R}$$

例 8.4

同心带电球面的电势。 图 8.6 表示两个同心的均匀带电球面，半径分别为 $R_A = 5$ cm，$R_B = 10$ cm，分别带有电量 $q_A = +2\times10^{-9}$ C，$q_B = -2\times10^{-9}$ C。求距球心距离为 $r_1 = 15$ cm，$r_2 = 6$ cm，$r_3 = 2$ cm 处的电势。

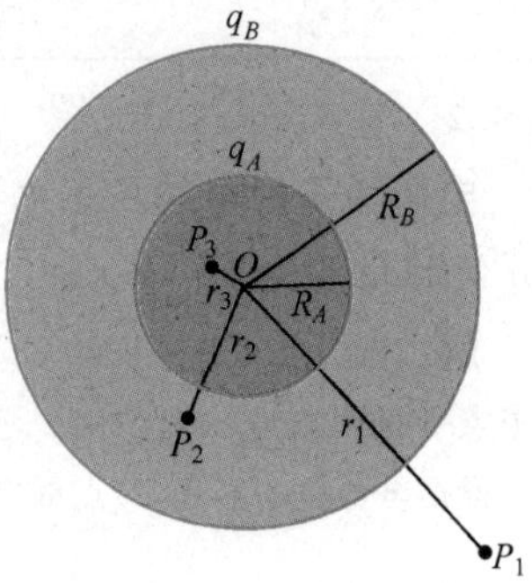

图 8.6 例 8.4 用图

解 这一带电系统的电场的电势分布可以由两个带电球面的电势相加求得。每一个带电球面的电势分布已在例 8.1 中求出。由此可得在外球外侧 $r = r_1$ 处，

$$\varphi_1 = \varphi_{A1} + \varphi_{B1} = \frac{q_A}{4\pi\varepsilon_0 r_1} + \frac{q_B}{4\pi\varepsilon_0 r_1} = \frac{q_A + q_B}{4\pi\varepsilon_0 r_1} = 0$$

在两球面中间 $r = r_2$ 处，

$$\varphi_2 = \varphi_{A2} + \varphi_{B2} = \frac{q_A}{4\pi\varepsilon_0 r_2} + \frac{q_B}{4\pi\varepsilon_0 R_B} = \frac{9\times10^9\times2\times10^{-9}}{0.06} + \frac{9\times10^9\times(-2\times10^{-9})}{0.10} = 120\ (\text{V})$$

在内球内侧 $r = r_3$ 处，

$$\varphi_3 = \varphi_{A3} + \varphi_{B3} = \frac{q_A}{4\pi\varepsilon_0 R_A} + \frac{q_B}{4\pi\varepsilon_0 R_B} = \frac{9\times10^9\times2\times10^{-9}}{0.05} + \frac{9\times10^9\times(-2\times10^{-9})}{0.10} = 180\ (\text{V})$$

8.4 等势面

我们常用等势面来表示电场中电势的分布，在电场中**电势相等的点所组成的曲面叫等势面**。不同的电荷分布的电场具有不同形状的等势面。对于一个点电荷 q 的电场，根据式(8.9)，它的等势面应是一系列以点电荷所在点为球心的同心球面(图 8.7(a))。

为了直观地比较电场中各点的电势，画等势面时，使相邻等势面的电势差为常数。图 8.7(b)中画出了均匀带正电圆盘的电场的等势面，图 8.7(c)中画出了等量异号电荷的电场的等势面，其中实线表示电场线，虚线代表等势面与纸面的交线。

根据等势面的意义可知它和电场分布有如下关系：

(1) 等势面与电场线处处正交；

(2) 两等势面相距较近处的场强数值大，相距较远处场强数值小。

等势面的概念在实际问题中也很有用，主要是因为在实际遇到的很多带电问题中等势面(或等势线)的分布容易通过实验条件描绘出来，并由此可以分析电场的分布。

由于静电平衡时，导体内部的电场强度为零，所以根据式(8.8)，此时导体内部任意两点

间的电势差为零，而**整个导体成为等势体**并且其表面成为等势面。

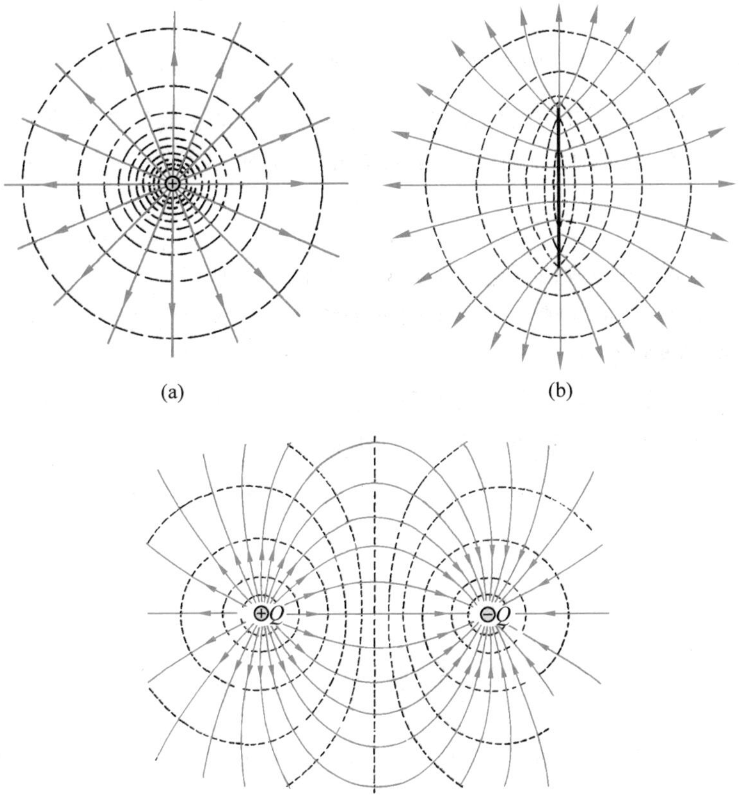

图 8.7 几种电荷分布的电场线与等势面

(a) 正点电荷；(b) 均匀带电圆盘；(c) 等量异号电荷对

8.5 电势梯度

电场强度和电势都是描述电场中各点性质的物理量，式(8.5)以积分形式表示了场强与电势之间的关系，即电势等于电场强度的线积分。反过来，场强与电势的关系也应该可以用微分形式表示出来，即场强等于电势的导数。但由于场强是一个矢量，这后一导数关系显得复杂一些。下面我们来导出场强与电势的关系的微分形式。

在电场中考虑沿任意的 $\boldsymbol{l}$ 方向相距很近的两点 P_1 和 P_2(图 8.8)，从 P_1 到 P_2 的微小位移矢量为 $\mathrm{d}\boldsymbol{l}$。根据定义式(8.8)，这两点间的电势差为

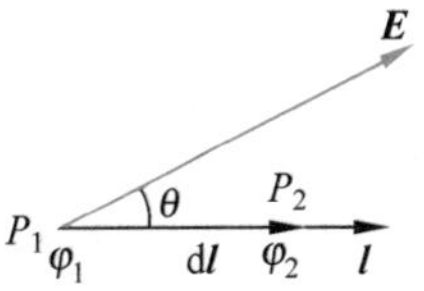

图 8.8 电势的空间变化率

$$\varphi_1-\varphi_2=\boldsymbol{E}\cdot\mathrm{d}\boldsymbol{l}$$

由于 $\varphi_2=\varphi_1+\mathrm{d}\varphi$，其中 $\mathrm{d}\varphi$ 为 φ 沿 $\boldsymbol{l}$ 方向的增量，所以

$$\varphi_1-\varphi_2=-\mathrm{d}\varphi=\boldsymbol{E}\cdot\mathrm{d}\boldsymbol{l}=E\mathrm{d}l\cos\theta$$

式中 θ 为 $\boldsymbol{E}$ 与 $\boldsymbol{l}$ 之间的夹角。由此式可得

$$E\cos\theta = E_l = -\frac{d\varphi}{dl} \tag{8.13}$$

式中$\frac{d\varphi}{dl}$为电势函数沿 $\boldsymbol{l}$ 方向经过单位长度时的变化，即电势对空间的变化率。式(8.13)说明，在电场中某点场强沿某方向的分量等于电势沿此方向的空间变化率的负值。

由式(8.13)可看出，当 $\theta=0$ 时，即 $\boldsymbol{l}$ 沿着 $\boldsymbol{E}$ 的方向时，变化率 $d\varphi/dl$ 有最大值，这时

$$E = -\left.\frac{d\varphi}{dl}\right|_{max} \tag{8.14}$$

过电场中任意一点，沿不同方向其电势随距离的变化率一般是不等的。沿某一方向其电势随距离的变化率最大，此最大值称为该点的**电势梯度**。电势梯度是一个矢量，**它的方向是该点附近电势升高最快的方向**。

式(8.14)说明，电场中任意点的场强等于该点电势梯度的负值，负号表示该点场强方向和电势梯度方向相反，即**场强指向电势降低的方向**。

当电势函数用直角坐标表示，即 $\varphi=\varphi(x,y,z)$ 时，由式(8.13)可求得电场强度沿 3 个坐标轴方向的分量，它们是

$$E_x = -\frac{\partial \varphi}{\partial x},\quad E_y = -\frac{\partial \varphi}{\partial y},\quad E_z = -\frac{\partial \varphi}{\partial z} \tag{8.15}$$

将上式合在一起用矢量表示为

$$\boldsymbol{E} = -\left(\frac{\partial \varphi}{\partial x}\boldsymbol{i} + \frac{\partial \varphi}{\partial y}\boldsymbol{j} + \frac{\partial \varphi}{\partial z}\boldsymbol{k}\right) \tag{8.16}$$

这就是式(8.14)用直角坐标表示的形式。梯度常用 grad 或 ▽ 算符[①]表示，这样式(8.16)又常写作

$$\boldsymbol{E} = -\operatorname{grad}\varphi = -\nabla\varphi \tag{8.17}$$

上式就是电场强度与电势的微分关系，由它可方便地根据电势分布求出场强分布。

需要指出的是，场强与电势的关系的微分形式说明，电场中某点的场强决定于电势在该点的空间变化率，而与该点电势值本身无直接关系。

电势梯度的单位名称是伏每米，符号为 V/m。根据式(8.14)，场强的单位也可用 V/m 表示，它与场强的另一单位 N/C 是等价的。

例 8.5

带电圆环的静电场。根据例 8.3 中得出的在均匀带电细圆环轴线上任一点的电势公式

$$\varphi = \frac{q}{4\pi\varepsilon_0 (R^2 + x^2)^{1/2}}$$

求轴线上任一点的场强。

解 由于均匀带电细圆环的电荷分布对于轴线是对称的，所以轴线上各点的场强在垂直于轴线方向的分量为零，因而轴线上任一点的场强方向沿 x 轴。由式(8.16)得

---

① 在直角坐标系中 ▽ 算符定义为

$$\nabla = \left(\boldsymbol{i}\frac{\partial}{\partial x} + \boldsymbol{j}\frac{\partial}{\partial y} + \boldsymbol{k}\frac{\partial}{\partial z}\right)$$

$$E = E_x = -\frac{\partial \varphi}{\partial x} = -\frac{\partial}{\partial x}\left[\frac{q}{4\pi\varepsilon_0 (R^2 + x^2)^{1/2}}\right]$$

$$= \frac{qx}{4\pi\varepsilon_0 (R^2 + x^2)^{3/2}}$$

这一结果与例 7.2 的结果相同。

由于电势是标量，因此根据电荷分布用叠加法求电势分布是标量积分，再根据式(8.16)由电势的空间变化率求场强分布是微分运算。这虽然经过两步运算，但是比起根据电荷分布直接利用场强叠加来求场强分布有时还是简单些，因为后一运算是矢量积分。

可以附带指出，在电磁学中，电势是一个重要的物理量，由它可以求出电场强度。由于电场强度能给出电荷受的力，从而可以根据经典力学求出电荷的运动，所以就认为电场强度是反映电场的**真实**的一个物理量，而电势不过是一个用来求电场强度的辅助量①。

8.6 点电荷在外电场中的静电势能

由于静电场是保守场，也即在静电场中移动电荷时，静电场力做功与路径无关，所以任一电荷在静电场中都具有势能，这一势能叫**静电势能**(或称**静电能**)。由于静电场中任一点的电势 φ 等于单位正电荷自该点移动到电势零点时电场力做的功，所以它也就等于单位正电荷在该点时的电势能(以电势零点为电势能零点)。于是，点电荷 q 在外电场中任一点的电势能就是

$$W = q\varphi \tag{8.18}$$

这就是说，一个点电荷在电场中某点的电势能等于它的电量与电场中该点电势的乘积。在电势零点处，该点电荷的电势能为零。

应该指出，一个点电荷在外电场中的电势能是属于该点电荷与场源电荷系所共有的，是一种相互作用能。

国际单位制中，电势能的单位就是一般能量的单位，符号为 J。还有一种常用的能量单位名称为电子伏，符号为 eV，1 eV 表示 1 个电子通过 1 V 电势差时所获得的动能，

$$1\ \text{eV} = 1.60 \times 10^{-19}\ \text{J}$$

例 8.6

电偶极子的电势能。求电矩 $\boldsymbol{p} = q\boldsymbol{l}$ 的电偶极子(图 8.9)在均匀外电场 $\boldsymbol{E}$ 中的电势能。

解 由式(8.18)可知，在均匀外电场中电偶极子中正、负电荷(分别位于 A, B 两点)的电势能(以电场中某点为电势零点)分别为

$$W_+ = q\varphi_A, \quad W_- = -q\varphi_B$$

电偶极子在外电场中的电势能为

$$W = W_+ + W_- = q(\varphi_A - \varphi_B)$$
$$= -qlE\cos\theta = -pE\cos\theta$$

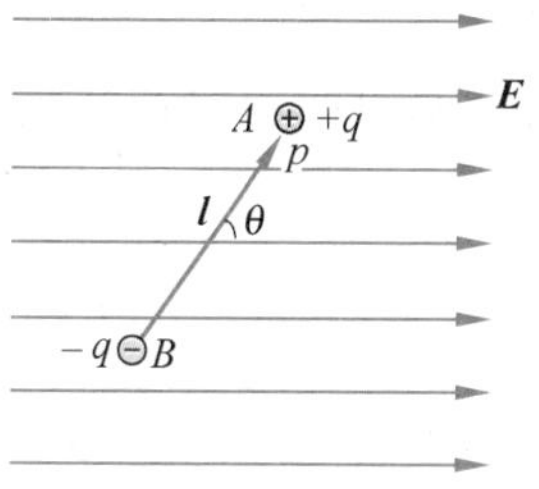

图 8.9 电偶极子在外电场中的电势能计算

① 这种观点现在已有变化。量子电动力学给出 φ 是"真实的"物理量，由它可以求出电场 $\boldsymbol{E}$。这一理论结论已在 1985 年为实验证实。

式中 θ 是 $\boldsymbol{p}$ 与 $\boldsymbol{E}$ 的夹角。将上式写成矢量形式，则有

$$W = -\boldsymbol{p} \cdot \boldsymbol{E} \tag{8.19}$$

上式表明，当电偶极子取向与外电场一致时，电势能最低；取向相反时，电势能最高；当电偶极子取向与外电场方向垂直时，电势能为零。

例 8.7

电子与原子核的静电势能。电子与原子核距离为 r，电子带电量为 $-e$，原子核带电量为 Ze。求电子在原子核电场中的电势能。

解 以无限远为电势零点，在原子核的电场中，电子所在处的电势为

$$\varphi = \frac{Ze}{4\pi\varepsilon_0 r}$$

由式(8.18)知，电子在原子核电场中的电势能为

$$W = -e\varphi = \frac{-Ze^2}{4\pi\varepsilon_0 r}$$

这一能量应理解为电子和原子核这一系统的静电势能。

8.7 静电场的能量

当谈到能量时，常常要说能量属于谁或存于何处。根据超距作用的观点，一组电荷系的静电能只能是属于系内那些电荷本身，或者说由那些电荷携带着。但也只能说静电能属于这电荷系整体，说其中某个电荷携带多少能量是完全没有意义的，因此也就很难说电荷带有能量。从场的观点看来，很自然地可以认为静电能就储存在电场中。下面定量地说明电场能量这一概念。

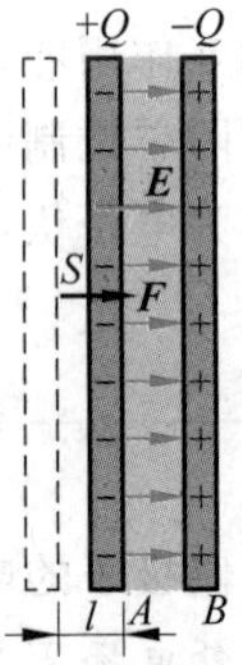

图 8.10 静电场的能量推导用图

考虑一对面积为 S，相对两面分别带有电量 $+Q$ 和电量 $-Q$ 的平行金属板 A 和 B(图 8.10)。在例 7.9 中已得出其板间电场是均匀场且电场强度为

$$E = \frac{\sigma}{\varepsilon_0} = \frac{Q}{\varepsilon_0 S}$$

根据式(7.27)，A，B 板各自在两侧板上产生的电场 $E = \frac{\sigma}{2\varepsilon_0}$，因而两金属板相对两表面单位面积受力为 $f = \sigma^2/2\varepsilon_0 = Q^2/2\varepsilon_0 S^2$，而整个表面受力分别为

$$F_A = F_B = fS = \frac{Q^2}{2\varepsilon_0 S}$$

这一对力是相互吸引的力。设想金属板 A 在此力作用下向 B 移近 l 的距离，电场力做功为

$$A = F_A l = \frac{Q^2}{2\varepsilon_0 S} l$$

电场力做功需要有能量的来源。由于 A 板这样移动后，厚为 l 面积为 S 的空间内的电场消失了，而周围并没有其他的变化，我们可以把这功和这电场的消失联系起来，而认为做这样多的功所需的能量原来就储存在这消失的电场中，因而得这消失的电场所储存的静电能

量为

$$W = A = \frac{Q^2}{2\varepsilon_0 S} l$$

由于这电场的电场强度为 $E = Q/\varepsilon_0 S$，所以上述静电能又可写作

$$W = \frac{\varepsilon_0 E^2}{2} Sl = \frac{\varepsilon_0 E^2}{2} V$$

式中 $V = Sl$ 即消失的电场的体积，也就是储存这样多能量的电场的体积。由于电场在此体积内是均匀的(忽略边缘效应)，所以又可引入**电场能量密度**概念。以 w_e 表示电场能量密度，则由上式可得

$$w_e = \frac{W}{V} = \frac{\varepsilon_0 E^2}{2} \tag{8.20}$$

此处关于电场能量的概念和能量密度公式虽然是由一个特例导出的，但可以证明它适用于静电场的一般情况。如果知道了一个带电系统的电场分布，则可将式(8.20)对全空间 V 进行积分以求出一个带电系统的电场的总能量，即

$$W = \int_V w_e \mathrm{d}V = \int_V \frac{\varepsilon_0 E^2}{2} \mathrm{d}V \tag{8.21}$$

这也就是该带电系统的总能量。

提要

1. **静电场是保守场：** $\oint_C \boldsymbol{E} \cdot \mathrm{d}\boldsymbol{r} = 0$

2. **电势：** $\varphi_P = \int_{(P)}^{(P_0)} \boldsymbol{E} \cdot \mathrm{d}\boldsymbol{r}$ （P_0 是电势零点）

   电势叠加原理： $\varphi = \sum \varphi_i$

3. **点电荷的电势：** $\varphi = \dfrac{q}{4\pi\varepsilon_0 r}$

   电荷连续分布的带电体的电势：

$$\varphi = \int \frac{\mathrm{d}q}{4\pi\varepsilon_0 r}$$

4. **电场强度 $\boldsymbol{E}$ 与电势 φ 的关系的微分形式：**

$$\boldsymbol{E} = -\operatorname{grad} \varphi = -\nabla \varphi = -\left(\frac{\partial \varphi}{\partial x}\boldsymbol{i} + \frac{\partial \varphi}{\partial y}\boldsymbol{j} + \frac{\partial \varphi}{\partial z}\boldsymbol{k}\right)$$

5. **等势面：**电场中其上电势处处相等的曲面。电场线处处与等势面垂直，并指向电势降低的方向；电场线密处等势面间距小。

   静电平衡的导体是一等势体。

6. **电荷在外电场中的电势能：** $W = q\varphi$

   移动电荷时电场力做的功：

$$A_{12} = q(\varphi_1 - \varphi_2)$$

   电偶极子在外电场中的电势能： $W = -\boldsymbol{p} \cdot \boldsymbol{E}$

7. 静电场的能量： 静电能储存在电场中，带电系统总电场能量为

$$W = \int_V w_e \mathrm{d}V$$

其中 w_e 为电场能量密度。在真空中，

$$w_e = \frac{\varepsilon_0 E^2}{2}$$

自测简题

8.1 按各点电势高低由高到低对下列各点排序

(1) 离点电荷 q 距离为 a 的点；(2) 离点电荷 $2q$ 距离为 $2a$ 的点；(3) 离点电荷 $6q$ 距离为 $2a$ 的点；(4) 离点电荷 $10q$ 距离为 $5a$ 的点。

8.2 验证如右图示的电荷分布，P 点的电势等于

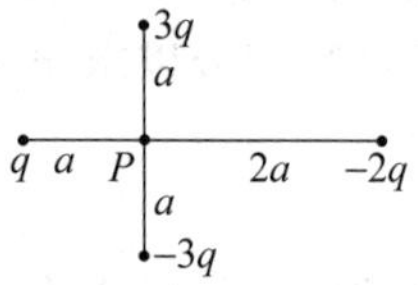

(1) $\frac{8q}{a}$；(2) 0；(3) $\frac{q}{a}$；(4) $\frac{6q}{a}$。

8.3 一无限长带电直线，线电荷密度为 λ，将电荷 q_0 由离直线距离为 a 处移到距离为 $2a$ 处，电场力做功为

(1) $-\frac{\lambda}{2\pi\varepsilon_0}\ln 2$；(2) $\frac{\lambda}{2\pi\varepsilon_0}\ln 2$；(3) $\frac{\lambda}{4\pi\varepsilon_0}\ln 2$。

8.4 验证两块面积均为 S 的金属平板相对放置间距为 d，分别带有总电量 $+Q$ 和 $-Q$ 板间为均匀电场充满用电场能量密度计算，这电场的总能量为

(1) $\frac{Q^2}{2\varepsilon_0 S}d$；(2) $\frac{Q^2}{4\pi\varepsilon_0 d}$。

思考题

8.1 下列说法是否正确？请举一例加以论述。

(1) 场强相等的区域，电势也处处相等；

(2) 场强为零处，电势一定为零；

(3) 电势为零处，场强一定为零；

(4) 场强大处，电势一定高。

8.2 选一条方便路径直接从电势定义说明偶极子中垂面上各点的电势为零。

8.3 试用环路定理证明：静电场电场线永不闭合。

8.4 如果在一空间区域内电势是常量，对于这区域内的电场可得出什么结论？如果在一表面上的电势为常量，对于这表面上的电场强度又能得出什么结论？

8.5 已知在地球表面以上电场强度方向指向地面，在地面以上电势随高度增加还是减小？

8.6 为什么鸟能安全地停在 30 000 V 的高压输电线上？

习题

8.1 两个同心球面，半径分别为 10 cm 和 30 cm，小球均匀带有正电荷 1×10^{-8} C，大球均匀带有正电荷 1.5×10^{-8} C。求离球心分别为(1)20 cm；(2)50 cm 的各点的电势。

8.2 一均匀带电细杆，长 $l=15.0$ cm，线电荷密度 $\lambda=2.0\times10^{-7}$ C/m，求：

(1) 细杆延长线上与杆的一端相距 $a=5.0$ cm 处的电势；

(2) 细杆中垂线上与细杆相距 $b=5.0$ cm 处的电势。

8.3 求半径分别为 R_1 和 R_2 的两同轴圆柱面之间的电势差，给定两圆柱面单位长度分别带有电量 $+\lambda$ 和 $-\lambda$。

8.4 一计数管中有一直径为 2.0 cm 的金属长圆筒，在圆筒的轴线处装有一根直径为 1.27×10^{-5} m 的细金属丝。设金属丝与圆筒的电势差为 1×10^3 V，求：

(1) 金属丝表面的场强大小；

(2) 圆筒内表面的场强大小。

8.5 (1)一个球形雨滴半径为 0.40 mm，带有电量 1.6 pC(1 pC$=10^{-12}$ C)，它表面的电势多大？(2)两个这样的雨滴碰后合成一个较大的球形雨滴，这个雨滴表面的电势又是多大？

8.6 电子束焊接机中的电子枪如图 8.11 所示，图中 K 为阴极，A 为阳极，其上有一小孔。阴极发射的电子在阴极和阳极电场作用下聚集成一细束，以极高的速率穿过阳极上的小孔，射到被焊接的金属上，使两块金属熔化而焊接在一起。已知，$\varphi_A-\varphi_K=2.5\times10^4$ V，并设电子从阴极发射时的初速率为零。求：

(1) 电子到达被焊接的金属时具有的动能(用电子伏表示)；

(2) 电子射到金属上时的速率。

8.7 一边长为 a 的正三角形，其三个顶点上各放置 q，$-q$ 和 $-2q$ 的点电荷，求此三角形重心上的电势。将一电量为 $+Q$ 的点电荷由无限远处移到重心上，外力要做多少功？

8.8 如图 8.12 所示，有三块互相平行的导体板，外面的两块用导线连接，原来不带电。中间一块上所带总面电荷密度为 1.3×10^{-5} C/m^2。求每块板的两个表面的面电荷密度各是多少？(忽略边缘效应。)

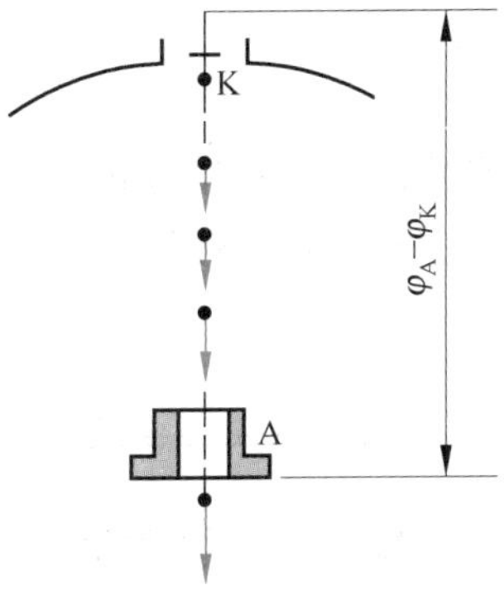

图 8.11 习题 8.6 用图

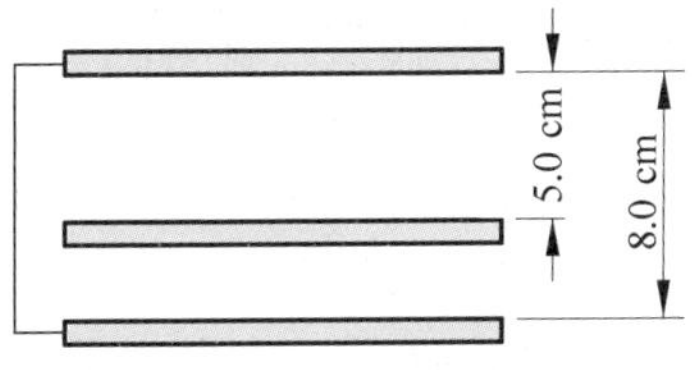

图 8.12 习题 8.8 用图

8.9 在距一个原来不带电的实心导体球的中心 r 处放置一个电量为 q 的点电荷。此导体球的电势是多少？

*8.10 假设某一瞬时，氦原子的两个电子正在核的两侧，它们与核的距离都是 0.20×10^{-10} m。这种配置状态的静电势能是多少？(把电子与原子核看作点电荷。)

8.11 地球表面上空晴天时的电场强度约为 100 V/m。

(1) 此电场的能量密度多大？

(2) 假设地球表面以上 10 km 范围内的电场强度都是这一数值，那么在此范围内所储存的电场能共是多少 kW·h？

*8.12 按照**玻尔理论**，氢原子中的电子围绕原子核作圆运动，维持电子运动的力为库仑力。轨道的大小取决于角动量，最小的轨道角动量为 $\hbar=1.05\times10^{-34}$ J·s，其他依次为 $2\hbar$, $3\hbar$，等等。

(1) 证明：如果圆轨道有角动量 $n\hbar(n=1,2,3,\cdots)$，则其半径 $r=\frac{4\pi\varepsilon_0}{m_e e^2}n^2\hbar^2$；

(2) 证明：在这样的轨道中，电子的轨道能量(动能+势能)为

$$W=-\frac{m_e e^4}{2(4\pi\varepsilon_0)^2\hbar^2}\frac{1}{n^2}$$

(3) 计算 $n=1$ 时的轨道能量(用 eV 表示)。

第 9 章

电容器和介电质

介电质是绝缘体的别名。前面两章我们讨论了真空中以及导体存在时的电场。本章将讨论介电质和电场的相互影响。为了讲解的方便,先介绍一种用途广泛的电学元件——电容器。然后说明电场对介电质的影响——电极化以及介电质极化后对电场的影响,为此引入电位移矢量及高斯定律。最后介绍电容器的能量并导出有介电质存在时的电场能量密度公式。

9.1 电容器及其电容

靠近的两个导体带电时会通过它们的电场相互发生影响。这在实际的电子线路中是需要考虑的,也常利用这种现象为特定目的形成特殊分布的电场,电容器就是一例。

电容器的最简单而且最基本的形式是平行板电容器。它是用两块平行放置的相互绝缘的金属板构成的(图 9.1),本节讨论板间为真空的情况。平行板电容器带电时,它的两个金属板的相对的两个表面(这是一个电容器的有效表面)上总是同时分别带上等量异号的电荷 $+Q$ 和 $-Q$,这时两板间有一定的电压 $U=\varphi_+-\varphi_-$。一个电容器所带的电量 Q 总与其电压 U 成正比,比值 Q/U 叫电容器的**电容**。以 C 表示电容器的电容,就有

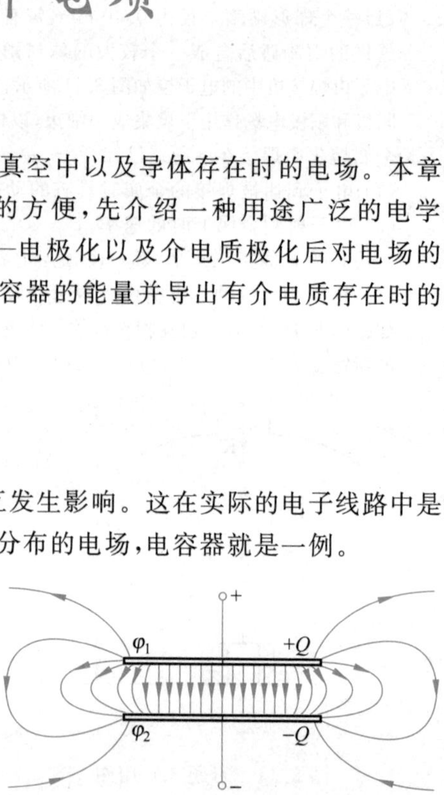

图 9.1 平行板电容器带电和电场分布情况

$$C=\frac{Q}{U} \tag{9.1}$$

电容器的电容决定于电容器本身的结构,即两导体的形状、尺寸以及两导体间介电质的种类(见 9.3 节)等,而与它所带的电量无关。

在国际单位制中,电容的单位名称是法[拉],符号为 F,

$$1\ \mathrm{F}=1\ \mathrm{C/V}$$

实际上 1 F 是非常大的,常用的单位是 μF 或 pF 等较小的单位,

$$1\ \mu\mathrm{F}=10^{-6}\ \mathrm{F}$$

$$1\ \mathrm{pF}=10^{-12}\ \mathrm{F}$$

从式(9.1)可以看出，在电压相同的条件下，电容 C 越大的电容器，所储存的电量越多。这说明电容是反映电容器储存电荷本领大小的物理量。实际上除了储存电量外，电容器在电工和电子线路中起着很多作用。交流电路中电流和电压的控制，发射机中振荡电流的产生，接收机中的调谐，整流电路中的滤波，电子线路中的时间延迟等都要用到电容器。

简单电容器的电容易于计算出来，下面举几个例子。对如图 9.1 所示的平行板电容器，以 S 表示两平行金属板相对着的表面积，以 d 表示两板之间的距离，仍设两板间为真空。为了求它的电容，我们假设它带上电量 Q(即两板上相对的两个表面分别带上 $+Q$ 和 $-Q$ 的电荷)。忽略边缘效应(即边缘处电场的不均匀情况)，可以认为它的两板间的电场是均匀电场，电场强度为

$$E=\frac{\sigma}{\varepsilon_0}=\frac{Q}{\varepsilon_0 S}$$

两板间的电压就是

$$U=Ed=\frac{Qd}{\varepsilon_0 S}$$

将此电压代入电容的定义式(9.1)就可得出平行板电容器的电容为

$$C=\frac{\varepsilon_0 S}{d} \tag{9.2}$$

圆柱形电容器由两个同轴的金属薄壁圆筒组成。如图 9.2 所示，设筒的长度为 L，两筒的半径分别为 R_1 和 R_2，两筒之间仍设为真空。为了求出这种电容器的电容，我们也假设它带有电量 Q(即外筒的内表面和内筒的外表面分别带有电量 $-Q$ 和 $+Q$)。忽略两端的边缘效应，可以求出，在两圆筒间距离轴线为 r 的一点的电场强度为

$$E=\frac{Q}{2\pi\varepsilon_0 rL}$$

场强的方向垂直于轴线而沿径向，由此可以求出两圆筒间的电压为

$$U=\int \boldsymbol{E}\cdot \mathrm{d}\boldsymbol{r}=\int_{R_1}^{R_2}\frac{Q}{2\pi\varepsilon_0 rL}\mathrm{d}r=\frac{Q}{2\pi\varepsilon_0 L}\ln\frac{R_2}{R_1}$$

将此电压代入电容的定义式(9.1)，就可得圆柱形电容器的电容为

$$C=\frac{2\pi\varepsilon_0 L}{\ln(R_2/R_1)} \tag{9.3}$$

球形电容器是由两个同心的导体球壳组成。如果两球壳间为真空(图 9.3)，则可用与上面类似的方法求出球形电容器的电容为

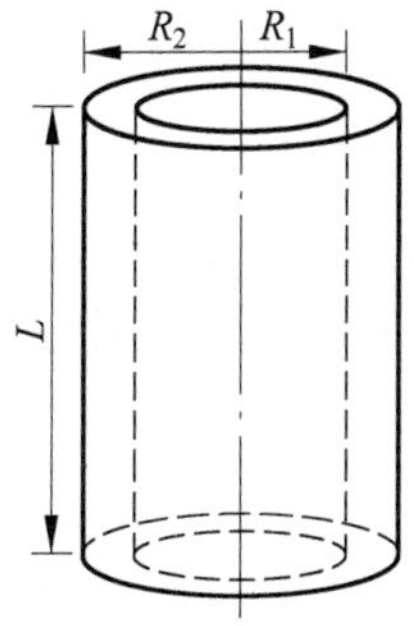

图 9.2 圆柱形电容器

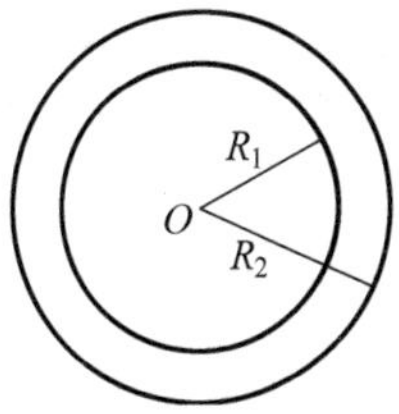

图 9.3 球形电容器

$$C = \frac{4\pi\varepsilon_0 R_1 R_2}{R_2 - R_1} \tag{9.4}$$

式中 R_1 和 R_2 分别表示内球壳外表面和外球壳内表面的半径。

式(9.2)、式(9.3)和式(9.4)的结果都表明电容的确只决定于电容器的结构。

实际的电工和电子装置中任何两个彼此隔离的导体之间都有电容，例如两条输电线之间，电子线路中两段靠近的导线之间都有电容。这种电容实际上反映了两部分导体之间通过电场的相互影响，有时叫做“杂散电容”或“分布电容”。在有些情况下(如高频率的变化电流)，这种杂散电容对电路的性质产生明显的影响。

对一个孤立导体，可以认为它和无限远处的另一导体组成一个电容器。这样一个电容器的电容就叫做这个孤立导体的电容。例如对一个在空气中的半径为 R 的孤立的导体球，就可以认为它和一个半径为无限大的同心导体球组成一个电容器。这样，利用式(9.4)，使 $R_2 \to \infty$，将 R_1 改写为 R，又因为空气可近似地当真空处理，所以这个导体球的电容就是

$$C = 4\pi\varepsilon_0 R \tag{9.5}$$

衡量一个实际的电容器的性能有两个主要的指标，一个是它的电容的大小，另一个是它的耐(电)压能力。使用电容器时，所加的电压不能超过规定的耐压值，否则在介电质中就会产生过大的场强，而使它有被击穿而失效的危险(见9.3节)。

9.2 电容器的联接

在实际电路中当遇到单独一个电容器的电容或耐压能力不能满足要求时，就把几个电容器联接起来使用。电容器联接的基本方式有并联和串联两种。

并联电容器组如图9.4(a)所示。这时各电容器的电压相等，即总电压 U，而总电量 Q 为各电容器所带的电量之和。以 $C=Q/U$ 表示电容器组的总电容或等效电容，则可证明，对并联电容器组，

$$C_{\text{par}} = \sum C_i \tag{9.6}$$

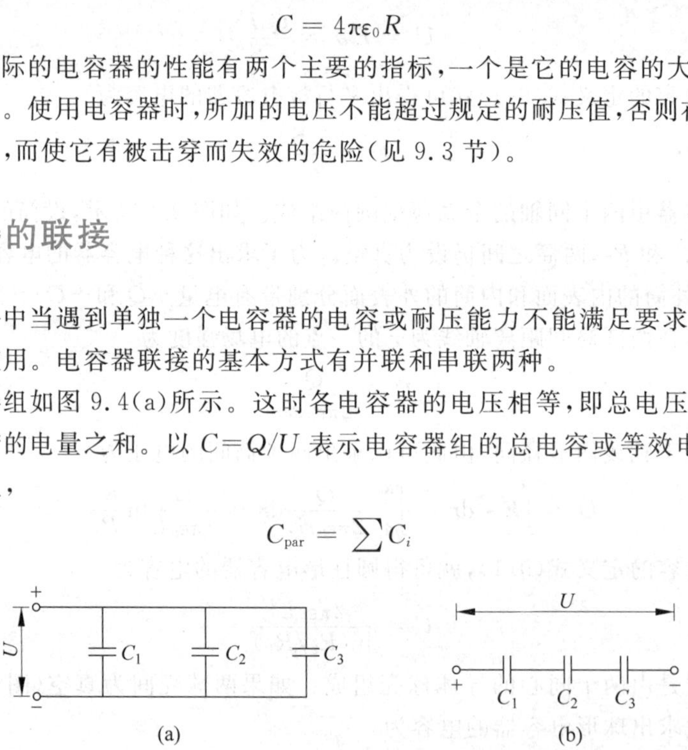

图9.4 电容器联接

(a) 三个电容器并联；(b) 三个电容器串联

串联电容器组如图9.5(b)所示。这时各电容器所带电量相等，也就是电容器组的总电量 Q，总电压 U 等于各个电容器的电压之和。仍以 $C=Q/U$ 表示总电容，则可以证明，对于串联电容器组

$$\frac{1}{C_{\text{ser}}} = \sum \frac{1}{C_i} \tag{9.7}$$

电容器的并联和串联比较如下。并联时，总电容增大了，但因每个电容器都直接连到电压源上，所以电容器组的耐压能力受到耐压能力最低的那个电容器的限制。串联时，总电容

比每个电容器都减小了,但是,由于总电压分配到各个电容器上,所以可以提高电容器组的耐压能力。

下面给出式(9.6)和式(9.7)的证明。

对图9.4(a)表示的三个电容器并联情况,由于它们的一个板连在一起,另一个板也连在一起,连在一起的板的电势相等,所以各电容器具有相同的电压,即 $U_1=U_2=U_3=U$,即 U 为电容器组的电压。由于各电容器的电量都是由电源供给的,所以电容器的总电量为 $Q=Q_1+Q_2+Q_3$。根据式(9.1),电容器组的总电容为

$$C=\frac{Q}{U}=\frac{Q_1}{U_1}+\frac{Q_2}{U_2}+\frac{Q_3}{U_3}$$

又根据式(9.1),后面各项分别等于各电容器的电容,所以由上式可得 $C=C_1+C_2+C_3$。把此结果推广到任意多个电容器的并联,就得到式(9.6)。

对图9.4(b)表示的三个电容器串联的情况,各电容器的一个板依次单独与下一个电容器的一个板相连接,电源只向最外面的两板供给电量 $+Q$ 和 $-Q$,其他各板所带电量都是静电感应产生的,所以 $Q_1=Q_2=Q_3=Q$ 即为电容器组的总电量。电容器组的总电压显然等于各电容器的电压之和,即 $U=U_1+U_2+U_3$。根据式(9.1),以 C 表示电容器的总电容,则其倒数

$$\frac{1}{C}=\frac{U}{Q}=\frac{U_1}{Q_1}+\frac{U_2}{Q_2}+\frac{U_3}{Q_3}$$

又根据式(9.1),后面各项分别等于各电容器电容的倒数。所以由上式可得 $\frac{1}{C}=\frac{1}{C_1}+\frac{1}{C_2}+\frac{1}{C_3}$,把这一结果推广到任意多个电容器的串联,就得到式(9.7)。

例 9.1

电容器的混联。 三个电容器 $C_1=20\ \mu\text{F}$,$C_2=40\ \mu\text{F}$,$C_3=60\ \mu\text{F}$,联接如图9.5所示,求这一组合的总电容。如果在 A、B 间加电压 $U=220$ V,则各电容器上的电压和电量各是多少?

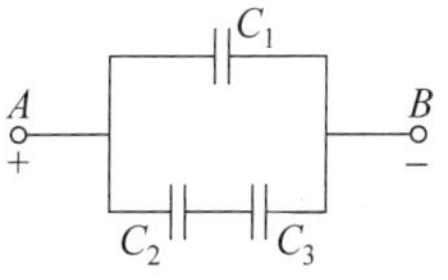

图 9.5 混联电容器组

解 这三个电容器既不是单纯的串联,也不是单纯的并联,而是混联。它是 C_2 和 C_3 串联后又和 C_1 并联,C_2 和 C_3 串联的总电容用式(9.7)计算为

$$C_{23}=\frac{C_2C_3}{C_2+C_3}=\frac{40\times 60}{40+60}=24\ (\mu\text{F})$$

再和 C_1 并联,用式(9.6)计算为

$$C=C_1+C_{23}=20+24=44\ (\mu\text{F})$$

此即此电容器组合的总电容。

由图9.5可知,C_1 的电压即 AB 间的电压,为 $U_1=U=220$ V。由式(9.1)得 C_1 的电量为

$$Q_1=C_1U_1=20\times 10^{-6}\times 220=4.4\times 10^{-3}\ \text{C}$$

C_{23} 上的总电压为 U,由于 C_2 和 C_3 串联,所以 C_2 和 C_3 的电量为

$$Q_2=Q_3=Q=C_{23}U=24\times 10^{-6}\times 220=5.28\times 10^{-3}\ (\text{C})$$

由式(9.1)得 C_2 上的电压为

$$U_2=\frac{Q_2}{C_2}=\frac{5.28\times 10^{-3}}{40\times 10^{-6}}=132(\text{V})$$

而 C_3 上的电压为

$$U_3 = U - U_2 = 220 - 132 = 88(\text{V})$$

9.3 介电质对电场的影响

实际的电容器的两板间总充满着某种介电质(如油、云母、瓷质等),介电质对电容器内的电场有什么影响呢?这可以通过下述实验观察出来。图9.6(a)画出了由两个平行放置的金属板构成的电容器,两板分别带有等量异号电荷$+Q$和$-Q$。板间是空气,可以非常近似地当成真空处理。两板分别连到静电计的直杆和外壳上,这样就可以由直杆上指针偏转的大小测出两带电板之间的电压来。设此时的电压为U_0,如果保持两板距离和板上的电荷都不改变,而在板间充满介电质(图9.6(b)),或把两板插入绝缘液体如油中,则可由静电计的偏转减小发现两板间的电压变小了。以U表示插入介电质后两板间的电压,实验证明,它与U_0的关系可以写成

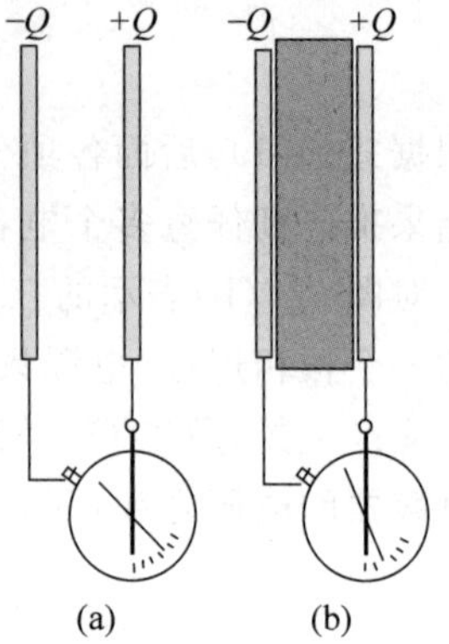

图9.6 介电质对电场的影响

$$U = U_0/\varepsilon_r \tag{9.8}$$

式中ε_r为一个大于1的数,它的大小随介电质的种类和状态(如温度)的不同而不同,是介电质的一种特性常数,叫做介电质的**相对介电常量**(或**相对电容率**)。几种介电质的相对介电常量列在表9.1中。

表9.1 几种介电质的相对介电常量

介电质	相对介电常量 ε_r	介电质	相对介电常量 ε_r
真空	1	云母	4～7
氦(20℃,1 atm①)	1.000 064	纸	约为5
空气(20℃,1 atm)	1.000 55	瓷	6～8
石蜡	2	玻璃	5～10
变压器油(20℃)	2.24	水(20℃,1 atm)	80
聚乙烯	2.3	钛酸钡	10^3～10^4
尼龙	3.5		

① 1 atm=101 325 Pa。

根据电容的定义式$C=Q/U$和上述实验结果(即Q未变而电压U减小为U_0/ε_r)可知,当电容器两板间为介电质充满时,其电容将增大为板间为真空时的ε_r倍,即

$$C = \varepsilon_r C_0 \tag{9.9}$$

其中C和C_0分别表示电容器两板间充满相对介电常量为ε_r的介电质时和两板间为真空时的电容。

在上述实验中,介电质插入后两板间的电压减小,说明由于介电质的插入使板间的电场减弱了。由于$U=Ed$,$U_0=E_0d$,所以

$$E = E_0/\varepsilon_r \tag{9.10}$$

即电场强度减小到板间为真空时的 $1/\varepsilon_r$。为什么会有这个结果呢？我们可以用介电质受电场的影响而发生的变化来说明，而这又涉及介电质的微观结构。8.4 节我们就来说明这一点。

9.4　介电质的极化

介电质是绝缘体的别名，它的分子也是由正电荷(原子核)和负电荷(电子)组成的，因而也能受电场的影响，并且反过来影响电场。当把一块均匀的介电质放到静电场中如图 9.6 所示那样时，它的分子中的正负电荷将受到电场的作用，沿电场发生相反方向的原子尺度上的微小位移而稍稍分离。这时在介电质垂直于外电场的表面上将会有宏观的电荷露出来。由于这种电荷总附着于电介质的表面，所以叫做**束缚电荷**，如图 9.7 中所示的 Q'。金属板上所带电荷 Q 称**自由电荷**。在外电场的作用下，介电质表面出现束缚电荷的现象，叫做**介电质的极化**。如果外加电场很强，则介电质的分子中的正负电荷有可能被拉开而变成可以自由移动的电荷，而使介电质的绝缘性能被破坏而变成导体。这种现象叫**介电质的击穿**。一种介电质材料所能承受的不被击穿的最大电场强度，叫做这种介电质的**介电强度**或**击穿场强**。表 9.2 给出了几种介电质的介电强度的数值。

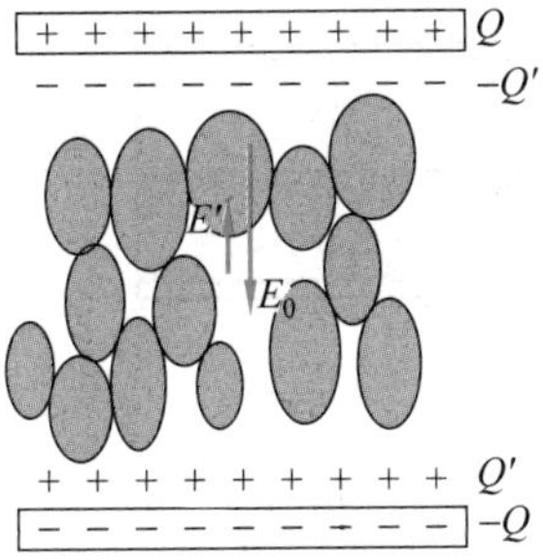

图 9.7　在外电场中的介电质的极化

表 9.2　几种介电质的介电强度

介　电　质	介电强度/(kV/mm)	介　电　质	介电强度/(kV/mm)
空气(1 atm)	3	胶木	20
玻璃	10～25	石蜡	30
瓷	6～20	聚乙烯	50
矿物油	15	云母	80～200
纸(油浸过的)	15	钛酸钡	3

由于介电质的电极化，当两板间充满介电质的电容器带电时，其间介电质的两个表面将出现与相邻极板符号相反的束缚电荷，这束缚电荷也在两板间产生电场($\boldsymbol{E}'$)。这样，电容器两板间的电场比起板间为真空时($\boldsymbol{E}_0$)就被削弱了。

例 9.2

充满介电质的电容器。一平行板电容器板间充满相对介电常量为 ε_r 的介电质。求当它带电量为 Q 时，介电质两表面的面束缚电荷是多少？

解　板间介电质在电荷 $+Q$ 和 $-Q$ 的电场作用下，电极化产生的面束缚电荷 $+Q'$ 和 $-Q'$ 如图 9.8 所示。以 σ 和 σ' 分别表示极板上和介电质表面的面电荷密度，则 $\sigma=Q/S$，$\sigma'=Q'/S$，S 为极板面积。两极板间为真空时，板间电场强度为 $E_0=\sigma/\varepsilon_0$，有介电质时，板间电场应是极板上电荷和面束缚电荷的场强的矢量和，面束缚电荷的电场为 $E'=\sigma'/\varepsilon_0$。由于 $\boldsymbol{E}_0$ 和 $\boldsymbol{E}'$ 方向相反，所以合场强为 $E=E_0-E'=\dfrac{\sigma-\sigma'}{\varepsilon_0}$。再考虑到实验给出的式(9.10)，即 $E=E_0/\varepsilon_r$，可得

$$\frac{\sigma-\sigma'}{\varepsilon_0}=\frac{\sigma}{\varepsilon_0\varepsilon_r}$$

由此可得

$$\sigma'=\frac{\varepsilon_r-1}{\varepsilon_r}\sigma$$

从而有

$$Q'=\frac{\varepsilon_r-1}{\varepsilon_r}Q$$

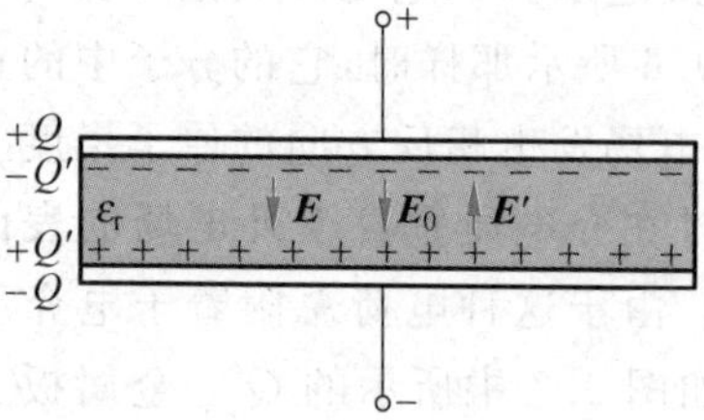

图 9.8 有介电质的电容器电荷分布

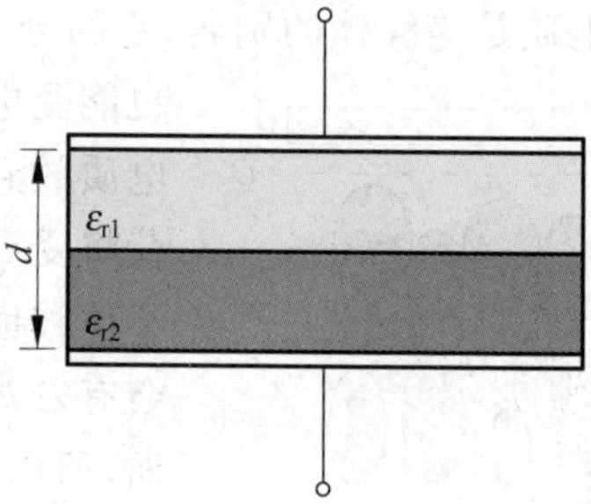

图 9.9 例 9.3 用图

例 9.3

双层介电质。如图 9.9 所示，一平行板电容器的极板面积为 S，板间由两层相对介电常量分别为 ε_{r1} 和 ε_{r2} 的介电质充满，二者厚度都是板间距离 d 的一半。求此电容器的电容。

解 由于两介电质的分界面与板间电场强度垂直，所以该面为一等势面。因此可以设想两介电质在此面上以一薄金属板隔开，这样，图示电容器就可以看作是两个电容器串联组成。由式(9.2)和式(9.9)知，两个电容器的电容分别是

$$C_1=\frac{\varepsilon_0 S}{d/2}\varepsilon_{r1}=\frac{2\varepsilon_0\varepsilon_{r1}S}{d},\quad C_2=\frac{\varepsilon_0 S}{d/2}\varepsilon_{r2}=\frac{2\varepsilon_0\varepsilon_{r2}S}{d}$$

由电容器串联公式(9.7)可得图 9.9 所示电容器的电容为

$$C=\frac{C_1C_2}{C_1+C_2}=\frac{2\varepsilon_0\varepsilon_{r1}\varepsilon_{r2}S}{d(\varepsilon_{r1}+\varepsilon_{r2})}$$

9.5 D 矢量及其高斯定律

在 9.3 节中讲过，对于图 9.6 所示的那种介电质充满电场的情况，实验指出 $\boldsymbol{E}=\boldsymbol{E}_0/\varepsilon_r$。将此式写成 $\varepsilon_0\varepsilon_r\boldsymbol{E}=\varepsilon_0\boldsymbol{E}_0$ 再将两侧对任意封闭面 S 积分，可得

$$\oint_S\varepsilon_0\varepsilon_r\boldsymbol{E}\cdot d\boldsymbol{S}=\varepsilon_0\oint_S\boldsymbol{E}_0\cdot d\boldsymbol{S}=\varepsilon_0\frac{q_{0,\text{in}}}{\varepsilon_0}=q_{0,\text{in}}\tag{9.11}$$

式中第二个等号应用了高斯定律式(10.20)，其中与 $\boldsymbol{E}_0$ 对应的 q_0 是产生 $\boldsymbol{E}_0$ 的**自由电荷**(即不是由于介电质极化产生的束缚电荷)。由于自由电荷，如电容器充电时极板上带的电荷，可以由人们“主动地”安置或移走，上式就具有了实际上的重要性。常常定义一个 $\boldsymbol{D}$ 矢量和 $\boldsymbol{E}$ 及 ε_r 点点对应，即有

$$\boldsymbol{D}\equiv\varepsilon_0\varepsilon_r\boldsymbol{E}\equiv\varepsilon\boldsymbol{E}\tag{9.12}$$

式中 $\varepsilon=\varepsilon_0\varepsilon_r$ 叫介电质的**介电常量**(或**电容率**)，$\boldsymbol{D}$ 称为**电位移矢量**。利用此定义，式(9.11)可以简明地改写成

$$\oint_S \boldsymbol{D} \cdot \mathrm{d}\boldsymbol{S} = q_{0,\mathrm{in}} \tag{9.13}$$

此式的意义是：在有介电质的电场中，通过任意封闭面的电位移通量等于该封闭面包围的自由电荷的代数和。由于式(9.13)和式(7.20)形式相同，所以它就叫做 $\boldsymbol{D}$ **的高斯定律**。

式(9.13)虽然是就图 9.6 的特殊情况导出的，但可以证明，对于一般的情况，即介电质并未充满电场的情况，该式也成立。

对于浸在一个大油箱(油的相对介电常量为 ε_r)中的，带有电荷(即自由电荷)q 的金属球(图 9.10)，可以利用式(9.13)求出

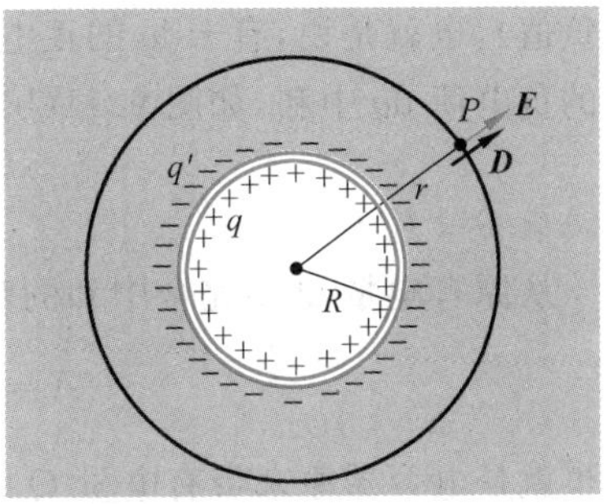

图 9.10 浸在大油箱中的带电导体球的电场

$$\boldsymbol{D} = \frac{q}{4\pi r^2}\boldsymbol{e}_r \tag{9.14}$$

再由式(9.12)，可得

$$\boldsymbol{E} = \frac{q}{4\pi\varepsilon_0\varepsilon_r r^2}\boldsymbol{e}_r \tag{9.15}$$

这一方法使我们不必考虑介电质的电极化情况而能较便捷地求出电场的分布。

9.6 电容器的能量

电容器带电时具有能量可以从下述实验看出。将一个电容器 C、一个直流电源 $\mathscr{E}$ 和一个灯泡 B 连成如图 9.11(a)的电路，先将开关 K 倒向 a 边，当再将开关倒向 b 边时，灯泡会发出一次强的闪光。有的照相机上附装的闪光灯就是利用了这样的装置。

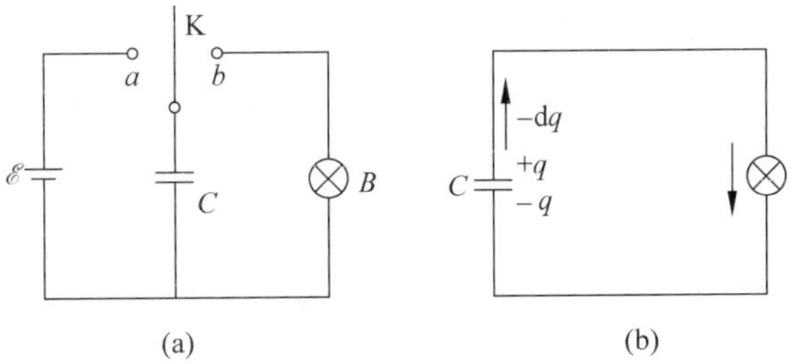

图 9.11 电容器充放电电路图(a)和电容器放电过程(b)

可以这样来分析这个实验现象。开关倒向 a 边时，电容器两板和电源相连，使电容器两板带上电荷。这个过程叫电容器的**充电**。当开关倒向 b 边时，电容器两板上的正负电荷又会通过有灯泡的电路中和。这一过程叫电容器的**放电**。灯泡发光是电流通过它的显示，灯泡发光所消耗的能量是从哪里来的呢？是从电容器释放出来的，而电容器的能量则是它充电时由电源供给的。

现在我们来计算电容器带有电量 Q，相应的电压为 U 时所具有的能量，这个能量可以根据电容器在放电过程中电场力对电荷做的功来计算。设在放电过程中某时刻电容器两极

板所带的电量为 q。以 C 表示电容,则这时两板间的电压为 $u=q/C$。以 $-\mathrm{d}q$ 表示在此电压下电容器由于放电而减小的微小电量(由于放电过程中 q 是减小的,所以 q 的增量 $\mathrm{d}q$ 本身是负值),也就是说,有 $-\mathrm{d}q$ 的正电荷在电场力作用下沿导线从正极板经过灯泡与负极板等量的负电荷 $\mathrm{d}q$ 中和,如图 9.11(b)所示。在这一微小过程中电场力做的功为

$$\mathrm{d}A=(-\mathrm{d}q)u=-\frac{q}{C}\mathrm{d}q$$

从原有电量 Q 到完全中和的整个放电过程中,电场力做的总功为

$$A=\int\mathrm{d}A=-\int_Q^0\frac{q}{C}\mathrm{d}q=\frac{1}{2}\frac{Q^2}{C}$$

这也就是电容器原来带有电量 Q 时所具有的能量。用 W 表示电容器的能量,并利用 $Q=CU$ 的关系,可以得到电容器的能量公式为

$$W=\frac{1}{2}\frac{Q^2}{C}=\frac{1}{2}CU^2=\frac{1}{2}QU \tag{9.16}$$

9.7 介电质中电场的能量

电容器的能量同样可以认为是储存在电容器内的电场之中,并用下面的分析把这个能量和电场强度 E 联系起来。

仍以平行板电容器为例,设板的面积为 S,板间距离为 d,板间充满相对介电常量为 ε_r 的介电质。此电容器的电容由式(9.2)和式(9.9)给出,即

$$C=\frac{\varepsilon_0\varepsilon_r S}{d}$$

将此式代入式(9.16)可得

$$W=\frac{1}{2}\frac{Q^2}{C}=\frac{1}{2}\frac{Q^2 d}{\varepsilon_0\varepsilon_r S}=\frac{\varepsilon_0\varepsilon_r}{2}\left(\frac{Q}{\varepsilon_0\varepsilon_r S}\right)^2 Sd$$

由于电容器的两板间的电场为

$$E=\frac{Q}{\varepsilon_0\varepsilon_r S}$$

所以可得

$$W=\frac{\varepsilon_0\varepsilon_r}{2}E^2 Sd$$

由于电场存在于两板之间,所以 Sd 也就是电容器中电场的体积,因而这种情况下的电场能量体密度 w_e 应表示为

$$w_e=\frac{W}{Sd}=\frac{1}{2}\varepsilon_0\varepsilon_r E^2$$

或

$$w_e=\frac{1}{2}\varepsilon E^2=\frac{1}{2}DE \tag{9.17}$$

式(9.17)虽然是利用平行板电容器推导出来的,但是可以证明,它对于任何介电质内的电场都是成立的。在真空中,由于 $\varepsilon_r=1$,所以式(9.17)就还原为式(8.20),即 $w_e=\frac{1}{2}\varepsilon_0 E^2$。比较式(8.20)和式(9.17)可知,在电场强度相同的情况下,介电质中的电场能量密度将增大

到 ε_r 倍。这是因为在介电质中，不但电场 $\boldsymbol{E}$ 本身像式(8.20)那样储有能量，而且介电质的极化过程也吸收并储存了能量。

一般情况下，有介电质时的电场总能量 W 应该用对式(9.17)的能量密度积分求得，即

$$W = \int w_e \mathrm{d}V = \int \frac{\varepsilon_0 \varepsilon_r E^2}{2} \mathrm{d}V \tag{9.18}$$

此积分应遍及电场分布的空间。

例 9.4

球形电容器储能。 一球形电容器，内外球的半径分别为 R_1 和 R_2（图 9.12），两球间充满相对介电常量为 ε_r 的介电质，求此电容器带有电量 Q 时所储存的电能。

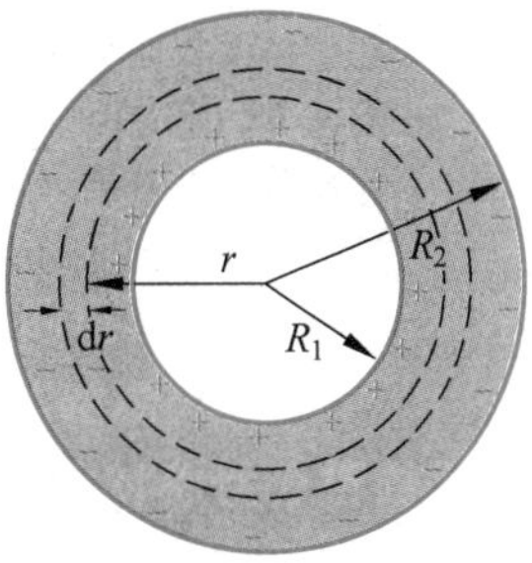

图 9.12 例 9.4 用图

解 由于此电容器的内外球分别带有 $+Q$ 和 $-Q$ 的电量，根据高斯定律可求出内球内部和外球外部的电场强度都是零。两球间的电场分布为

$$E = \frac{Q}{4\pi\varepsilon_0 \varepsilon_r r^2}$$

将此电场分布代入式(9.18)可得此球形电容器储存的电能为

$$W = \int w_e \mathrm{d}V = \int_{R_1}^{R_2} \frac{\varepsilon_0 \varepsilon_r}{2} \left(\frac{Q}{4\pi\varepsilon_0 \varepsilon_r r^2} \right)^2 4\pi r^2 \mathrm{d}r$$

$$= \frac{Q^2}{8\pi\varepsilon_0 \varepsilon_r} \left(\frac{1}{R_1} - \frac{1}{R_2} \right)$$

此电能应该和用式(9.16)计算的结果相同。和式(9.16)中的 $W=\frac{1}{2}\frac{Q^2}{C}$ 比较，可得球形电容器的电容为

$$C = 4\pi\varepsilon_0 \varepsilon_r \frac{R_1 R_2}{R_2 - R_1}$$

此式和式(9.4)（乘以 ε_r）相同。这里利用了能量公式，这是计算电容器电容的另一种方法。

提要

1. 电容器：

电容定义： $C=Q/U$， C 决定于电容器的结构

平行板电容器(板间真空)： $C=\varepsilon_0 S/d$

2. 电容器联接： 并联 $C = \sum C_i$；

串联 $C = 1/\sum (1/C_i)$

3. 介电质对电场的影响： 电容器板间充满介电质(相对介电常量为 ε_r)时，

$$U = U_0/\varepsilon_r, \quad \boldsymbol{E} = \boldsymbol{E}_0/\varepsilon_r, \quad C = \varepsilon_r C_0$$

电场受到影响是由于介电质在电场作用下发生**电极化**产生了**束缚电荷**。

4. D 矢量： $\boldsymbol{D}=\varepsilon_0\varepsilon_r\boldsymbol{E}=\varepsilon\boldsymbol{E}$，$\varepsilon=\varepsilon_0\varepsilon_r$ 为电容率

D 的高斯定律： $\oint_S \boldsymbol{D}\cdot d\boldsymbol{S}=q_{0,\mathrm{in}}$

5. 电容器的能量： $W=\frac{1}{2}\frac{Q^2}{C}=\frac{1}{2}CU^2=\frac{1}{2}QU$

6. 介电质中电场的能量密度： $w_e=\frac{1}{2}\varepsilon_0\varepsilon_r E^2$

自测简题

9.1 一电容器两板间原为真空，当充满介电质后，其板间电场强度 E(1)不变；(2)变小；(3)变大。板间电位移 D(4)不变；(5)变大；(6)变小。

9.2 一电容器的电量增大到2倍时，它的电容 C 就(1)增大到2倍；(2)不变。它储存的电能(3)增大到2倍；(4)增大到4倍；(5)不变。

思考题

9.1 根据静电场环路积分为零证明：平板电容器边缘的电场不可能像图9.13所画的那样突然由均匀电场变为零，而是一定存在着逐渐减弱的“边缘电场”，像图9.1那样。（提示：选一通过电场内外的闭合路径。）

9.2 为什么带电的胶木棒能把不带电的纸屑吸引上来？

9.3 一个介电质板的一部分放在已带电的电容器两板间（图9.14）。如果电容器相对的两个表面很光滑，则介电质板会被吸到电容器内部。为什么？（提示：考虑边缘电场的作用。）

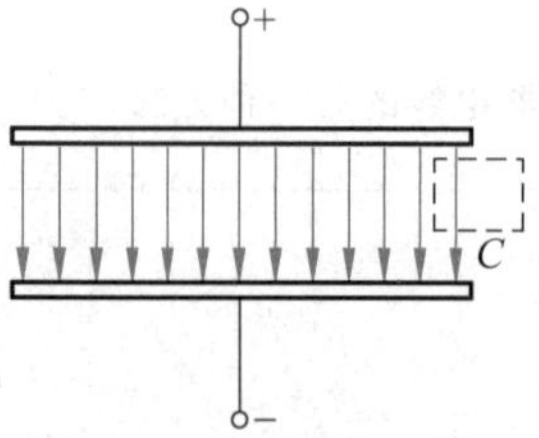

图9.13 思考题9.1用图

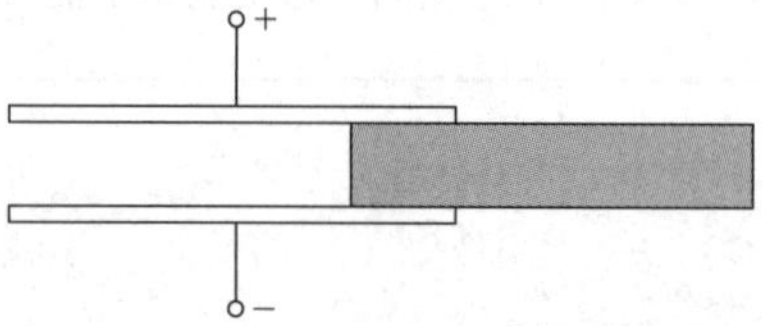

图9.14 思考题9.3用图

9.4 两个极板面积和极板间距离都相等的电容器，一个板间为空气，一个板间为瓷质。二者并联时，哪个储存的电能多？二者串联时，哪个储存的电能多？

习题

9.1 地球的电容是多少法[拉]？

9.2 空气的击穿场强为 3×10^3 kV/m。当一个平行板电容器两极板间是空气而电势差为 50 kV 时，每平方米面积的电容最大是多少？

9.3 如图 9.15 联接三个电容器，$C_1=50\ \mu F$，$C_2=30\ \mu F$，$C_3=20\ \mu F$。

(1) 求该联接的总电容；

(2) 当在 AB 两端加 100 V 的电压后，各电容器上的电压和电量是多少？

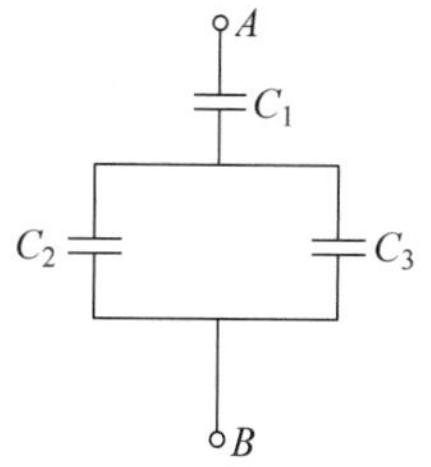

图 9.15 习题 9.3 用图

9.4 有 10 个相同的电容器，电容都是 10 μF。

(1) 先把它们都并联起来，加以 500 V 的电压，若这时将它们很快改为都串联在一起，则可得多高的总电压？可放出的总电量是多少？

(2) 先把它们都串联起来，加以总电压 2000 V，若这时将它们很快改为都并联在一起，则可放出的总电量是多少？总电压变为多少？

9.5 两个电容器的电容分别是 $C_1=20\ \mu F$，$C_2=40\ \mu F$。当它们分别用 $U_1=200$ V 和 $U_2=160$ V 的电压充电后，将两者带相反电荷的极板联接起来，最后它们的电压各是多少？又各带多少电量？

9.6 人体的某些细胞壁两侧带有等量的异号电荷。设某细胞壁厚为 5.2×10^{-9} m，两表面所带面电荷密度为 $\pm0.52\times10^{-3}\ C/m^2$，内表面为正电荷。如果细胞壁物质的相对介电常量为 6.0，求：(1)细胞壁内的电场强度；(2)细胞壁两表面间的电势差。

9.7 用两面夹有铝箔的厚为 5×10^{-2} mm，相对介电常量为 2.3 的聚乙烯膜做一电容器。如果电容为 3.0 μF，则膜的面积要多大？

9.8 如图 9.16 所示的电容器，板面积为 S，板间距为 d，板间各一半被相对介电常量分别为 ε_{r1} 和 ε_{r2} 的电介质充满。求此电容器的电容。

9.9 空气的介电强度为 3 kV/mm，试求空气中半径分别为 1.0 cm，1.0 mm，0.1 mm 的长直导线上单位长度最多各能带多少电荷？

9.10 一个金属球浸在一大油池中。当金属球带电 q 时，和它贴近的油表面会由于油的电极化而带上面束缚电荷。求证此面束缚电荷总量为

$$q'=\left(\frac{1}{\varepsilon_r}-1\right)q$$

式中 ε_r 为油的相对介电常量。

9.11 一种利用电容器测量油箱中油量的装置示意图如图 9.17 所示。附接电子线路能测出等效相对介电常量 $\varepsilon_{r,eff}$（即电容相当而充满板间的电介质的相对介电常量）。设电容器两板的高度都是 a，试导出等效相对介电常量和油面高度的关系，以 ε_r 表示油的相对介电常量。就汽油($\varepsilon_r=1.95$)和甲醇($\varepsilon_r=33$)相比，哪种燃料更适宜用此种油量计？

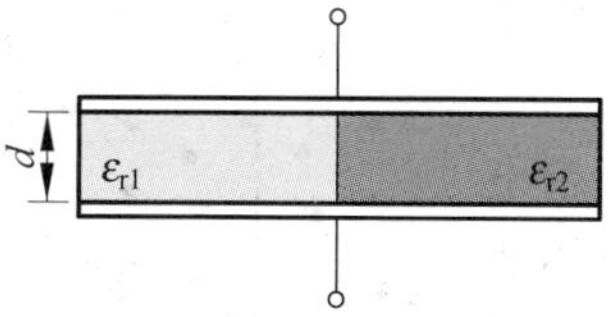

图 9.16 习题 9.8 用图

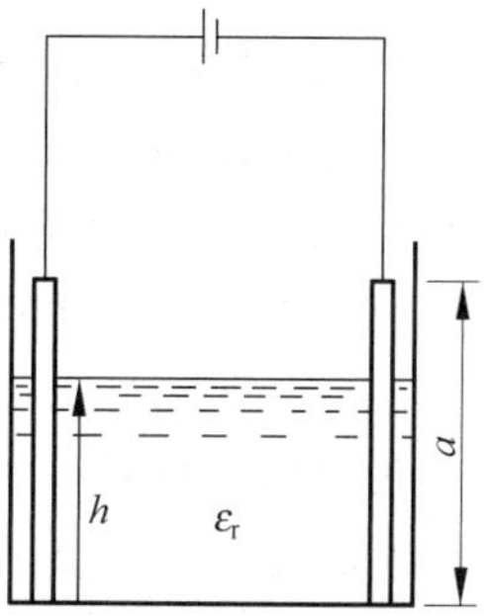

图 9.17 习题 9.11 用图

*9.12 证明：球形电容器带电后，其电场的能量的一半储存在内半径为 R_1，外半径为 $2R_1R_2/(R_1+R_2)$ 的球壳内，式中 R_1 和 R_2 分别为电容器内球和外球的半径。一个孤立导体球带电后其电场能的一半储存在多大的球壳内？

第10章

电流和磁场

前3章介绍了静止电荷间相互作用的规律，引入了电场概念，并对静电场作了较为详细的讲解。本章将讨论运动电荷之间的相互作用。首先简要介绍常见的运动电荷系统，即电流的规律；然后说明运动电荷的另一种相互作用——磁力，并引入磁场的概念。以及表明磁场和它的源即电流的关系的毕奥-萨伐尔定律，安培环路定律。

10.1 电流和电流密度

电流是电荷的定向运动，从微观上看，电流实际上是带电粒子的定向运动。形成电流的带电粒子统称**载流子**。它们可以是电子、质子、正的或负的离子，在半导体中还可能是带正电的“空穴”。

常见的电流是沿着一根导线流动的电流。电流的强弱用**电流**[**强度**]来描述，它等于单位时间里通过导线某一横截面的电量。如果在一段时间 Δt 内通过某一截面的电量是 Δq，则通过该截面的电流 I 是

$$I=\frac{\Delta q}{\Delta t} \tag{10.1}$$

在国际单位制中电流的单位名称是安[培]，符号是 A，

$$1\,\mathrm{A}=1\,\mathrm{C/s}$$

实际上还常常遇到在大块导体中产生的电流。整个导体内各处的电流形成一个“电流场”。例如在有些地质勘探中利用的大地中的电流，电解槽内电解液中的电流，气体放电时通过气体的电流等。在这种情况下为了描述导体中各处电荷定向运动的情况，引入电流密度概念。

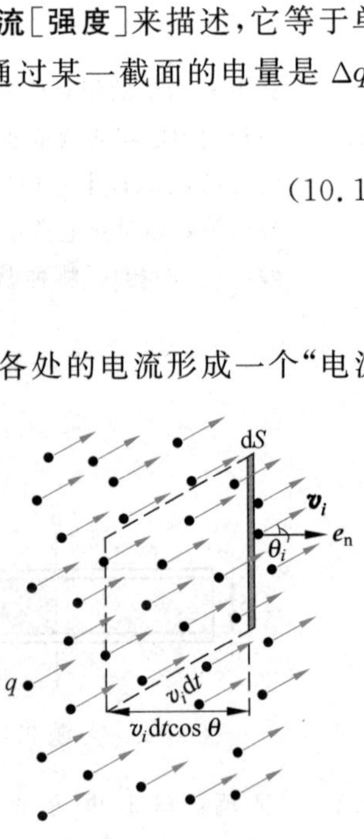

图 10.1 电流密度计算

为简单计，设导体中只有一种载流子，每个载流子所带电量都是 q，但是运动速度可以各不相同。以 n_i 表示单位体积内以速度 $\boldsymbol{v}_i$ 运动的载流子数目，则如图 10.1 所示，在 $\mathrm{d}t$ 时间内通过面元 $\mathrm{d}S$ 的这种速度的载流子的数目为 $n_i v_i\,\mathrm{d}t\cos\theta_i\,\mathrm{d}S=n_i\boldsymbol{v}_i\cdot\mathrm{d}\boldsymbol{S}\mathrm{d}t$。在 $\mathrm{d}t$ 时间内通过 $\mathrm{d}\boldsymbol{S}$ 的各种速度的载流子的数目就是 $\sum_i n_i\boldsymbol{v}_i\cdot\mathrm{d}\boldsymbol{S}\mathrm{d}t$，单位时间内通过 $\mathrm{d}\boldsymbol{S}$ 的电量，也就是通

过 d$\boldsymbol{S}$ 的电流强度为

$$\mathrm{d}I = q\sum n_i \boldsymbol{v}_i \cdot \mathrm{d}\boldsymbol{S}\mathrm{d}t/\mathrm{d}t = q\Big(\sum_i n_i \boldsymbol{v}_i\Big)\cdot \mathrm{d}\boldsymbol{S}$$

以 $\boldsymbol{v}$ 表示所有载流子的平均速度，即 $\boldsymbol{v} = \sum_i n_i \boldsymbol{v}_i / n$，其中 $n = \sum_i n_i$ 是单位体积内载流子数目，即载流子数密度，则上式就可以改写为

$$\mathrm{d}I = qn\,\boldsymbol{v}\cdot \mathrm{d}\boldsymbol{S} \tag{10.2}$$

引入矢量 $\boldsymbol{J}$，并定义

$$\boldsymbol{J} = qn\boldsymbol{v} \tag{10.3}$$

则上一式可以写成

$$\mathrm{d}I = \boldsymbol{J}\cdot \mathrm{d}\boldsymbol{S} \tag{10.4}$$

这样定义的 $\boldsymbol{J}$ 就叫面元 d$\boldsymbol{S}$ 处的**电流密度**。由此定义式可知，对于正载流子，电流密度的方向与载流子的平均速度方向相同；对负载流子，电流密度的方向与载流子的平均速度方向相反。

在式(10.4)中，如果 $\boldsymbol{J}$ 与 d$\boldsymbol{S}$ 垂直，则 $\mathrm{d}I = J\mathrm{d}S$，或 $J = \mathrm{d}I/\mathrm{d}S$。这就是说，**电流密度的大小等于通过垂直于载流子运动方向的单位面积的电流**。

在国际单位制中电流密度的单位名称为安每平方米，符号为 $\mathrm{A/m^2}$。

在金属中，只有一种载流子，即自由电子。一个自由电子带有电量 e，由式(10.3)可得金属中的电流密度应为

$$\boldsymbol{J} = en\boldsymbol{v} \tag{10.5}$$

由于电子电量为负值，所以上式中 $\boldsymbol{J}$ 与 $\boldsymbol{v}$ 的方向相反，即金属中电流密度方向与自由电子平均速度方向相反。

在无外加电场的情况下，金属中的电子做无规则运动，$\boldsymbol{v} = \boldsymbol{0}$，所以不产生电流。在外加电场中，各电子将受同一方向的电场力作用，会在原来的无规则运动速度上叠加一定向速度。这一定向速度的平均值也就是式(10.5)中的平均速度 $\boldsymbol{v}$。这和天空中飘浮的云朵中的水微粒在无规则运动的基础上有一共同速度而表现为云朵整体的运动类似，金属中自由电子的这种平均定向速度叫做**漂移速度**。

图 10.2　通过任一曲面的电流

式(10.4)给出了通过一个面元 d$\boldsymbol{S}$ 的电流，对于电流区域内一个有限的面 S（图 10.2），通过它的电流应为通过它的各面元的电流的代数和，即

$$I = \int_S \mathrm{d}I = \int_S \boldsymbol{J}\cdot \mathrm{d}\boldsymbol{S} \tag{10.6}$$

由此可见，在电流场中，通过某一面的电流就是通过该面的电流密度的通量。它是一个代数量，不是矢量。

通过一个封闭曲面 S 的电流可以表示为

$$I = \oint_S \boldsymbol{J}\cdot \mathrm{d}\boldsymbol{S} \tag{10.7}$$

根据 $\boldsymbol{J}$ 的意义可知，这一公式实际上表示净流出封闭面的电流，也就是单位时间内从封闭面内向外流出的正电荷的电量。根据电荷守恒定律，通过封闭面流出的电量应等于封闭面

内电荷 q_{in} 的减少。因此，式(10.7)应该等于 q_{in} 的减少率，即

$$\oint_S \boldsymbol{J} \cdot \mathrm{d}\boldsymbol{S} = -\frac{\mathrm{d}q_{in}}{\mathrm{d}t} \tag{10.8}$$

这一关系式叫**电流的连续性方程**。

10.2 电流的一种经典微观图像 欧姆定律

10.1 节已指出，在外电场中金属内的自由电子会产生定向运动而形成电流。外电场和电流的关系可以用微观理论加以说明。下面就用经典理论对金属中的电流的形成给出一个近似的形象化的解释。

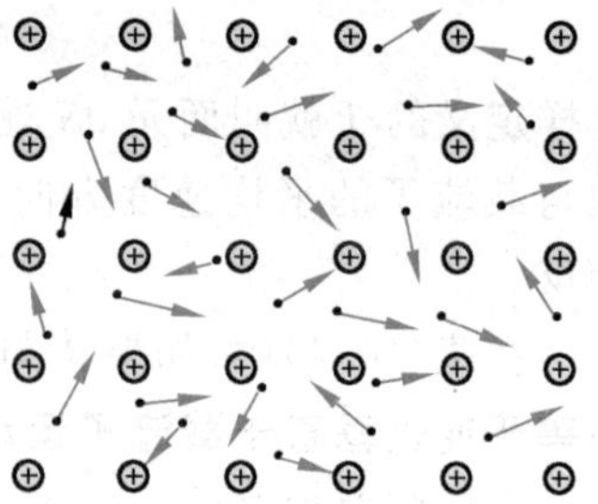

图 10.3 金属中自由电子无规则运动示意图

金属中的自由电子在正离子组成的晶格中间作无规则运动(图 10.3)，在运动中还不断地和正离子作无规则的碰撞。在没有外电场作用时，电子这种无规则运动使得它的平均速度为零，所以没有电流。在外电场 $\boldsymbol{E}$ 加上后，每个电子(电荷为 e)都要受到同一方向的力 $e\boldsymbol{E}$ 的作用，因而在无规则运动的基础上将叠加一个定向运动。由于电子还要不断地和正离子碰撞，所以电子的定向运动并不是持续不断地加速运动。以 $\boldsymbol{v}_{0i}$ 表示第 i 个电子刚经过一次碰撞后的初速度，在此次碰撞后自由飞行一段时间 t_i 到达时刻 t 时的速度应为

$$\boldsymbol{v}_i = \boldsymbol{v}_{0i} + \frac{e\boldsymbol{E}}{m}t_i \tag{10.9}$$

式中 m 是电子的质量。在经过下一次碰撞时，电子的速度又复归于混乱。为了简单起见，我们作一个关于碰撞的统计性假定，即每经过一次碰撞，电子的运动又复归于完全无规则，或者形象化地说，经过一次碰撞，电子完全“忘记”了它在碰撞前的运动情况。这就是说，$\boldsymbol{v}_{0i}$ 是完全无规则的，就好像此前没有被电场加速过一样。从每次碰撞完毕开始，电子都在电场作用下重新开始加速。因此，电子的定向运动是一段一段的加速运动的接替。

为了求出某一时刻 t 的电流密度，我们利用电流密度公式(10.5)，式中的平均速度可以由式(10.6)对所有电子求平均得出。由于 $\boldsymbol{v}_{0i}$ 的完全无规则性，它的平均值为零，于是在时刻 t 各电子的平均速度，亦即形成电流的漂移速度，就是

$$\boldsymbol{v} = \frac{e\boldsymbol{E}}{m}\tau \tag{10.10}$$

其中

$$\tau = \sum_{i=1}^{n} t_i / n$$

是自由电子从上一次碰撞到时刻 t 的自由飞行时间的平均值，它也等于从时刻 t 到各电子遇到下一次碰撞的自由飞行时间的平均值。又因为自由飞行时间是完全无规则的，即下一次自由飞行时间的长短和上一次飞行时间完全无关，所以这一平均值也是电子在任意相邻的两次碰撞之间的自由飞行时间的平均值。我们可以称之为电子的**平均自由飞行时间**。在电场比较弱，电子获得的定向速度和热运动速度相比为甚小的情况下(实际情况正是这样)，这一平均自由飞行时间由热运动决定而与电场强度 $\boldsymbol{E}$ 无关。

将式(10.10)代入式(10.5)可得

$$\boldsymbol{J}=\frac{ne^2\tau}{m}\boldsymbol{E} \tag{10.11}$$

由于 $\boldsymbol{E}$ 的系数和 $\boldsymbol{E}$ 无关，所以得到电流密度 $\boldsymbol{J}$ 与 $\boldsymbol{E}$ 成正比。上式中的比例系数称为金属的电导率，常以 σ 表示，其倒数即为金属的电阻率 ρ，于是有

$$\sigma=\frac{ne^2\tau^{①}}{m}=1/\rho \tag{10.12}$$

而式(10.11)可以写成

$$\boldsymbol{J}=\sigma\boldsymbol{E} \tag{10.13}$$

对于一段长为 l，截面积为 S 的导线来说，当其两端加上电势差 U 时，导线内的电场就是 $E=U/l$(图 10.4)。由式(10.13)可得 $J=\sigma U/l$，而通过导线的电流为

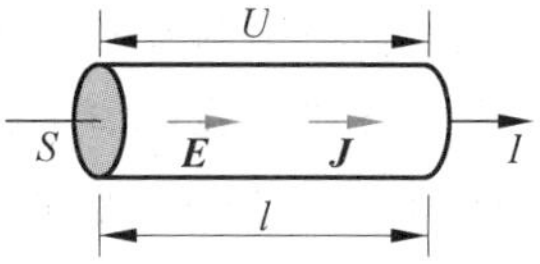

图 10.4　推导欧姆定律用图

$$I=JS=U\sigma S/l=\frac{S}{\rho l}U$$

以 $\rho l/S=R$ 称为导线的**电阻**，则上式写为

$$I=\frac{U}{R} \tag{10.14}$$

这正是用于一段金属导线的欧姆定律，因而式(10.13)又称做欧姆定律的微分形式。

导体内各处电流密度不随时间改变的电流称为**恒定电流**。对于恒定电流，必然有

$$I=\oint_S \boldsymbol{J}\cdot \mathrm{d}\boldsymbol{S}=0$$

即电流必然是闭合的。这是因为，如果不然，则由式(10.8)得 $\mathrm{d}q_{\mathrm{in}}/\mathrm{d}t\neq 0$，这意味着电荷分布将随时间改变，而这将引起电场分布随时间改变，再根据式(10.13)，可知电流密度将随时间改变而不再恒定了。

又由上式及式(10.8)可知恒定电流的情况下，各处电荷分布将不随时间改变，这时的电场也将不随时间改变。有电流而保持不随时间改变的电场称为**恒定电场**。它具有和静电场一样的性质，譬如说，也服从式(8.4)$\left(\oint_C \boldsymbol{E}\cdot \mathrm{d}\boldsymbol{r}=0\right)$而具有保守性。

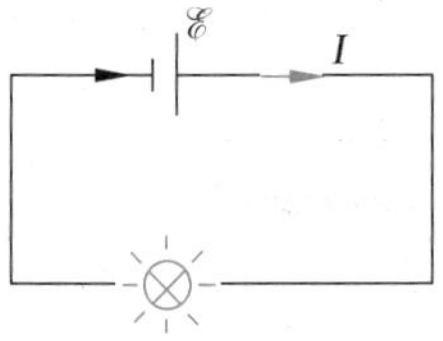

图 10.5　恒定电流闭合回路

现在考虑流动着恒定电流的闭合回路，如图 10.5 所示的有电池作为**电源**的整个电路。由于恒定电场是保守的，所以在这个电场中，和在静电场中一样，电荷绕回路一周电场力做的功为零。这就是说，静电场不可能提供电路中消耗的能量，如使灯泡发光需要的能量。在闭合电路中消耗的能量一定是电源内的某种**非静电力**(在电池内是化学力)提供的。电源的这种功能用它的**电动势**来定量地表述。电源的电动势等于单

---

① 按经典模型，金属的电阻起源于定向运动的自由电子与导体内晶格上的正离子的无规则碰撞。自由电子的平均自由飞行时间可写作 $\tau=\bar{\lambda}/\bar{v}$，$\bar{\lambda}$ 和 $\bar{v}$ 分别为自由电子的平均自由程与平均速率。这样式(10.12)可写成 $\sigma=ne^2\bar{\lambda}/m\bar{v}$。自由电子的平均自由程可导出为 $\bar{\lambda}=(\pi r_{\mathrm{ion}}^2 n_{\mathrm{ion}})^{-1}$，其中 r_{ion} 为正离子半径，n_{ion} 为正离子数密度(参看习题 16.10(2)。)这样就有 $\sigma=ne^2/m\bar{v}\pi r_{\mathrm{ion}}^2 n_{\mathrm{ion}}$。此式中与温度有关的只有 $\bar{v}$。根据麦克斯韦速率分布，$\bar{v}\propto\sqrt{T}$。所以应有 $\sigma\propto 1/\sqrt{T}$。这一经典结果和实验结果不符，后者给出 $\sigma\propto 1/T$。

位电荷通过时，其中的非静电力对它做的功。通常非静电力也用一种非静电场 $\boldsymbol{E}_{ne}$ 加以描述。$\boldsymbol{E}_{ne}$ 等于非静电场对于单位电荷的作用力。这样，电源的电动势 $\mathscr{E}$ 就可以表示为

$$\mathscr{E}=\int_L \boldsymbol{E}_{ne}\cdot \mathrm{d}\boldsymbol{l} \tag{10.15}$$

其中 L 为单位电荷在电路中的非静电场区经过的路径，$\mathrm{d}\boldsymbol{l}$ 为沿此路径的长度元。

10.3 磁力与电荷的运动

一般情况下磁力是指电流和磁体之间的相互作用力。我国古籍《吕氏春秋》(成书于公元前 3 世纪战国时期)所载的“慈石召铁”，即天然磁石对铁块的吸引力，就是磁力。这种磁力现在很容易用两条磁铁棒演示出来，同极相斥，异极相吸。

还有下述实验可演示磁力。

如图 10.6 所示，把导线悬挂在蹄形磁铁的两极之间，当导线中通入电流时，导线会被排开或吸入，显示了通有电流的导线受到了磁铁的作用力。

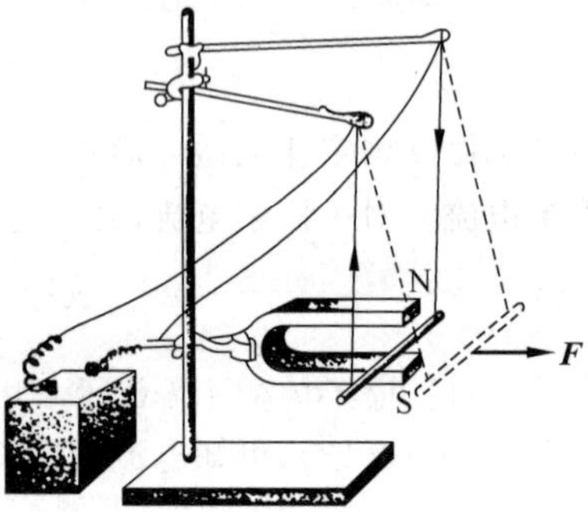

图 10.6 磁体对电流的作用

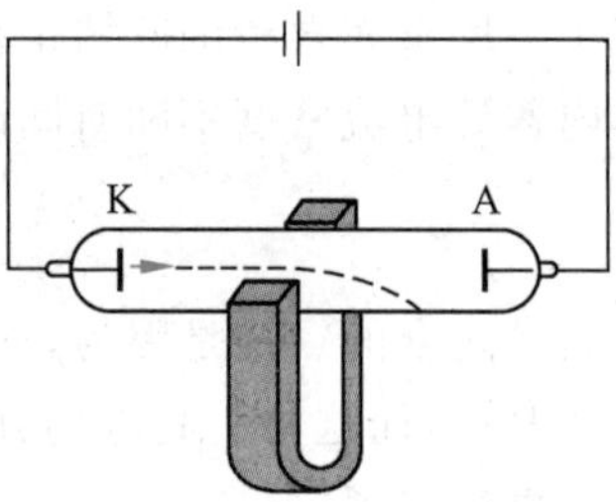

图 10.7 磁体对运动电子的作用

如图 10.7 所示，一个阴极射线管的两个电极之间加上电压后，会有电子束从阴极 K 射向阳极 A。当把一个蹄形磁铁放到管的近旁时，会看到电子束发生偏转。这显示运动的电子受到了磁铁的作用力。

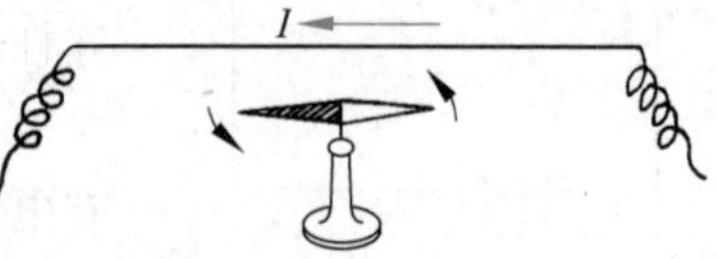

图 10.8 奥斯特实验

如图 10.8 所示，一个磁针沿南北方向静止在那里，如果在它上面平行地放置一根导线，当导线中通入电流时，磁针就要转动。这显示了磁针受到了电流的作用力。1820 年奥斯特做的这个试验，在历史上第一次揭示了电现象和磁现象的联系，对电磁学的发展起了重要的作用。

由于永磁体的磁性来源于其中的分子电流，而电流是电荷的运动。所以以上各实验都说明，**磁力都是运动电荷之间的相互作用**。

10.4 磁场与磁感应强度

为了说明磁力的作用，我们也引入场的概念。产生磁力的场叫**磁场**。一个运动电荷在它的周围除产生电场外，还产生磁场。另一个在它附近运动的电荷受到的磁力就是该磁场

对它的作用。但因前者还产生电场，所以后者还受到前者的电场力的作用。

为了研究磁场，需要选择一种只有磁场存在的情况。通有电流的导线的周围空间就是这种情况。在这里一个静止的电荷是不会受到电场力的作用的，这是因为导线内既有正电荷，即金属正离子，也有负电荷，即自由电子。在通有电流时，导线也是中性的，其中的正负电荷密度相等，在导线外产生的电场相互抵消，合电场为零了。在电流的周围，一个运动的带电粒子是要受到作用力的，这力和该粒子的速度直接有关。这力就是磁力，它就是导线内定向运动的自由电子所产生的磁场对运动的电荷的作用力。下面我们就利用这种情况先说明如何对磁场加以描述。

对应于用电场强度对电场加以描述，我们用**磁感应强度**（矢量）对磁场加以描述。通常用 $\boldsymbol{B}$ 表示磁感应强度，它用下述方法定义。

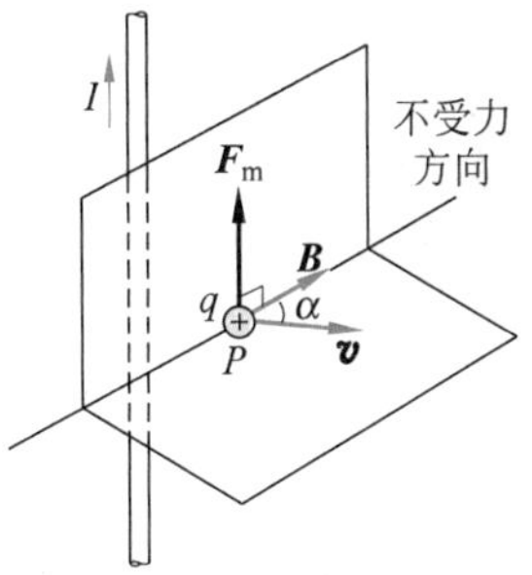

图 10.9　$\boldsymbol{B}$ 的定义

如图 10.9 所示，一电荷 q 以速度 $\boldsymbol{v}$ 通过电流周围某场点 P。我们把这一运动电荷当作检验（磁场的）电荷。实验指出，q 沿不同方向通过 P 点时，它受磁力的大小不同，但当 q 沿某一特定方向（或其反方向）通过 P 点时，它受的磁力为零而与 q 无关。磁场中各点都有各自的这种特定方向。这说明磁场本身具有“方向性”。我们就可以用这个特定方向（或其反方向）来规定磁场的方向。当 q 沿其他方向运动时，实验发现 q 受的磁力 $\boldsymbol{F}$ 的方向总与此“不受力方向”以及 q 本身的速度 $\boldsymbol{v}$ 的方向垂直。这样我们就可以进一步具体地**规定 $\boldsymbol{B}$ 的方向使得 $\boldsymbol{v}\times\boldsymbol{B}$ 的方向正是 $\boldsymbol{F}$ 的方向**，如图 10.9 所示。

以 α 表示 q 的速度 $\boldsymbol{v}$ 与 $\boldsymbol{B}$ 的方向之间的夹角。实验给出，在不同的场点，不同的 q 以不同的大小 v 和方向 α 的速度越过时，它受的磁力 $\boldsymbol{F}$ 的大小一般不同；但在同一场点，实验给出比值 $F/qv\sin\alpha$ 是一个恒量，与 q,v,α 无关。只决定于场点的位置。根据这一结果，可以用$F/qv\sin\alpha$ 表示磁场本身的性质而把 $\boldsymbol{B}$ 的大小规定为

$$B=\frac{F}{qv\sin\alpha} \tag{10.16}$$

这样，就有磁力的大小

$$F=Bqv\sin\alpha \tag{10.17}$$

将式(10.17)关于 $\boldsymbol{B}$ 的大小的规定和上面关于 $\boldsymbol{B}$ 的方向的规定结合到一起，可得到磁感应强度（矢量）$\boldsymbol{B}$ 的定义式为

$$\boldsymbol{F}=q\boldsymbol{v}\times\boldsymbol{B} \tag{10.18}$$

这一公式在中学物理中被称为**洛伦兹力**公式，现在我们用它根据运动的检验电荷受力来定义磁感应强度。在已经测知或理论求出磁感应强度分布的情况下，就可以用式(10.18)求任意运动电荷在磁场中受的磁场力。

在国际单位制中磁感应强度的单位名称叫特[斯拉]，符号为 T。

磁感应强度的一种非国际单位制的（但目前还常见的）单位名称叫高斯，符号为 G，它和 T 在数值上有下述关系：

$$1\ \mathrm{T}=10^4\ \mathrm{G}$$

在电磁学中，表示同一规律的数学形式常随所用单位制的不同而不同，式(10.18)的形式只用于国际单位制。

产生磁场的运动电荷或电流可称为磁场源。实验指出，在有若干个磁场源的情况下，它们产生的磁场服从叠加原理。以 $\boldsymbol{B}_i$ 表示第 i 个磁场源在某处产生的磁场，则在该处的总磁场 $\boldsymbol{B}$ 为

$$\boldsymbol{B} = \sum \boldsymbol{B}_i \tag{10.19}$$

为了形象地描绘磁场中磁感应强度的分布，类比电场中引入电场线的方法引入磁感线（或叫 $\boldsymbol{B}$ 线）。磁感线的画法规定与电场线画法一样。实验上可用铁粉来显示磁感线图形，如图 10.10 所示。

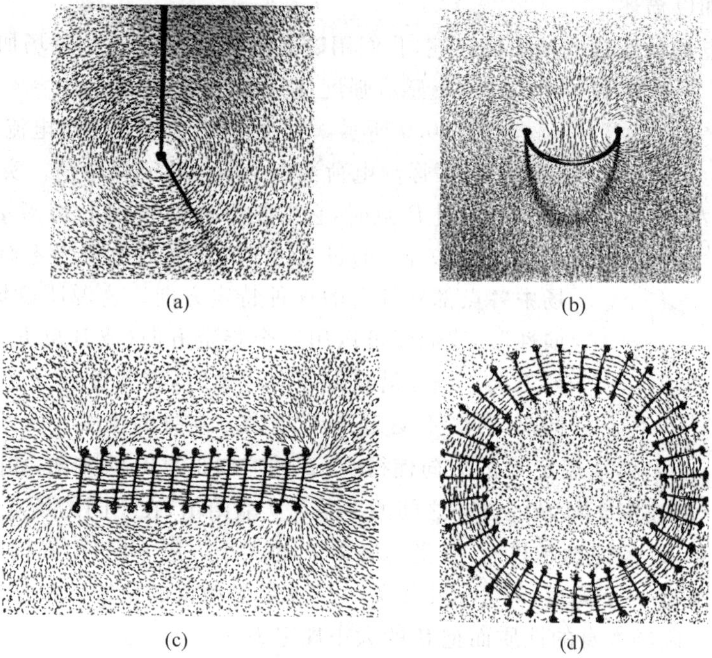

图 10.10 铁粉显示的磁感线图

(a) 直电流；(b) 圆电流；(c) 载流螺线管；(d) 载流螺绕环

在说明磁场的规律时，类比电通量，也引入**磁通量**的概念。通过某一面积的磁通量 Φ 的定义是

$$\Phi = \int_S \boldsymbol{B} \cdot \mathrm{d}\boldsymbol{S} \tag{10.20}$$

它就等于通过该面积的磁感线的总条数。

在国际单位制中，磁通量的单位名称是韦[伯]，符号为 Wb。$1\ \mathrm{Wb} = 1\ \mathrm{T}\cdot\mathrm{m}^2$。据此，磁感应强度的单位 T 也常写作 $\mathrm{Wb/m^2}$。

我们已用电流周围的磁场定义了磁感应强度，在给定电流周围不同的场点磁感应强度一般是不同的。下面就介绍电流周围磁场分布的规律。

10.5 毕奥-萨伐尔定律

电流在其周围产生磁场，其规律的基本形式是电流元产生的磁场和该电流元的关系。以 $I\mathrm{d}\boldsymbol{l}$ 表示恒定电流的一电流元，以 $\boldsymbol{r}$ 表示从此电流元指向某一场点 P 的径矢（图 10.11），

实验给出，此电流元在 P 点产生的磁场 $\mathrm{d}\boldsymbol{B}$ 由下式决定：

$$\mathrm{d}\boldsymbol{B}=\frac{\mu_0}{4\pi}\frac{I\mathrm{d}\boldsymbol{l}\times\boldsymbol{e}_r}{r^2} \tag{10.21}$$

式中

$$\mu_0=\frac{1}{\varepsilon_0 c^2}=4\pi\times10^{-7}\ \mathrm{N/A^2}\text{①} \tag{10.22}$$

叫**真空磁导率**。由于电流元不能孤立地存在，所以式(10.21)不是直接对实验数据的总结。它是1820年首先由毕奥和萨伐尔根据对电流的磁作用的实验结果分析得出的，现在就叫**毕奥-萨伐尔定律**。

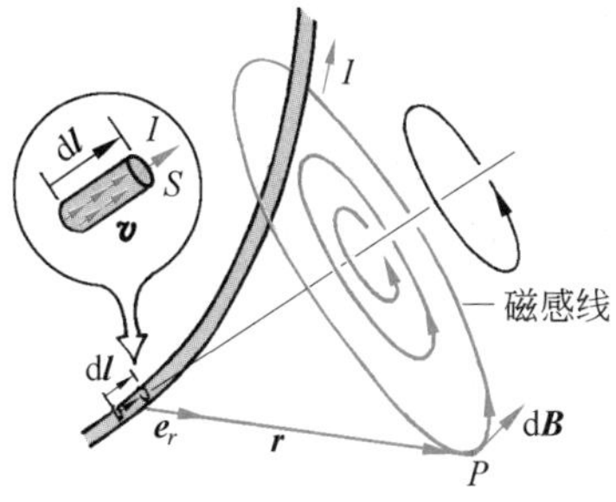

图 10.11 电流元的磁场

有了电流元的磁场公式(10.21)，根据叠加原理，对这一公式进行积分，就可以求出任意电流的磁场分布。

根据式(10.21)中的矢量积关系可知，电流元的磁场的磁感线也都是圆心在电流元轴线上的同心圆(图10.11)。由于这些圆都是闭合曲线，所以通过任意封闭曲面的磁通量都等于零。又由于任何电流都是一段段电流元组成的，根据叠加原理，在它的磁场中通过一个封闭曲面的磁通量应是各个电流元的磁场通过该封闭曲面的磁通量的代数和。既然每一个电流元的磁场通过该封闭面的磁通量为零，所以在**任何磁场中通过任意封闭曲面的磁通量总等于零**。这个关于磁场的结论叫**磁通连续定理**，或磁场的高斯定律。它的数学表示式为

$$\oint_S \boldsymbol{B}\cdot\mathrm{d}\boldsymbol{S}=0 \tag{10.23}$$

和电场的高斯定律相比，可知磁通连续反映自然界中没有与电荷相对应的“磁荷”即单独的磁极或磁单极子存在。近代关于基本粒子的理论研究早已预言有磁单极子存在，也曾企图在实验中找到它。但至今除了个别事件可作为例证外，还不能说完全肯定地发现了它。

下面举几个例子，说明如何用毕奥-萨伐尔定律求电流的磁场分布。

例 10.1

直线电流的磁场。如图10.12所示，导电回路中通有电流 I，求长度为 L 的直线段的电流在它周围某点 P 处的磁感应强度，P 点到导线的距离为 r。

解 以 P 点在直导线上的垂足为原点 O，选坐标如图。由毕奥-萨伐尔定律可知，L 段上任意一电流元 $I\mathrm{d}\boldsymbol{l}$ 在 P 点所产生的磁场为

$$\mathrm{d}\boldsymbol{B}=\frac{\mu_0}{4\pi}\frac{I\mathrm{d}\boldsymbol{l}\times\boldsymbol{e}_{r'}}{r'^2}$$

其大小为

$$\mathrm{d}B=\frac{\mu_0}{4\pi}\frac{I\mathrm{d}l\sin\theta}{r'^2}$$

式中 r' 为电流元到 P 点的距离。由于直导线上各个电流元在 P 点的磁感应强度的方向相同，都垂直于纸面向里，所以合磁感应强度也在这个方向，它的大小等于上式 $\mathrm{d}B$ 的标量积分，即

① 此单位 $\mathrm{N/A^2}$ 就是 H/m，H(亨)是电感的单位，见13.4节。

$$B=\int \mathrm{d}B=\int \frac{\mu_0 I\mathrm{d}l\sin\theta}{4\pi r'^2}$$

由图 10.12 可以看出，$r'=r/\sin\theta$，$l=-r\cot\theta$，$\mathrm{d}l=r\mathrm{d}\theta/\sin^2\theta$。把此 r' 和 $\mathrm{d}l$ 代入上式，可得

$$B=\int_{\theta_1}^{\theta_2}\frac{\mu_0 I}{4\pi r}\sin\theta\mathrm{d}\theta$$

由此得

$$B=\frac{\mu_0 I}{4\pi r}(\cos\theta_1-\cos\theta_2) \tag{10.24}$$

上式中 θ_1 和 θ_2 分别是直导线两端的电流元和它们到 P 点的径矢之夹角。

对于无限长直电流来说，上式中 $\theta_1=0$，$\theta_2=\pi$，于是有

$$B=\frac{\mu_0 I}{2\pi r} \tag{10.25}$$

此式表明，无限长载流直导线周围的磁感应强度 B 与导线到场点的距离成反比，与电流成正比。它的磁感应线是在垂直于导线的平面内以导线为圆心的一系列同心圆，如图 10.13 所示。这和用铁粉显示的图形（图 10.10(a)）相似。

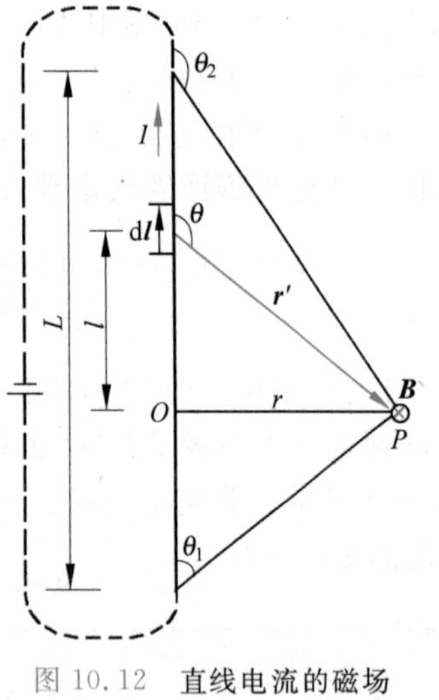

图 10.12　直线电流的磁场

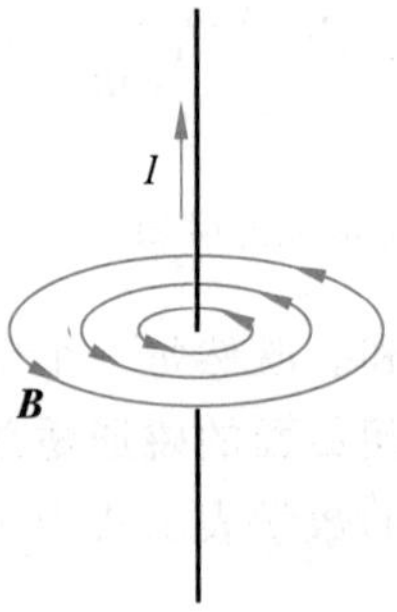

图 10.13　无限长直电流的磁感应线

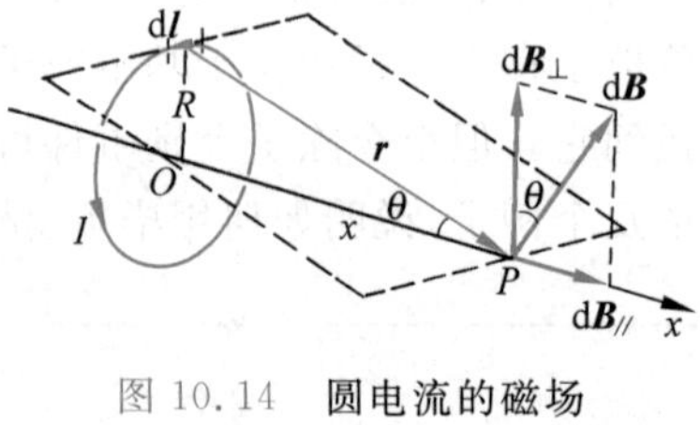

图 10.14　圆电流的磁场

例 10.2

圆电流的磁场。一圆形载流导线，电流强度为 I，半径为 R。求圆形导线轴线上的磁场分布。

解　如图 10.14 所示，把圆电流轴线作为 x 轴，并令原点在圆心上。在圆线圈上任取一电流元 $I\mathrm{d}\boldsymbol{l}$，它在轴上任一点 P 处的磁场 $\mathrm{d}\boldsymbol{B}$ 的方向垂直于 $\mathrm{d}\boldsymbol{l}$ 和 $\boldsymbol{r}$，亦即垂直于 $\mathrm{d}\boldsymbol{l}$ 和 $\boldsymbol{r}$ 组成的平面。由于 $\mathrm{d}\boldsymbol{l}$ 总与 $\boldsymbol{r}$ 垂直，所以 $\mathrm{d}\boldsymbol{B}$ 的大小为

$$\mathrm{d}B=\frac{\mu_0 I\mathrm{d}l}{4\pi r^2}$$

将 $\mathrm{d}\boldsymbol{B}$ 分解成平行于轴线的分量 $\mathrm{d}\boldsymbol{B}_{/\!/}$ 和垂直于轴线的分量 $\mathrm{d}\boldsymbol{B}_{\perp}$ 两部分，它们的大小分别为

$$\mathrm{d}B_{/\!/}=\mathrm{d}B\sin\theta=\frac{\mu_0 IR}{4\pi r^3}\mathrm{d}l$$

$$dB_{\perp} = dB\cos\theta$$

式中 θ 是 $\boldsymbol{r}$ 与 x 轴的夹角。考虑电流元 $I\mathrm{d}\boldsymbol{l}$ 所在直径另一端的电流元在 P 点的磁场，可知它的 $\mathrm{d}\boldsymbol{B}_{\perp}$ 与 $I\mathrm{d}\boldsymbol{l}$ 的大小相等、方向相反，因而相互抵消。由此可知，整个圆电流垂直于 x 轴的磁场 $\int \mathrm{d}\boldsymbol{B}_{\perp} = 0$，因而 P 点的合磁场的大小为

$$B = \int \mathrm{d}B_{/\!/} = \oint \frac{\mu_0 RI}{4\pi r^3}\mathrm{d}l = \frac{\mu_0 RI}{4\pi r^3}\oint \mathrm{d}l$$

因为 $\oint \mathrm{d}l = 2\pi R$，所以上述积分为

$$B = \frac{\mu_0 R^2 I}{2r^3} = \frac{\mu_0 IR^2}{2(R^2 + x^2)^{3/2}} \tag{10.26}$$

$\boldsymbol{B}$ 的方向沿 x 轴正方向，其指向与圆电流的电流流向符合右手螺旋关系。

定义一个闭合通电线圈的**磁偶极矩**或**磁矩**为

$$\boldsymbol{m} = IS\boldsymbol{e}_{\mathrm{n}} \tag{10.27}$$

其中 $\boldsymbol{e}_{\mathrm{n}}$ 为线圈平面的正法线方向，它和线圈中电流的方向符合右手螺旋定则。磁矩的 SI 单位为 $\mathrm{A\cdot m^2}$。对本例的圆电流来说，其磁矩的大小为 $m=IS=I\pi R^2$。这样就可将式(10.26)写成

$$B = \frac{\mu_0 m}{2\pi r^3} \tag{10.28}$$

如果用矢量式表示圆电流轴线上的磁场，则由于它的方向与圆电流磁矩 $\boldsymbol{m}$ 的方向相同，所以上式可写成

$$\boldsymbol{B} = \frac{\mu_0 \boldsymbol{m}}{2\pi r^3} = \frac{\mu_0 \boldsymbol{m}}{2\pi(R^2 + x^2)^{3/2}} \tag{10.29}$$

在圆电流中心处，$r=R$，式(10.26)给出

$$B = \frac{\mu_0 I}{2R} \tag{10.30}$$

式(10.29)给出了磁矩为 $\boldsymbol{m}$ 的线圈在其轴线上产生的磁场。

例 10.3

载流直螺线管轴线上的磁场。图 10.15 所示为一均匀密绕螺线管，管的长度为 L，半径为 R，单位长度上绕有 n 匝线圈，通有电流 I。求螺线管轴线上的磁场分布。

解 螺线管各匝线圈都是螺旋形的，但在密绕的情况下，可以把它看成是许多匝圆形线圈紧密排列组成的。载流直螺线管在轴线上某点 P 处的磁场等于各匝线圈的圆电流在该处磁场的矢量和。

如图 10.16 所示，在距轴上任一点 P 为 l 处，取螺线管上长为 $\mathrm{d}l$ 的一元段，将它看成一个圆电流，其电流为

$$\mathrm{d}I = nI\mathrm{d}l$$

磁矩为

$$\mathrm{d}m = S\mathrm{d}I = \pi R^2\mathrm{d}I = \pi R^2 nI\mathrm{d}l$$

它在 P 点的磁场，据式(10.28)为

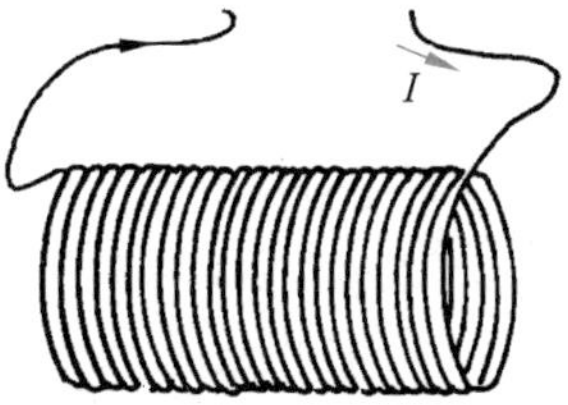

图 10.15 直螺线管

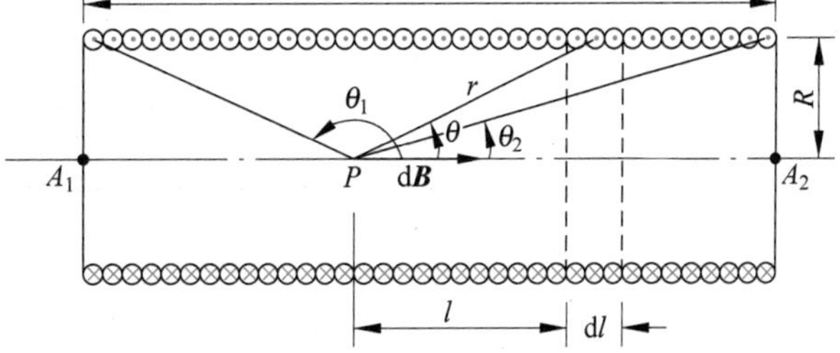

图 10.16 直螺线管轴线上磁感应强度计算

$$dB = \frac{\mu_0 n I R^2 dl}{2r^3}$$

由图中可看出，$R = r\sin\theta$，$l = R\cot\theta$，而 $dl = -\frac{R}{\sin^2\theta}d\theta$，式中 θ 为螺线管轴线与 P 点到元段 dl 周边的距离 r 之间的夹角。将这些关系代入上式，可得

$$dB = -\frac{\mu_0 n I}{2}\sin\theta d\theta$$

由于各元段在 P 点产生的磁场方向相同，所以将上式积分即得 P 点磁场的大小为

$$B = \int dB = -\int_{\theta_1}^{\theta_2} \frac{\mu_0 n I}{2}\sin\theta d\theta$$

或

$$B = \frac{\mu_0 n I}{2}(\cos\theta_2 - \cos\theta_1) \tag{10.31}$$

此式给出了螺线管轴线上任一点磁场的大小，磁场的方向如图 10.16 所示，应与电流的绕向成右手螺旋关系。

由式(10.31)表示的磁场分布(在 $L=10R$ 时)如图 10.17 所示，在螺线管中心附近轴线上各点磁场基本上是均匀的。到管口附近 B 值逐渐减小，出口以后磁场很快地减弱。在距管轴中心约等于 7 个管半径处，磁场就几乎等于零了。

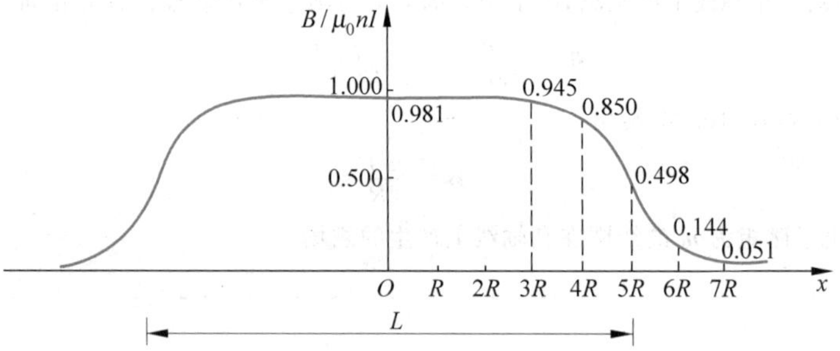

图 10.17 直螺线管轴线上的磁场分布

在一无限长直螺线管(即管长比半径大很多的螺线管)内部轴线上的任一点，$\theta_2 = 0$，$\theta_1 = \pi$，由式(10.31)可得

$$B = \mu_0 n I \tag{10.32}$$

在长螺线管任一端口的中心处，例如图 10.16 中的 A_2 点，$\theta_2 = \pi/2$，$\theta_1 = \pi$，式(10.31)给出此处的磁场为

$$B = \frac{1}{2}\mu_0 n I \tag{10.33}$$

一个载流螺线管周围的磁感线分布如图 10.18 所示，这和用铁粉显示的磁感线图 10.10(c)相符合。

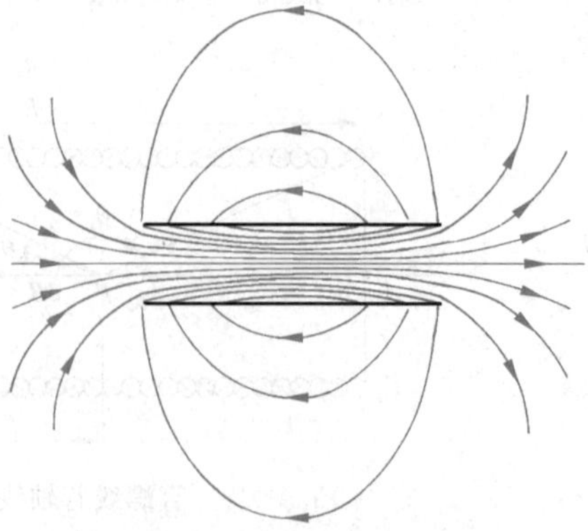

图 10.18 螺线管的 **B** 线分布示意图

管外磁场非常弱，而管内基本上是均匀场。螺线管越长，这种特点越显著。

10.6 安培环路定理

由毕奥-萨伐尔定律表示的电流和它的磁场的关系，可以导出表示恒定电流的磁场的一条基本规律。这一规律叫**安培环路定理**，它表述为：**在恒定电流的磁场中，磁感应强度 $\boldsymbol{B}$ 沿任何闭合路径 C 的线积分（即环路积分）等于路径 C 所包围的电流强度的代数和的 μ_0 倍**，它的数学表示式为

$$\oint_C \boldsymbol{B}\cdot \mathrm{d}\boldsymbol{r}=\mu_0\sum I_{\text{in}} \tag{10.34}$$

为了说明此式的正确性，让我们先考虑载有恒定电流 I 的无限长直导线的磁场。

根据式(10.25)，与一无限长直电流相距为 r 处的磁感应强度为

$$B=\frac{\mu_0 I}{2\pi r}$$

$\boldsymbol{B}$ 线为在垂直于导线的平面内围绕该导线的同心圆，其绕向与电流方向成右手螺旋关系。在上述平面内围绕导线作一任意形状的闭合路径 C（图 10.19），沿 C 计算 $\boldsymbol{B}$ 的环路积分 $\oint_C \boldsymbol{B}\cdot \mathrm{d}\boldsymbol{r}$ 的值。先计算 $\boldsymbol{B}\cdot \mathrm{d}\boldsymbol{r}$ 的值。如图示，在路径上任一点 P 处，$\mathrm{d}\boldsymbol{r}$ 与 $\boldsymbol{B}$ 的夹角为 θ，它对电流通过点所张的角为 $\mathrm{d}\alpha$。由于 $\boldsymbol{B}$ 垂直于径矢 $\boldsymbol{r}$，因而 $|\mathrm{d}\boldsymbol{r}|\cos\theta$ 就是 $\mathrm{d}\boldsymbol{r}$ 在垂直于 $\boldsymbol{r}$ 方向上的投影，它等于 $\mathrm{d}\alpha$ 所对的以 r 为半径的弧长。由于此弧长等于 $r\mathrm{d}\alpha$，所以

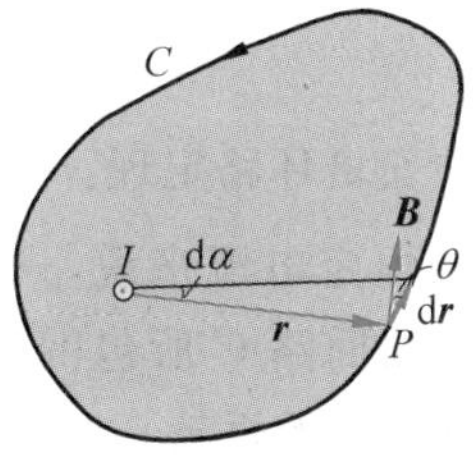

图 10.19 安培环路定理的说明

$$\boldsymbol{B}\cdot \mathrm{d}\boldsymbol{r}=Br\mathrm{d}\alpha$$

沿闭合路径 C 的 $\boldsymbol{B}$ 的环路积分为

$$\oint_C \boldsymbol{B}\cdot \mathrm{d}\boldsymbol{r}=\oint_C Br\mathrm{d}\alpha$$

将前面的 $\boldsymbol{B}$ 值代入上式，可得

$$\oint_C \boldsymbol{B}\cdot \mathrm{d}\boldsymbol{r}=\oint_C \frac{\mu_0 I}{2\pi r}r\mathrm{d}\alpha=\frac{\mu_0 I}{2\pi}\oint_C \mathrm{d}\alpha$$

沿整个路径一周积分，$\oint_C \mathrm{d}\alpha=2\pi$，所以

$$\oint_C \boldsymbol{B}\cdot \mathrm{d}\boldsymbol{r}=\mu_0 I \tag{10.35}$$

此式说明，当闭合路径 C 包围电流 I 时，这个电流对该环路上 $\boldsymbol{B}$ 的环路积分的贡献为 $\mu_0 I$。

如果电流的方向相反，仍按如图 10.19 所示的路径 C 的方向进行积分时，由于 $\boldsymbol{B}$ 的方向与图示方向相反，所以应该得

$$\oint_C \boldsymbol{B}\cdot \mathrm{d}\boldsymbol{r}=-\mu_0 I$$

可见积分的结果与电流的方向有关。如果对于电流的正负作如下的规定，即电流方向与 C 的绕行方向符合右手螺旋关系时，此电流为正，否则为负，则 $\boldsymbol{B}$ 的环路积分的值可以统一地

用式(10.35)表示。

如果闭合路径不包围电流，例如，图 10.20 中 C 为在垂直于直导线平面内的任一不围绕导线的闭合路径，那么可以从导线与上述平面的交点作 C 的切线，将 C 分成 C_1 和 C_2 两部分，再沿图示方向取 $\boldsymbol{B}$ 的环流，于是有

$$\oint_C \boldsymbol{B}\cdot \mathrm{d}\boldsymbol{r} = \int_{C_1} \boldsymbol{B}\cdot \mathrm{d}\boldsymbol{r} + \int_{C_2} \boldsymbol{B}\cdot \mathrm{d}\boldsymbol{r}$$

$$= \frac{\mu_0 I}{2\pi}\left(\int_{C_1} \mathrm{d}\alpha + \int_{C_2} \mathrm{d}\alpha\right)$$

$$= \frac{\mu_0 I}{2\pi}[\alpha + (-\alpha)] = 0$$

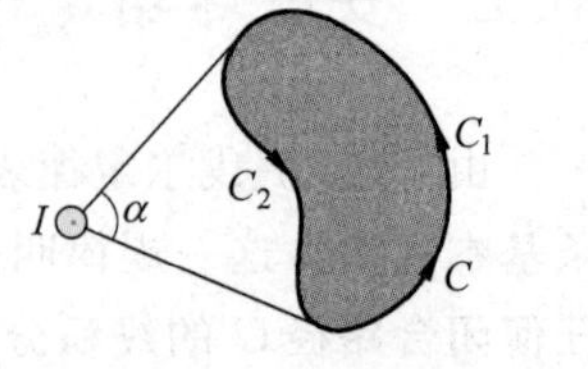

图 10.20 C 不包围电流的情况

可见，闭合路径 C 不包围电流时，该电流对沿这一闭合路径的 $\boldsymbol{B}$ 的环路积分无贡献。

上面的讨论只涉及在垂直于长直电流的平面内的闭合路径。可以比较容易地论证在长直电流的情况下，对非平面闭合路径，上述讨论也适用。还可以进一步证明(步骤比较复杂，证明略去)，对于任意的闭合恒定电流，上述 $\boldsymbol{B}$ 的环路积分和电流的关系仍然成立。这样，再根据磁场叠加原理可得到，当有若干个闭合恒定电流存在时，沿任一闭合路径 C 的合磁场 $\boldsymbol{B}$ 的环路积分应为

$$\oint_C \boldsymbol{B}\cdot \mathrm{d}\boldsymbol{r} = \mu_0 \sum I_{\mathrm{in}}$$

式中 $\sum I_{\mathrm{in}}$ 是环路 C 所包围的电流的代数和。这就是我们要说明的安培环路定理。

这里特别要注意闭合路径 C"包围"的电流的意义。对于闭合的恒定电流来说，只有与 C 相**铰链**的电流，才算被 C 包围的电流。在图 10.21 中，电流 I_1，I_2 被回路 C 所包围，而且 I_1 为正，I_2 为负；I_3 和 I_4 没有被 C 所包围，它们对沿 C 的 $\boldsymbol{B}$ 的环路积分无贡献。

如果电流回路为螺旋形，而积分环路 C 与数匝电流铰链，则可作如下处理。如图 10.22 所示，设电流有 2 匝，C 为积分路径。可以设想将 cf 用导线连接起来，并想象在这一段导线中有两支方向相反、大小都等于 I 的电流流通。这样的两支电流不影响原来的电流和磁场的分布。这时 $abcfa$ 组成了一个电流回路，$cdefc$ 也组成了一个电流回路。对 C 计算 $\boldsymbol{B}$ 的环路积分时，应有

$$\oint_C \boldsymbol{B}\cdot \mathrm{d}\boldsymbol{r} = \mu_0(I+I) = \mu_0 \cdot 2I$$

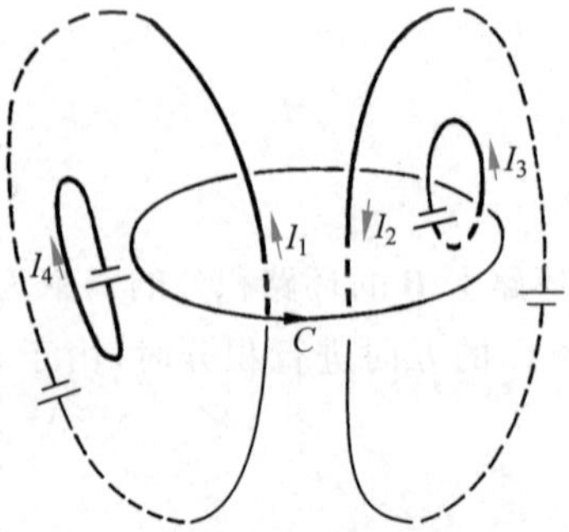

图 10.21 电流回路与环路 C 铰链

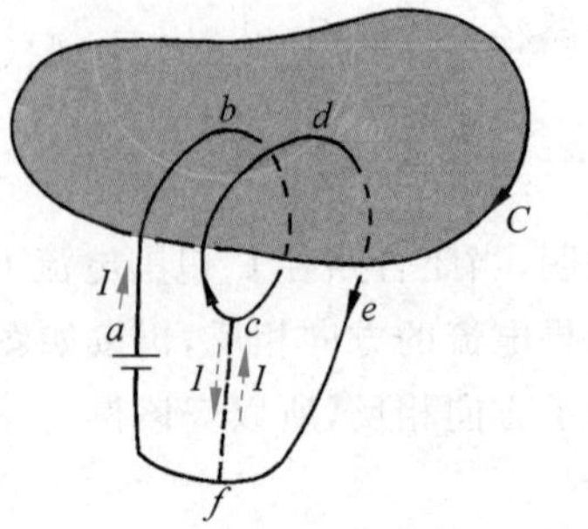

图 10.22 积分回路 C 与 2 匝电流铰链

此式就是上述情况下实际存在的电流所产生的磁场 $\boldsymbol{B}$ 沿 C 的环路积分。

如果电流在螺线管中流通，而积分环路 C 与 N 匝线圈铰链，则同理可得

$$\oint_C \boldsymbol{B}\cdot \mathrm{d}\boldsymbol{r}=\mu_0 NI \tag{10.36}$$

应该强调指出，安培环路定理表达式中右端的 $\sum I_{\text{in}}$ 中包括闭合路径 C 所包围的电流的代数和，但在式左端的 $\boldsymbol{B}$ 却代表空间所有电流产生的磁感应强度的矢量和，其中也包括那些不被 C 所包围的电流产生的磁场，只不过后者的磁场对沿 C 的 $\boldsymbol{B}$ 的环路积分无贡献罢了。

还应明确的是，安培环路定理中的电流都应该是**闭合**恒定电流，对于一段恒定电流的磁场，安培环路定理不成立。对于变化电流的磁场，式(10.34)的定理形式也不成立，其推广的形式见后面 10.8 节。

10.7 利用安培环路定理求磁场的分布

正如利用高斯定律可以方便地计算某些具有对称性的带电体的电场分布一样，利用安培环路定理也可以方便地计算出某些具有一定对称性的载流导线的磁场分布。

利用安培环路定理求磁场分布一般也包含两步：首先依据电流的对称性分析磁场分布的对称性，然后再利用安培环路定理计算磁感应强度的数值和方向。此过程中决定性的技巧是选取合适的闭合路径 C（也称**安培环路**），以便使积分 $\oint_C \boldsymbol{B}\cdot \mathrm{d}\boldsymbol{r}$ 中的 $\boldsymbol{B}$ 能以标量形式从积分号内提出来。

下面举几个例子。

例 10.4

无限长圆柱面电流的磁场分布。设圆柱面半径为 R，面上均匀分布的轴向总电流为 I。求这一电流系统的磁场分布。

解 由于电流圆柱无限长，所以垂直于圆柱轴线的各个平面上的磁场分布都应该相同。如图 10.23 所示，考虑这样的一个平面内围绕圆柱轴线半径为 r 的圆周 C。由电流分布的轴对称性可知，C 上各点的 $\boldsymbol{B}$ 的指向都沿同一绕行方向，而且大小相等。于是沿此圆周（取与电流成右手螺线关系的绕向为正方向）的 $\boldsymbol{B}$ 的环路积分为

$$\oint_C \boldsymbol{B}\cdot \mathrm{d}\boldsymbol{r}=B\cdot 2\pi r$$

由此得

$$B=\frac{\mu_0 I}{2\pi r}\quad (r>R) \tag{10.37}$$

这一结果说明，在无限长圆柱面电流外面的磁场分布与电流都汇流在轴线中的直线电流产生的磁场相同。

如果选 $r<R$ 的圆周作安培环路，上述分析仍然适用，但由于 $\sum I_{\text{in}}=0$，所以有

$$B=0\quad (r<R) \tag{10.38}$$

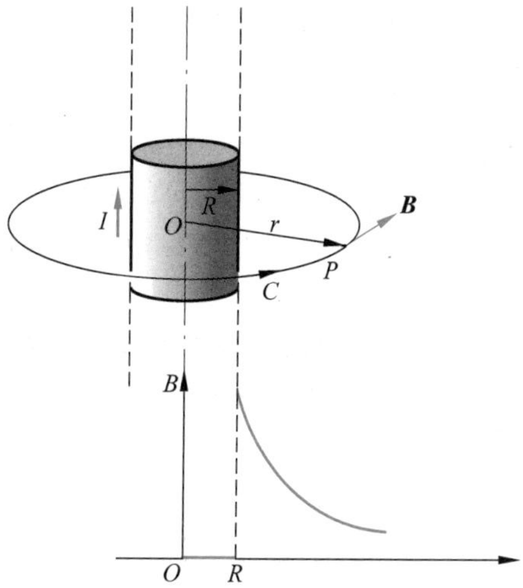

图 10.23 无限长圆柱面电流的磁场的对称性分析

即在无限长圆柱面电流内的磁场为零。图10.23中也画出了B-r曲线。

例 10.5

通电螺绕环的磁场分布。如图10.24(a)所示的环状螺线管叫**螺绕环**。设环管的轴线半径为R,环上均匀密绕N匝线圈(图10.24(b)),线圈中通有电流I。求线圈中电流的磁场分布。

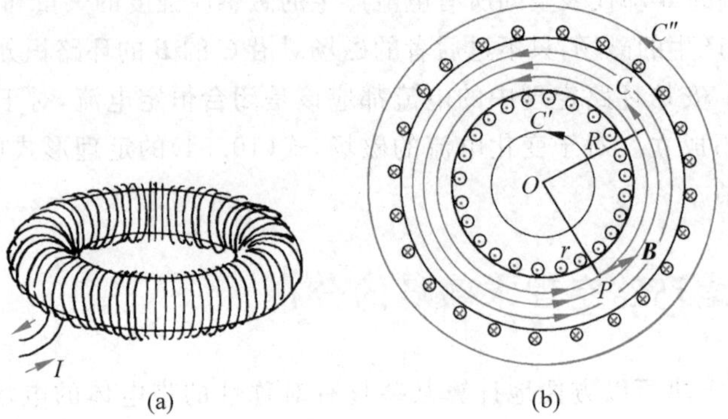

图 10.24 螺绕环及其磁场

(a) 螺绕环;(b) 螺绕环磁场分布

解 根据电流分布的对称性,可得与螺绕环共轴的圆周上各点$\boldsymbol{B}$的大小相等,方向沿圆周的切线方向。以在环管内顺着环管的,半径为r的圆周为安培环路C,则

$$\oint_C \boldsymbol{B} \cdot \mathrm{d}\boldsymbol{r} = B \cdot 2\pi r$$

该环路所包围的电流为NI,故安培环路定理给出

$$B \cdot 2\pi r = \mu_0 NI$$

由此得

$$B = \frac{\mu_0 NI}{2\pi r} \quad (\text{在环管内}) \tag{10.39}$$

在环管横截面半径比环半径R小得多的情况下,可忽略从环心到管内各点的r的区别而取$r=R$,这样就有

$$B = \frac{\mu_0 NI}{2\pi R} = \mu_0 nI \tag{10.40}$$

其中$n=N/2\pi R$为螺绕环单位长度上的匝数。

对于管外任一点,过该点作一与螺绕环共轴的圆周为安培环路C'或C'',由于这时$\sum I_{\mathrm{in}} = 0$,所以有

$$B = 0 \quad (\text{在环管外}) \tag{10.41}$$

上述两式的结果说明,密绕螺绕环的磁场集中在管内,外部无磁场。这也和用铁粉显示的通电螺绕环的磁场分布图像(图10.10(d))一致。

10.8 与变化电场相联系的磁场

在安培环路定理公式(10.34)的说明中,曾指出闭合路径所包围的电流是指与该闭合路径所**铰链**的闭合电流。由于电流是闭合的,所以与闭合路径“铰链”也意味着该电流穿过以

该闭合路径为边的**任意形状**的曲面。例如，在图10.25中，闭合路径 C 环绕着电流 I，该电流通过以 C 为边的平面 S_1，它也同样通过以 C 为边的口袋形曲面 S_2，由于恒定电流总是闭合的，所以安培环路定理的正确性与所设想的曲面 S 的形状无关，只要闭合路径是确定的就可以了。

实际上也常遇到并不闭合的电流，如电容器充电(或放电)时的电流(图10.26)。这时电流随时间改变，也不再是恒定的了，那么安培环路定理是否还成立呢？由于电流不闭合，所以不能再说它与闭合路径铰链了。实际上这时通过 S_1 和通过 S_2 的电流不相等了。如果按面 S_1 计算电流，沿闭合路径 C 的 $\boldsymbol{B}$ 的环路积分等于 $\mu_0 I$。但如果按面 S_2 计算电流，则由于没有电流通过面 S_2，沿闭合路径 C 的 $\boldsymbol{B}$ 的环路积分按式(10.34)就要等于零。由于沿同一闭合路径 $\boldsymbol{B}$ 的环流只能有一个值，所以这里明显地出现了矛盾。它说明以式(10.34)的形式表示的安培环路定理不适用于非恒定电流的情况。

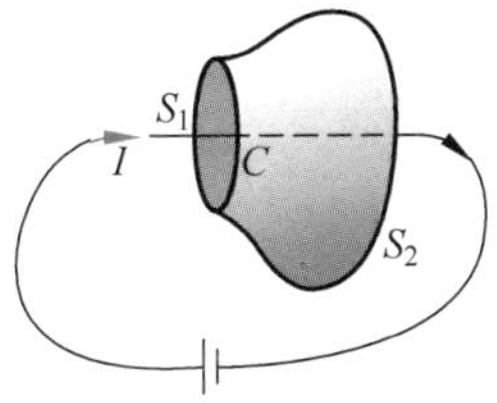

图10.25 C 环路环绕闭合电流

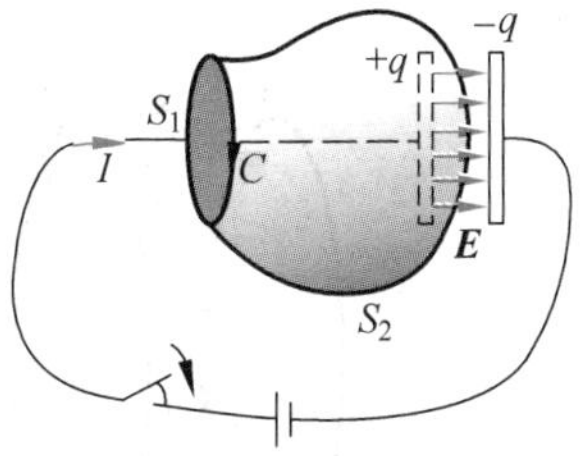

图10.26 C 环路环绕不闭合电流

1861年麦克斯韦研究电磁场的规律时，想把安培环路定理推广到非恒定电流的情况。他注意到如图10.26所示的电容器充电的情况下，在电流断开处，即两平行板之间，随着电容器被充电，这里的**电场是变化的**。他大胆地假设这电场的变化和磁场相联系，并从理论的要求出发给出在没有电流的情况下这种联系的定量关系为①

$$\oint_C \boldsymbol{B} \cdot \mathrm{d}\boldsymbol{r} = \mu_0 \varepsilon_0 \frac{\mathrm{d}\Phi_{\mathrm{e}}}{\mathrm{d}t} = \mu_0 \varepsilon_0 \frac{\mathrm{d}}{\mathrm{d}t}\int_S \boldsymbol{E} \cdot \mathrm{d}\boldsymbol{S} \tag{10.42}$$

式中 S 是以闭合路径 C 为边线的任意形状的曲面。此式说明和变化电场相联系的磁场沿闭合路径 C 的环路积分等于以该路径为边线的任意曲面的电通量 Φ_{e} 的变化率的 $\mu_0\varepsilon_0$(即 $1/c^2$)倍(国际单位制)。电场和磁场的这种**联系**常被称为变化的电场产生磁场。式(10.42)表示的电场和磁场的关系的规律，常被称为**麦克斯韦定律**。

如果一个面 S 上有传导电流(即电荷运动形成的电流) I_{c} 通过而且还同时有变化的电场存在，则沿此面的边线 C 的磁场的环路积分由下式决定：

$$\oint_C \boldsymbol{B} \cdot \mathrm{d}\boldsymbol{r} = \mu_0 \left(I_{c,\mathrm{in}} + \varepsilon_0 \frac{\mathrm{d}}{\mathrm{d}t}\int_S \boldsymbol{E} \cdot \mathrm{d}\boldsymbol{S} \right) \tag{10.43}$$

这一公式被称做**推广了的或普遍的安培环路定理**。事后的实验证明，麦克斯韦的假设式(10.42)是完全正确的，而式(10.43)也就成了一条电磁学的基本定律。

① 式(10.42)中的 $\varepsilon_0 \frac{\mathrm{d}}{\mathrm{d}t}\int_S \boldsymbol{E} \cdot \mathrm{d}\boldsymbol{S}$ 曾被麦克斯韦称为通过面 S 的**位移电流**。

例 10.6

变化电场产生磁场。 一板面半径为 $R=0.2\ \mathrm{m}$ 的圆形平行板电容器，正以 $I_c=10\ \mathrm{A}$ 的传导电流充电。求在板间距轴线 $r_1=0.1\ \mathrm{m}$ 处和 $r_2=0.3\ \mathrm{m}$ 处的磁场。（忽略边缘效应。）

解 两板之间的电场为

$$E=\sigma/\varepsilon_0=\frac{q}{\pi\varepsilon_0 R^2}$$

由此得

$$\frac{\mathrm{d}E}{\mathrm{d}t}=\frac{1}{\pi\varepsilon_0 R^2}\frac{\mathrm{d}q}{\mathrm{d}t}=\frac{I_c}{\pi\varepsilon_0 R^2}$$

如图10.27(a)所示，由于两板间的电场对圆形平板具有轴对称性，所以磁场的分布也具有轴对称性。磁感线都是垂直于电场而圆心在圆板中心轴线上的同心圆，其绕向与$\frac{\mathrm{d}\boldsymbol{E}}{\mathrm{d}t}$的方向成右手螺旋关系。

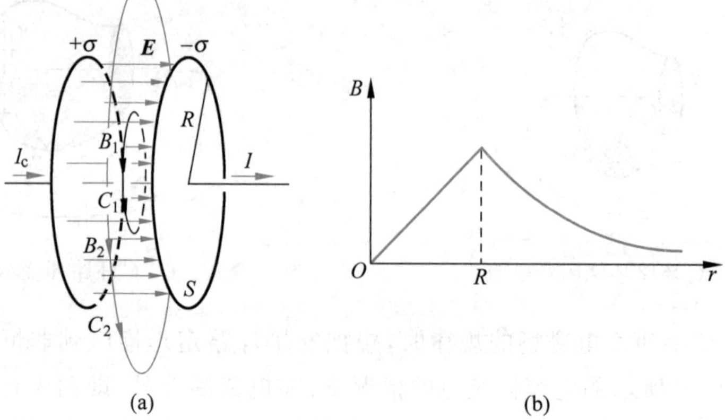

图10.27 平行板电容器充电时，板间的磁场分布(a)和 B 随 r 变化的曲线(b)

取半径为 r_1 的圆周为安培环路 C_1，$\boldsymbol{B}_1$ 的环路积分为

$$\oint_C \boldsymbol{B}_1\cdot\mathrm{d}\boldsymbol{r}=2\pi r_1 B_1$$

而

$$\frac{\mathrm{d}\Phi_{e1}}{\mathrm{d}t}=\pi r_1^2\frac{\mathrm{d}E}{\mathrm{d}t}=\frac{\pi r_1^2 I_c}{\pi\varepsilon_0 R^2}=\frac{r_1^2 I_c}{\varepsilon_0 R^2}$$

式(10.42)给出

$$2\pi r_1 B_1=\mu_0\varepsilon_0\frac{r_1^2 I_c}{\varepsilon_0 R^2}=\mu_0\frac{r_1^2 I_c}{R^2}$$

由此得

$$B_1=\frac{\mu_0 r_1 I_c}{2\pi R^2}=\frac{4\pi\times10^{-7}\times0.1\times10}{2\pi\times0.2^2}=5\times10^{-6}\ (\mathrm{T})$$

对于 r_2，由于 $r_2>R$，取半径为 r_2 的圆周 C_2 为安培环路时，

$$\frac{\mathrm{d}\Phi_{e2}}{\mathrm{d}t}=\pi R^2\frac{\mathrm{d}E}{\mathrm{d}t}=\frac{I_c}{\varepsilon_0}$$

式(10.42)给出

$$2\pi r_2 B_2=\mu_0 I_c$$

由此得

$$B_2 = \frac{\mu_0 I_c}{2\pi r_2} = \frac{4\pi \times 10^{-7} \times 10}{2\pi \times 0.3} = 6.67 \times 10^{-6}\ (\mathrm{T})$$

磁场的方向如图 10.27(a)所示。图 10.27(b)中画出了板间磁场的大小随离中心轴的距离变化的关系曲线。

10.9 电场和磁场的相对性

一个静止的电荷在其周围产生电场 $\boldsymbol{E}$。在这电场中,另一个静止的电荷 q 会受到作用力 $\boldsymbol{F}=q\boldsymbol{E}$,这力称为电场力。当 q 在这电场中运动时,在同一地点也会受到电场力。这电场力和受力电荷 q 的速度无关,仍为 $\boldsymbol{F}=q\boldsymbol{E}$。

在 10.4 节曾指出,场源电荷运动时,在其周围运动的电荷 q,不但受到与 q 速度无关的力,而且还会受到决定于其速度方向和大小的力。前者归之于电力,后者被称为磁力。由于电力和磁力都是通过场发生的,所以我们说,在运动电荷的周围,不但存在着电场,而且还有磁场。

静止和运动都是相对的。上述事实说明,当我们在场源电荷静止的参考系 S 内观测时,只能发现电场的存在。但当我们换一个参考系,即在 q 是运动的参考系 S' 内观测时,则不但发现存在有电场,而且还有磁场。两种情况下,场源电荷都一样(而且具有相对论不变性),但电场和磁场的存在情况却不相同。这种由于运动的相对性,或者说由于从不同的参考系观测,引起的不同,说明电场和磁场的相对论性联系;或者,简单些说,电场和磁场具有相对性。

一般地说,可以用狭义相对论证明(爱因斯坦在他的 1905 年那篇提出相对论的著名文章中首先给出了这个证明),同一电荷系统(不管其成员静止还是运动)周围的电场和磁场,在不同的参考系内观测,会有不同的表现,而且和参考系的运动速度有定量的关系。

提要

1. **电流密度**:$\boldsymbol{J}=nq\boldsymbol{v}$, 其中 $\boldsymbol{v}$ 为载流子平均速度,即漂移速度。

   电流:
   $$I = \int_S \boldsymbol{J} \cdot \mathrm{d}\boldsymbol{S}$$

   电流的连续性方程:
   $$\oint_S \boldsymbol{J} \cdot \mathrm{d}\boldsymbol{S} = -\frac{\mathrm{d}q_{\mathrm{in}}}{\mathrm{d}t}$$

2. **金属中电流的经典微观图像**:自由电子的定向运动是一段一段加速运动的接替,各段加速运动都是从定向速度为零开始。

   电导率: $\sigma=\dfrac{ne^2}{m}\tau$ (τ 为电子自由飞行时间)

   欧姆定律的微分形式: $\boldsymbol{J}=\sigma\boldsymbol{E}$

   电动势:单位电荷通过电源时非静电力做的功
   $$\mathscr{E} = \int_C \boldsymbol{E}_{ne} \cdot \mathrm{d}\boldsymbol{r}$$

3. 磁力：磁力是运动电荷之间的相互作用。它是通过磁场实现的。

4. 磁感应强度 *B*：用洛伦兹力公式定义

$$\boldsymbol{F} = q\boldsymbol{v} \times \boldsymbol{B}$$

5. 毕奥-萨伐尔定律：电流元的磁场

$$\mathrm{d}\boldsymbol{B} = \frac{\mu_0 I\mathrm{d}\boldsymbol{l} \times \boldsymbol{e}_r}{4\pi r^2}$$

其中真空磁导率： $\mu_0 = \dfrac{1}{\varepsilon_0 c^2} = 4\pi \times 10^{-7}\ \mathrm{N/A^2}$

无限长直电流的磁场： $B = \dfrac{\mu_0 I}{2\pi r}$

载流长直螺线管内的磁场： $B = \mu_0 nI$

6. 磁通连续定理： $\oint_S \boldsymbol{B} \cdot \mathrm{d}\boldsymbol{S} = 0$

这一定理表明没有单独的"磁荷"存在。

7. 安培环路定理(适用于恒定电流)： $\oint_C \boldsymbol{B} \cdot \mathrm{d}\boldsymbol{r} = \mu_0 \sum I_{\mathrm{in}}$

8. 与变化电场相联系的磁场(麦克斯韦定律)： $\oint_C \boldsymbol{B} \cdot \mathrm{d}\boldsymbol{r} = \mu_0 \varepsilon_0 \dfrac{\mathrm{d}}{\mathrm{d}t}\int_S \boldsymbol{E} \cdot \mathrm{d}\boldsymbol{S}$

9. 普遍的安培环路定理： $\oint_C \boldsymbol{B} \cdot \mathrm{d}\boldsymbol{r} = \mu_0 \left(I_{c,\mathrm{in}} + \varepsilon_0 \dfrac{\mathrm{d}}{\mathrm{d}t}\int_S \boldsymbol{E} \cdot \mathrm{d}\boldsymbol{S}\right)$

* **10. 电场和磁场的相对性**：同一电荷系统的电场和磁场的表现随参考系的不同而不同。这说明电场和磁场是一个统一的实体，称为电磁场。

自测简题

10.1 按下列各处磁感应强度的大小由大到小将它们排序

(1) 离 20 A 的长直电流 5 cm 处；(2) 每 cm50 匝通有 0.02 A 的长直螺线管内；(3) 电流为 10 A 半径为10 cm的圆电流中心。

10.2 下图中有垂直于图面的 5 支长直电流，电流大小和方向分别如图示。C_1, C_2, C_3, C_4 是 4 个闭合路径，按沿各闭合路径的 ***B*** 的环路积分的值由正极大到负极大对它们排序。

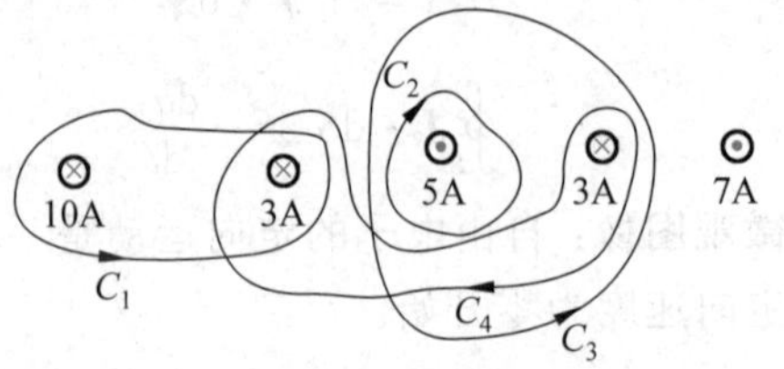

10.3 判断

① 产生磁场的"源"有运动的电荷和变化的电场。

② 同一组电荷(包括运动的静止的)产生的电场和磁场在任何一个参考系测量都是一样的。

思考题

10.1 宇宙射线是高速带电粒子流(基本上是质子),它们交叉来往于星际空间并从各个方向撞击着地球。为什么宇宙射线穿入地球磁场时,接近两磁极比其他任何地方都容易?

10.2 在电子仪器中,为了减弱分别与电源正负极相连的两条导线的磁场,通常总是把它们扭在一起。为什么?

10.3 两根通有同样电流 I 的长直导线十字交叉放在一起(图 10.28),交叉点相互绝缘。试判断何处的合磁场为零。

10.4 一根导线中间分成相同的两支,形成一菱形(图 10.29)。通入电流后菱形的连接两支分、合两点的对角线上的合磁场如何?

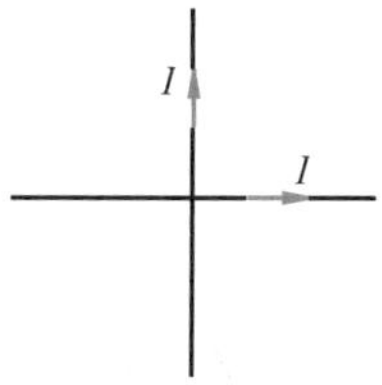

图 10.28 思考题 10.3 用图

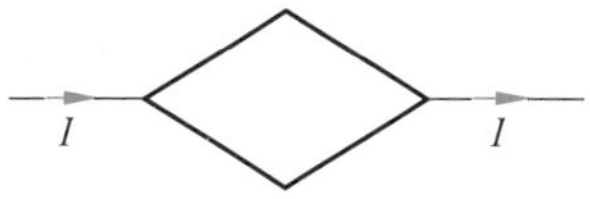

图 10.29 思考题 10.4 用图

10.5 解释等离子体电流的箍缩效应,即等离子柱中通以电流时(图 10.30),它会受到自身电流的磁场的作用而向轴心收缩的现象。

10.6 考虑一个闭合的面,它包围磁铁棒的一个磁极。通过该闭合面的磁通量是多少?

10.7 试证明:在两磁极间的磁场不可能像图 10.31 那样突然降到零。

图 10.30 思考题 10.5 用图

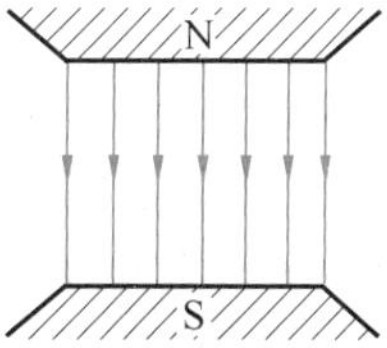

图 10.31 思考题 10.7 用图

10.8 如图 10.32 所示,一长直密绕螺线管,通有电流 I。对于闭合回路 C,求 $\oint_C \boldsymbol{B}\cdot \mathrm{d}\boldsymbol{r}=?$

10.9 像图 10.33 那样的截面是任意形状的密绕长直螺线管,管内磁场是否是均匀磁场?其磁感应强度是否仍可按 $B=\mu_0 nI$ 计算?

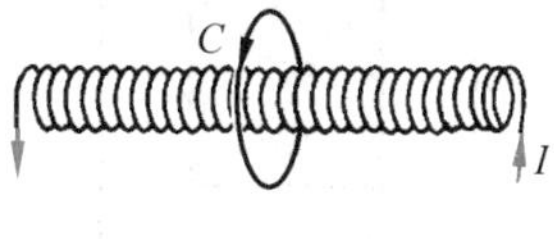

图 10.32 思考题 10.8 用图

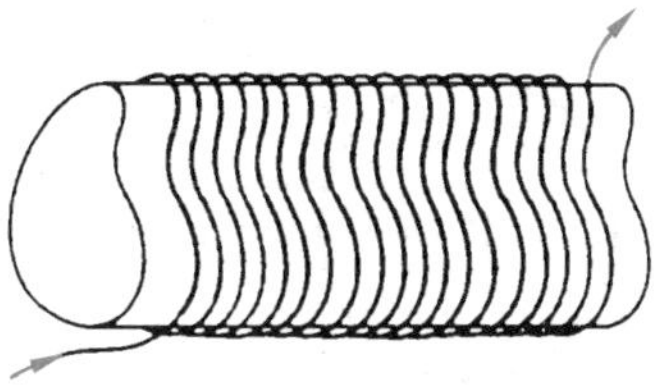

图 10.33 思考题 10.9 用图

习题

10.1 北京正负电子对撞机的储存环是周长为 240 m 的近似圆形轨道。当环中电子流强度为8 mA 时，在整个环中有多少电子在运行？已知电子的速率接近光速。

10.2 设想在银这样的金属中，导电电子数等于原子数。当 1 mm 直径的银线中通过 30A 的电流时，电子的漂移速度是多大？给出近似答案，计算中所需要的但一时还找不到的那些数据，读者可自己估计数量级并代入计算。若银线温度是 20℃，按经典电子气模型，其中自由电子的平均速率是多大？

10.3 大气中由于存在少量的自由电子和正离子而具有微弱的导电性。

(1) 地表附近，晴天大气平均电场强度约为 120 V/m，大气平均电流密度约为 4×10^{-12} A/m^2。求大气电阻率是多大？

(2) 电离层和地表之间的电势差为 4×10^5 V，大气的总电阻是多大？

10.4 求图 10.34 各图中 P 点的磁感应强度 $\boldsymbol{B}$ 的大小和方向。

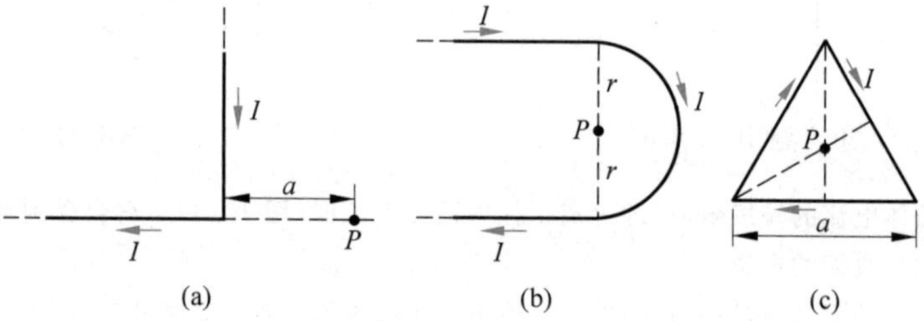

图 10.34 习题 10.4 用图

(a) P 在水平导线延长线上；(b) P 在半圆中心处；(c) P 在正三角形中心

10.5 高压输电线在地面上空 25 m 处，通过电流为 1.8×10^3 A。

(1) 求在地面上由这电流所产生的磁感应强度多大？

(2) 在上述地区，地磁场为 0.6×10^{-4} T，问输电线产生的磁场与地磁场相比如何？

10.6 两根导线沿半径方向被引到铁环上 A，C 两点，电流方向如图 10.35 所示。求环中心 O 处的磁感应强度是多少？

10.7 两平行直导线相距 $d=40$ cm，每根导线载有电流 $I_1=I_2=20$ A，如图 10.36 所示。求：

(1) 两导线所在平面内与该两导线等距离的一点处的磁感应强度；

(2) 通过图中斜线所示面积的磁通量。（设 $r_1=r_3=10$ cm，$l=25$ cm。）

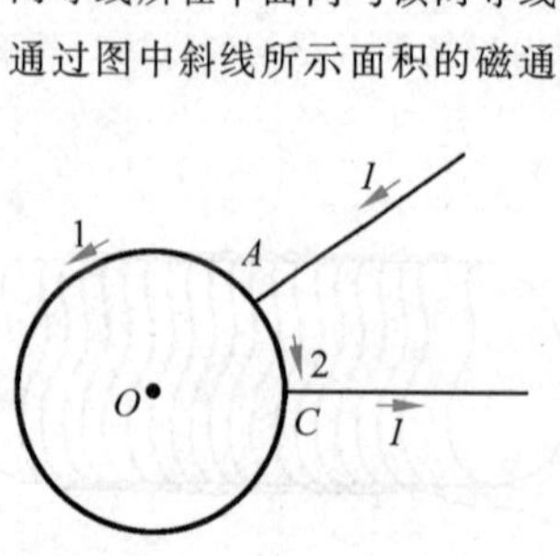

图 10.35 习题 10.6 用图

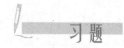

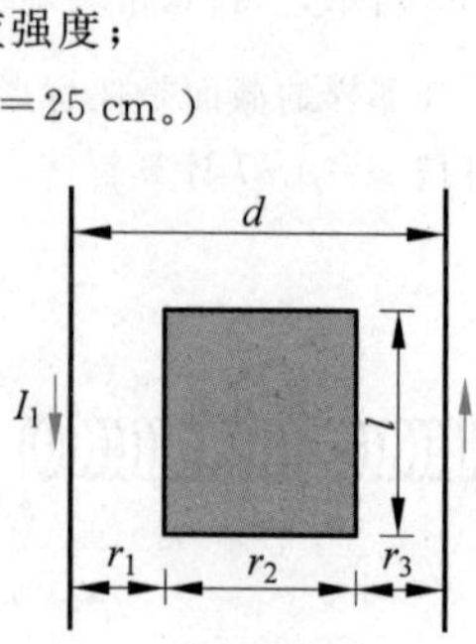

图 10.36 习题 10.7 用图

10.8 试设想一矩形回路(图 10.37)并利用安培环路定理导出长直螺线管内的磁场为 $B=\mu_0 nI$。

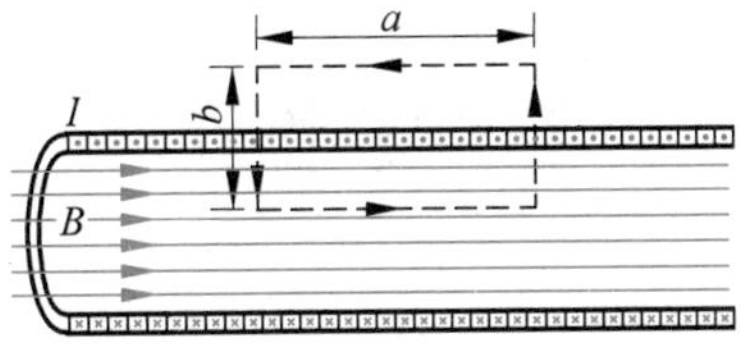

图 10.37 习题 10.8 用图

10.9 如图 10.38 所示,线圈均匀密绕在截面为长方形的整个木环上(木环的内外半径分别为 R_1 和 R_2,厚度为 h,木料对磁场分布无影响),共有 N 匝,求通入电流 I 后,环内外磁场的分布。通过管截面的磁通量是多少?

10.10 有一长圆柱形导体,截面半径为 R。今在导体中挖去一个与轴平行的圆柱体,形成一个截面半径为 r 的圆柱形空洞,其横截面如图 10.39 所示。在有洞的导体柱内有电流沿柱轴方向流通。求洞中各处的磁场分布。设柱内电流均匀分布,电流密度为 J,从柱轴到空洞轴之间的距离为 d。

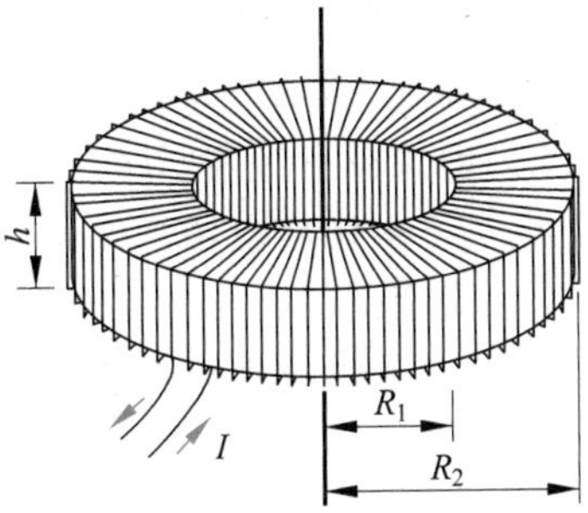

图 10.38 习题 10.9 用图

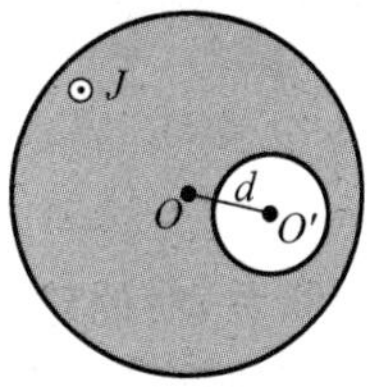

图 10.39 习题 10.10 用图

10.11 一平行板电容器的两板都是半径为 5.0 cm 的圆导体片,在充电时,其中电场强度的变化率为 $\frac{\mathrm{d}E}{\mathrm{d}t}=1.0\times10^{12}$ V/m·s。求极板边缘的磁感应强度 $\boldsymbol{B}$。

科学家简介

麦克斯韦

(James Clerk Maxwell,1831—1879 年)

麦克斯韦生于法拉第发现电磁感应现象的 1831 年。他在电磁学方面的贡献都写在 1873 年发表的《电学和磁学通论》中。在理论上,他突破了法拉第对电磁感应现象的理解,认为即使没有导体回路,变化的磁场也应在其周围产生电场——感应电场。他还突破了电流产生磁场的结论,认为变化的电场也能产生磁场,从而完善了安培环路定律。这两项理论创新深刻地揭示了电场和磁场的联系,使他建立了完整的电磁场理论。

麦克斯韦利用他自己的电磁场方程式导出了电磁波的存在,并得出电磁波在真空中的速度为 $1/\sqrt{\mu_0\varepsilon_0}=3\times10^8$ m/s。这一结果和实验得出的光速相同,由此他提出"光是一种电磁波"的结论,这就把光现象和电磁现象统一起来了。这是在牛顿之后人类对自然认识的又一次大综合。

除了在电磁学方面的伟大贡献外,麦克斯韦还是气体动理论的奠基人之一。他第一次用概率的数学概念导出了气体分子的速率分布律,还用分子的刚性球模型研究了气体分子的碰撞和输运过程。他的关于内摩擦的理论结论和他自己做的实验结果相符,有力地支持了气体动理论。

1879 年,年仅 48 岁的麦克斯韦由于肺结核不治而过早地离开了人间。

第11章

磁　　力

磁场对其中的运动电荷，根据洛伦兹力公式 $\boldsymbol{F}=q\boldsymbol{v}\times\boldsymbol{B}$，有磁力的作用。大家在中学物理中已学过带电粒子在磁场中作匀速圆周运动，磁场对电流的作用力（安培力），磁场对载流线圈的力矩作用（电动机的原理）等知识。本章将对这些规律做简要但更系统全面的讲述。关于磁力矩，本章特别着重于讲解载流线圈所受的磁力矩与其磁矩的关系，以便为第12章物质的磁性以及以后原子结构的学习打下基础。

11.1　带电粒子在磁场中的运动

一个带电粒子以一定速度 $\boldsymbol{v}$ 进入磁场后，它会受到由式(10.18)所表示的洛伦兹力的作用，因而改变其运动状态。下面先讨论均匀磁场的情形。

设一个质量为 m 带有电量为 q 的正离子，以速度 $\boldsymbol{v}$ 沿垂直于磁场方向进入一均匀磁场中(图11.1)。由于它受的力 $\boldsymbol{F}=q\boldsymbol{v}\times\boldsymbol{B}$ 总与速度垂直，因而它的速度的大小不改变，而只是方向改变。又因为这个 $\boldsymbol{F}$ 也与磁场方向垂直，所以正离子将在垂直于磁场平面内作圆周运动。用牛顿第二定律①可以容易地求出这一圆周运动的半径 R 为

$$R=\frac{mv}{qB}=\frac{p}{qB} \tag{11.1}$$

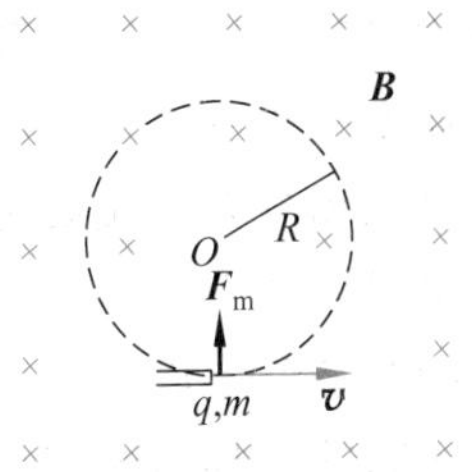

图11.1　带电粒子在均匀磁场中作圆周运动

而圆运动的周期，即**回旋周期** T 为

$$T=\frac{2\pi m}{qB} \tag{11.2}$$

由上述两式可知，回旋半径与粒子速度成正比，但回旋周期与粒子速度无关，这一点被用在回旋加速器中来加速带电粒子。

如果一个带电粒子进入磁场时的速度 $\boldsymbol{v}$ 的方向不与磁场垂直，则可将此入射速度分解

---

① 在回旋加速器内，带电粒子的速率可被加速到与光速十分接近的程度。但因洛伦兹力总与粒子速度垂直，所以此时相对论给出的结果与牛顿第二定律给出的结果（式(11.1)）形式上相同，只是式中 m 应该用相对论质量 $m_0/\sqrt{l-v^2/c^2}$ 代替。

为沿磁场方向的分速度 $\boldsymbol{v}_{/\!/}$ 和垂直于磁场方向的分速度 $\boldsymbol{v}_{\perp}$（图 11.2）。后者使粒子产生垂直于磁场方向的圆运动，使其不能飞开，其圆周半径由式(11.1)得出，为

$$R=\frac{mv_{\perp}}{qB} \tag{11.3}$$

而回旋周期仍由式(11.2)给出。粒子平行于磁场方向的分速度 $\boldsymbol{v}_{/\!/}$ 不受磁场的影响，因而粒子将具有沿磁场方向的匀速分运动。上述两种分运动的合成是一个轴线沿磁场方向的螺旋运动，这一螺旋轨迹的**螺距**为

$$h=v_{/\!/}\,T=\frac{2\pi m}{qB}v_{/\!/} \tag{11.4}$$

如果在均匀磁场中某点 A 处(图 11.3)引入一发散角不太大的带电粒子束，其中粒子的速度又大致相同；则这些粒子沿磁场方向的分速度大小就几乎一样，因而其轨迹有几乎相同的螺距。这样，经过一个回旋周期后，这些粒子将重新会聚穿过另一点 A'。这种发散粒子束汇聚到一点的现象叫做**磁聚焦**。它广泛地应用于电真空器件中，特别是电子显微镜中。

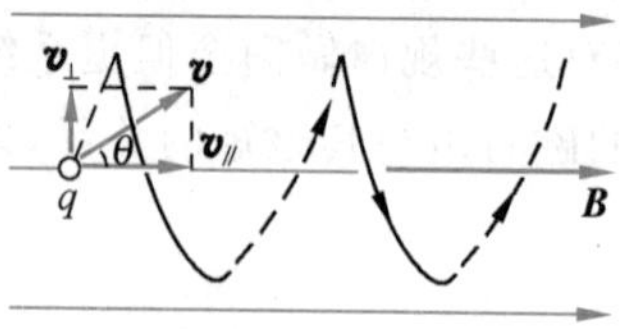

图 11.2 螺旋运动

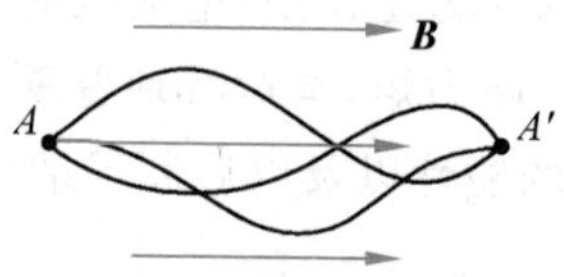

图 11.3 磁聚焦

在非均匀磁场中，速度方向和磁场不同的带电粒子，也要作螺旋运动，但半径和螺距都将不断发生变化。特别是当粒子具有一分速度向磁场较强处螺旋前进时，它受到的磁场力，根据式(10.18)，有一个和前进方向相反的分量(图 11.4)。这一分量有可能最终使粒子的前进速度减小到零，并继而沿反方向前进。强度逐渐增加的磁场能使粒子发生“反射”，因而把这种磁场分布叫做**磁镜**。

可以用两个电流方向相同的线圈产生一个中间弱两端强的磁场(图 11.5)。这一磁场区域的两端就形成两个磁镜，平行于磁场方向的速度分量不太大的带电粒子将被约束在两个磁镜间的磁场内来回运动而不能逃脱。这种能约束带电粒子的磁场分布叫**磁瓶**。在现代研究受控热核反应的实验中，需要把很高温度的等离子体限制在一定空间区域内。在这样的高温下，所有固体材料都将化为气体而不能用作为容器。上述**磁约束**就成了达到这种目的常用方法之一。

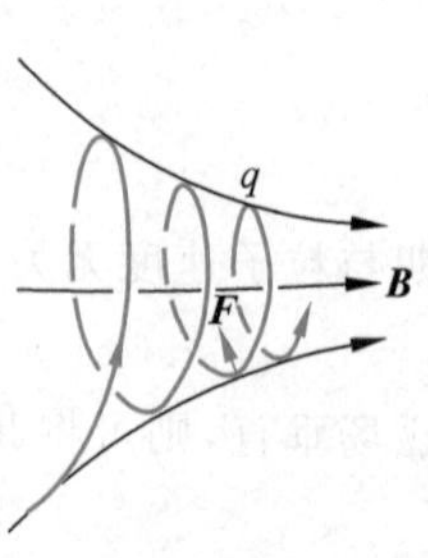

图 11.4 不均匀磁场对运动的带电粒子的力

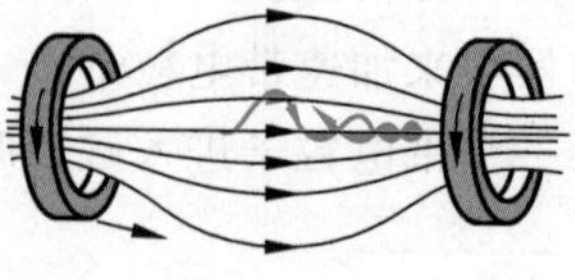
图 11.5 磁瓶

11.2 霍尔效应

如图 11.6 所示，在一个金属窄条(宽度为 h，厚度为 b)中，通以电流。这电流是外加电场 $\boldsymbol{E}$ 作用于电子使之向右作定向运动(漂移速度为 $\boldsymbol{v}$)形成的。当加以外磁场 $\boldsymbol{B}$ 时，由于洛伦兹力的作用，电子的运动将向下偏(图 11.6(a))，当它们跑到窄条底部时，由于表面所限，它们不能脱离金属因而就聚集在窄条的底部，同时在窄条的顶部显示出有多余的正电荷。这些多余的正、负电荷将在金属内部产生一横向电场 $\boldsymbol{E}_H$。随着底部和顶部多余电荷的增多，这一电场也迅速地增大到它对电子的作用力$(-e)\boldsymbol{E}_H$ 与磁场对电子的作用力$(-e)\boldsymbol{v}\times\boldsymbol{B}$ 相平衡。这时电子将恢复原来水平方向的漂移运动而电流又重新恢复为恒定电流。由平衡条件($-e\boldsymbol{E}_H+(-e)\boldsymbol{v}\times\boldsymbol{B}=0$)可知所产生横向电场的大小为

$$E_H = vB \tag{11.5}$$

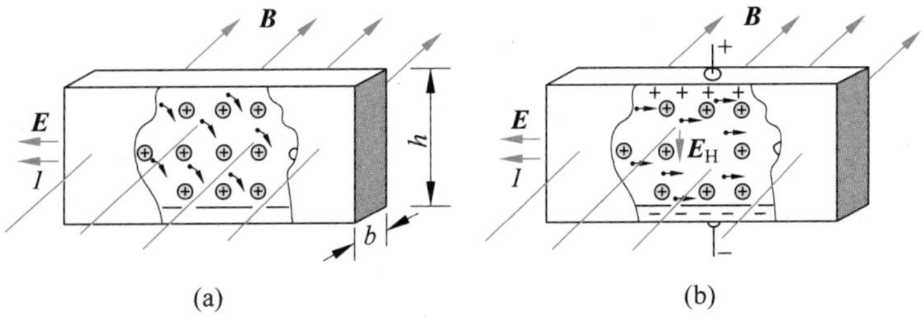

图 11.6 霍尔效应

由于横向电场 $\boldsymbol{E}_H$ 的出现，在导体的横向两侧会出现电势差(图 11.6(b))，这一电势差的数值为

$$U_H = E_H h = vBh$$

已经知道电子的漂移速度 v 与电流 I 有下述关系(式(10.2))：

$$I = nSqv = nbhqv$$

其中 n 为载流子浓度，即导体内单位体积内的载流子数目。由此式求出 v 代入上式可得

$$U_H = \frac{IB}{nqb} \tag{11.6}$$

对于金属中的电子导电来说，如图 11.6(b)所示，导体顶部电势高于底部电势。如果载流子带正电，在电流和磁场方向相同的情况下，将会得到相反的，即正电荷聚集在底部而底部电势高于顶部电势的结果。因此通过电压正负的测定可以确定导体中载流子所带的电荷的正负，这是方向相同的电流由于载流子种类的不同而引起不同效应的一个实际例子。

在磁场中的载流导体上出现横向电势差的现象是 24 岁的研究生霍尔(Edwin H. Hall)在 1879 年发现的，现在称之为**霍尔效应**，式(11.6)给出的电压就叫**霍尔电压**。当时还不知道金属的导电机构，甚至还未发现电子。现在霍尔效应有多种应用，特别是用于半导体的测试。由测出的霍尔电压即横向电压的正负可以判断半导体的载流子种类(是电子或是空穴)，还可以用式(11.6)计算出载流子浓度。用一块制好的半导体薄片通以给定的电流，在校准好的条件下，还可以通过霍尔电压来测磁场 B。这是现在测磁场的一个常用的比较精

确的方法。

应该指出，对于金属来说，由于是电子导电，在如图 11.6 所示的情况下测出的霍尔电压应该显示顶部电势高于底部电势。但是实际上有些金属却给出了相反的结果，好像在这些金属中的载流子带正电似的。这种"反常"的霍尔效应，以及正常的霍尔效应实际上都只能用金属中电子的量子理论才能圆满地解释。

量子霍尔效应

由式(11.6)可得

$$\frac{U_H}{I}=\frac{B}{nqb} \tag{11.7}$$

这一比值具有电阻的量纲，因而被定义为**霍尔电阻** R_H。此式表明霍尔电阻应正比于磁场 B。1980 年，在研究半导体在极低温度下和强磁场中的霍尔效应时，德国物理学家克里青(Klaus von Klitzing)发现霍尔电阻和磁场的关系并不是线性的，而是有一系列台阶式的改变，如图 11.7 所示(该图数据是在1.39 K的温度下取得的，电流保持在 25.52 μA 不变)。这一效应叫**量子霍尔效应**，克里青因此获得 1985 年诺贝尔物理学奖。

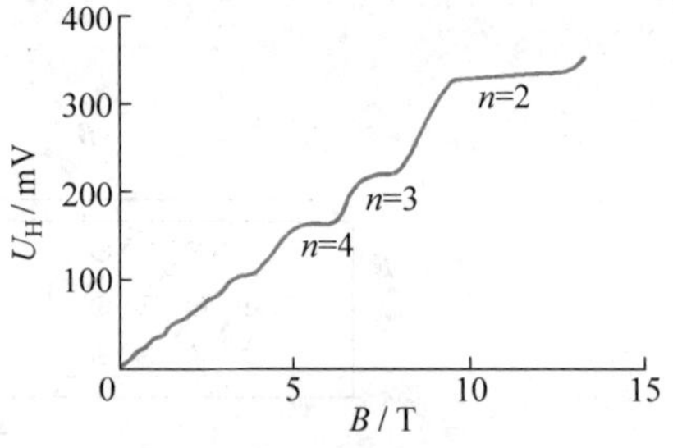

图 11.7 量子霍尔效应

量子霍尔效应只能用量子理论解释，该理论指出

$$R_H=\frac{U_H}{I}=\frac{R_K}{n}\quad(n=1,2,3,\cdots) \tag{11.8}$$

式中 R_K 叫做克里青常量，它和基本常量 h 和 e 有关，即

$$R_K=\frac{h}{e^2}=25\,813\ \Omega \tag{11.9}$$

由于 R_K 的测定值可以准确到 10^{-10}，所以量子霍尔效应被用来定义电阻的标准。从 1990 年开始，"欧姆"就根据霍尔电阻精确地等于 25 812.80 Ω 来定义了。

11.3 载流导线在磁场中受的磁力

导线中的电流是由其中的载流子定向移动形成的。当把载流导线置于磁场中时，这些运动的载流子就要受到洛伦兹力的作用，其结果将表现为载流导线受到磁力的作用。为了计算一段载流导线受的磁力，先考虑它的一段长度元受的作用力。

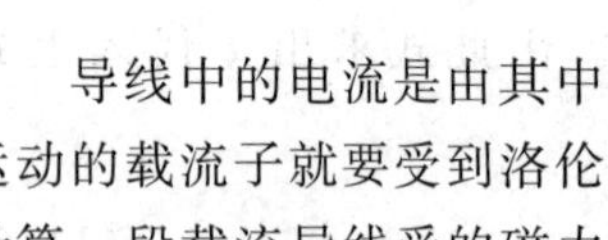

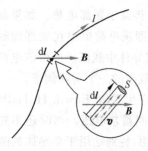

图 11.8 电流元受的磁场力

如图 11.8 所示，设导线截面积为 S，其中有电流 I 通过。考虑长度为 dl 的一段导线。把它规定为矢量，使它的方向与电流的方向相同。这样一段载有电流的导线元就是一段电流元，以 $I d\boldsymbol{l}$ 表示。设导线的单位体积内有 n 个载流子，每一个载流子的电荷都是 q。为简单起见，我们认为各载流子都以漂移速度 $\boldsymbol{v}$ 运动。由于每一个载流子受的磁场力都是 $q\boldsymbol{v}\times\boldsymbol{B}$，而在 dl 段中共有 $ndlS$ 个载流子，所以这些载流子受的力的总和就是

$$d\boldsymbol{F}=nS\,dl\,q\,\boldsymbol{v}\times\boldsymbol{B}$$

由于 $\boldsymbol{v}$ 的方向和 $d\boldsymbol{l}$ 的方向相同，所以 $qdl\ \boldsymbol{v}=qv d\boldsymbol{l}$。利用这一关系，上式就可写成

$$\mathrm{d}\boldsymbol{F} = nSvq\,\mathrm{d}\boldsymbol{l} \times \boldsymbol{B}$$

又由于 $nSvq=I$，即通过 $\mathrm{d}l$ 的电流强度的大小，所以最后可得

$$\mathrm{d}\boldsymbol{F} = I\mathrm{d}\boldsymbol{l} \times \boldsymbol{B} \tag{11.10}$$

$\mathrm{d}\boldsymbol{l}$ 中的载流子由于受到这些力所增加的动量最终总要传给导线本体的正离子结构，所以这一公式也就给出了这一段导线元受的磁力。载流导线受磁场的作用力通常叫做**安培力**。

知道了一段载流导线元受的磁力就可以用积分的方法求出一段有限长载流导线 L 受的磁力，如

$$\boldsymbol{F} = \int_L I\mathrm{d}\boldsymbol{l} \times \boldsymbol{B} \tag{11.11}$$

式中 $\boldsymbol{B}$ 为各电流元所在处的"当地 $\boldsymbol{B}$"。

下面举几个例子。

例 11.1

载流导线受磁力。在均匀磁场 $\boldsymbol{B}$ 中有一段弯曲导线 ab，通有电流 I（图 11.9），求此段导线受的磁场力。

解 根据式(11.11)，所求力为

$$\boldsymbol{F} = \int_{(a)}^{(b)} I\mathrm{d}\boldsymbol{l} \times \boldsymbol{B} = I\left(\int_{(a)}^{(b)} \mathrm{d}\boldsymbol{l}\right) \times \boldsymbol{B}$$

此式中积分是各段矢量长度元 $\mathrm{d}\boldsymbol{l}$ 的矢量和，它等于从 a 到 b 的矢量直线段 $\boldsymbol{l}$。因此得

$$\boldsymbol{F} = I\boldsymbol{l} \times \boldsymbol{B}$$

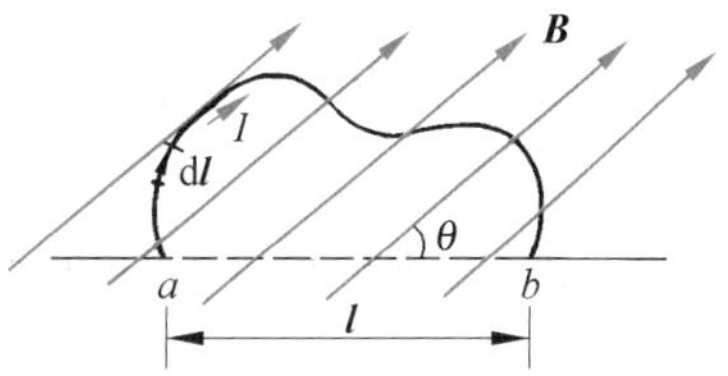

图 11.9 例 11.1 用图

这说明整个弯曲导线受的磁场力的总和等于从起点到终点连起的直导线通过相同的电流时受的磁场力。在图示的情况下，$\boldsymbol{l}$ 和 $\boldsymbol{B}$ 的方向均与纸面平行，因而

$$F = IlB\sin\theta$$

此力的方向垂直纸面向外。

如果 a，b 两点重合，则 $l=0$，上式给出 $F=0$。这就是说，**在均匀磁场中的闭合载流回路整体上不受磁力**。

11.4 载流线圈在均匀磁场中受的磁力矩

如图 11.10(a)所示，一个载流圆线圈半径为 R，电流为 I，放在一均匀磁场中。它的平面法线方向 $\boldsymbol{e}_n$（$\boldsymbol{e}_n$ 的方向与电流的流向符合右手螺旋关系）与磁场 $\boldsymbol{B}$ 的方向夹角为 θ。在 11.3 节（例 11.1）已经得出，此载流线圈整体上所受的磁力为零。下面来求此线圈所受磁场的力矩。为此，将磁场 $\boldsymbol{B}$ 分解为与 $\boldsymbol{e}_n$ 平行的 $\boldsymbol{B}_{/\!/}$ 和与 $\boldsymbol{e}_n$ 垂直的 $\boldsymbol{B}_\perp$ 两个分量，分别考虑它们对线圈的作用力。

$\boldsymbol{B}_{/\!/}$ 分量对线圈的作用力如图 11.10(b)所示，各段 $\mathrm{d}l$ 相同的导线元所受的力大小都相等，方向都在线圈平面内沿径向向外。由于这种对称性，线圈受这一磁场分量的合力矩也为零。

$\boldsymbol{B}_\perp$ 分量对线圈的作用如图 11.10(c)所示，右半圈上一电流元 $I\mathrm{d}\boldsymbol{l}$ 受的磁场力的大小为

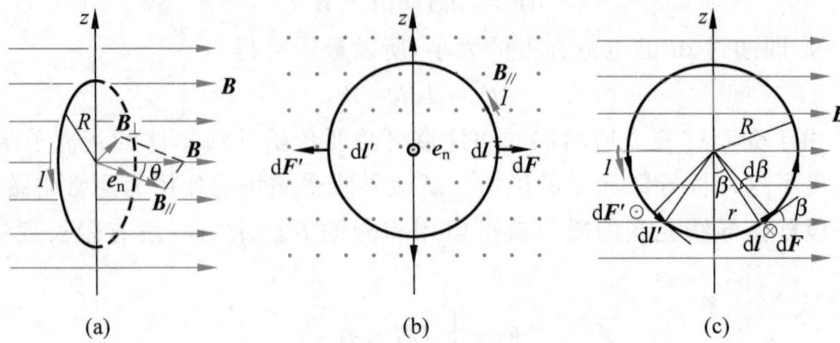

图 11.10 载流线圈受的力和力矩

$$dF = IdlB_\perp \sin\beta$$

此力的方向垂直纸面向里。和它对称的左半圈上的电流元 Idl' 受的磁场力的大小和 Idl 受的一样，但力的方向相反，向外。但由于 Idl 和 Idl' 受的磁力不在一条直线上，所以对线圈产生一个力矩。Idl 受的力对线圈 z 轴产生的力矩的大小为

$$dM = dF\,r = IdlB_\perp \sin\beta\, r$$

由于 $dl = Rd\beta, r = R\sin\beta$，所以

$$dM = IR^2 B_\perp \sin^2\beta d\beta$$

对 β 由 0 到 2π 进行积分，即可得线圈所受磁力的力矩为

$$M = \int dM = IR^2 B_\perp \int_0^{2\pi} \sin^2\beta d\beta = \pi IR^2 B_\perp$$

由于 $B_\perp = B\sin\theta$，所以又可得

$$M = \pi R^2 IB\sin\theta$$

在此力矩的作用下，线圈要绕 z 轴按反时针方向(俯视)转动。用矢量表示力矩，则 $\boldsymbol{M}$ 的方向沿 z 轴正向。

综合上面得出的 $\boldsymbol{B}_{//}$ 和 $\boldsymbol{B}_\perp$ 对载流线圈的作用，可得它们的总效果是：均匀磁场对载流线圈的合力为 0，而力矩为

$$M = \pi R^2 IB\sin\theta = SIB\sin\theta \tag{11.12}$$

其中 $S=\pi R^2$ 为线圈围绕的面积。根据 $\boldsymbol{e}_n$ 和 $\boldsymbol{B}$ 的方向以及 $\boldsymbol{M}$ 的方向，此式可用矢量积表示为

$$\boldsymbol{M} = SI\boldsymbol{e}_n \times \boldsymbol{B} \tag{11.13}$$

根据载流线圈的磁偶极矩(或磁矩，它是一个矢量)的定义

$$\boldsymbol{m} = SI\boldsymbol{e}_n \tag{11.14}$$

则式(11.13)又可写成

$$\boldsymbol{M} = \boldsymbol{m} \times \boldsymbol{B} \tag{11.15}$$

此力矩力图使 $\boldsymbol{e}_n$ 的方向，也就是磁矩 $\boldsymbol{m}$ 的方向，转向与外加磁场方向一致。当 $\boldsymbol{m}$ 与 $\boldsymbol{B}$ 方向一致时，$\boldsymbol{M}=0$。线圈不再受磁场的力矩作用。

不只是载流线圈有磁矩，电子、质子等微观粒子也有磁矩。磁矩是粒子本身的特征之一。它们在磁场中受的力矩也都由式(11.15)表示。

根据磁矩为 $\boldsymbol{m}$ 的载流线圈在均匀磁场中受到磁力矩的作用，可以引入磁矩在均匀磁

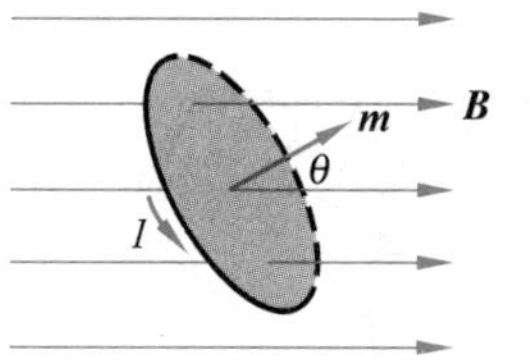

图 11.11 均匀磁场中的磁矩

场中的和其转动相联系的势能的概念。以 θ 表示 $\boldsymbol{m}$ 与 $\boldsymbol{B}$ 之间的夹角(图 11.11),此夹角由 θ_1 增大到 θ_2 的过程中,外力需克服磁力矩做的功为

$$A=\int_{\theta_1}^{\theta_2} M\mathrm{d}\theta=\int_{\theta_1}^{\theta_2} mB\sin\theta\mathrm{d}\theta=mB(\cos\theta_1-\cos\theta_2)$$

此功就等于磁矩 $\boldsymbol{m}$ 在磁场中势能的增量。通常以磁矩方向与磁场方向垂直,即 $\theta_1=\pi/2$ 时的位置为势能为零的位置。这样,由上式可得,在均匀磁场中,当磁矩与磁场方向间夹角为 $\theta(\theta=\theta_2)$时,磁矩的势能为

$$W_{\mathrm{m}}=-mB\cos\theta=-\boldsymbol{m}\cdot\boldsymbol{B} \tag{11.16}$$

此式给出,当磁矩与磁场平行时,势能有极小值 $-mB$;当磁矩与磁场反平行时,势能有极大值 mB。

读者应当注意到,式(11.15)的磁力矩公式和式(7.32)的电力矩公式形式相同,式(11.16)的磁矩在磁场中的势能公式和式(8.19)的电矩在电场中的势能公式形式也相同。

11.5 平行载流导线间的相互作用力

设有两根平行的长直导线,分别通有电流 I_1 和 I_2,它们之间的距离为 d(图 11.12),导线直径远小于 d。让我们来求每根导线单位长度线段受另一电流的磁场的作用力。

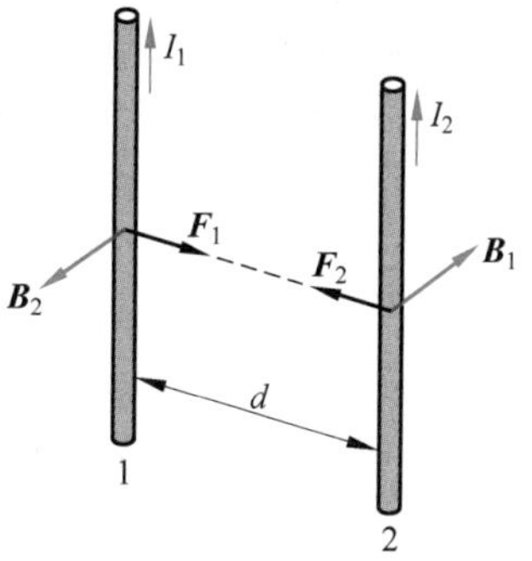

图 11.12 两平行载流长直导线之间的作用力

电流 I_1 在电流 I_2 处所产生的磁场为(式(10.25))

$$B_1=\frac{\mu_0 I_1}{2\pi d}$$

载有电流 I_2 的导线单位长度线段受此磁场的安培力为(式(11.10))

$$F_2=B_1I_2=\frac{\mu_0 I_1 I_2}{2\pi d} \tag{11.17}$$

同理,载流导线 I_1 单位长度线段受电流 I_2 的磁场的作用力也等于这一数值,即

$$F_1=B_2I_1=\frac{\mu_0 I_1 I_2}{2\pi d}$$

当电流 I_1 和 I_2 方向相同时,两导线相吸;相反时,则相斥。

在国际单位制中,电流的单位安[培](符号为 A)就是根据式(11.17)规定的。设在真空中两根无限长的平行直导线相距 1 m,通以大小相同的恒定电流,如果导线每米长度受的作用力为 2×10^{-7} N,则每根导线中的电流强度就规定为 1 A。

根据这一定义,由于 $d=1$ m,$I_1=I_2=1$ A,$F=2\times10^{-7}$ N,式(11.17)给出

$$\mu_0=\frac{2\pi Fd}{I^2}=\frac{2\pi\times2\times10^{-7}\times1}{1\times1}=4\pi\times10^{-7}\ (\mathrm{N/A^2})$$

这一数值与式(10.22)中 μ_0 的值相同。

电流的单位确定之后,电量的单位也就可以确定了。在通有 1 A 电流的导线中,每秒钟

流过导线任一横截面上的电量就定义为1 C，即

$$1\ \mathrm{C} = 1\ \mathrm{A} \cdot \mathrm{s}$$

实际的测电流之间的作用力的装置如图11.13所示，称为电流秤。它用到两个固定的线圈 C_1 和 C_2，吊在天平的一个盘下面的活动线圈 C_M 放在它们中间，三个线圈通有大小相同的电流。天平的平衡由加减砝码来调节。这样的电流秤用来校准其他更方便的测量电流的二级标准。

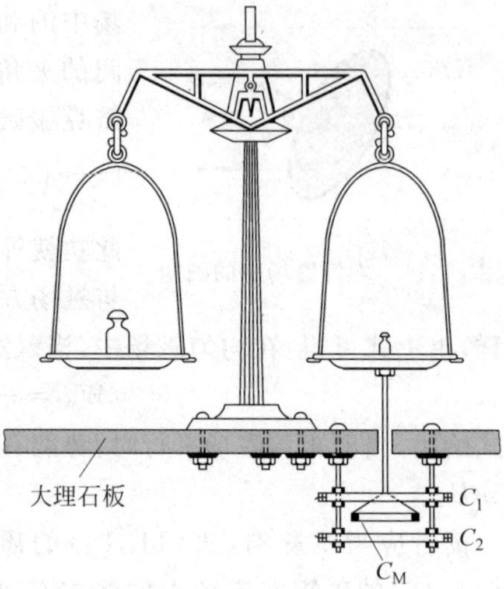

图11.13 电流秤

关于常量 μ_0，ε_0，c 的数值关系

上面讲了电流单位安［培］的规定，它利用了式(11.17)。此式中有比例常量 μ_0（真空磁导率）。只有 μ_0 有了确定的值，电流的单位才可能规定，因此 μ_0 的值需要事先规定。国际单位制中规定了

$$\mu_0 = 4\pi \times 10^{-7}\ \mathrm{N/A^2} = 1.256\ 637\ 061\ 4\cdots \times 10^{-7}\ \mathrm{N/A^2}$$

由于是人为规定的，不依赖于实验，所以它是精确的。

在真空中的光速值，目前也是规定的，即

$$c = 299\ 792\ 458\ \mathrm{m/s}$$

这一数值也是精确的，与实验无关。

由电磁学理论知，c 和 ε_0，μ_0 有下述关系：

$$c^2 = \frac{1}{\mu_0 \varepsilon_0}$$

因此真空电容率

$$\varepsilon_0 = \frac{1}{\mu_0 c^2} = 8.854\ 187\ 817\cdots \times 10^{-12}\ \mathrm{F/m}$$

由于 c，μ_0 的值是规定的，不依赖于实验，因而 ε_0 值也是精确的而不依赖于实验。

提要

1. 带电粒子在均匀磁场中的运动：

圆周运动的半径： $R = \dfrac{mv}{qB}$

圆周运动的周期： $T = \dfrac{2\pi m}{qB}$

螺旋运动的螺距： $h = \dfrac{2\pi m}{qB} v_{/\!/}$

2. 霍尔效应：在磁场中的载流导体上出现横向电势差的现象。

霍尔电压： $U_H = \dfrac{IB}{nqb}$

霍尔电压的正负和形成电流的载流子的正负有关。

3. 载流导线在磁场中受的磁力——安培力：

对电流元 $I\mathrm{d}\boldsymbol{l}$： $\mathrm{d}\boldsymbol{F}=I\mathrm{d}\boldsymbol{l}\times\boldsymbol{B}$

对一段载流导线： $\boldsymbol{F}=\int_L I\mathrm{d}\boldsymbol{l}\times\boldsymbol{B}$

对均匀磁场中的载流线圈，磁力 $\boldsymbol{F}=0$

4. 载流线圈受均匀磁场的力矩：

$$\boldsymbol{M}=\boldsymbol{m}\times\boldsymbol{B}$$

其中 $\boldsymbol{m}=I\boldsymbol{S}=IS\boldsymbol{e}_{\mathrm{n}}$

为载流线圈的磁矩。

5. 平行载流导线间的相互作用力：单位长度导线段受的力的大小为

$$F_1=\frac{\mu_0 I_1 I_2}{2\pi d}$$

国际上约定以这一相互作用力定义电流的 SI 单位——安[培](A)。

自测简题

11.1 验证：一质子垂直于磁场方向以某速率进入一匀强磁场内，如果其速率加倍，而磁场减弱一半，则(1) 其回旋半径将增大到两倍，而回旋周期将减小到一半；(2) 其回旋半径将增大到 4 倍而其回旋周期不变；(3) 其回旋半径增大到 4 倍，回旋周期增大到 2 倍。

11.2 判断：一水平面内的长直电流向东流动，在其左侧近旁，一质子向东运动。此质子受到的电流的磁场的作用力的方向是

(1) 向北；(2) 向南；(3) 向上；(4) 向下。

11.3 判断：在一均匀磁场内，一单匝线圈垂直于磁场 $\boldsymbol{B}$ 的方向放置，线圈所围面积为 S。其中电流 I 顺着磁场方向看去为顺时针方向。此时

(1) 线圈受的磁力矩为 O，而其磁势能为 $-IBS$；(2) 线圈所受磁力矩为 IBS，而其磁势能为 O。

11.4 验证：垂直于磁场方向放置一金属薄片，其厚度为 b，沿其长度方向通入电流，然后测其霍尔电压。今换用另一片厚度加倍的金属片，使通入的电流减小$\frac{1}{2}$，所测出的霍尔电压减小了一半。这说明所测磁场这时

(1) 已增大到 4 倍；(2) 已增大到 2 倍；(3) 未改变。

思考题

11.1 如果想让一个质子在地磁场中一直沿地磁赤道运动，应该将它向东还是向西发射？

11.2 在地磁赤道处，大气电场指向地面和磁场垂直。必须向什么方向发射电子，才能使它们不发生偏转？

11.3 能否利用磁场对带电粒子的作用力来增大粒子的动能？为什么？

11.4 相互垂直的电场 $\boldsymbol{E}$ 和磁场 $\boldsymbol{B}$ 可构成一个速度选择器，它能使选定速率的带电粒子垂直于电场和磁场射入后无偏转地前进。试求这带电粒子的速度 $\boldsymbol{v}$ 和 $\boldsymbol{E}$ 及 $\boldsymbol{B}$ 的关系。

11.5　图 11.14 显示出在一汽泡室中产生的一对正负电子的径迹图，磁场垂直于图面而指离读者。试判断哪一支是电子的径迹，哪一支是正电子的径迹？为何径迹呈螺旋形？

图 11.14　思考题 11.5 用图

习题

11.1　如图 11.15 所示，一电子经过 A 点时，具有速率 $v_0=1\times10^7$ m/s。

(1) 欲使这电子沿半圆自 A 至 C 运动，试求所需的磁场大小和方向；

(2) 求电子自 A 运动到 C 所需的时间。

11.2　把 2.0×10^3 eV 的一个正电子，射入磁感应强度 $B=0.1$ T 的匀强磁场中，其速度矢量与 $\boldsymbol{B}$ 成 89°角，路径成螺旋线，其轴在 $\boldsymbol{B}$ 的方向。试求这螺旋线运动的周期 T、螺距 h 和半径 r。

11.3　估算地球磁场对电视机显像管中电子束的影响。假设加速电势差为 2.0×10^4 V，如电子枪到屏的距离为 0.2 m，试计算电子束在大小为 0.5×10^{-4} T 的横向地磁场作用下约偏转多少？这偏转是否影响电视图像？

11.4　北京正负电子对撞机中电子在周长为 240 m 的储存环中作轨道运动。已知电子的动量是 1.49×10^{-18} kg·m/s，求偏转磁场的磁感应强度。

11.5　一台用来加速氘核的回旋加速器(图 11.16)的 D 盒直径为 75 cm，两磁极可以产生 1.5 T 的均匀磁场。氘核的质量为 3.34×10^{-27} kg，电量就是质子电量。求：

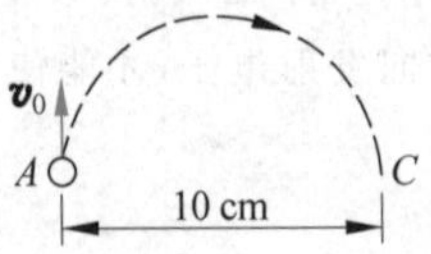

图 11.15　习题 11.1 用图

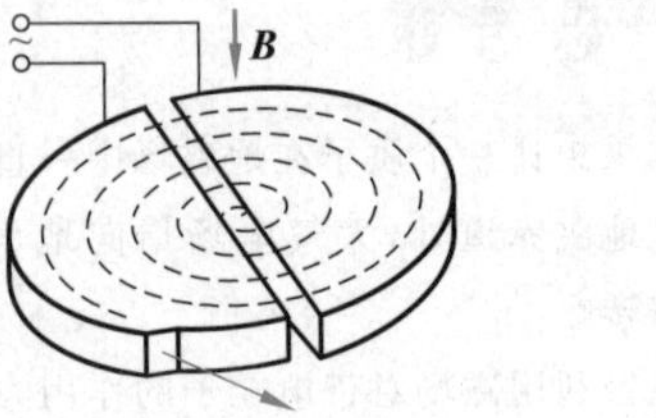

图 11.16　回旋加速器的两个 D 盒(其上、下两磁极未画出)示意图

(1) 所用交流电源的频率应多大？

(2) 氘核由此加速器射出时的能量是多少 MeV？

11.6 如图 11.17 所示，一铜片厚为 $d=1.0$ mm，放在 $B=1.5$ T 的磁场中，磁场方向与铜片表面垂直。已知铜片里每立方厘米有 8.4×10^{22} 个自由电子，每个电子的电荷 $-e=-1.6\times10^{-19}$ C，假设铜片中有 $I=200$ A 的电流流通。

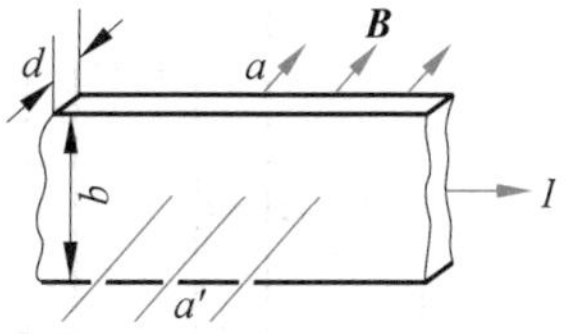

图 11.17 习题 11.6 用图

(1) 求铜片两侧的电势差 $U_{aa'}$；

(2) 铜片宽度 b 对 $U_{aa'}$ 有无影响？为什么？

11.7 掺砷的硅片是 N 型半导体，这种半导体中的电子浓度是 2×10^{21} 个/m^3，电阻率是 1.6×10^{-2} Ω·m。用这种硅做成霍尔探头以测量磁场，硅片的尺寸相当小，是 0.5 cm×0.2 cm×0.005 cm。将此片长度的两端接入电压为 1 V 的电路中。当探头放到磁场某处并使其最大表面与磁场方向垂直时，测得 0.2 cm 宽度两侧的霍尔电压是 1.05 mV。求磁场中该处的磁感应强度。

11.8 磁力可用来输送导电液体，如液态金属、血液等而不需要机械活动组件。如图 11.18 所示是输送液态钠的管道，在长为 l 的部分加一横向磁场 $\boldsymbol{B}$，同时垂直于磁场和管道通以电流，其电流密度为 $\boldsymbol{J}$。

(1) 证明：在管内液体 l 段两端由磁力产生的压力差为 $\Delta p=JlB$，此压力差将驱动液体沿管道流动；

(2) 要在 l 段两端产生 1.00 atm 的压力差，电流密度应多大？设 $B=1.50$ T，$l=2.00$ cm。

11.9 霍尔效应可用来测量血流的速度，其原理如图 11.19 所示，在动脉血管两侧分别安装电极并加以磁场。设血管直径是 2.0 mm，磁场为 0.080 T，毫伏表测出的电压为 0.10 mV，血流的速度多大？（实际上磁场由交流电产生而电压也是交流电压。）

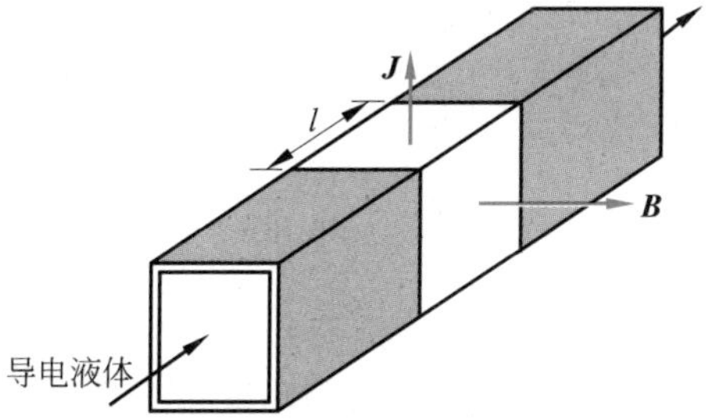

图 11.18 电磁泵示意图

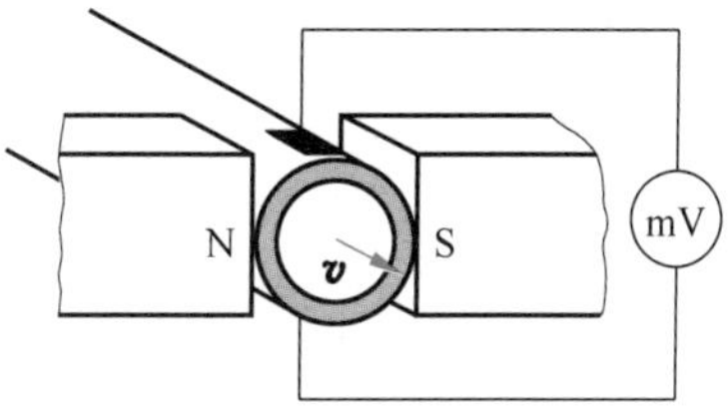

图 11.19 习题 11.9 用图

11.10 一正方形线圈由外皮绝缘的细导线绕成，共绕有 200 匝，每边长为 150 mm，放在 $B=4.0$ T 的外磁场中，当导线中通有 $I=8.0$ A 的电流时，求：

(1) 线圈磁矩 $\boldsymbol{m}$ 的大小；

(2) 作用在线圈上的力矩的最大值。

11.11 如图 11.20 所示，在长直电流近旁放一矩形线圈与其共面，线圈各边分别平行和垂直于长直导线。线圈长度为 l，宽为 b，近边距长直导线距离为 a，长直导线中通有电流 I。当矩形线圈中通有电流 I_1 时，它受的磁力的大小和方向各如何？它又受到多大的磁力矩？

11.12 正在研究的一种电磁导轨炮(子弹的出口速度可达 10 km/s)的原理可用图 11.21 说明。子弹置于两条平行导轨之间，通以电流后子弹会被磁力加速而以高速从出口射出。以 I 表示电流，r 表示导轨(视为圆柱)半径，a 表示两轨面之间的距离。将导轨近似地按无限长处理，证明子弹受的磁力近似地可以表示为

$$F=\frac{\mu_0 I^2}{2\pi}\ln\frac{a+r}{r}$$

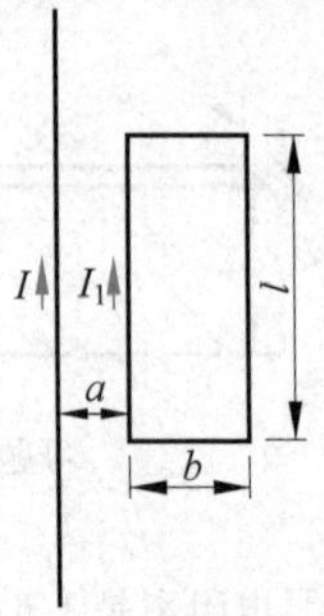

图 11.20 习题 11.11 用图

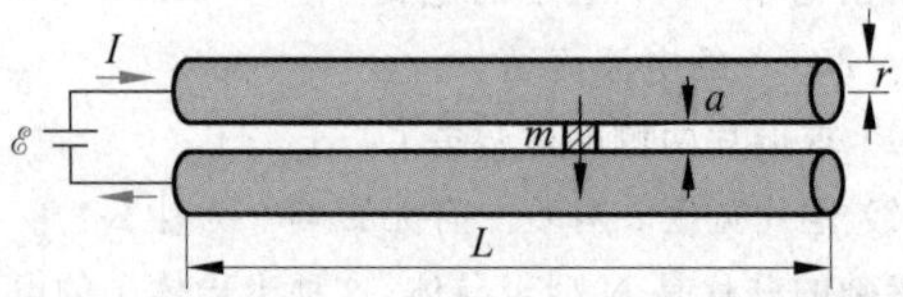

图 11.21 习题 11.12 用图

设导轨长度 $L=5.0\ \mathrm{m}$,$a=1.2\ \mathrm{cm}$,$r=6.7\ \mathrm{cm}$,子弹质量为 $m=317\ \mathrm{g}$,发射速度为4.2 km/s。

(1) 求该子弹在导轨内的平均加速度是重力加速度的几倍?(设子弹由导轨末端启动。)

(2) 通过导轨的电流应多大?

(3) 以能量转换效率 40%计,子弹发射需要多少千瓦功率的电源?

11.13 一无限长薄壁金属筒,沿轴线方向有均匀电流流通,面电流密度为 j(A/m)。求单位面积筒壁受的磁力的大小和方向。

11.14 两条无限长平行直导线相距 5.0 cm,各通以 30 A 的电流。求一条导线上每单位长度受的磁力多大?如果导线中没有正离子,只有电子在定向运动,那么电流都是 30 A 的一条导线的每单位长度受另一条导线的电力多大?电子的定向运动速度为 1.0×10^{-3} m/s。

第12章

物质的磁性

第10、11章讨论了真空中磁场的规律。在实际应用中，磁场中常常有物质(指由分子、原子构成的实体)存在。由于物质的分子(或原子)中都存在着运动的电荷，所以当物质放到磁场中时，其中的运动电荷将受到磁力的作用而使物质处于一种特殊的状态中，处于这种特殊状态的物质又会反过来影响磁场的分布。本章将讨论关于物质的磁性，也就是物质和磁场相互影响的规律。

12.1 物质对磁场的影响

物质对磁场的影响可以通过实验观察出来。最简单的方法是做一个长直螺线管，先让管内是真空或空气(图12.1(a))，沿导线通入电流 I，测出此时管内的磁感应强度的大小。然后使管内充满某种材料(图12.1(b))，保持电流 I 不变，再测出此时管内材料内部的磁感应强度的大小。以 B_0 和 B 分别表示管内为真空和充满物质时的磁感应强度，则实验结果显示出二者的数值不同，它们的关系可以用下式表示：

$$B = \mu_r B_0 \tag{12.1}$$

式中 μ_r 叫物质的**相对磁导率**，它随物质的种类或状态的不同而不同(表12.1)。有的物质的 μ_r 是略小于1的常数，这种物质叫**抗磁质**。有的物质的 μ_r 是略大于1的常数，这种物质叫**顺磁质**。这两种物质对磁场的影响很小，一般技术中常不考虑它们的影响。还有一种物质，它的 μ_r 比1大得多，而且还随 B_0 的大小发生变化，这种物质叫**铁磁质**。它们对磁场的影响很大，在电工技术中有广泛的应用。

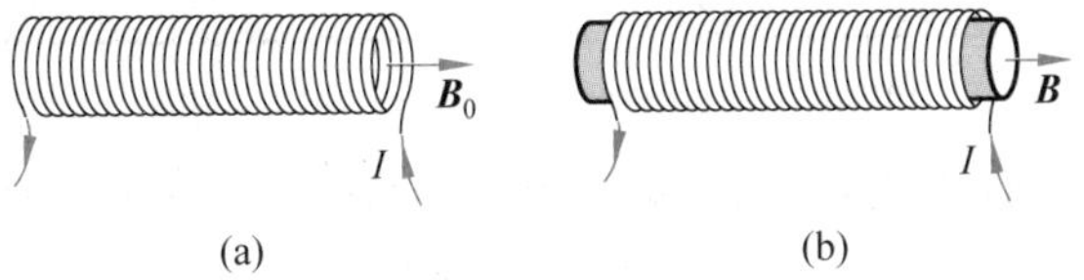

图12.1 物质对磁场的影响
(a) 管内为真空；(b) 管内为某种物质

为什么物质对磁场有这样的影响？这要由物质受磁场的影响而发生的改变来说明。这就涉及物质的微观结构，下面我们来说明这一点。

表 12.1 几种物质的相对磁导率

物质种类		相对磁导率
抗磁质 $\mu_r<1$	铋(293 K)	$1-16.6\times10^{-5}$
	汞(293 K)	$1-2.9\times10^{-5}$
	铜(293 K)	$1-1.0\times10^{-5}$
	氢(气体)	$1-3.98\times10^{-5}$
顺磁质 $\mu_r>1$	氧(液体,90 K)	$1+769.9\times10^{-5}$
	氧(气体,293 K)	$1+344.9\times10^{-5}$
	铝(293 K)	$1+1.65\times10^{-5}$
	铂(293 K)	$1+26\times10^{-5}$
铁磁质 $\mu_r\gg1$	纯铁	5×10^3(最大值)
	硅钢	7×10^2(最大值)
	坡莫合金	1×10^5(最大值)

12.2 物质的磁化

在原子内,电子绕核做圆周运动和旋转,核也在旋转。这些运动的总效果相当于一个微小的圆电流,被称为**分子电流**。通常情况下,一物块内的这些分子电流的方向是杂乱无章的,它们在外部产生的磁场相互抵消,因而不显示磁性。如果把一顺磁质块(设做成圆柱体)像图 12.1(a)所示那样放到通电的螺线管中。磁场就对这些分子电流有力矩的作用而排列起来。在圆柱体表面上,这些分子电流(见 12.4 节)都沿着相同的方向流通,其总效果相当于在圆柱体表面上有一层电流流过,如图 12.2(a)所示。这种电流叫**束缚电流**,也叫**磁化电流**。在图 12.2 中,其面电流密度用 j' 表示。它是分子内的电荷运动一段段接合而成的,不同于金属中由自由电子定向运动形成的传导电流。对比之下,金属中的传导电流(以及其他由电荷的宏观移动形成的电流)可称作**自由电流**。按磁质分子在外磁场中会产生与外磁场方向相反的磁矩,因此会像图 12.2(b)那样在抗磁质块表面上也产生束缚电流,不过方向与图 12.2(a)中相反。

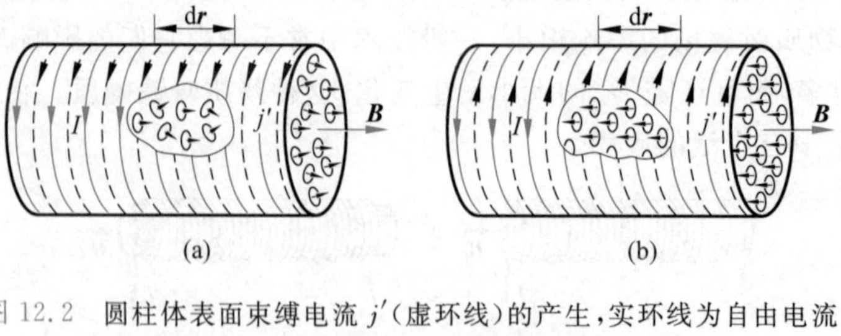

图 12.2 圆柱体表面束缚电流 j'(虚环线)的产生,实环线为自由电流 I
(a) 顺磁质;(b) 抗磁质

由于顺磁质的分子电流在磁场中定向排列或抗磁质分子在磁场中产生了感生磁矩,因而在这些物质的表面上出现束缚电流的现象叫**磁化**。顺磁质的束缚电流的方向与其中外磁场的方向有右手螺旋关系,它产生的磁场要加强其中的磁场。抗磁质的束缚电流的方向与其中外磁场的方向有左手螺旋关系,它产生的磁场要减弱其中的磁场。这就是两种磁介质对磁场影响不同的原因。

例 12.1

面束缚电流密度的计算。一长直螺线管，单位长度上的匝数为 n，管内充满相对磁导率为 μ_r 的均匀物质。求当导线圈内通以电流 I 时，管内物质表面的面束缚电流密度。

解 在螺线管内自由电流 I 产生的磁场大小为 $B_0=\mu_0 nI$，其中 nI 是沿螺线管轴线方向单位长度上的自由电流，方向平行于轴线。由于磁化，在管内物质表面产生面束缚电流。以 j' 表示面束缚电流密度，即沿管轴方向单位长度上的面束缚电流，则由面束缚电流产生的磁场的大小为 $B'=\mu_0 j'$，方向也平行于轴线。这时，管内的磁场应该是这两种电流产生的磁场的矢量和，即

$$B = B_0 + B' = \mu_0(nI + j')$$

再利用式(12.1)得 $B=\mu_r B_0=\mu_r\mu_0 nI$，则由上式可得

$$j' = (\mu_r - 1)nI \tag{12.2}$$

由式(12.2)可以看出：对于顺磁质，$\mu_r>1$，从而 $j'>0$，说明其面束缚电流方向和螺线管中产生外磁场的自由电流方向相同(图 12.2(a))；对于抗磁质，有 $\mu_r<1$，从而 $j'<0$，说明其面束缚电流方向和自由电流方向相反(图 12.2(b))。对这两种物质来说，由于 μ_r 和 1 相差甚微，所以面束缚电流极小，螺线管中磁场基本上还是自由电流产生的，因此顺磁质和抗磁质同一般的物质一样对磁场的影响很小。对于铁磁质，由于 $\mu_r\gg 1$，面束缚电流方向和自由电流方向也相同，而其面电流密度比自由面电流密度(nI)大得多，所以这时管内的磁场基本上是由铁磁质表面的面束缚电流产生的，因而可以产生很强的磁场，这正是铁磁质被广泛地应用于制造各种永磁体和电磁体的原因。

12.3 H 矢量及其环路定理

在 12.1 节中已介绍过，对于图 12.1(b)所示的那种管内充满物质的情况，实验指出 $\boldsymbol{B}=\mu_r\boldsymbol{B}_0$。将此式写成 $\boldsymbol{B}/\mu_0\mu_r=\boldsymbol{B}_0/\mu_0$ 并将两侧对任意闭合路径 C 积分，可得

$$\oint_C \frac{\boldsymbol{B}}{\mu_0\mu_r}\cdot \mathrm{d}\boldsymbol{r} = \frac{1}{\mu_0}\oint_C \boldsymbol{B}_0\cdot \mathrm{d}\boldsymbol{r} = \frac{\mu_0 I_{0,\mathrm{in}}}{\mu_0} = I_{0,\mathrm{in}} \tag{12.3}$$

式中第二个等号应用了安培环路定律式(10.34)，与 $\boldsymbol{B}_0$ 对应的 $I_{0,\mathrm{in}}$ 是闭合路径 C 包围的自由电流。由于自由电流可以由人们主动地控制，上式也就具有了实际上的重要性。常常定义一个 $\boldsymbol{H}$ 矢量和 $\boldsymbol{B}$ 及 μ_r 点点对应，即

$$\boldsymbol{H} \equiv \boldsymbol{B}/\mu_0\mu_r \equiv \boldsymbol{B}/\mu \tag{12.4}$$

式中 $\mu=\mu_0\mu_r$ 叫物质的**磁导率**，$\boldsymbol{H}$ 称为**磁场强度**。利用此定义，式(12.3)可以改写为下述简单形式：

$$\oint_C \boldsymbol{H}\cdot \mathrm{d}\boldsymbol{r} = I_{0,\mathrm{in}} \tag{12.5}$$

此式的意义是：在有物质的磁场中，沿任意闭合路径磁场强度的线积分等于该闭合路径所包围的自由电流的代数和。由于式(12.5)和式(10.34)形式相同，所以它就叫做 **$\boldsymbol{H}$ 的环路定理**。

式(12.5)虽然是就图 12.1(b)的特殊情况导出的，但可以说明，对于磁场并未被物质充满的一般情况，式(12.5)仍然是成立的。

例 12.2

***H* 的环路定理的应用。**一根长直单芯电缆的芯是一根半径为 R 的金属导体，它和导电外壁之间充满相对磁导率为 μ_r 的均匀物质(图 12.3)。今有电流 I 均匀地流过芯的横截面并沿外壁流回。求该物质中磁感应强度的分布。

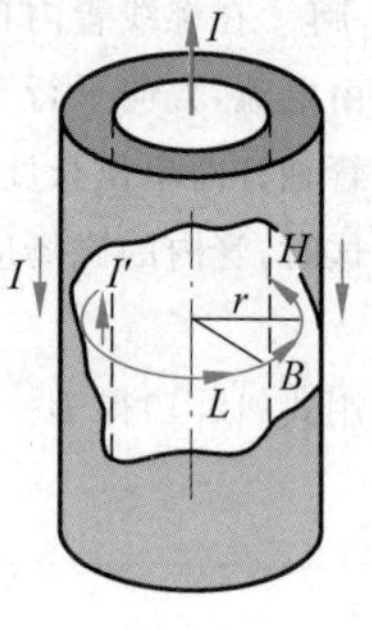

图 12.3 例 12.2 用图

解 圆柱体电流所产生的 $\boldsymbol{B}$ 和 $\boldsymbol{H}$ 的分布均具有轴对称性。在垂直于电缆轴的平面内作一圆心在轴上、半径为 r 的圆周 L。对此圆周应用 $\boldsymbol{H}$ 的环路定理，有

$$\oint_L \boldsymbol{H}\cdot \mathrm{d}\boldsymbol{r} = 2\pi r H = I$$

由此得

$$H = \frac{I}{2\pi r}$$

再利用式(12.4)，可得物质中的磁感应强度为

$$B = \frac{\mu_0\mu_r}{2\pi r}I$$

$\boldsymbol{B}$ 线是在与电缆轴垂直的平面内圆心在轴上的同心圆。

这样，我们就利用式(12.9)在不具体考虑物质被磁化情况下较便捷地求出了磁场的分布。

提要

1. **物质对磁场的影响**：螺线管中充满某种物质(相对磁导率为 μ_r)时，
$$B = \mu_r B_0$$
2. 三种物质：抗磁质($\mu_r<1$)，顺磁质($\mu_r>1$)，铁磁质($\mu_r\gg1$)。
3. **物质的磁化**：在外磁场中，物质受外磁场作用而在物块表面上出现束缚电流的现象，铁磁质很容易被磁化而产生大的磁化电流和很强的磁场。
4. ***H* 矢量及其环路定理**：
   H 矢量定义： $\boldsymbol{H} = \boldsymbol{B}/\mu_0\mu_r = \boldsymbol{B}/\mu$， $\mu = \mu_0\mu_r$ 为磁导率
   H 的环路定理：
$$\oint_C \boldsymbol{H}\cdot \mathrm{d}\boldsymbol{r} = I_{0,\mathrm{in}}$$

自测简题

12.1 判断把抗磁质(为铋)做成一个小长圆柱形样品，然后用细线把它水平地悬挂起来，当用一条形磁铁的 N 极向样品的一端靠近时，由于被磁化，

(1) 样品靠近磁铁的一端会形成一个 N 极，因而样品被推开远离磁铁；

(2) 样品靠近磁铁的一端形成一个 S 极，因而样品被吸引靠近磁铁。

12.2 选择一个电子围绕原子核运动时，其轨道磁矩和角动量

(1) 成正比而反向；(2) 成反比而同向。

思考题

12.1 一块永磁铁落到地板上就可能部分退磁？为什么？把一根铁条南北放置，敲它几下，就可能磁化，又为什么？

12.2 为什么一块磁铁能吸引一块原来并未磁化的铁块？

习题

12.1 螺绕环中心周长 $l=10$ cm，环上线圈匝数 $N=20$，线圈中通有电流 $I=0.1$ A。

(1) 求管内的磁感应强度 $\boldsymbol{B}_0$ 和磁场强度 $\boldsymbol{H}_0$；

(2) 若管内充满相对磁导率 $\mu_r=4200$ 的磁介质，那么管内的 $\boldsymbol{B}$ 和 $\boldsymbol{H}$ 是多少？

(3) 磁介质内由导线中电流产生的 $\boldsymbol{B}_0$ 和由磁化电流产生的 $\boldsymbol{B}'$ 各是多少？

12.2 一铁心环形螺线管上共有 1000 匝线圈，环的平均半径为 15.0 cm，当通有 2.0 A 电流时，测得环内磁感应强度 $B=1.0$ T，求：

(1) 螺绕环铁心内的磁场强度 $\boldsymbol{H}$；

(2) 该铁磁质的磁导率 μ 和相对磁导率 μ_r；

(3) 已磁化的环形铁心的面束缚电流密度。

第13章

电磁感应和电磁波

在1820年奥斯特通过实验发现了电流的磁效应。由此人们自然想到,能否利用磁效应产生电流呢?从1822年起,法拉第就开始对这一问题进行有目的的实验研究。经过多次失败,终于在1831年取得了突破性的进展,发现了电磁感应现象。

本章讲解电磁感应现象的基本规律——法拉第电磁感应定律,产生感应电动势的两种情况——动生的和感生的,然后介绍在电工技术中常遇到的互感和自感两种现象的规律并推导出磁场能量的表达式。

电磁学的基本定律到此都已讲过,本章将以麦克斯韦电磁场方程作综合的陈述并简略地介绍电磁波的性质。

13.1 法拉第电磁感应定律

法拉第的实验大体上可归结为两类:一类实验是磁铁与线圈有相对运动时,线圈中产生了电流;另一类实验是当一个线圈中电流发生变化时,在它附近的其他线圈中也产生了电流。法拉第将这些现象与静电感应类比,把它们称作"电磁感应"现象。

对所有电磁感应实验的分析表明,当穿过一个闭合导体回路所限定的面积的磁通量(磁感应强度通量)发生变化时,回路中就出现电流。这电流叫**感应电流**。

回路中的感应电流也是一种带电粒子的定向运动。要注意,这里的定向运动并不是静电场力作用于带电粒子而形成的,因为在电磁感应的实验中并没有静止的电荷作为静电场的场源。感应电流应该是电路中的一种非静电力对带电粒子作用的结果。我们已经知道,一个连有电池的回路中产生电流是电池内的非静电力——化学力——作用的结果,这化学力的作用用电动势这一概念加以说明。类似地,在电磁感应实验中的非静电力也用电动势这个概念加以说明。这就是说,当穿过导体回路的磁通量发生变化时,回路中产生了感应电流,就是因为此时在回路中产生了电动势。由这一原因产生的电动势叫**感应电动势**。

实验表明,**感应电动势的大小和通过导体回路的磁通量的变化率成正比**,感应电动势的方向有赖于磁场的方向和它的变化情况。以Φ表示通过闭合导体回路的磁通量,以$\mathscr{E}$表示磁通量发生变化时在导体回路中产生的感应电动势,由实验总结出的规律是

$$\mathscr{E}=-\frac{\mathrm{d}\Phi}{\mathrm{d}t} \tag{13.1}$$

这一公式是**法拉第电磁感应定律**的一般表达式。

式(13.1)中的负号反映感应电动势的方向与磁通量变化的关系。为了判定感应电动势的方向①,应先规定导体回路 L 的绕行正方向。如图 13.1 所示,当回路中磁感线的方向和所规定的回路的绕行正方向有右手螺旋关系时,磁通量 Φ 是正值。这时,如果穿过回路的磁通量增大,$\frac{\mathrm{d}\Phi}{\mathrm{d}t}>0$,则 $\mathscr{E}<0$,这表明此时感应电动势的方向和 L 的绕行正方向相反(图 13.1(a))。如果穿过回路的磁通量减小,即$\frac{\mathrm{d}\Phi}{\mathrm{d}t}<0$,则 $\mathscr{E}>0$,这表示此时感应电动势的方向和 L 的绕行正方向相同(图 13.1(b))。

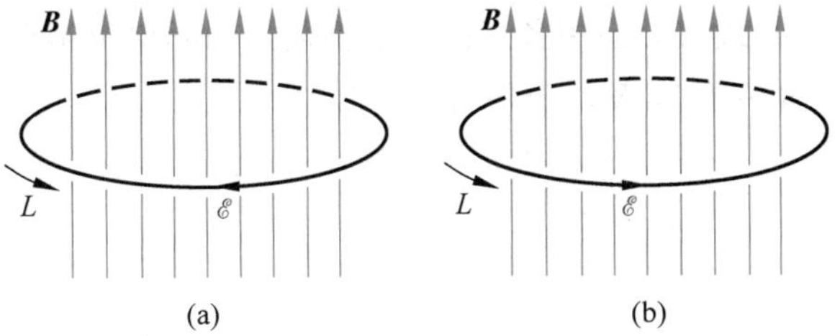

图 13.1 $\mathscr{E}$ 的方向和 Φ 的变化的关系

(a) Φ 增大时;(b) Φ 减小时

图 13.2 是一个产生感应电动势的实际例子。当中是一个线圈,通有图示方向的电流时,它的磁场的磁感线分布如图示,另一导电圆环 L 的绕行正方向规定如图。当它在线圈上面向下运动时,$\frac{\mathrm{d}\Phi}{\mathrm{d}t}>0$,从而 $\mathscr{E}<0$,$\mathscr{E}$ 沿 L 的反方向。当它在线圈下面向下运动时,$\frac{\mathrm{d}\Phi}{\mathrm{d}t}<0$,从而 $\mathscr{E}>0$,$\mathscr{E}$ 沿 L 的正方向。

导体回路中产生的感应电动势将按自己的方向产生感应电流,这感应电流将在导体回路中产生自己的磁场。在图 13.2 中,圆环在上面时,其中感应电流在环内产生的磁场向上;在下面时,环中的感应电流产生的磁场向下。和感应电流的磁场联系起来考虑,上述借助于式(13.1)中的负号所表示的感应电动势方向的规律可以表述如下:感应电动势总具有这样的方向,即使它产生的感应电流在回路中产生的磁场去**阻碍**引起感应电动势的**磁通量的变化**,这个规律叫做**楞次定律**。图 13.2 中所示感应电动势的方向是符合这一规律的。

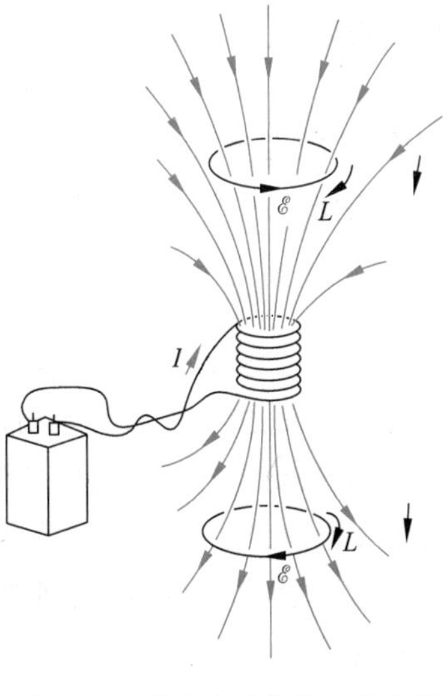

图 13.2 感应电动势的方向实例

实际上用到的线圈常常是许多匝串联而成的,在这种情况下,在整个线圈中产生的感应电动势应是每匝线圈中产生的感应电动势之和。当穿过各匝线圈的磁通量

① 根据楞次定律判断感应电动势的方向一般可用下述"四步法":a. **Φ,原磁通**。确定回路中原来的磁通量 Φ 的方向。b. **变,增或减**。确定 Φ 如何变化,即增加或减小。c. **Φ',问楞次**。根据楞次定律确定感应电流的磁通量 Φ' 的方向,即 Φ 增,则 Φ' 与 Φ 反向;Φ 减,则 Φ' 与 Φ 同向。d. **$\mathscr{E}$,右手旋**。用右手螺旋定则由 Φ' 确定感应电动势 $\mathscr{E}$ 的方向。

分别为 $\Phi_1,\Phi_2,\cdots,\Phi_n$ 时，总电动势则应为

$$\mathscr{E}=-\left(\frac{\mathrm{d}\Phi_1}{\mathrm{d}t}+\frac{\mathrm{d}\Phi_2}{\mathrm{d}t}+\cdots+\frac{\mathrm{d}\Phi_n}{\mathrm{d}t}\right)$$

$$=-\frac{\mathrm{d}}{\mathrm{d}t}\left(\sum_{i=1}^{n}\Phi_i\right)=-\frac{\mathrm{d}\Psi}{\mathrm{d}t} \tag{13.2}$$

其中 $\Psi=\sum_i\Phi_i$ 是穿过各匝线圈的磁通量的总和，叫穿过线圈的**全磁通**。当穿过各匝线圈的磁通量相等时，N 匝线圈的全磁通为 $\Psi=N\Phi$，叫做**磁链**，这时

$$\mathscr{E}=-\frac{\mathrm{d}\Psi}{\mathrm{d}t}=-N\frac{\mathrm{d}\Phi}{\mathrm{d}t} \tag{13.3}$$

式(13.1)、式(13.2)、式(13.3)中各量的单位都需用国际单位制单位，即 Φ 或 Ψ 的单位用 Wb，t 的单位用 s，$\mathscr{E}$ 的单位用 V。于是由式(13.2)可知

$$1\ \mathrm{V}=1\ \mathrm{Wb/s}$$

13.2　动生电动势

如式(13.1)所表示的，穿过一个闭合导体回路的磁通量发生变化时，回路中就产生感应电动势。但引起磁通量变化的原因可以不同，本节讨论导体在恒定磁场中运动时产生的感应电动势。这种感应电动势叫**动生电动势**。

如图 13.3 所示，一矩形导体回路，可动边是一根长为 l 的导体棒 ab，它以恒定速度 $\boldsymbol{v}$ 在垂直于磁场 $\boldsymbol{B}$ 的平面内，沿垂直于它自身的方向向右平移，其余边不动。某时刻穿过回路所围面积的磁通量为

$$\Phi=BS=Blx \tag{13.4}$$

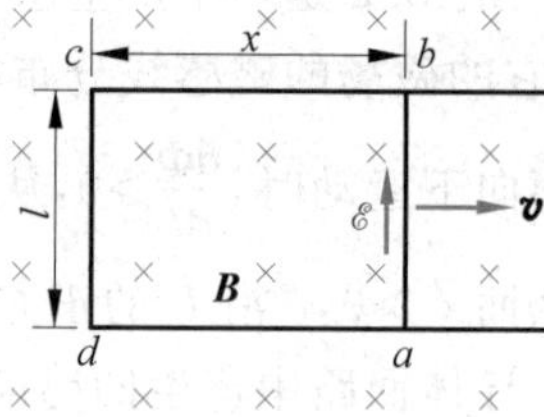

图 13.3　动生电动势

随着棒 ab 的运动，回路所围绕的面积扩大，因而回路中的磁通量发生变化。用式(13.1)计算回路中的感应电动势大小，可得

$$|\mathscr{E}|=\frac{\mathrm{d}\Phi}{\mathrm{d}t}=\frac{\mathrm{d}}{\mathrm{d}t}(Blx)=Bl\frac{\mathrm{d}x}{\mathrm{d}t}=Blv \tag{13.5}$$

至于这一电动势的方向，可用楞次定律判定为逆时针方向。由于其他边都未动，所以动生电动势应归之于 ab 棒的运动，因而只在棒内产生。回路中感应电动势的逆时针方向说明在 ab 棒中的动生电动势方向应沿由 a 到 b 的方向。像这样一段导体在磁场中运动时所产生的动生电动势的方向可以简便地用**右手定则**判断：伸平右手掌并使拇指与其他四指垂直，让磁感线从掌心穿入，当拇指指着导体运动方向时，四指就指着导体中产生的动生电动势的方向。

像图 13.3 中所示的情况，感应电动势集中于回路的一段内，这一段可视为整个回路中的电源部分。由于在电源内电动势的方向是由低电势处指向高电势处，所以在棒 ab 上，b 点电势高于 a 点电势。

我们知道，电动势是非静电力作用的表现。引起动生电动势的非静电力是洛伦兹力。当棒 ab 向右以速度 $\boldsymbol{v}$ 运动时，棒内的自由电子被带着以同一速度 $\boldsymbol{v}$ 向右运动，因而每个电子都

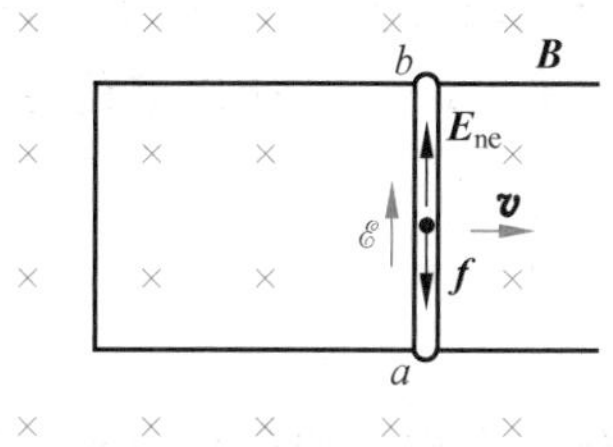

图 13.4 动生电动势与洛伦兹力

受到洛伦兹力 $\boldsymbol{f}$ 的作用(图 13.4),于是有

$$\boldsymbol{f}=(-e)\,\boldsymbol{v}\times\boldsymbol{B} \tag{13.6}$$

其中$(-e)$是电子的电量。电动势的定义是非静电力移动单位电荷做的功(见 13.2 节)。式(13.6)给出单位电荷受的非静电力 $\boldsymbol{E}_{ne}=\boldsymbol{f}/(-e)=\boldsymbol{v}\times\boldsymbol{B}$,因此,根据式(13.15)可得棒 ab 中由洛伦兹力所产生的电动势应为

$$\mathscr{E}_{ab}=\int_a^b \boldsymbol{E}_{ne}\cdot \mathrm{d}\boldsymbol{r}=\int_a^b(\boldsymbol{v}\times\boldsymbol{B})\cdot \mathrm{d}\boldsymbol{l} \tag{13.7}$$

如图 13.4 所示,由于 $\boldsymbol{v}$, $\boldsymbol{B}$ 和 $\mathrm{d}\boldsymbol{l}$ 相互垂直,所以上一积分的结果应为

$$\mathscr{E}_{ab}=Blv$$

这一结果和式(13.5)相同。

这里我们只把式(13.7)应用于直导体棒在均匀磁场中运动的情况。对于非均匀磁场而且导体各段运动速度不同的情况,则可以先考虑一段以速度$\boldsymbol{v}$运动的导体元 $\mathrm{d}\boldsymbol{l}$,在其中产生的动生电动势为$(\boldsymbol{v}\times\boldsymbol{B})\cdot\mathrm{d}\boldsymbol{l}$,整个导体中产生的动生电动势应该是在各段导体之中产生的动生电动势之和。其表示式就是式(13.7)。因此,式(13.7)是在磁场中运动的导体内产生的动生电动势的一般公式。特别是,如果整个导体回路 L 都在磁场中运动,则在回路中产生的总的动生电动势应为

$$\mathscr{E}=\oint_L(\boldsymbol{v}\times\boldsymbol{B})\cdot\mathrm{d}\boldsymbol{l} \tag{13.8}$$

在图 13.3 所示的闭合导体回路中,当由于导体棒的运动而产生电动势时,在回路中就会有感应电流产生。电流流动时,感应电动势是要做功的,电动势做功的能量是从哪里来的呢?考察导体棒运动时所受的力就可以给出答案。设电路中感应电流为 I,则感应电动势做功的功率为

$$P=I\mathscr{E}=IBlv \tag{13.9}$$

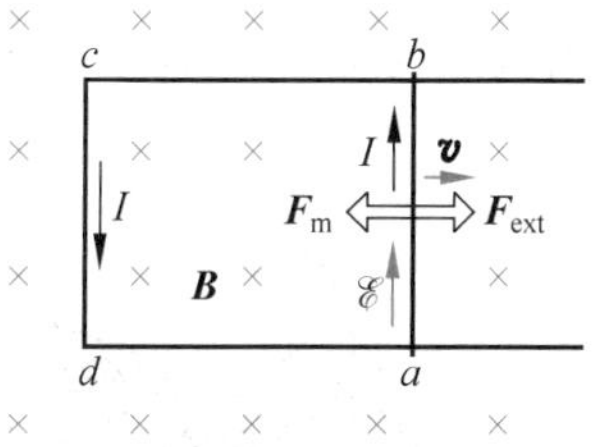

图 13.5 能量转换

通有电流的导体棒在磁场中是要受到磁力的作用的。ab 棒受的磁力为 $F_m=IlB$,方向向左(图 13.5)。为了使导体棒匀速向右运动,必须有外力 $\boldsymbol{F}_{ext}$ 与 $\boldsymbol{F}_m$ 平衡,因而 $\boldsymbol{F}_{ext}=-\boldsymbol{F}_m$。此外力的功率为

$$P_{ext}=F_{ext}v=IlBv$$

这正好等于上面求得的感应电动势做功的功率。由此我们知道,电路中感应电动势提供的电能是由外力做功所消耗的机械能转换而来的,这就是发电机内的能量转换过程。

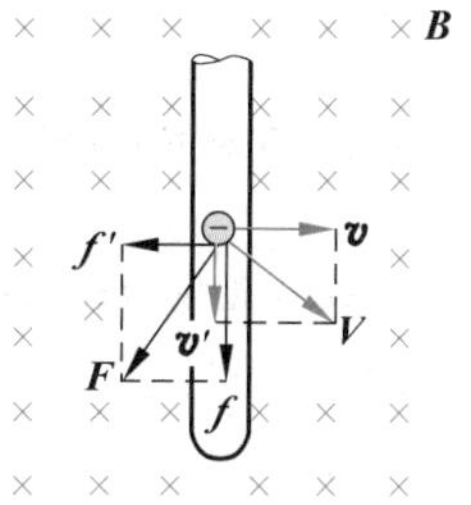

图 13.6 洛伦兹力不做功

我们知道,当导线在磁场中运动时产生的感应电动势是洛伦兹力作用的结果。据式(13.9),感应电动势是要做功的。但是,我们早已知道洛伦兹力对运动电荷不做功,这个矛盾如何解决呢?可以这样来解释,如图 13.6 所示,随同导线一齐运动的自由电子受到的洛伦兹力由式(13.6)给出,由于这个力的作用,电子将以速度$\boldsymbol{v}'$沿导

线运动，而速度 $\boldsymbol{v}'$ 的存在使电子还要受到一个垂直于导线的洛伦兹力 $\boldsymbol{f}'$ 的作用，$\boldsymbol{f}'=e\boldsymbol{v}'\times\boldsymbol{B}$。电子受洛伦兹力的合力为 $\boldsymbol{F}=\boldsymbol{f}+\boldsymbol{f}'$，电子运动的合速度为 $\boldsymbol{V}=\boldsymbol{v}+\boldsymbol{v}'$，所以洛伦兹力合力做功的功率为

$$\begin{aligned}\boldsymbol{F}\cdot\boldsymbol{V}&=(\boldsymbol{f}+\boldsymbol{f}')\cdot(\boldsymbol{v}+\boldsymbol{v}')=\boldsymbol{f}\cdot\boldsymbol{v}'+\boldsymbol{f}'\cdot\boldsymbol{v}\\&=-evBv'+ev'Bv=0\end{aligned}$$

这一结果表示洛伦兹力合力做功为零，这与我们所知的洛伦兹力不做功的结论一致。从上述结果中看到

$$\boldsymbol{f}\cdot\boldsymbol{v}'+\boldsymbol{f}'\cdot\boldsymbol{v}=0$$

即

$$\boldsymbol{f}\cdot\boldsymbol{v}'=-\boldsymbol{f}'\cdot\boldsymbol{v}$$

为了使自由电子按 $\boldsymbol{v}$ 的方向匀速运动，必须有外力 $\boldsymbol{f}_{\text{ext}}$ 作用在电子上，而且 $\boldsymbol{f}_{\text{ext}}=-\boldsymbol{f}'$。因此上式又可写成

$$\boldsymbol{f}\cdot\boldsymbol{v}'=\boldsymbol{f}_{\text{ext}}\cdot\boldsymbol{v}$$

此等式左侧是洛伦兹力的一个分力使电荷沿导线运动所做的功，宏观上就是感应电动势驱动电流的功。等式右侧是在同一时间内外力反抗洛伦兹力的另一个分力做的功，宏观上就是外力拉动导线做的功。洛伦兹力做功为零，实质上表示了能量的转换与守恒。洛伦兹力在这里起了一个能量转换者的作用，一方面接受外力的功，同时驱动电荷运动做功。

例 13.1

法拉第电机。法拉第曾利用图 13.7 的实验来演示感应电动势的产生。铜盘在磁场中转动时能在连接电流计的回路中产生感应电流。为了计算方便，我们设想一半径为 R 的铜盘在均匀磁场 $\boldsymbol{B}$ 中转动，角速度为 ω（图 13.8）。求盘上沿半径方向产生的感应电动势。

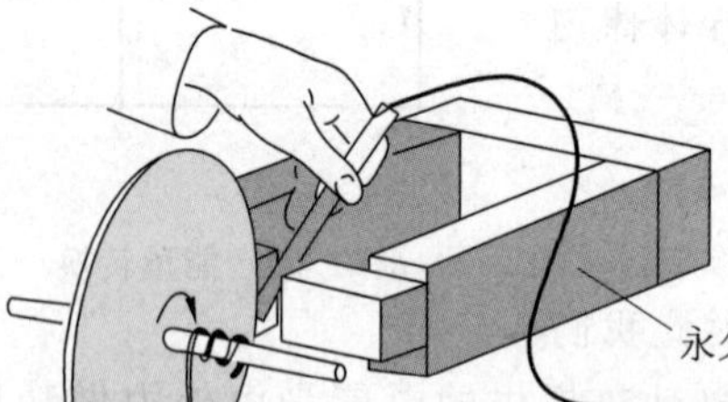

图 13.7 法拉第电机

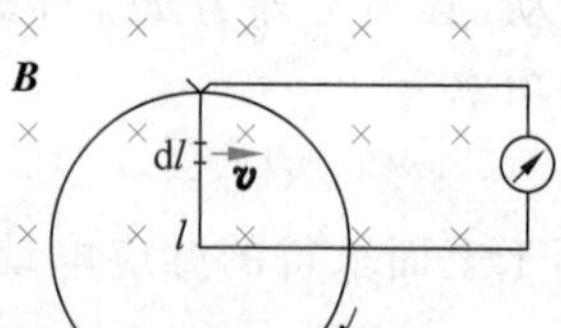

图 13.8 铜盘在均匀磁场中转动

解 盘上沿半径方向产生的感应电动势可以认为是沿任意半径的一导体杆在磁场中运动的结果。由动生电动势公式(13.7)，求得在半径上长为 $\mathrm{d}l$ 的一段杆上产生的感应电动势为

$$\mathrm{d}\mathscr{E}=(\boldsymbol{v}\times\boldsymbol{B})\cdot\mathrm{d}\boldsymbol{l}=Bv\mathrm{d}l=B\omega l\mathrm{d}l$$

式中 l 为 $\mathrm{d}l$ 段与盘心 O 的距离，v 为 $\mathrm{d}l$ 段的线速度。整个杆上产生的电动势为

$$\mathscr{E} = \int \mathrm{d}\mathscr{E} = \int_0^R B\omega l \,\mathrm{d}l = \frac{1}{2} B\omega R^2$$

13.3 感生电动势和感生电场

本节讨论引起回路中磁通量变化的另一种情况。一个静止的导体回路，当它包围的磁场发生变化时，穿过它的磁通量也会发生变化，这时回路中也会产生感应电动势。这样产生的感应电动势称为**感生电动势**，它和磁通量变化率的关系也由式(13.1)表示。

产生感生电动势的非静电力是什么力呢？由于导体回路未动，所以它不可能像在动生电动势中那样是洛伦兹力。由于这时的感应电流是原来宏观静止的电荷受非静电力作用形成的，而静止电荷受到的力只能是电场力，所以这时的非静电力也只能是一种电场力。由于这种电场是磁场的变化引起的，所以叫**感生电场**。它就是产生感生电动势的"非静电场"。以 $\boldsymbol{E}_\mathrm{i}$ 表示感生电场的电场强度，即感生电场作用于单位电荷的力，则根据电动势的定义式(13.15)，由于磁场的变化，在一个导体回路 L 中产生的感生电动势应为

$$\mathscr{E} = \oint_L \boldsymbol{E}_\mathrm{i} \cdot \mathrm{d}\boldsymbol{l} \tag{13.10}$$

根据法拉第电磁感应定律应该有

$$\oint_L \boldsymbol{E}_\mathrm{i} \cdot \mathrm{d}\boldsymbol{l} = -\frac{\mathrm{d}\Phi}{\mathrm{d}t} \tag{13.11}$$

法拉第当时只着眼于导体回路中感应电动势的产生，麦克斯韦则更着重于电场和磁场的关系的研究。他提出，在磁场变化时，不但会在导体回路中，而且在空间任一地点都会产生感生电场，而且感生电场沿任何闭合路径的环路积分都满足式(13.11)表示的关系。用 $\boldsymbol{B}$ 来表示磁感应强度，则式(13.11)可以用下面的形式更明显地表示出电场和磁场的关系：

$$\oint_C \boldsymbol{E}_\mathrm{i} \cdot \mathrm{d}\boldsymbol{r} = -\frac{\mathrm{d}\Phi}{\mathrm{d}t} = -\frac{\mathrm{d}}{\mathrm{d}t}\int_S \boldsymbol{B} \cdot \mathrm{d}\boldsymbol{S} \tag{13.12}$$

式中 $\mathrm{d}\boldsymbol{r}$ 表示空间内任一静止回路 C 上的位移元，S 为该回路所限定的面积。由于感生电场的环路积分不等于零，因而其电场线是闭合曲线，所以它又叫做涡旋电场。此式表示的规律可以不十分确切地理解为变化的磁场产生电场。

在一般的情况下，空间的电场可能既有静电场 $\boldsymbol{E}_\mathrm{s}$，又有感生电场 $\boldsymbol{E}_\mathrm{i}$。根据叠加原理，总电场 $\boldsymbol{E}$ 沿某一封闭路径 C 的环路积分应是静电场的环路积分和感生电场的环路积分之和。由于前者为零，所以 $\boldsymbol{E}$ 的环路积分就等于 $\boldsymbol{E}_\mathrm{i}$ 的环流。因此，利用式(13.12)可得

$$\oint_C \boldsymbol{E} \cdot \mathrm{d}\boldsymbol{r} = -\frac{\mathrm{d}\Phi}{\mathrm{d}t} = -\frac{\mathrm{d}}{\mathrm{d}t}\int_S \boldsymbol{B} \cdot \mathrm{d}\boldsymbol{S} \tag{13.13}$$

这一公式是关于磁场和电场关系的又一个普遍的基本规律，常被称做**法拉第定律**。读者可注意到它和式(10.42)即麦克斯韦定律一起所表现的电场 E 和磁场 B 的**对称性**。

例 13.2

电子感应加速器。电子感应加速器是利用感生电场来加速电子的一种设备，它的柱形

电磁铁在两极间产生磁场(图 13.9),在磁场中安置一个环形真空管道作为电子运行的轨道。当磁场发生变化时,就会沿管道方向产生感生电场,射入其中的电子就受到这感生电场的持续作用而被不断加速。设环形真空管的轴线半径为 a,求磁场变化时沿环形真空管轴线的感生电场。

解　由磁场分布的轴对称性可知,感生电场的分布也具有轴对称性。沿环管轴线上各处的电场强度大小应相等,而方向都沿轴线的切线方向。因而沿此轴线的感生电场的环路积分为

$$\oint_C \boldsymbol{E}_{\rm i} \cdot {\rm d}\boldsymbol{r} = E_{\rm i} \cdot 2\pi a$$

以 $\overline{B}$ 表示环管轴线所围绕的面积上的平均磁感应强度,则通过此面积的磁通量为

$$\Phi = \overline{B}S = \overline{B} \cdot \pi a^2$$

由式(13.12)可得

$$E_{\rm i} \cdot 2\pi a = -\frac{{\rm d}\Phi}{{\rm d}t} = -\pi a^2 \frac{{\rm d}\overline{B}}{{\rm d}t}$$

由此得

$$E_{\rm i} = -\frac{a}{2}\frac{{\rm d}\overline{B}}{{\rm d}t}$$

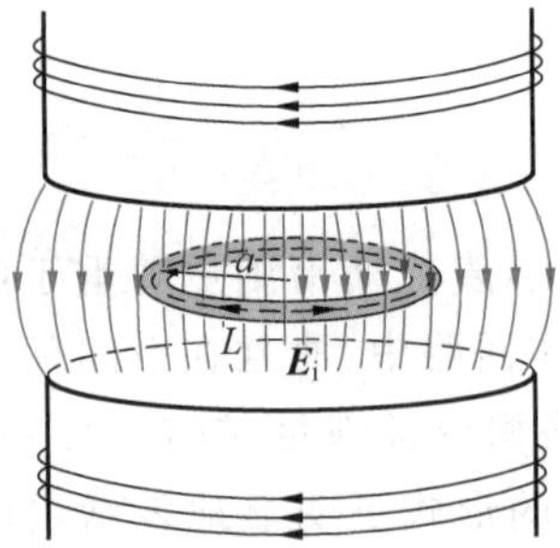

图 13.9　电子感应加速器示意图

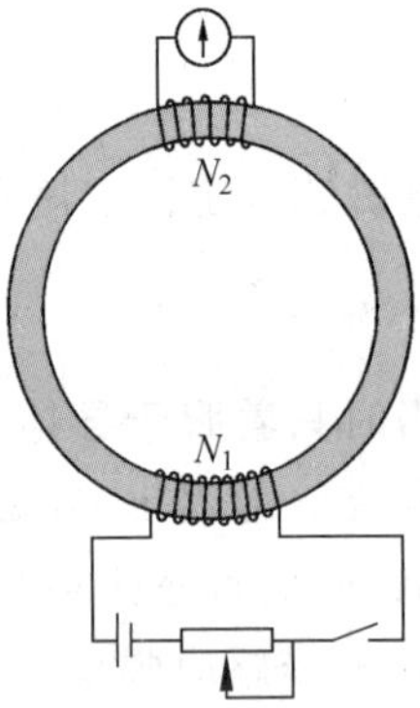

图 13.10　测铁磁质中的磁感应强度

例 13.3

测铁磁质中的磁感应强度。如图 13.10 所示,在铁磁试样做的环上绕上两组线圈。一组线圈匝数为 N_1,与电池相连。另一组线圈匝数为 N_2,与一个"冲击电流计"(这种电流计的最大偏转与通过它的电量成正比)相连。设铁环原来没有磁化。当合上电键使 N_1 中电流从零增大到 I_1 时,冲击电流计测出通过它的电量是 q。求与电流 I_1 相应的铁环中的磁感应强度 B_1 是多大?

解　当合上电键使 N_1 中的电流增大时,它在铁环中产生的磁场也增强,因而 N_2 线圈中有感生电动势产生。以 S 表示环的截面积,以 B 表示环内磁感应强度,则 $\Phi = BS$,而 N_2 中的感生电动势的大小为

$$\mathscr{E} = \frac{{\rm d}\Psi}{{\rm d}t} = N_2\frac{{\rm d}\Phi}{{\rm d}t} = N_2 S\frac{{\rm d}B}{{\rm d}t}$$

以 R 表示 N_2 回路(包括冲击电流计)的总电阻,则 N_2 中的电流为

$$i = \frac{\mathscr{E}}{R} = \frac{N_2 S}{R}\frac{{\rm d}B}{{\rm d}t}$$

设 N_1 中的电流增大到 I_1 需要的时间为 τ,则在同一时间内通过 N_2 回路的电量为

$$q = \int_0^{\tau} i\mathrm{d}t = \int_0^{\tau} \frac{N_2 S}{R}\frac{\mathrm{d}B}{\mathrm{d}t}\mathrm{d}t = \frac{N_2 S}{R}\int_0^{B_1}\mathrm{d}B = \frac{N_2 SB_1}{R}$$

由此得

$$B_1 = \frac{qR}{N_2 S}$$

这样，根据冲击电流计测出的电量 q，就可以算出与 I_1 相对应的铁环中的磁感应强度。这是常用的一种测量铁磁质中的磁感应强度的方法。图 13.4 的铁环中的磁感应强度 B 的测定就用了这种方法。

13.4 互感

在实际电路中，磁场的变化常常是由于电流的变化引起的，因此，把感生电动势直接和电流的变化联系起来是有重要的实际意义的。互感和自感现象的研究就是要找出这方面的规律。

一闭合导体回路，当其中的电流随时间变化时，它周围的磁场也随时间变化，在它附近的导体回路中就会产生感生电动势。这种电动势叫**互感电动势**。

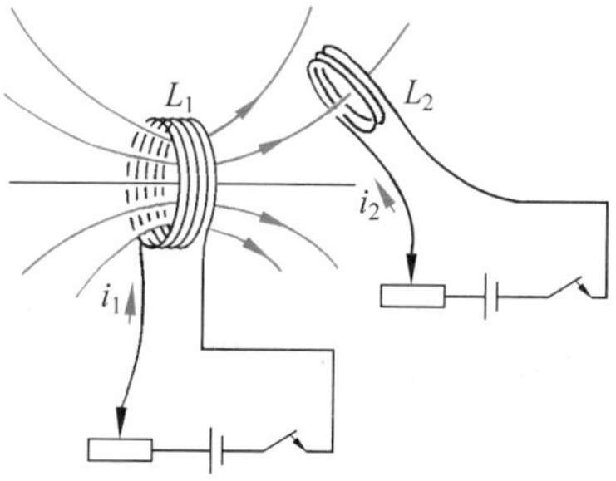

图 13.11 互感现象

如图 13.11 所示，有两个固定的闭合回路 L_1 和 L_2。闭合回路 L_2 中的互感电动势是由于回路 L_1 中的电流 i_1 随时间的变化引起的，以 $\mathscr{E}_{21}$ 表示此电动势。下面说明 $\mathscr{E}_{21}$ 与 i_1 的关系。

由毕奥-萨伐尔定律可知，电流 i_1 产生的磁场正比于 i_1，因而通过 L_2 所围面积的、由 i_1 所产生的全磁通 Ψ_{21} 也应该和 i_1 成正比，即

$$\Psi_{21} = M_{21} i_1 \tag{13.14}$$

其中比例系数 M_{21} 叫做回路 L_1 对回路 L_2 的**互感系数**，它取决于两个回路的几何形状、相对位置、它们各自的匝数以及它们周围磁介质的分布。在 M_{21} 一定的条件下电磁感应定律给出

$$\mathscr{E}_{21} = -\frac{\mathrm{d}\Psi_{21}}{\mathrm{d}t} = -M_{21}\frac{\mathrm{d}i_1}{\mathrm{d}t} \tag{13.15}$$

如果图 13.11 回路 L_2 中的电路 i_2 随时间变化，则在回路 L_1 中也会产生感应电动势 $\mathscr{E}_{12}$。根据同样的道理，可以得出通过 L_1 所围面积的由 i_2 所产生的全磁通 Ψ_{12} 应该与 i_2 成正比，即

$$\Psi_{12} = M_{12} i_2 \tag{13.16}$$

而且

$$\mathscr{E}_{12} = -\frac{\mathrm{d}\Psi_{12}}{\mathrm{d}t} = -M_{12}\frac{\mathrm{d}i_2}{\mathrm{d}t} \tag{13.17}$$

上两式中的 M_{12} 为 L_2 对 L_1 的互感系数。

可以证明对给定的一对导体回路，有

$$M_{12} = M_{21} = M$$

M 就叫做这两个导体回路的**互感系数**，简称它们的**互感**。

在国际单位制中，互感系数的单位名称是亨[利]，符号为 H。由式(13.15)知

$$1\ \mathrm{H} = 1\ \frac{\mathrm{V \cdot s}}{\mathrm{A}} = 1\ \Omega \cdot \mathrm{s}$$

例 13.4

长直螺线管与小线圈。一长直螺线管，单位长度上的匝数为 n。另一半径为 r 的圆环放在螺线管内，圆环平面与管轴垂直(图 13.12)。求螺线管与圆环的互感系数。

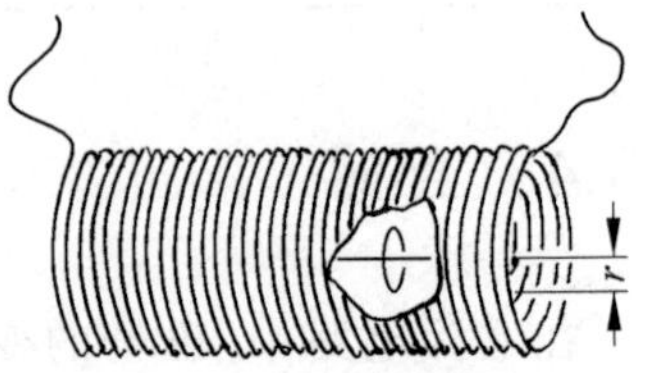

图 13.12 计算螺线管与圆环的互感系数

解 设螺线管内通有电流 i_1，螺线管内磁场为 B_1，则 $B_1 = \mu_0 n i_1$，通过圆环的全磁通为

$$\Psi_{21} = B_1 \pi r^2 = \pi r^2 \mu_0 n i_1$$

由定义公式(13.14)得互感系数为

$$M_{21} = \frac{\Psi_{21}}{i_1} = \pi r^2 \mu_0 n$$

由于 $M_{21} = M_{12} = M$，所以螺线管与圆环的互感系数就是 $M = \mu_0 \pi r^2 n$。

13.5 自感

当一个电流回路的电流 i 随时间变化时，通过回路自身的全磁通也发生变化，因而回路自身也产生感生电动势(图 13.13)。这就是自感现象，这时产生的感生电动势叫**自感电动势**。在这里，全磁通与回路中的电流成正比，即

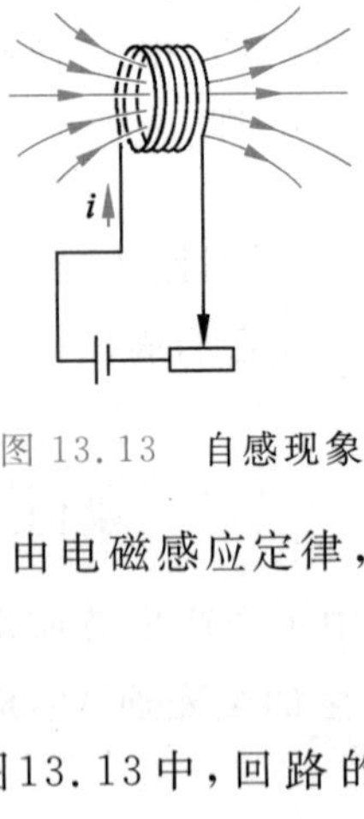

图 13.13 自感现象

$$\Psi = Li \tag{13.18}$$

式中比例系数 L 叫回路的**自感系数**(简称**自感**)，它取决于回路的大小、形状、线圈的匝数以及它周围的磁介质的分布。自感系数与互感系数的量纲相同，在国际单位制中，自感系数的单位也是 H。

由电磁感应定律，在 L 一定的条件下自感电动势为

$$\mathscr{E}_L = -\frac{\mathrm{d}\Psi}{\mathrm{d}t} = -L\frac{\mathrm{d}i}{\mathrm{d}t} \tag{13.19}$$

在图13.13中，回路的正方向一般就取电流 i 的方向。当电流增大，即 $\frac{\mathrm{d}i}{\mathrm{d}t}>0$ 时，式(13.19)给出 $\mathscr{E}_L<0$，说明 $\mathscr{E}_L$ 的方向与电流的方向相反；当 $\frac{\mathrm{d}i}{\mathrm{d}t}<0$ 时，式(13.19)给出 $\mathscr{E}_L>0$，说明 $\mathscr{E}_L$ 的方向与电流的方向相同。由此可知自感电动势的方向总是要使它**阻碍**回路本身电流的**变化**。

例 13.5

螺绕环。计算一个螺绕环的自感。设环的截面积为 S，轴线半径为 R，单位长度上的匝数为 n，环中充满相对磁导率为 μ_r 的磁介质。

解 设螺绕环绕组通有电流为 i，由于螺绕环管内磁场 $B=\mu_0\mu_r ni$，所以管内全磁通为

$$\Psi = N\Phi = 2\pi Rn \cdot BS = 2\pi\mu_0\mu_r Rn^2 Si$$

由自感系数定义式(13.18)，得此螺绕环的自感为

$$L = \frac{\Psi}{i} = 2\pi\mu_0\mu_r Rn^2 S$$

由于 $2\pi RS=V$ 为螺绕环管内的体积，所以螺绕环自感又可写成

$$L = \mu_0\mu_r n^2 V = \mu n^2 V \tag{13.20}$$

此结果表明环内充满磁介质时，其自感系数比在真空时要增大到 μ_r 倍。

例 13.6

同轴电缆。一根电缆由同轴的两个薄壁金属管构成，半径分别为 R_1 和 $R_2(R_1<R_2)$，两管壁间充以 $\mu_r=1$ 的磁介质。电流由内管流走，由外管流回。试求单位长度的这种电缆的自感系数。

解 这种电缆可视为单匝回路(图 13.14)，其磁通量即通过任一纵截面的磁通量。以 I 表示通过的电流，则在两管壁间距轴 r 处的磁感应强度为

$$B = \frac{\mu_0 I}{2\pi r}$$

而通过单位长度纵截面的磁通量为

$$\Phi_1 = \int \boldsymbol{B}\cdot \mathrm{d}\boldsymbol{S} = \int_{R_1}^{R_2} B\mathrm{d}r \cdot 1 = \int_{R_1}^{R_2} \frac{\mu_0 I}{2\pi r}\mathrm{d}r = \frac{\mu_0 I}{2\pi}\ln\frac{R_2}{R_1}$$

单位长度的自感系数应为

$$L_1 = \frac{\Phi_1}{I} = \frac{\mu_0}{2\pi}\ln\frac{R_2}{R_1} \tag{13.21}$$

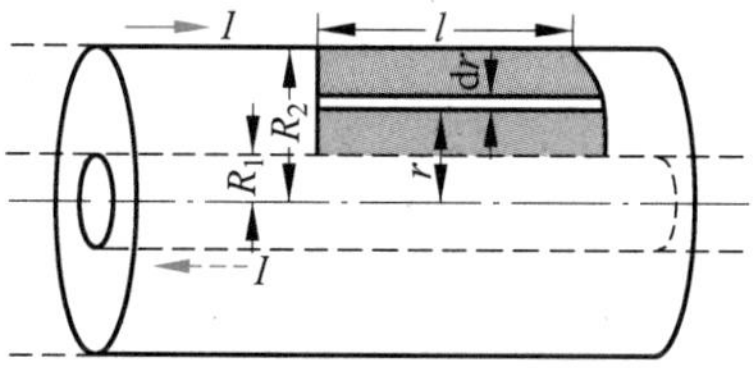

图 13.14 电缆的磁通量计算

电路中有自感线圈时，电流变化情况还可以用实验演示。在图 13.15(a)的实验中，A 和 B 两支路的电阻调至相同。当合上电键后，A 灯比 B 灯先亮，就是因为在合上电键后，A，B 两支路同时接通，但 B 灯的支路中有一多匝线圈，自感系数较大，因而电流增长较慢。而在图 13.15(b)的实验中，线圈的电阻比灯泡的电阻小得多。在打开电键时，灯泡突然强烈地闪亮一下再熄灭，就是因为多匝线圈支路中的较大的电流在电键打开后通过灯泡而又逐渐消失的缘故。

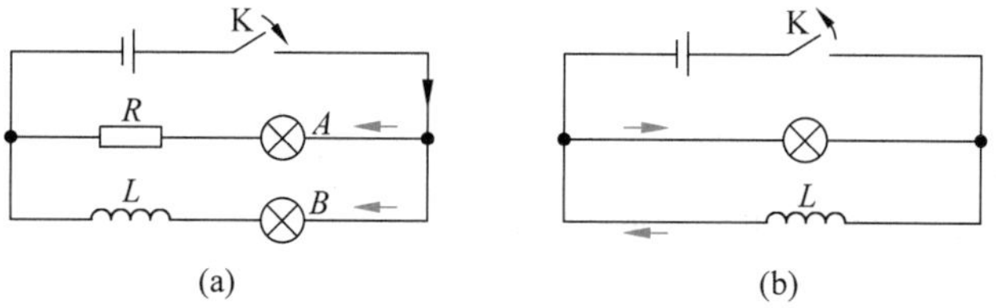

图 13.15 自感现象演示

13.6 磁场的能量

在图 13.15(b)所示的实验中，当电键 K 打开后，电源已不再向灯泡供给能量了，它突然强烈地闪亮一下所消耗的能量是从哪里来的呢？由于使灯泡闪亮的电流是线圈中的自感电

动势产生的电流，而这电流随着线圈中的磁场的消失而逐渐消失，所以可以认为使灯泡闪亮的能量是原来储存在通有电流的线圈中的，或者说是储存在线圈内的磁场中的。因此，这种能量叫做**磁能**。自感为 L 的线圈中通有电流 I 时所储存的磁能应该等于这电流消失时自感电动势所做的功。这个功可如下计算。以 $i\mathrm{d}t$ 表示在灯泡闪光时某一时间 $\mathrm{d}t$ 内通过灯泡的电量，则在这段时间内自感电动势做的功为

$$\mathrm{d}A = \mathscr{E}_L i\,\mathrm{d}t = -L\frac{\mathrm{d}i}{\mathrm{d}t}i\,\mathrm{d}t = -Li\,\mathrm{d}i$$

电流由起始值减小到零时，自感电动势所做的总功就是

$$A = \int \mathrm{d}A = \int_I^0 -Li\,\mathrm{d}i = \frac{1}{2}LI^2$$

因此，具有自感为 L 的线圈通有电流 I 时所具有的磁能就是

$$W_{\mathrm{m}} = \frac{1}{2}LI^2 \tag{13.22}$$

这就是自感磁能公式。

对于磁场的能量也可以引入能量密度的概念，下面我们用特例导出磁场能量密度公式。考虑一个螺绕环，在例13.5中，已求出螺绕环的自感系数为

$$L = \mu n^2 V$$

利用式(13.22)可得通有电流 I 的螺绕环的磁场能量是

$$W_{\mathrm{m}} = \frac{1}{2}LI^2 = \frac{1}{2}\mu n^2 VI^2$$

由于螺绕环管内的磁场 $B=\mu nI$，所以上式可写作

$$W_{\mathrm{m}} = \frac{B^2}{2\mu}V$$

由于螺绕环的磁场集中于环管内，其体积就是 V，并且管内磁场基本上是均匀的，所以环管内的**磁场能量密度**为

$$w_{\mathrm{m}} = \frac{B^2}{2\mu} \tag{13.23}$$

利用磁场强度 $H=B/\mu$，此式还可以写成

$$w_{\mathrm{m}} = \frac{1}{2}BH \tag{13.24}$$

此式虽然是从一个特例中推出的，但是可以证明它对磁场普遍有效。利用它可以求得某一磁场所储存的总能量为

$$W_{\mathrm{m}} = \int w_{\mathrm{m}}\mathrm{d}V = \int \frac{HB}{2}\mathrm{d}V$$

此式的积分应遍及整个磁场分布的空间①。

13.7 麦克斯韦方程组

至此，已介绍了电场和磁场的各种基本规律。然后，我们将要对这些规律加以总结。麦克斯韦于1865年首先将这些规律归纳为一组基本方程，现在称为麦克斯韦方程组，根据它

① 由于铁磁质具有磁滞现象，本节磁能公式对铁磁质不适用。

可以解决宏观电磁场的各类问题。

电磁学的基本规律是真空中的电磁场规律，它们是

$$\left.\begin{array}{ll}\text{I} & \oint_S \boldsymbol{E}\cdot \mathrm{d}\boldsymbol{S} = \dfrac{q}{\varepsilon_0} = \dfrac{1}{\varepsilon_0}\int_V \rho \mathrm{d}V \\ \text{II} & \oint_S \boldsymbol{B}\cdot \mathrm{d}\boldsymbol{S} = 0 \\ \text{III} & \oint_C \boldsymbol{E}\cdot \mathrm{d}\boldsymbol{r} = -\dfrac{\mathrm{d}\Phi}{\mathrm{d}t} = -\int_S \dfrac{\partial \boldsymbol{B}}{\partial t}\cdot \mathrm{d}\boldsymbol{S} \\ \text{IV} & \oint_C \boldsymbol{B}\cdot \mathrm{d}\boldsymbol{r} = \mu_0 I + \dfrac{1}{c^2}\dfrac{\mathrm{d}\Phi_e}{\mathrm{d}t} = \mu_0\int_S\left(\boldsymbol{J} + \varepsilon_0\dfrac{\partial \boldsymbol{E}}{\partial t}\right)\cdot \mathrm{d}\boldsymbol{S}\end{array}\right\} \tag{13.25}$$

这就是关于真空的**麦克斯韦方程组**的积分形式。在已知电荷和电流分布的情况下，这组方程可以给出电场和磁场的唯一分布。特别是当初始条件给定后，这组方程还能唯一地预言电磁场此后变化的情况。正像牛顿运动方程能完全描述质点的宏观动力学过程一样，麦克斯韦方程组能完全描述电磁场的宏观动力学过程①。

下面再简要地说明一下方程组(13.25)中各方程的物理意义：

方程Ⅰ是电场的高斯定律，它说明电场强度和电荷的联系。尽管电场和磁场的变化也有联系(如感生电场)，但总的电场和电荷的联系总服从这一高斯定律。

方程Ⅱ是磁通连续定理，它说明，目前的电磁场理论认为在自然界中没有单一的“磁荷”(或磁单极子)存在。

方程Ⅲ是法拉第电磁感应定律，它说明变化的磁场和电场的联系。虽然电场和电荷也有联系，但总的电场和磁场的联系总符合这一规律。

方程Ⅳ是一般形式下的安培环路定理，它说明磁场和电流(即运动的电荷)以及变化的电场的联系。

为了求出电磁场对带电粒子的作用从而预言粒子的运动，还需要洛伦兹力公式

$$\boldsymbol{F} = q\boldsymbol{E} + q\boldsymbol{v}\times\boldsymbol{B} \tag{13.26}$$

这一公式实际上是电场 $\boldsymbol{E}$ 和磁场 $\boldsymbol{B}$ 的定义。

13.8 电磁波

电磁波在当今信息技术和人类生活的各方面已成为不可或缺的“工具”了。从电饭锅、微波炉、手机、广播、电视到卫星遥感、宇宙飞行器的控制等都要利用电磁波。电磁波的可能存在是麦克斯韦首先在 1873 年根据他创立的电磁场理论导出的。根据上节介绍的方程组可以证明，电荷做加速运动(例如简谐振动)时，其周围的电场和磁场将发生变化，并且这种变化会从电荷所在处向四外传播。这种相互紧密联系的变化的电场和磁场就叫电磁波。麦克斯韦根据他得到的电磁波的传播速度和光速相同而把电磁波的领域扩展到了光现象(现在已肯定光波是频率甚高的电磁波，但其发射过程需用量子力学的理论说明)。麦克斯韦的

---

① 费恩曼在他的 *Lectures on Physics* 一书中，曾把式(13.25)中的四个方程(以微分形式)加上洛伦兹力公式(13.26)，牛顿第二定律方程($\boldsymbol{F}=\mathrm{d}\boldsymbol{p}/\mathrm{d}t$，加上相对论定义 $\boldsymbol{p}=m_0\boldsymbol{v}/\sqrt{1-v^2/c^2}$)以及牛顿万有引力方程($\boldsymbol{F}=(-Gm_1m_2/r^2)\boldsymbol{e}_r$)作为经典物理学的七个基本方程总结在一个表中，以显示它们的高度概括性。(见该书 Vol.Ⅱ. P.18-2，Table 18.1.)

理论预言在20年后被赫兹用实验证实，从而开始了无线电应用的新时代。

电磁波具有下述的一般性质：

(1) 电磁波是横波，即电磁波中的电场 $\boldsymbol{E}$ 和磁场 $\boldsymbol{B}$ 的方向都和传播方向**垂直**。

(2) 电磁波中的电场方向和磁场方向也**相互垂直**，传播方向、电场方向和磁场方向三者形成右手螺旋关系(图13.16)。

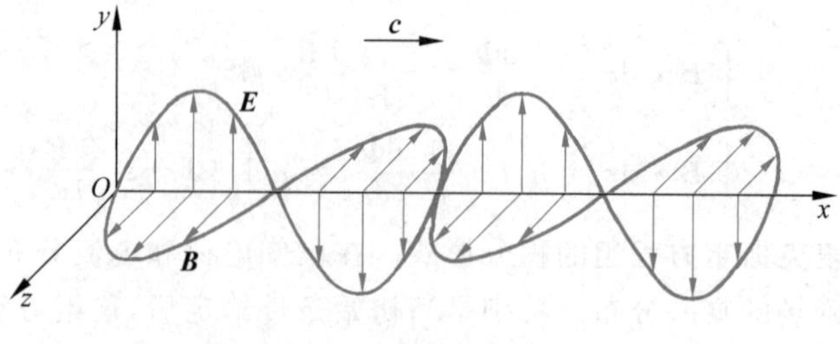

图13.16　电磁波中的电场和磁场的变化

(3) 电磁波中电场和磁场的变化是同相的，即 $\boldsymbol{E}$ 和 $\boldsymbol{B}$ 同时达到各自的正极大值(也见图13.16)。$\boldsymbol{E}$ 和 $\boldsymbol{B}$ 的大小有下述关系：

$$B = E/c \tag{13.27}$$

(4) 电磁波具有能量。在真空中的电磁波的单位体积内的能量为

$$w = w_e + w_m = \frac{\varepsilon_0}{2}E^2 + \frac{B^2}{2\mu_0} = \frac{\varepsilon_0}{2}E^2 + \frac{\varepsilon_0}{2}(Bc)^2$$

再利用式(13.27)，可得

$$w = \varepsilon_0 E^2 \tag{13.28}$$

在电磁波传播时，其中的能量也随同传播。单位时间内通过与传播方向垂直的单位面积的能量，叫电磁波的**能流密度**，其时间平均值就是电磁波的**强度**。能流密度的大小可推导如下。如图13.17所示，设 $\mathrm{d}A$ 为垂直于传播方向的一个面元，在 $\mathrm{d}t$ 时间内通过此面元的能量应是底面积为 $\mathrm{d}A$，厚度为 $c\mathrm{d}t$ 的柱形体积内的能量。以 S 表示能流密度的大小，则应有

$$S = \frac{w\,\mathrm{d}A\,c\mathrm{d}t}{\mathrm{d}A\,\mathrm{d}t} = cw = c\varepsilon_0 E^2 = \frac{EB}{\mu_0} \tag{13.29}$$

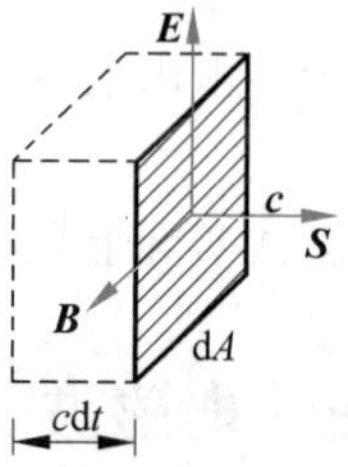

图13.17　能流密度的推导

能流密度是矢量，它的方向就是电磁波传播的方向。考虑到图13.16所表示的 $\boldsymbol{E}$，$\boldsymbol{B}$ 的方向和传播方向之间的相互关系，式(13.29)可以表示为下一矢量公式：

$$\boldsymbol{S} = \frac{1}{\mu_0}\boldsymbol{E} \times \boldsymbol{B} \tag{13.30}$$

电磁波的能流密度矢量又叫**坡印亭矢量**，它是表示电磁波性质的一个重要物理量。

对于简谐电磁波，各处的 $\boldsymbol{E}$ 和 $\boldsymbol{B}$ 都随时间做余弦式的变化。以 E_m 和 B_m 分别表示电场和磁场的最大值(即振幅)，则电磁波的强度 I 为

$$I = \overline{S} = c\varepsilon_0\,\overline{E^2} = \frac{1}{2c\mu_0}E_m^2 \tag{13.31}$$

由于方均根值 E_{rms} 与 E_m 的关系为 $E_{rms} = E_m/\sqrt{2}$，所以又有

$$I = c\varepsilon_0 E_{\rm rms}^2 \tag{13.32}$$

例 13.7

电磁波中的电场和磁场。 有一频率为 3×10^{13} Hz 的脉冲强激光束，它携带总能量 $W=100$ J，持续时间是 $\tau=10$ ns。此激光束的圆形截面半径为 $r=1$ cm，求在这一激光束中的电场振幅和磁场振幅。

解 此激光束的平均能流密度为

$$\overline{S} = \frac{W}{\pi r^2\tau} = \frac{100}{\pi\times0.01^2\times10\times10^{-9}} = 3.3\times10^{13}\ (\mathrm{W/m^2})$$

由式(13.31)可得

$$E_{\rm m} = \sqrt{2c\mu_0\overline{S}} = \sqrt{2\times3\times10^8\times4\pi\times10^{-7}\times3.3\times10^{13}} = 1.6\times10^8\ (\mathrm{V/m})$$

再由式(13.27)可得

$$B_{\rm m} = \frac{E_{\rm m}}{c} = \frac{1.6\times10^8}{3\times10^8} = 0.53\ (\mathrm{T})$$

这是相当强的电场和磁场。

例 13.8

电容器的能量传入。 图 13.18 表示一个正在充电的平行板电容器，电容器板为圆形，半径为 R，板间距离为 b。忽略边缘效应，证明：

(1) 两板间电场的边缘处的坡印亭矢量 $\boldsymbol{S}$ 的方向指向电容器内部；

(2) 单位时间内按坡印亭矢量计算进入电容器内部的总能量等于电容器中的静电能量的增加率。

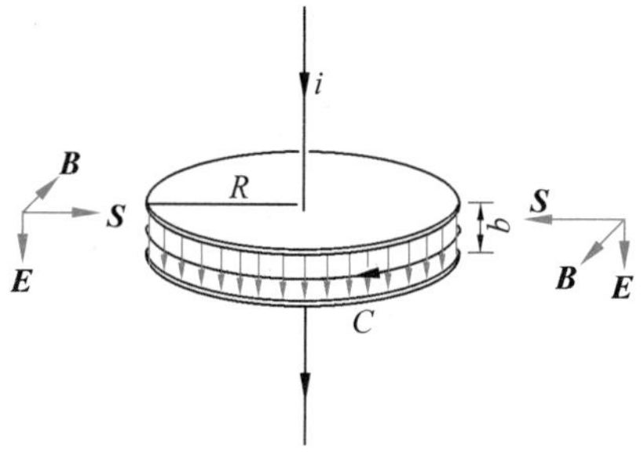

图 13.18 电容器充电时能量的传送

解 (1) 按图 13.18 所示电流充电时，电场的方向如图所示。为了确定坡印亭矢量的方向还要找出 $\boldsymbol{B}$ 的方向。为此利用麦克斯韦方程式(13.25)的Ⅳ式

$$\oint_C \boldsymbol{B}\cdot \mathrm{d}\boldsymbol{r} = \mu_0 I + \frac{1}{c^2}\frac{\mathrm{d}}{\mathrm{d}t}\int_S \boldsymbol{E}\cdot\mathrm{d}\boldsymbol{S}$$

选电容器板间与板的半径相同且圆心在极板中心轴上的圆为安培环路，并以此圆包围的圆面积为求电通量的面积。由于没有电流通过此面积，所以

$$\oint_C \boldsymbol{B}\cdot \mathrm{d}\boldsymbol{r} = \frac{1}{c^2}\frac{\mathrm{d}}{\mathrm{d}t}\int_S \boldsymbol{E}\cdot\mathrm{d}\boldsymbol{S}$$

沿图示的 C 的正方向求 $\boldsymbol{B}$ 的环流，可得

$$B\cdot 2\pi R = \frac{\pi R^2}{c^2}\frac{\mathrm{d}E}{\mathrm{d}t}$$

由此得

$$B = \frac{R}{2c^2}\frac{\mathrm{d}E}{\mathrm{d}t}$$

充电时，$\mathrm{d}E/\mathrm{d}t>0$，因此 $B>0$，所以磁感线的方向和环路 C 的正方向一致，即顺着电流看去是顺时针方向。由此可以确定圆周 C 上各点的磁场方向。这样，根据坡印亭矢量公式 $\boldsymbol{S}=\boldsymbol{E}\times\boldsymbol{B}/\mu_0$，可知在电容器两板间的电场边缘各处的坡印亭矢量都指向电容器内部。因此，电磁场能量在此处是由外面送入电容器的。

(2) 由上面求出的 B 值可以求出坡印亭矢量的大小为

$$S = \frac{EB}{\mu_0} = \frac{RE}{2c^2\mu_0}\frac{\mathrm{d}E}{\mathrm{d}t}$$

由于围绕电容器板间外缘的面积为 $2\pi Rb$，所以单位时间内按坡印亭矢量计算进入电容器内部的总能量为

$$W_S = S \cdot 2\pi Rb = \frac{\pi R^2 b}{c^2 \mu_0} E \frac{\mathrm{d}E}{\mathrm{d}t} = \pi R^2 b \frac{\mathrm{d}}{\mathrm{d}t}\left(\frac{\varepsilon_0 E^2}{2}\right) = \frac{\mathrm{d}}{\mathrm{d}t}\left(\pi R^2 b \frac{\varepsilon_0 E^2}{2}\right)$$

由于 $\pi R^2 b$ 是电容器板间的体积，$\varepsilon_0 E^2/2$ 是板间电能体密度，所以 $\pi R^2 b\varepsilon_0 E^2/2$ 就是板间的总的静电能量。因此，这一结果就说明，单位时间内按坡印亭矢量计算进入电容器板间的总能量的确正好等于电容器中的静电能量的增加率。

13.9 超导电性

超导是超导电性的简称，它是指金属、合金或其他材料电阻变为零的性质。超导现象是荷兰物理学家翁纳斯(H. K. Onnes, 1853—1926)首先发现的。

翁纳斯在 1908 年首次把最后一个"永久气体"氦气液化，并得到了低于 4 K 的低温。1911 年他在测量一个固态汞样品的电阻与温度的关系时发现，当温度下降到 4.2 K 附近时，样品的电阻突然减小到仪器无法觉察出的一个小值(当时约为 $1\times10^{-5}\ \Omega$ 左右)。图 13.19 画出了由实验测出的汞的电阻率在 4.2 K 附近的变化情况。该曲线表示在低于 4.15 K的温度下汞的电阻率为零(作为对比，在图 13.19中还用虚线画出了正常金属铂的电阻率随温度变化的关系)。

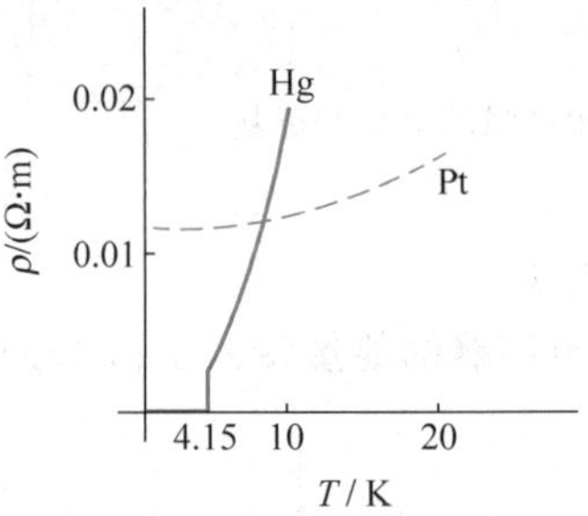

图 13.19 汞和正常金属铂的电导率随温度变化的关系

电阻率为零，即完全没有电阻的状态称为**超导态**。除了汞以外，以后又陆续发现有许多金属及合金在低温下也能转变成超导态，但它们的**转变温度**(或叫**临界温度** T_c)不同。表 13.1 列出了几种材料的转变温度。

表 13.1 几种超导体

材 料	T_c/K	材 料	T_c/K
Al	1.20	Nb	9.26
In	3.40	V_3Ga	14.4
Sn	3.72	Nb_3Sn	18.0
Hg	4.15	Nb_3Al	18.6
Au	4.15	Nb_3Ge	23.2
V	5.30	钡基氧化物	约 90
Pb	7.19		

超导体的电阻准确为零，因此一旦它内部产生电流后，只要保持超导状态不变，其电流就不会减小。这种电流称为**持续电流**。有一次，有人在超导铅环中激发了几百安的电流，在持续两年半的时间内没有发现可观察到的电流变化。如果不是撤掉了维持低温的液氦装置，此电流可能持续到现在。当然，任何测量仪器的灵敏度都是有限的，测量都会有一定的误差，因而我们不可能证明超导态时的电阻严格地为零。但即使不是零，那也肯定是非常小

的——它的电阻率不会超过最好的正常导体的电阻率的 10^{-15} 倍。

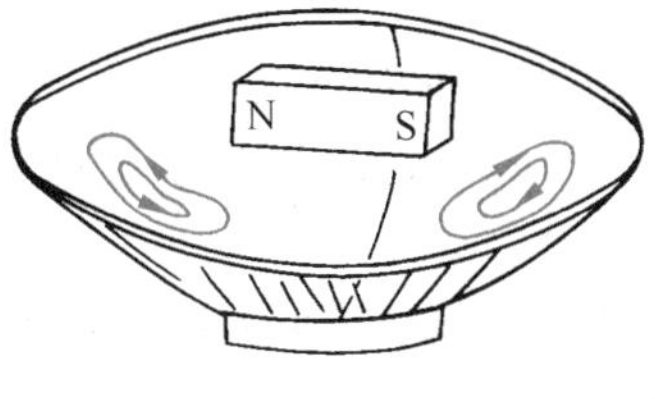

图 13.20 超导铅碗上方悬浮着小磁棒

利用超导体的持续电流可做一个很有趣的悬浮实验。将一个小磁棒丢入一个超导铅碗内，可看到小磁棒悬浮在铅碗内而不下落(图 13.20)。这是由于电磁感应使铅碗表面感应出了持续电流。根据楞次定律，电流的磁场将对磁棒产生斥力，磁棒越靠近铅碗，斥力就越大。最后这斥力可以大到足以抵消磁棒所受重力而使它悬浮在空中。

具有持续电流的超导环能产生磁场，而且除了最初产生持久电流时需要输入一些能量外，它和永久磁体一样，维持这电流和它所产生的磁场，并不需要任何电源。这意味着利用超导体可以在只消耗少许能量的条件下获得很强的磁场。

遗憾的是，强磁场对超导体有相反的作用，即强磁场可以破坏超导电性。例如，在绝对零度附近，0.041 T 的磁场就足以破坏汞的超导电性。接近临界温度时，甚至更弱的磁场也能破坏超导电性。破坏材料超导电性的最小磁场称为**临界磁场**。

临界磁场的存在限制了超导体中能够通过的电流。例如在一根超导线中有电流通过时，这电流也在超导线中产生磁场。随着电流的增大，当它的磁场足够强时，这导线的超导电性就会被破坏。大多数纯金属超导体的临界磁场都很小，所以能通过的电流也就很小。例如，在绝对零度附近，直径 0.2 cm 的汞超导线，最大只允许通过 200 A 的电流，电流再大，它将失去超导电性。对超导电性的这一限制，在设计超导磁体时是必须加以考虑的。

目前超导在技术中最主要的应用是做成电磁铁的超导线圈以产生强磁场。这项技术是近 30 年来发展起来的新兴技术之一，在高能加速器、受控热核反应实验中已有很多的应用，在电力工业、现代医学等方面已显示出良好的前景。

传统的电磁铁是由铜线绕组和铁芯构成的。尽管在理论上可通过增加电流来获得很强的磁场，但实际上由于铜线有电阻，电流增大时，发热量要按平方的倍数增加，因此，要维持一定的电流，就需要很大的功率。而且除了开始时产生磁场所需要的能量之外，供给电磁铁的能量都以热的形式损耗了。为此，还需要用大量的循环油或水进行冷却，这也需要额外的功率来维持。因此，传统的电磁铁是技术中效率最低的设备之一，而且形体笨重。与此相反，如果用超导线做电磁铁，则维持线圈中的产生强磁场的大电流并不需要输入任何功率。同时由于超导线(如 Nb_3Sn 芯线)的容许电流密度(10^9 A/m^2，为临界磁场所限)比铜线的容许电流密度(10^2 A/m^2，为发热熔化所限)大得多，因而导线可以细得多；再加上不需庞大的冷却设备，所以超导电磁铁可以做得很轻便。例如，一个产生 5 T 的中型传统电磁铁重量可达 20 吨，而产生相同磁场的超导电磁铁不过几公斤！

从超导现象发现之后，科学家一直寻求在较高温度下具有超导电性的材料，然而到 1985 年所能达到的最高超导临界温度也不过 23 K，所用材料是 Nb_3Ge。1986 年 4 月美国 IBM 公司的缪勒(K. A. Müller，1927—)和柏诺兹(J. G. Bednorz，1950—)博士宣布钡镧铜氧化物在 35 K 时出现超导现象。1987 年超导材料的研究出现了划时代的进展。先是年初华裔美籍科学家朱经武、吴茂昆宣布制成了转变温度为 98 K 的钇钡铜氧超导材料。其后在 1987 年 2 月 24 日中科院的新闻发布会上宣布，物理所赵忠贤、陈立泉等十三位科技人员制成了主要成分为钡钇铜氧四种元素的钡基氧化物超导材料，其零电阻的温度为

78.5 K。几乎同一时期，日、苏等科学家也获得了类似的成功。这样，科学家们就获得了液氮温区的超导体，从而把人们认为到 2000 年才能实现的目标大大提前了。这一突破性的成果可能带来许多学科领域的革命，它将对电子工业和仪器设备发生重大影响，并为实现电能超导输送、数字电子学革命、大功率电磁铁和新一代粒子加速器的制造等提供实际的可能。目前中、美、日、俄等国家都正在大力开发高温超导体的研究工作。

现在，中国在高温超导材料研制方面仍处于世界领先地位。研制成的铋铅锑锶钙铜氧超导体的临界温度已达 132 K 到 164 K。利用自制超导材料已可测到 2×10^{-8} G 的极弱磁场(这相当于人体内如肌肉电流的磁场)。钇钡铜氧材料临界电流密度可达 6000 A/cm^2，同样材料的薄膜临界电流密度可达 10^6 A/cm^2。清华大学应用超导研究中心 2001 年研制出 503 m Bi 系高温超导导线(图 13.21)。2002 年研制成功我国第一台移动通用的高温超导滤波器系统，并于 2004 年成功应用于中国联通基站(图 13.22)，使我国成为继美国之后将高温超导应用于移动通信的第二个国家。2004 年首次将用 Bi 系线材制成的高温超导电缆(33 m 长，三相，2000 A，25 kV)在昆明并网成功。这是世界上第三组高温超导电缆并网运行。这些研究成果，以及兄弟科研单位的研究成果，都将对我国信息、材料、电力、国防、能源以及航空航天产业产生重要的影响。

图 13.21 Bi 系超导长带

图 13.22 超导滤波器在中国联通唐山基站投入运行

提要

1. 法拉第电磁感应定律：

$$\mathscr{E}=-\frac{d\Psi}{dt}$$

其中 Ψ 为全磁通，对螺线管，可以有 $\Psi=N\Phi$。

2. 动生电动势：

$$\mathscr{E}_{ab}=\int_a^b(\boldsymbol{v}\times\boldsymbol{B})\cdot d\boldsymbol{l}$$

洛伦兹力不做功，但起能量转换作用。

3. 感生电动势和感生电场：

$$\mathscr{E}=\oint_C\boldsymbol{E}_i\cdot d\boldsymbol{r}=-\frac{d\Phi}{dt}=-\frac{d}{dt}\int_S\boldsymbol{B}\cdot d\boldsymbol{S}$$

其中 $\boldsymbol{E}_i$ 为感生电场强度。

4. 互感：

互感系数：　$M=\frac{\Psi_{21}}{i_1}=\frac{\Psi_{12}}{i_2}$（$M_{12}=M_{21}$）

互感电动势：　$\mathscr{E}_{21}=-M\frac{\mathrm{d}i_1}{\mathrm{d}t}$（$M$ 一定时）

5. 自感：

自感系数：　$L=\frac{\Psi}{i}$

自感电动势：　$\mathscr{E}_L=-L\frac{\mathrm{d}i}{\mathrm{d}t}$（$L$ 一定时）

自感磁能：　$W_{\mathrm{m}}=\frac{1}{2}LI^2$

6. 磁场的能量密度： $w_{\mathrm{m}}=\frac{B^2}{2\mu}=\frac{1}{2}BH$（非铁磁质）

7. 麦克斯韦方程组： 在真空中，

$$\oint_S \boldsymbol{E}\cdot\mathrm{d}\boldsymbol{S}=\frac{q}{\varepsilon_0}$$

$$\oint_S \boldsymbol{B}\cdot\mathrm{d}\boldsymbol{S}=0$$

$$\oint_C \boldsymbol{E}\cdot\mathrm{d}\boldsymbol{r}=-\int_S\frac{\partial\boldsymbol{B}}{\partial t}\cdot\mathrm{d}\boldsymbol{S}$$

$$\oint_C \boldsymbol{B}\cdot\mathrm{d}\boldsymbol{r}=\mu_0\int_S\left(\boldsymbol{J}+\varepsilon_0\frac{\partial\boldsymbol{E}}{\partial t}\right)\cdot\mathrm{d}\boldsymbol{S}$$

8. 电磁波： 电磁波是横波，其中电场、磁场、传播速度三者相互垂直，而且 $\boldsymbol{E}$ 和 $\boldsymbol{B}$ 的变化是同向的。

$$\boldsymbol{B}=\frac{\boldsymbol{c}\times\boldsymbol{E}}{c^2},\quad B=E/c$$

能量密度：　$w=\varepsilon_0E^2=B^2/\mu_0$

能流密度，即坡印亭矢量：　$\boldsymbol{S}=\frac{\boldsymbol{E}\times\boldsymbol{B}}{\mu_0}$，　$S=\frac{EB}{\mu_0}$

简谐电磁波的强度：　$I=\bar{S}=\frac{1}{2}c\varepsilon_0E_{\mathrm{m}}^2=c\varepsilon_0E_{\mathrm{rms}}^2$

9. 超导电性： 材料电阻变为零的性质。可在其中产生持续电流，但电流大小为临界磁场限制。早期超导态在接近绝对零度的温度获得。现在已发现常温下工作的超导材料。目前超导主要用来产生强磁场。

自测简题

13.1　验证在通有向上电流 I 的竖立长直导线旁，平行地放置一长 l 的导线段，当导线段以速率 v 离开长直导线平移时，其中产生的感应电动势，

(1) 大小为$\frac{I}{2\pi r}lv$，方向向上，其上端电势较下端高；

(2) 大小为$\frac{I}{r}lv$，方向向下，其下端电势较上端高。

13.2 判断在一方向向上的均匀磁场内，水平地放有两个单匝线圈 C_1，C_2，其中 C_2 的半径为 C_1 的半径的3倍。当均匀磁场减弱时，

(1) C_2 中产生的感应电动势的大小是 C_1 中的3倍，从上往下看这电动势的方向是顺时针方向；

(2) C_2 中的感应电动势的大小是 C_1 中的9倍，从上往下看，这电动势的方向是逆时针方向。

13.3 在一长直螺线管内部，放另一小线圈，小线圈轴线与螺线管轴线(1)平行；(2)垂直；(3)夹 60°角；(4)夹 45°角。试按二者的互感系数的大小由大到小将以上4种情形排序。

13.4 判断将长 L 的导线密绕在木棒上形成一长直螺线管，其导线两端间的自感系数为 L。今再取一长 $2L$ 的导线，将它对折起来形成长 L 的双股线。将此双股线密绕在木棒上也形成一长直螺线管，其导线两端间的自感系数为

(1) $2L$；(2) $4L$；(3) 0。

13.5 判断在一束向东传播的平面简谐电磁波中，在磁场 B 方向指南的区域内电场 $\boldsymbol{E}$ 的方向是

(1) 向东；(2) 向南；(3) 向上；(4) 向下。

思考题

13.1 灵敏电流计的线圈处于永磁体的磁场中，通入电流，线圈就发生偏转。切断电流后，线圈在回复原来位置前总要来回摆动好多次。这时如果用导线把线圈的两个接头短路，则摆动会马上停止。这是什么缘故？

13.2 熔化金属的一种方法是用“高频炉”。它的主要部件是一个铜制线圈，线圈中有一坩埚，埚中放待熔的金属块。当线圈中通以高频交流电时，埚中金属就可以被熔化。这是什么缘故？

13.3 变压器的铁芯为什么总做成片状的，而且涂上绝缘漆相互隔开？铁片放置的方向应和线圈中磁场的方向有什么关系？

13.4 如果电路中通有强电流，当突然打开刀闸断电时，就有一大火花跳过刀闸。试解释这一现象。

13.5 利用楞次定律说明为什么一个小的条形磁铁能悬浮在用超导材料做成的盘上(图13.23)。

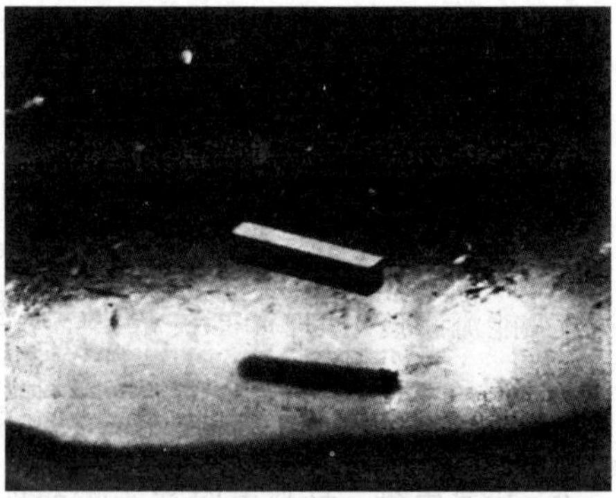

图 13.23 超导磁悬浮

13.6 麦克斯韦方程组中各方程的物理意义是什么？

13.7 什么是坡印亭矢量？它和电场及磁场有什么关系？

13.8 电磁波的动量密度和能量密度有什么关系？

13.9 光压是怎么产生的？它和电磁波的动量密度、能量密度以及被照射表面性质有何关系？

习题

13.1 在通有电流 $I=5$ A 的长直导线近旁有一导线段 ab，长 $l=20$ cm，离长直导线距离 $d=10$ cm (图13.24)。当它沿平行于长直导线的方向以速度 $v=10$ m/s 平移时，导线段中的感应电动势多大？a，b 哪端的电势高？

13.2 平均半径为 12 cm 的 4×10^3 匝线圈，在强度为 0.5 G 的地磁场中每秒钟旋转 30 周，线圈中可产生最大感应电动势为多大？如何旋转和转到何时，才有这样大的电动势？

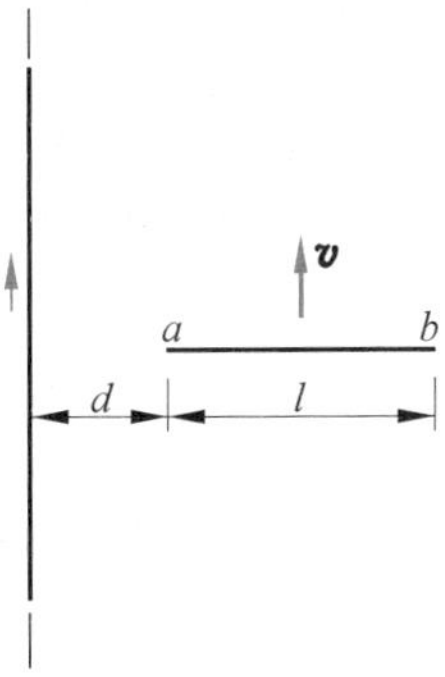

图 13.24 习题 13.1 用图

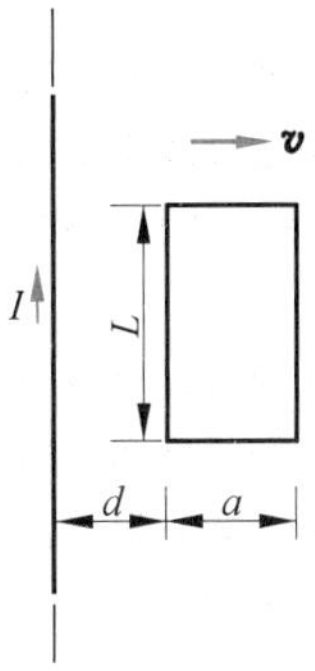

图 13.25 习题 13.3 用图

13.3 如图 13.25 所示，长直导线中通有电流 $I=5$ A，另一矩形线圈共 1×10^3 匝，宽 $a=10$ cm，长 $L=20$ cm，以 $v=2$ m/s 的速度向右平动，求当 $d=10$ cm 时线圈中的感应电动势。

13.4 习题 13.3 中若线圈不动，而长导线中通有交变电流 $i=5\sin 100\pi t$ A，线圈内的感生电动势将为多大？

13.5 在半径为 R 的圆柱形体积内，充满磁感应强度为 $\boldsymbol{B}$ 的均匀磁场。有一长为 L 的金属棒放在磁场中，如图 13.26 所示。设磁场在增强，并且 $\frac{\mathrm{d}B}{\mathrm{d}t}$ 已知，求棒中的感生电动势，并指出哪端电势高。

13.6 为了探测海洋中水的运动，海洋学家有时依靠水流通过地磁场所产生的动生电动势。假设在某处的磁场的竖直分量为 0.70×10^{-4} T，两个电极沿垂直于水流方向相距 200 m 插入被测的水流中，如果与两极相连的灵敏伏特计指示 7.0×10^{-3} V 的电势差，求水流速率多大。

13.7 发电机的转子由矩形线环组成，线环平面绕竖直轴旋转。此竖直轴与大小为 2.0×10^{-2} T 的均匀水平磁场垂直。环的尺寸为 10.0 cm×20.0 cm，它有 120 圈。导线的两端接到外电路上，为了在两端之间产生最大值为 12.0 V 的感应电动势，线环必须以多大的转速旋转？

13.8 一个长 l、截面半径为 R 的圆柱形纸筒上均匀密绕有两组线圈。一组的总匝数为 N_1，另一组的总匝数为 N_2。求筒内为空气时两组线圈的互感系数。

13.9 半径为 2.0 cm 的螺线管，长 30.0 cm，上面均匀密绕 1200 匝线圈，线圈内为空气。

(1) 求这螺线管中自感多大？

(2) 如果在螺线管中电流以 3.0×10^2 A/s 的速率改变，在线圈中产生的自感电动势多大？

13.10 一长直螺线管的导线中通入 10.0 A 的恒定电流时，通过每匝线圈的磁通量是 20 μWb；当电流以 4.0 A/s 的速率变化时，产生的自感电动势为 3.2 mV。求此螺线管的自感系数与总匝数。

13.11 如图 13.27 所示的截面为矩形的螺绕环，总匝数为 N。

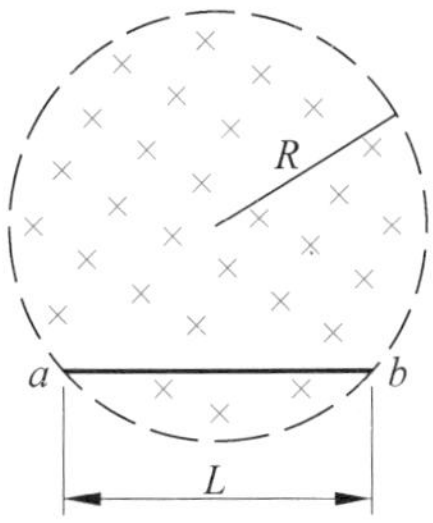

图 13.26 习题 13.5 用图

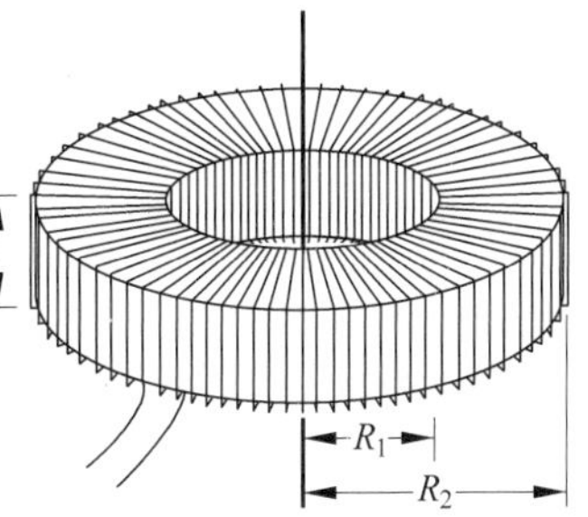

图 13.27 习题 13.11 用图

(1) 求此螺绕环的自感系数；

(2) 沿环的轴线拉一根直导线。求直导线与螺绕环的互感系数 M_{12} 和 M_{21}，二者是否相等？

13.12　实验室中一般可获得的强磁场约为 2.0 T，强电场约为 1×10^6 V/m。求相应的磁场能量密度和电场能量密度多大？哪种场更有利于储存能量？

13.13　可能利用超导线圈中的持续大电流的磁场储存能量。要储存 1 kW·h 的能量，利用 1.0 T 的磁场，需要多大体积的磁场？若利用线圈中的 500 A 的电流储存上述能量，则该线圈的自感系数应多大？

13.14　用于打孔的激光束截面直径为 60 μm，功率为 300 kW。求此激光束的坡印亭矢量的大小。该束激光中电场强度和磁感应强度的振幅各多大？

13.15　一台氩离子激光器(发射波长 514.5 nm) 以 3.8 kW 的功率向月球发射光束。光束的全发散角为 0.880 μrad。地月距离按 3.82×10^5 km 计。求：

(1) 该光束在月球表面覆盖的圆面积的半径；

(2) 该光束到达月球表面时的强度。

*13.16　一平面电磁波的波长为 3.0 cm，电场强度 E 的振幅为30 V/m，求：

(1) 该电磁波的频率为多少？

(2) 磁场的振幅为多大？

科学家简介

法　拉　第

（Michael Faraday，1791—1867 年）

法拉第 1791 年出生于英国伦敦附近，家境贫寒，幼时到一家书店当学徒工，他利用业余时间在书店读了许多科学著作，知识大增而且激发了对科学的浓厚兴趣。后经著名化学家戴维推荐进了皇家研究院实验室，从此开始了他持久的科学研究工作。

他有意进行的对电和磁的联系的实验探索使他发现了电磁感应现象。这不仅打开了以后应用电能的大门，而且通过电和磁的联系又一次证实了自然界是统一的思想。他对电力和磁力的理解更突破了当时的超距作用的观点，提出场作为中间媒介的概念。这一思想上的伟大创新对其后物理学的发展起了根本性的重要作用。

他还发现了电解定律，使人们首次意识到电荷的量子性。

他是一个热心的科学普及工作者，很善于作科普讲课。

他终生勤奋刻苦，留有二十多集《电的实验研究》和七卷三千多页（内有几千幅插图）的《法拉第日记》。

数值表

物理常量表

名　称	符号	计算用值	2006 最佳值①
真空中的光速	c	3.00×10^{8} m/s	2.997 924 58(精确)
普朗克常量	h	6.63×10^{-34} J·s	6.626 068 96(33)
	$\hbar$	$=h/2\pi$	
		$=1.05\times10^{-34}$ J·s	1.054 571 628(53)
玻耳兹曼常量	k	1.38×10^{-23} J/K	1.380 650 4(24)
真空磁导率	μ_0	$4\pi\times10^{-7}$ N/A^2	(精确)
		$=1.26\times10^{-6}$ N/A^2	1.256 637 061…
真空介电常量	ε_0	$=1/\mu_0 c^2$	(精确)
		$=8.85\times10^{-12}$ F/m	8.854 187 817
引力常量	G	6.67×10^{-11} N·m^2/kg^2	6.674 28(67)
阿伏伽德罗常量	N_A	6.02×10^{23} mol^{-1}	6.022 141 79(30)
元电荷	e	1.60×10^{-19} C	1.602 176 487(40)
电子静质量	m_e	9.11×10^{-31} kg	9.109 382 15(45)
		5.49×10^{-4} u	5.485 799 094 3(23)
		0.5110 MeV/c^2	0.510 998 910(13)
质子静质量	m_p	1.67×10^{-27} kg	1.672 621 637(83)
		1.0073 u	1.007 276 466 77(10)
		938.3 MeV/c^2	938.272 013(23)
中子静质量	m_n	1.67×10^{-27} kg	1.674 927 211(84)
		1.0087 u	1.008 664 915 97(43)
		939.6 MeV/c^2	939.565 346(23)
α 粒子静质量	m_α	4.0026 u	4.001 506 179 127(62)
玻尔磁子	μ_B	9.27×10^{-24} J/T	9.274 009 15(23)
电子磁矩	μ_e	-9.28×10^{-24} J/T	−9.284 763 77(23)
核磁子	μ_N	5.05×10^{-27} J/T	5.050 783 24(13)
质子磁矩	μ_p	1.41×10^{-26} J/T	1.410 606 662(37)
中子磁矩	μ_n	-0.966×10^{-26} J/T	−0.966 236 41(23)
里德伯常量	R	1.10×10^{7} m^{-1}	1.097 373 156 852 7(73)
玻尔半径	a_0	5.29×10^{-11} m	5.291 772 085 9(36)
经典电子半径	r_e	2.82×10^{-15} m	2.817 940 289 4(58)
电子康普顿波长	$\lambda_{C,e}$	2.43×10^{-12} m	2.426 310 217 5(33)
斯特藩-玻耳兹曼常量	σ	5.67×10^{-8} W·m^{-2}·K^{-4}	5.670 400(40)

① 所列最佳值摘自《2006 CODATA INTERNATIONALLY RECOMMEDED VALUES OF THE FUNDAMENTAL PHYSICAL CONSTANTS》(www.physics.nist.gov)。

一些天体数据

名　称	计算用值
我们的银河系	
质量	10^{42} kg
半径	10^{5} l. y.
恒星数	1.6×10^{11}
太阳	
质量	1.99×10^{30} kg
半径	6.96×10^{8} m
平均密度	1.41×10^{3} kg/m^3
表面重力加速度	274 m/s^2
自转周期	25 d(赤道),37 d(靠近极地)
对银河系中心的公转周期	2.5×10^{8} a
总辐射功率	4×10^{26} W
地球	
质量	5.98×10^{24} kg
赤道半径	6.378×10^{6} m
极半径	6.357×10^{6} m
平均密度	5.52×10^{3} kg/m^3
表面重力加速度	9.81 m/s^2
自转周期	1 恒星日$=8.616\times10^{4}$ s
对自转轴的转动惯量	8.05×10^{37} kg·m^2
到太阳的平均距离	1.50×10^{11} m
公转周期	1 a$=3.16\times10^{7}$ s
公转速率	29.8 m/s
月球	
质量	7.35×10^{22} kg
半径	1.74×10^{6} m
平均密度	3.34×10^{3} kg/m^3
表面重力加速度	1.62 m/s^2
自转周期	27.3 d
到地球的平均距离	3.82×10^{8} m
绕地球运行周期	1 恒星月$=27.3$ d

几个换算关系

名　称	符号	计算用值	1998 最佳值
1[标准]大气压	atm	1 atm$=1.013\times10^{5}$ Pa	$1.013\ 250\times10^{5}$
1 埃	Å	1 Å$=1\times10^{-10}$ m	(精确)
1 光年	l. y.	1 l. y. $=9.46\times10^{15}$ m	
1 电子伏	eV	1 eV$=1.602\times10^{-19}$ J	1.602 176 462(63)
1 特[斯拉]	T	1 T$=1\times10^{4}$ G	(精确)
1 原子质量单位	u	1 u$=1.66\times10^{-27}$ kg	1.660 538 73(13)
		$=931.5$ MeV/c^2	931.494 013(37)
1 居里	Ci	1 Ci$=3.70\times10^{10}$ Bq	(精确)

自测简题答案

第 1 章

1.1 (1);
1.2 (1);
1.3 3,2,1;
1.4 (2),(4);
1.5 (2)

第 2 章

2.1 (1),(3),(2);
2.2 (3),(1),(2);
2.3 (2);
2.4 $p_3 > p_2 > p_1$

第 3 章

3.1 (4),(1),(3),(2);
3.2 (3);
3.3 (3);
3.4 (1)

第 4 章

4.1 (1),(4);
4.2 (3);
4.3 (1),(4);
4.4 (1),(2),(5),(6);
4.5 (3)

第 5 章

5.1 J_1,J_3,J_2;
5.2 (2),(3),(5);
5.3 (3)

第 6 章

6.1 (2),(3);
6.2 (1),(2),(3);
6.3 (1),(2),(3)

第 7 章

7.1 (4),(1)、(2)同,(3);
7.2 (4);
7.3 (1),(2);
7.4 (1)

第8章

8.1 (3),(4),(1)、(2)同；

8.2 (2)；

8.3 (2)；

8.4 (1)

第9章

9.1 (2),(4)；

9.2 (2),(4)

第10章

10.1 (2),(1),(3)；

10.2 C_4,C_3,C_2,C_1；

10.3 (1)

第11章

11.1 (3)；

11.2 (2)；

11.3 (1)；

11.4 (2)

第12章

12.1 (1)；

12.2 (1)；

12.3 (2)

第13章

13.1 (1)；

13.2 (2)；

13.3 (1),(4),(3),(2)；

13.4 (3)；

13.5 (3)

习题答案

第1章

1.1　849 m/s

1.2　未超过，　400 m

1.3　会，　46 km/h

1.4　34.5 m，　24.7 L

1.5　(1) $y=x^2-8$；

　　(2) 位置：$2\boldsymbol{i}-4\boldsymbol{j}, 4\boldsymbol{i}+8\boldsymbol{j}$；　速度：$2\boldsymbol{i}+8\boldsymbol{j}, 2\boldsymbol{i}+16\boldsymbol{j}$；　加速度：$8\boldsymbol{j}, 8\boldsymbol{j}$

1.6　不能，12.3 m

1.7　两炮弹可能在空中相碰，但二者速率必须大于 45.6 m/s。

1.8　2.4×10^{14}

1.9　0.25 m/s^2；　0.32 m/s^2，　与 $\boldsymbol{v}$ 夹角为 128°40′

*1.10　(1) 69.4 min；　(2) 26 rad/s，　-3.31×10^{-3} rad/s^2

1.11　374 m/s，　314 m/s，　343 m/s

1.12　36 km/h，　竖直向下偏西 30°

1.13　917 km/h，　西偏南 40°56′

　　917 km/h，　东偏北 40°56′

第2章

2.1　(1) $\dfrac{\mu Mg}{\cos\theta-\mu\sin\theta}, \dfrac{\mu Mg}{\cos\theta-\mu\sin\theta}$；　(2) $\arctan\dfrac{1}{\mu}$

2.2　(1) 3.32 N，3.75 N；　(2) 17.0 m/s^2

2.3　(1) 6.76×10^4 N；　(2) 1.56×10^4 N

2.4　不能，0.2 m/s^2，0.5 m，5 m

2.5　39.3 m

2.6　(1) $\dfrac{1}{\left(M+m_2+\dfrac{m_1m_2}{m_1+m_2}\right)}\left[F-\dfrac{m_1m_2}{m_1+m_2}g\right]$；　(2) $(m_1+m_2+M)\dfrac{m_2}{m_1}g$

2.7　(1) 1.88×10^3 N，635 N；　(2) 66.0 m/s

2.8　1.89×10^{27} kg

2.9　(2) 6.9×10^3 s；　(3) 0.12

2.10 $w^2[m_1L_1+m_2(L_1+L_2)]$，$\omega^2 m_2(L_1+L_2)$

2.11 19 m^3/min

第3章

3.1 1.41 N·s

3.2 1.21×10^3 N

3.3 11.6 N

3.4 4.24×10^4 N,沿 90°平分线向外

3.5 7290 m/s，8200 m/s，都向前

3.6 必有一辆车超速

3.7 对称半径上距圆心 $4/3\pi$ 半径处

3.8 立方体中心上方 $0.061a$ 处

3.9 $v_0 r_0/r$

第4章

4.1 (1) 1.36×10^4 N， 0.83×10^4 N； (2) 3.95×10^3 J； (3) 1.96×10^4 J

4.2 4.52×10^9 J， 0.982 t

4.3 113 W

4.4 0.23 m

4.5 (1) 31.8 m，22.5 m/s； (2) 不会

4.6 $mv_0\left[\dfrac{M}{k(M+m)(2M+m)}\right]^{1/2}$

4.7 (1) $\sqrt{\dfrac{2MgR}{M+m}}$， $m\sqrt{\dfrac{2gR}{M(M+m)}}$； (2) $\dfrac{m^2gR}{M+m}$

4.9 (1) $\dfrac{GmM}{6R}$； (2) $-\dfrac{GmM}{3R}$； (3) $-\dfrac{GmM}{6R}$

4.10 (1) 8.2 km/s； (2) 4.1×10^4 km/s

4.11 2.95 km， 1.85×10^{19} kg/m^3， 80 倍

4.12 4.20 MeV

4.13 $\dfrac{12A}{x^{13}}-\dfrac{6B}{x^7}$， $\sqrt[6]{\dfrac{2A}{B}}$

第5章

5.1 (1) $\omega_0=20.9$ rad/s，$\omega=314$ rad/s，$\alpha=41.9$ rad/s^2；
(2) 1.17×10^3 rad，186 圈

5.2 $4.63\times10^2\cos\lambda$ m/s， 与 $O'P$ 垂直
$3.37\times10^{-2}\cos\lambda$ m/s^2， 指向 O'

5.3 1.95×10^{-46} kg·m^2， 1.37×10^{-12} s

5.4 分针：1.18 kg·m^2/s，1.03×10^{-3} J；时针：2.12×10^{-2} kg·m^2/s，1.54×10^{-6} J

5.5 $\dfrac{m_1-\mu m_2}{m_1+m_2+m/2}g$， $\dfrac{(1+\mu)m_2+m/2}{m_1+m_2+m/2}m_1 g$，

$$\frac{(1+\mu)m_1+\mu m/2}{m_1+m_2+m/2}m_2 g$$

5.6 10.5 rad/s^2， 4.58 rad/s

5.7 37.5 r/min， 不守恒。臂内肌肉做功， 3.70 J

5.8 (1) 8.89 rad/s； (2) 94°18′

5.9 0.496 rad/s

5.10 (1) 4.8 rad/s； (2) 4.5×10^5 J

第 6 章

6.1 $l\left[1-\cos^2\theta\frac{u^2}{c^2}\right]^{1/2}$， $\arctan\left[\tan\theta\left(1-\frac{u^2}{c^2}\right)^{-1/2}\right]$

6.2 $a^3\left(1-\frac{u^2}{c^2}\right)^{1/2}$

6.3 $1/\sqrt{1-u^2/c^2}$ m，在 S' 系中观察，x_2 端那支枪先发射，x_1 端那支枪后发射

6.4 能

6.5 6.71×10^8 m

6.6 0.577×10^{-9} s

6.7 在 S 系中光线与 x 轴的夹角为 $\arctan\frac{\sin\theta'\sqrt{1-u^2/c^2}}{\cos\theta'+u/c}$

6.8 0.866 c， 0.786 c

6.9 2.22 MeV， 0.12%， 1.45×10^{-6}%

6.10 (1) 4.15×10^{-12} J； (2) 6.20×10^{14} J；
(3) 6.29×10^{11} kg/s； (4) 7.56×10^{10} a

第 7 章

7.1 $5q/2\pi\varepsilon_0 a^2$， 指向 $-4q$

7.2 $\sqrt{3}q/3$

7.4 $\lambda^2/4\pi\varepsilon_0 a$，垂直于带电直线，相互吸引

7.5 $\lambda L/4\pi\varepsilon_0(r^2-L^2/4)$，沿带电直线指向远方

7.6 0.72 V/m，指向缝隙

7.8 (1) $q/6\varepsilon_0$； (2) 0，$q/24\varepsilon_0$

7.9 6.64×10^5 个/cm^2

7.10 缺少，1.38×10^7 个/m^3

7.11 $E=0$ $(r<a)$； $E=\sigma a/\varepsilon_0 r$ $(r>a)$

7.12 $E=0$ $(r<R_1)$； $E=\frac{\lambda}{2\pi\varepsilon_0 r}$ $(R_1<r<R_2)$； $E=0$ $(r>R_2)$

7.13 $\frac{\rho}{3\varepsilon_0}\boldsymbol{a}$，$\boldsymbol{a}$ 为从带电球体中心到空腔中心的矢量线段

7.14 $F_{q_b}=F_{q_c}=0$， $F_{q_d}=\frac{q_b+q_c}{4\pi\varepsilon_0 r^2}q_d$(近似)

7.15 3.1×10^{-16} m， 5.0×10^{-35} C·m

7.16 0.48 mm

第8章

8.1 (1) 900 V； (2) 450 V

8.2 (1) 2.5×10^3 V； (2) 4.3×10^3 V

8.3 $\frac{\lambda}{2\pi\varepsilon_0}\ln\frac{R_2}{R_1}$

8.4 (1) 2.14×10^7 V/m； (2) 1.36×10^4 V/m

8.5 (1) 36 V； (2) 57 V

8.6 (1) 2.5×10^4 eV； (2) 9.4×10^7 m/s

8.7 $-\sqrt{3}q/2\pi\varepsilon_0 a$； $-\sqrt{3}qQ/2\pi\varepsilon_0 a$

8.8 上板 上表面：6.5×10^{-6} C/m^2，下表面：-4.9×10^{-6} C/m^2；
中板 上表面：4.9×10^{-6} C/m^2，下表面：8.1×10^{-6} C/m^2；
下板 上表面：-8.1×10^{-6} C/m^2，下表面：6.5×10^{-6} C/m^2

8.9 $q/4\pi\varepsilon_0 r$

*8.10 -4.0×10^{-17} J

8.11 (1) 4.4×10^{-8} J/m^3； (2) 6.3×10^4 kW·h

*8.12 (3) -13.6 eV

第9章

9.1 7.1×10^{-4} F

9.2 5.3×10^{-10} F/m^2

9.3 (1) 25 μF；
(2) $U_1=U_2=U_3=50$ V，$Q_1=2.5\times10^{-3}$ C，$Q_2=1.5\times10^{-3}$ C，$Q_3=1.0\times10^{-3}$ C

9.4 (1) 5000 V，5×10^{-3} C； (2) 20×10^{-3} C，200 V

9.5 $U_1'=U_2'=40$ V；$Q_1'=8\times10^4$ C，$Q_2'=16\times10^{-4}$ C

9.6 (1) 9.8×10^6 V/m； (2) 51 mV

9.7 7.4 m^2

9.8 $(\varepsilon_{r_1}+\varepsilon_{r_2})\varepsilon_0 S/2d$

9.9 1.7×10^{-6} C/m，1.7×10^{-7} C/m，1.7×10^{-8} C/m

9.10 $1+(\varepsilon_r-1)\frac{h}{a}$，甲醇

第10章

10.1 4×10^{10}个

10.2 4×10^{-3} m/s； 1.1×10^5 m/s

10.3 (1) 3.0×10^{13} Ω·m； (2) 196 Ω

10.4 (a) $\frac{\mu_0 I}{4\pi a}$，垂直纸面向外；(b) $\frac{\mu_0 I}{3\pi r}+\frac{\mu_0 I}{4r}$垂直纸面向里；(c) $\frac{q\mu_0 I}{2\pi a}$，垂直纸面向里

10.5 (1) 1.4×10^{-5} T； (2) 0.24

10.6 0

10.7 (1) 10^{-5} T; (2) 2.2×10^{-6} Wb

10.9 环外 $B=0$,环内 $B=\frac{\mu_0 NI}{2\pi r}$;$\Phi=\frac{\mu_0 NIh}{2\pi}\ln\frac{R_2}{R_1}$

10.10 $\mu_0 \boldsymbol{j}\times\boldsymbol{d}/2$,$\boldsymbol{d}$ 的方向由 O 指向 O!

10.11 2.8×10^{-7} T

第 11 章

11.1 (1) 1.1×10^{-3} T,垂直纸面向里; (2) 1.6×10^{-8} S

11.2 3.6×10^{-6} s,1.6×10^{-4} m,1.5×10^{-3} m

11.3 2 mm,无影响

11.4 0.244 T

11.5 (1) 11 MHz; (2) 7.6 MeV

11.6 (1) -2.23×10^{-5} V; (2) 无影响

11.7 1.34×10^{-2} T

11.8 (2) 338 A/cm^2

11.9 0.63 m/s

11.10 (1) 36 $A\cdot m^2$; (2) 144 N·m

11.11 $\frac{\mu_0 II_1 lb}{2\pi a(a+b)}$,指向电流 I; 0

11.12 (1) 1.8×10^5; (2) 4.1×10^6 A; (3) 2.9 GW

11.13 $\mu_0 j^2/2$,沿径向向筒内

11.14 3.6×10^{-3} N/m; 3.2×10^{20} N/m

第 12 章

12.1 (1) 2.5×10^{-5} T,20 A/m; (2) 0.11 T, 20 A/m;
(3) 2.5×10^{-5} T, 0.11 T

12.2 (1) 2.1×10^3 A/m; (2) 4.7×10^{-4} H/m, 3.8×10^2; (3) 8.0×10^5 A/m

第 13 章

13.1 1.1×10^{-5} V, a 端电势高

13.2 1.7 V,使线圈绕垂直于 $\boldsymbol{B}$ 的直径旋转,当线圈平面法线与 $\boldsymbol{B}$ 垂直时,$\mathscr{E}$ 最大

13.3 2×10^{-3} V

13.4 $-4.4\times10^{-2}\cos(100\pi t)$ (V)

13.5 $\frac{L}{2}\sqrt{R^2-\left(\frac{L}{2}\right)^2}\frac{dB}{dt}$,$b$ 端电势高

13.6 0.50 m/s

13.7 40 s^{-1}

13.8 $\mu_0 N_1 N_2 \pi R^2/l$

13.9 (1) 7.6×10^{-3} H; (2) 2.3 V

13.10 0.8 mH,400 匝

13.11 (1) $\frac{\mu_0 N^2 h}{2\pi}\ln\frac{R_2}{R_1}$; (2) $\frac{\mu_0 N h}{2\pi}\ln\frac{R_2}{R_1}$,相等

13.12 1.6×10^6 J/m^3, 4.4 J/m^3,磁场

13.13 9.0 m^3, 29 H

13.14 1.1×10^{14} W/m^2;2.8×10^8 V/m, 0.93 T

13.15 (1) 168 m; (2) 0.043 W/m^2

*13.16 (1) 1×10^{10} Hz; (2) 1×10^{-7} T;

索　引
INDEX

A

B

C

D

F

G

H

J

K

L

M

N

O

P

Q

R

S

T

W

X

Y

Z